配电网安全作业

国网四川省电力公司技能培训中心
四川电力职业技术学院 | 组编

刘瑞花 | 主编

中国电力出版社
CHINA ELECTRIC POWER PRESS

内 容 提 要

本书依据《国家电网公司生产技能人员职业能力培训规范》及相关规程、规范和标准，针对供电所配电人员的职业能力要求编写，按职业能力共分初级、中级和高级三个篇章，内容涵盖配电网基础、防触电技术、施工与运维流程、设备安装与调试、电能计量、无功补偿、室内配电安装与维护、电气试验、线路验收、缺陷管理及事故处理等。本书以解决实际问题为导向，强调标准化作业和安全规程，图文并茂。

本书适合供电所配电人员培训教学使用，同时可供电力行业一线工作者和高校电力专业师生参考。

图书在版编目（CIP）数据

配电网安全作业／国网四川省电力公司技能培训中心，四川电力职业技术学院组编；刘瑞花主编.
—北京：中国电力出版社，2023.12
　ISBN 978-7-5198-8466-6

　Ⅰ.①配… Ⅱ.①国…②四…③刘… Ⅲ.①配电系统－安全技术 Ⅳ.① TM727

中国国家版本馆 CIP 数据核字（2023）第 252014 号

出版发行：中国电力出版社
地　　　址：北京市东城区北京站西街19号（邮政编码100005）
网　　　址：http://www.cepp.sgcc.com.cn
责任编辑：柳　璐　王　欢
责任校对：黄　蓓　王小鹏
装帧设计：赵丽媛
责任印制：钱兴根

印　　　刷：三河市航远印刷有限公司
版　　　次：2023年12月第一版
印　　　次：2023年12月北京第一次印刷
开　　　本：787毫米×1092毫米　16开本
印　　　张：25.75
字　　　数：470千字
定　　　价：130.00元

编　委　会

前　言

随着能源转型和"双碳"目标的推进，配电网在新型电力系统中的地位尤为重要。为更好地适应能源转型和"双碳"目标对专业人才队伍的需求，本书依据国家、电力行业及国家电网公司的相关规程、规范和标准，将配电专业人员的职业能力分为初级、中级和高级三个等级，按照生产现场标准化作业的相关规范，邀请经验丰富的国网四川省电力公司培训师和一线生产专家，针对实际生产中的常见问题，梳理相关知识和工作流程，最终形成本书。写作方式上，力求通俗易懂、遵循系统性与实用性、标准性与普适性、理论与实践相结合的原则，本书旨在为读者提供全面、系统的配电网知识和实践指导，帮助读者更好地掌握配电网领域的专业技能和知识。

本书针对配电网安全技能培训，分为初级、中级和高级三个篇章，系统地介绍了配电网的基础知识、操作技能和高级应用。初级篇（第 1、2 章）为读者介绍了配电网的基本概念、构成和安全操作规程，为后续学习打下坚实基础。中级篇（第 3~7 章）深入讲解了电力线路施工与运维、配电设备安装、电能计量和无功补偿装置的安装与调试，以及室内配电线路的安装和维护，提供了全面的操作指南。高级篇（第 8~12 章）则涵盖了配电设备的电气试验、线路验收、缺陷管理和事故处理流程，同时通过分析典型安全事故案例，增强读者的实践能力和事故应对能力。全书内容翔实、结构清晰，适合不同层级的配电网工作人员学习和参考。

本书在编写过程中得到了国网四川省电力公司、国网四川省电力公司技能培训中心各级领导、项目组成员及其单位领导的大力支持，特别是国网四川省电力公司技能培训中心邢大鹏、邓良军、陈立、覃浩、袁语、李达炜，国网资阳供电公司叶发胜，国网泸州供电公司翁良勇，国网绵阳供电公司黄晓露，国网乐山供电公司谭桥彬等专家，给予了专业的指导和建议，在此表示衷心的感谢。

由于水平有限，书中不足和疏漏之处在所难免，敬请读者批评指正。

编者

2023 年 10 月

CONTENTS 目录

前　言

初级篇

1
配电网基本认知 / 02

1.1　配电网概况　/ 03

1.2　电路基本认知　/ 11

1.3　配电线路基本认知　/ 33

1.4　配电设备基本认知　/ 46

1.5　电气图基本认知　/ 64

1.6　配电站主接线基本认知　/ 71

1.7　继电保护及自动装置基本认知　/ 78

2
常规防触电安全技术及基本安全技能 / 83

2.1　常规防触电安全技术　/ 84

2.2　常用仪表的使用　/ 93

2.3　现场紧急救护　/ 103

2.4　高处作业　/ 111

2.5　登高作业　/ 118

中级篇

3
电力线路施工及运维流程 / 132

3.1 架空配电线路的施工流程 / 133

3.2 电力电缆施工与运维流程 / 150

4
常用配电设备的安装流程 / 172

4.1 低压配电设备基本认知 / 173

4.2 剩余电流动作保护器的选用、安装及运维 / 178

4.3 配电变压器的安装流程 / 183

4.4 环网柜安装流程 / 192

4.5 电缆分支箱安装流程 / 196

4.6 柱上开关安装 / 199

4.7 低压综合配电箱安装 / 210

5
电能计量装置的安装流程 / 220

5.1 电能计量装置概述 / 221

5.2 直接接入式电能计量装置的安装流程 / 222

5.3 直接接入式三相四线电能计量装置的安装 / 233

5.4 经 TA 接入式三相四线电能计量装置的安装流程 / 240

5.5 典型错误接线案例分析 / 247

6
无功补偿装置的安装流程及调试 / 251

6.1 无功补偿装置的基本原理 / 252

6.2 配电网无功补偿装置的容量选择原则及电气元件配置 / 255

6.3 无功补偿的安装与调试流程 / 259

7
室内配电线路的安装、检修与维护流程 / 264

7.1 照明部分的安装与检修流程 / 265

7.2 接户线/进户线的安装与维护流程 / 275

高级篇

8
配电设备常规电气试验流程 / 290

8.1 配电设备电气试验的基本知识 / 291

8.2 配电设备常规电气试验项目流程及方法 / 302

8.3 配电设备预防性试验标准 / 305

9
配电线路验收流程 / 310

9.1 配电线路验收流程及标准 / 311

9.2 配电设备验收流程及标准 / 313

10
配电线路及设备缺陷管理及事故处理流程 / 318

10.1 配电线路及设备运维要求 / 319

10.2 配电线路及设备缺陷管理流程 / 336

10.3 配电线路及设备故障处理流程 / 340

11

配电工作票、操作票填写流程 / 346

11.1 基本知识 / 347

11.2 配电工作票填写流程及应用 / 359

11.3 配电操作票填写流程及应用 / 368

12

典型安全事故分析 / 377

12.1 生产安全事故概况 / 378

12.2 典型案例分析 / 380

附录 A 配电第一种工作票格式 / 389

附录 B 配电第二种工作票格式 / 392

附录 C 配电带电作业工作票格式 / 394

附录 D 低压工作票格式 / 396

附录 E 配电故障紧急抢修单格式 / 398

参考文献 / 400

初级篇

1 配电网基本认知

❯ 1.1　配电网概况

❯ 1.2　电路基本认知

❯ 1.3　配电线路基本认知

❯ 1.4　配电设备基本认知

❯ 1.5　电气图基本认知

❯ 1.6　配电站主接线基本认知

❯ 1.7　继电保护及自动装置基本认知

本章全面介绍配电网的基本知识，详细阐述了配电网、电路、配电线路、配电设备、电气图、配电所主接线以及继电保护和自动装置的基本概念和特点，通过学习，读者可以全面了解配电网的组成和运行方式，为日后在电力系统领域的工作和研究打下坚实的基础。

1.1 配电网概况

1.1.1 新型配电网概况

新型电力系统是以保障能源电力安全为基础，以满足经济社会高质量发展为目标，以高比例新能源供给消纳体系建设为主要任务，以源网荷储多向协同、灵活互动为坚强支撑，以坚强、智能、柔性电网为枢纽平台，以技术创新和体制机制创新为保障的新时代电力系统。它具有清洁低碳、安全充裕、经济高效、供需协同、灵活智能等五大特征，是新时代电力系统转型升级的必然选择。

配电网是指从电源侧（输电网、发电设施、分布式电源等）接受电能，并通过配电设施就地或逐级分配给各类用户的电力网络，对应电压等级一般为110kV及以下。其中，35～110kV电网为高压配电网，10（20、6）kV电网为中压配电网，380/220V电网为低压配电网。配电网是新型电力系统思路实现的重要载体，也是推动能源转型的关键支撑。随着"碳达峰、碳中和"目标的推进，新型配电网将在未来发生重大变革，其重要性将更加凸显。有源化、网格化、交直流混联和智能化运维将成为未来配电网的发展方向，能够实现电力用户的灵活互动和配电网双向潮流的主动控制，支持输电网协同调控。相比传统配电网，现代智慧配电网将更加高效地并网消纳分布式新能源，具备安全可靠、灵活高效、智能友好、开放互动和高弹性、高适应性的特征。传统配电网将转型为配电系统，交直流混联配电网、微电网、直流配电网等多种形态并存，要求其具备灵活配置与自主平衡能力，成为电力就地配置与供给的核心基础平台。

新能源消纳困难的原因在于风电、太阳能发电等具有间歇性和波动性的特点，但更深层次的原因是中国现行的电力运行方式仍受计划经济影响，传统火电作为基础出力电源，需求侧响应资源未充分发挥作用，尚未形成适应新能源特点的灵活电力系统和市场机制。新型电力系统配电网将传统分配电力的单一功能转变为小型电力系统，具备智能化自愈力、孤岛离网运行能力，以及高技术装备和安全运行水平。

1.1.2 分布式电源基本概念及种类

分布式电源是指接入35kV及以下电压等级电网、靠近用户、以就地消纳为主的电源。通常，分布式电源是指发电功率在数千瓦至几十兆瓦的小型模块化、分散式、布置在用户附近的可靠发电单元。它可以满足电力系统和用户特定的需求，如调峰、为边远用户或商业区和居民区供电。分布式发电具有电力就地产生、就地消化的特点，也可与大电网并网运行，能够节省输变电投资，易于实现电网安全经济高效优质运行。分布式电源的位置灵活、分散，适应了分散的电力需求和资源分布，延缓了输、配电网升级换代所需的巨额投资。同时，它与大电网互为备用，提高了供电可靠性。目前，欧美等发达国家正在广泛研究能源多样化的、高效的和经济可靠的分布式发电系统。可以预见，分布式发电系统将成为未来大型电网的有力补充和有效支撑。

分布式发电系统与电力系统之间的互动关系可以通过四种主要的运行模式来体现。首先，分布式发电系统可以独立于电网运行，直接向邻近用户提供电力。这种模式强调系统的自给自足和适应性，尽管它需要确保持续的稳定性与可靠性。其次，分布式发电系统在独立运行的基础上，可通过自动转换设备与周边电网相连。这样的配置不仅可以满足用户的电力需求，还可以促进电力资源的有效分配和环境友好型的能源使用。第三种模式下，分布式发电系统与电网并行工作，但不向电网输送电力。这有助于增强整个电力系统的稳健性与可靠性，并减少对传统能源的依赖性。最后，分布式发电系统与电网系统并联运行，并主动向电网输送电力。这一模式可以充分利用可再生能源的潜力，提升电力资源的使用效率，并有助于缓解传统能源供应的紧张状况。通过这四种运行方式，分布式发电系统与电力系统能够实现互补与协同，共同推动能源结构的优化和可持续发展。

分布式发电是一种从系统角度出发，将发电机、负载、储能装置及控制装置结合而成的单一可控单元，为用户提供电能。分布式发电的电源以微电源为主，如风力发电机、微型燃气轮机、燃料电池、光伏电池等电力电子接口的小型发电设备，它们具有低成本、低电压、低污染等特点。微电源既可以与大电网联网运行，也可以在电网故障或需要时与主网断开单独运行。在接入问题上，入网标准只针对其与大电网的公共连接点，而不针对各个具体的微电源。这解决了分散电源的大规模接入问题，充分发挥了分散电源的优势，为用户带来更多效益。

分布式供能系统应具备自主响应能力，根据本地信息对电压跌落、故障、停电等事件进行独立控制。发电机应能在接收到本地信息后，自动切换至独立运行模式，摒弃传统的电网调度协调方式。具体来说，分布式供能系统需确保微电源的接入不对系统产生影响，能够自主选择运行点，平滑地与电网并列或分离，并对有功和无功进行独立控制。此外，系统还需具备校正电压跌落和系统不平衡的能力。

随着中国经济的快速增长，集中式电力供应网络不断扩大，但安全性问题逐渐成为关注的焦点。特别是在农村和偏远山区，由于经济发展水平较低，建设大型集中式供配电设施不仅需要巨额投资，还需经历漫长的建设周期，能源供应不足已成为这些地区经济发展的瓶颈。在这种背景下，分布式发电技术以其独特优势成为解决之道，可以有效补充集中式发电的不足。我国西北部的风力资源极为丰富，风力发电技术的应用正迅速普及。这不仅能够满足当地居民的电力需求，还能将多余电力输送到其他地区，转化为一种环保、清洁的能源供应。同时，太阳能光伏电池和中小型水力发电等可再生能源技术也为缓解我国偏远地区的电力短缺问题提供了有效的解决方案。在城市地区，分布式发电技术不仅作为传统集中供电模式的重要补充，更代表着我国未来能源发展的重要趋势，预示着能源结构的优化和可持续发展的前景。

1.1.3 光伏发电基本认知

太阳能是最重要的可再生能源之一，光伏发电技术也是分布式发电系统中不可或缺的重要组成部分。我国太阳能资源丰富，因此光伏发电技术在我国有着广阔的市场前景。

1. 太阳能光伏发电的基本原理及其优势

（1）太阳能光伏发电的基本原理。太阳能光伏发电利用太阳电池将太阳光能转化为电能。其基本原理是光生伏特效应，即当太阳光照射在太阳电池上时，太阳电池吸收光能并产生电动势。

（2）太阳能光伏发电具有以下优势：

1）环保：太阳能光伏发电不使用化石燃料，不产生污染物，不会对环境造成污染。

2）可再生：太阳能是无穷无尽的能源来源，只要太阳还在，就有光能可以使用。

3）可持续：太阳能光伏发电可减少对传统能源的依赖，助力可持续发展。

4）节能：太阳能光伏发电不会消耗大量能源，可有效节约能源。

5）灵活：太阳能光伏发电系统灵活，可安装在不同场所，如屋顶、停车场等。

6）稳定：太阳能光伏发电系统稳定供应电力，不会受传统能源价格波动影响。

7）经济：随着技术的进步和规模效应的实现，太阳能光伏发电系统的成本不断降低，已经成为一种经济实惠的发电方式。

总之，太阳能光伏发电是绿色、可再生的发电方式，具有巨大的发展潜力。随着环保意识的提高、技术的不断进步和可再生能源的推广应用，其在全球能源供应中将发挥越来越重要的作用。

2. 太阳能光伏发电系统构成

太阳能光伏发电系统主要由太阳电池组件（或方阵）、蓄电池（组）、光伏控制器、逆变器（在有需要输出交流电的情况下使用）以及一些测试、监控、防护等附属设施构成。

（1）太阳电池组件。以晶体硅材料为主，包括单晶硅和多晶硅的太阳能光伏组件。其性能通过电流-电压特性来体现，可将太阳光能转换为电能。光伏方阵如图1-1所示。

单晶硅电池

图1-1　光伏方阵

（2）蓄电池。作用主要是存储太阳电池发出的电能，并可随时向负载供电。

（3）太阳能光伏控制器。作用是控制整个系统的工作状态，功能主要有防止蓄电池过充电保护、防止蓄电池过放电保护、系统短路电子保护、系统极性反接保护、夜间防反充保护等。

（4）交流逆变器。可把太阳电池组件或蓄电池的直流电转换为交流电，供给电网或交流负载使用。按运行方式不同，逆变器分为独立运行逆变器和并网逆变器，前者用于独立运行的太阳能发电系统，为独立负载供电，后者用于并网运行的太阳能发电系统。

（5）光伏发电系统附属设施。光伏发电系统的附属设施包括直流汇流（配线）系统、交流配电系统、运行监控和检测系统、防雷和接地系统等。

太阳能光伏发电以其简单、环保、可持续等优势，成为最理想的可再生能源发电方式。其资源广泛，取之不尽，用之不竭，相比其他新型发电技术更具优势。

1.1.4 风力发电基本认知

风力发电是一种将风能转化为电能的技术，它利用风力带动风车叶片旋转，从而将风的动能转化为风轮轴的机械能，再通过增速机提升旋转速度，使风力发电机发电。风力发电机组由机械、电气和控制三大系统组成，其中电气系统包括发电机、变流器、变压器等部件，其中发电机是核心部件，不同类型的发电机构成了不同类型的风力发电机组。风力发电系统是将风能变成电能的整体机构，是整个风力发电机组的重要组成部分，其结构也比较复杂。叶轮捕捉风能并转化为机械能，发电机将机械能转化为电能，整流器将发电机的交流电转化为直流电，逆变器则将直流电转化为与电网电压同频率、同相位的交流电，最后通过变压器馈入电网。图1-2所示为风力发电系统典型结构。

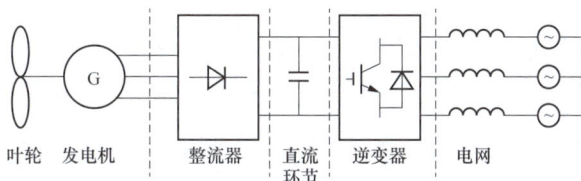

图1-2 风力发电系统典型结构

风力发电系统主要由叶轮、发电机、调向器、塔架、限速安全机构和储能装置等组成，叶轮由2或3个叶片构成。风力发电机有直流发电机、同步交流发电机和异步交流发电机3种类型。调向器使风力发电机的风轮随时迎风，从而最大限度地获取风能。塔架是风力发电机的支撑机构，一般采用桁架结构。限速安全机构保证风力发电机的安全运行，使叶轮的转速在一定风速范围内保持不变。风力发电机的输出功率与风速有关，由于风速不稳定，所以风力发电机的输出功率也极不稳定，需要先经蓄电池储存起来。目前，风力发电机多使用铅酸蓄电池存储电能。

风力发电系统可以分为两类，一类是独立型风力发电系统；另一类是并网型风力发电系统。

（1）独立型风力发电系统。独立型风力发电系统规模较小，单机容量一般在10kW以下，利用蓄电池等储能设备或与其他能源发电技术结合，解决偏远地区的供电问题。这种小型风力发电系统经常与其他能源混合使用形成混合电力系统。

（2）并网型风力发电系统。并网型风力发电系统是指规模较大的风力发电场，单机容量通常在数百千瓦到兆瓦之间。这些风力发电场与大电网并网运行，能够得到补偿和支撑，使风能得到高效大规模的经济利用。并网型电力发电系统可以按照其转速控制方式分为以下几类：恒速发电系统、有限变速发电系统、部分功率变频器控制的变速发电系统以及全功率变频器控制的变速发电系统。

1.1.5　微电网基本认知

微电网是一种小型电力系统，由分布式电源、负荷、储能、变配电和控制系统构成，具有自我控制、保护和管理的自治能力，可以与外部电网并网运行或孤网运行。微电网解决了分布式电源种类繁多、数量庞大、分散接入等问题，作为配电网和分布式电源之间的桥梁，提高了电力系统的效率和稳定性。

微电网主要由分布式发电、负荷、储能装置及控制装置四部分组成。其中，分布式发电以新能源为主，也可以是热电联供或冷热电联供形式；负荷包括各种一般负荷和重要负荷；储能装置可采用多种方式，如物理储能、化学储能、电磁储能等；控制装置由多个控制单元组成，实现分布式发电控制、储能控制、并离网切换控制、微电网实时监控、能量管理等。

微电网的控制体系结构分为三层，如图1-3所示。最上层是配电网调度层，它接受上级配电网的调节控制命令，协调调度微电网。中间层是集中控制层，作为微电网控制中心，负责管理分布式发电、储能装置和各类负荷。根据整个微电网的运行情况，集中控制层会实时优化控制策略，实现并网、离网和停运的平滑过渡。最底层是就地控制层，负责执行控制指令，实现微电网的稳定运行。

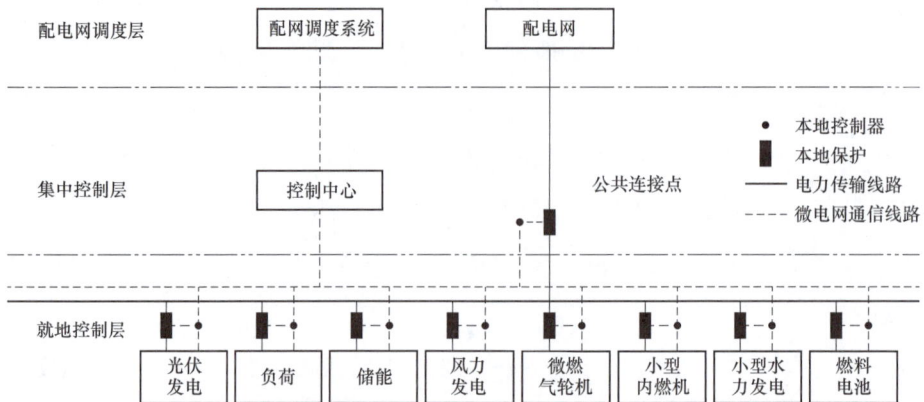

图1-3　微电网控制体系结构

微电网的控制层由就地保护设备和就地控制器组成，负责执行各分布式发电调节、储能充放电控制和负荷控制，完成分布式发电对频率和电压的一次调节和电网的故障快速保护，通过就地控制和保护的配合实现微电网故障的"自愈"。微电网示范工程具有微型化、清洁化、自治化和友好化的基本特征。微型化是指微电网电压等级一般在10kV以下，系统规模一般在兆瓦级及以下，与终端用户相连，电能就地利用；清洁化是指微电网内部分布式电源以清洁能源为主；自治化是指微电网内部电力电量能实现全部或部分自平衡；友好化是指微电网可减少大规模分布式电源接入对电网造成的冲击，实现并网/离网模式的平滑切换，为用户提供优质可靠的电力。

1.1.6 配电网基本认知

电力网由发电机、变电站、输电网和配电网络组成。发电机出口电压为220kV以下，需通过升压变压器将电压升至60kV以上，以高压形式传输电能至预定地点，再经降压变压器将电压降至10～35kV作为中压配电网的电压等级，最后降至380/220V，以满足工业生产和居民生活的用电需求。

1. 配电网的功能及特点

配电系统负责将电力从变电站或小型发电厂输送至每个用户，并在需要的地方进行电压等级转换。根据供电区的功能，配电网可以分为城市、农村和工厂配电网。农村配电网主要采用架空裸导线或架空绝缘线，具有供电线路长、分布面积广、负载小而分散、用电季节性强、设备利用率低等特点。存在建设无规划、布局不合理、施工无设计、设备质量差等问题，导致用户安全用电知识较为贫乏，严重影响安全供用电。

2. 配电网络的构成

按照敷设方式可分为两种：

（1）将导线用绝缘子与大地绝缘，架设在不同类型的支架上称为杆塔，这种方式架设的线路称为架空线路。架空线路分为裸导线线路、架空电缆及架空绝缘导线线路。

（2）将电缆（地埋线）敷设在地下隧道或直接埋在地下，这种方式架设的线路称为电缆线路。其中，配电网元件包括变电站、配电站、开关站、环网柜、杆式变压器、电缆、架空导线、绝缘子、横担、电杆、断路器、配电变压器、高压熔断器、避雷器和接地装置等。

3. 配电网的供电质量

（1）电压质量。合格的电压质量是使电压偏差、供电频率、波形畸变等参数都达到规定的标准。

1）电压偏差。电压偏差即最大负荷与最小的负荷时，线路各点电压变动的偏差，一般以百分数表示对20kV、10kV和380V三相供电电压允许偏差为额定值的+7%。

2）电压和电流的波形畸变。我国以至世界采用的交流电都是正弦波形，但是由于发电机的并解列、电网的故障运行及单相整流负荷的冲击，都可能使电网产生谐波，影响正弦交流电的波形，破坏电能的质量，影响系统的正常运行。

3）供电频率。我国电网的运行频率为50Hz，允许频率偏差为0.2～0.5Hz。

（2）供电可靠性。供电可靠性是指系统为用户持续供电的能力，包括充裕性和安全性。配网供电可靠性受多因素影响，如用户密度、故障概率、修复时间、非故障停电等。为提高配网供电可靠性，需采取以下策略：加强用户管理，提高供电信息管理水平；建立和完善可靠性管理体系；强化配电管理系统自动化等。同时，应做好季节性事故预防工作，加强线路设备巡视，全面落实管理责任制。

4. 配电网的接线方式

（1）配电系统主接线的基本要求。

1）可靠性。根据负荷情况确定，确保满足一、二级负荷对供电的可靠性要求。

2）灵活性。适应不同运行方式，方便操作和检修，与上级电网和地区电源协调。

3）安全性。符合国家标准及有关技术规范要求，充分保证人身和设备安全。

4）经济性。应能满足长远发展和近期过渡的需要。

（2）高压配电网接线方式。高压配电网的规划、设计、建设、改造和运行应满足导则、规范、规程的要求。高压配电网由高压线路和变电站组成，采用架空线时可采用同杆双回路供电方式，沿线可支接若干变电站。为节省占地，宜在两侧配备电源。

（3）中压配电网接线方式。中压配电网的接线方式有放射式、环式、双放射式及两端供电方式等。按负荷供电可靠性要求可分为无备用和有备用接线系统。在有备用接线系统中，完全备用系统能保证全部负荷供电，不完全备用系统只能保证对重要用户供电。备用系统的投入方式可分为手动投入、自动投入和经常投入等几种。10kV架空线路宜环网布置开环运行。

（4）低压配电网接线方式。低压配电网宜采用以配电变压器为中心的辐射式接线，一、二级负荷可设双路电源。我国采用中性点直接接地的运行方式，将中性点引出中性线N和保护线PE。某些地区为减少人员触电危险，采用不接地方式。按国家标准规定，含有中性线的三相系统称为三相四线制系统，即TN系统；若中性线与保护线共用一根导线（保护中性线PEN），则称为TN-C系统；若中性线与保护线各用一根导线，则称为TN-C-S系统。低压配电系统的接线方式包括放射式和树干式。放射式具有独立、可靠的优点，适用于重要负荷；树干式结构简化、线材消耗少、灵活性高，但范围大时可靠性较低。

（5）中、低压配电网的供电半径。中、低压配电网的供电半径应满足末端电压质量的要求，中压配电线路电压损失不宜超过4%，低压配电线路电压损失不宜超过6%，详见表1-1。

▼表1-1　　　　　　　　　　中、低压配电网的供电半径　　　　　　　单位：km

供电区类别	20kV 配电网	10kV 配电网	0.4kV 配电网
中心城区	4	3	0.15
一般城区	8	5	0.25
郊区	10	8	0.4

1.2　电路基本认知

1.2.1　直流电路认知

本节主要介绍欧姆定律、电阻串联电路的电压分配规律和电阻并联电路的电流分配规律。

1. 欧姆定律

欧姆定律是反映电压、电流、电阻三者之间关系的基本定律。

在电阻不变的电路中，流过电阻的电流大小与电阻两端的电压成正比。简而言之，电压越高，电流越大。其数学表达式为：

$$I = \frac{U}{R} \qquad (1-1)$$

式中　I ——电流，A；

　　　U——电压，V；

　　　R——电阻，Ω。

式（1-1）也可以写成

$$U = IR \qquad (1-2)$$

$$R = \frac{U}{I} \qquad (1-3)$$

2. 串、并联电路

（1）串联电路。串联即将各个电阻的首尾依次连接起来，中间无分支，各电阻电流相等，如图1-4所示。

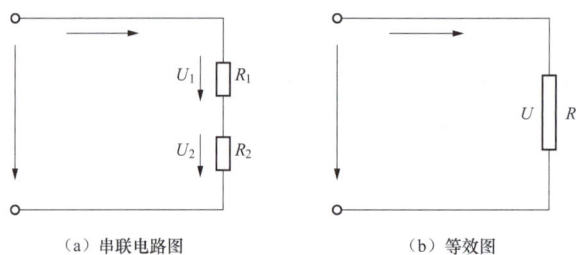

（a）串联电路图　　　（b）等效图

图1-4　串联电路图

串联电路的特点：

1）流过各电阻的电流相同；

2）电路总电压等于各电阻上的电压降之和，即 $U=U_1+U_2$；

3）电路总电阻（等效电阻）等于各电阻阻值之和，即 $R=R_1+R_2$；

4）各电阻上的电压与该电阻的阻值成正比；

5）电路中消耗的功率等于各电阻上消耗的功率之和，即 $P=P_1+P_2$；

6）各电阻上消耗的功率与该电阻的阻值成正比。

（2）并联电路。并联即将几个电阻的头和尾分别接在一起，各电阻承受同一电压，如图1-5所示。

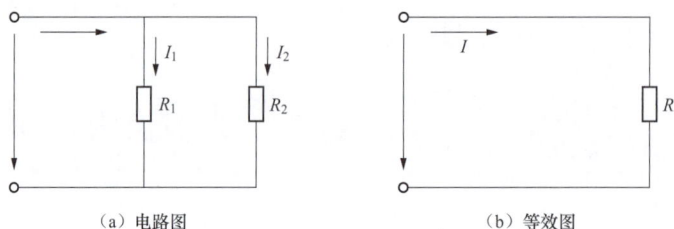

（a）电路图　　　　　（b）等效图

图1-5　并联电路图

并联电路的特点：

1）电路中各电阻上所承受的电压相同；

2）电路中的总电流等于各电阻中电流之和，即 $I=I_1+I_2$；

3）电路中的总电阻（等效电阻）的倒数等于各电阻的倒数之和，即

$$\frac{1}{R}=\frac{1}{R_1}+\frac{1}{R_2} \tag{1-4}$$

（3）混联电路。混联电路由串联和并联电阻组合而成。简化电路时，应先合并串联或并联部分，再求出等效总电阻。随后应用欧姆定律，计算出电路的总电流或总电

压。最后，根据电路特性，确定各部分的电流和电压分布。

3. 电功率和电能

（1）电功率。单位时间内产生或消耗的电能，称为电功率（简称功率）。负荷消耗电功率等于负荷两端的电压与通过负荷的电流的乘积，常用 P 表示

$$P=UI \tag{1-5}$$

式中　P ——电功率，W；

　　　U ——负荷端电压，V；

　　　I ——负荷电流，A。

同理，电源产生的电功率等于电动势与电流的乘积。

（2）电能。电流在一段时间内所做的功称为电能。电能的大小不仅与电功率的大小有关，还与做功的时间长短有关。其表达式为

$$W=Pt \tag{1-6}$$

式中　P ——电功率 W 或 kW；

　　　t ——时间，h；

　　　W ——电能，Wh 或 kWh。

（3）电的热效应。电流通过电阻时要发热，其发热量同电流的平方、回路中的电阻及通过电流的时间成正比，即

$$Q=I^2Rt（J）=0.24I^2Rt（cal） \tag{1-7}$$

式（1-7）表明了电能转换为热能的关系，称为焦耳-楞次定律，1J=0.24cal。

1.2.2　交流电路

介绍电感、自感、交流电的周期、频率、角频率、瞬时值、最大值、有效值、相位、初相位、相位差等概念。

1. 单相交流电路

（1）正弦交流电的基本知识。

1）交流电。交流电即大小和方向都随时间作周期性变化的电流（或电动势、电压）。日常生活或生产中用的交流电是随时间按正弦规律交变的，所以称为正弦交流电，简称交流。

2）正弦交流电动势的产生。图1-6所示是一台交流发电机工作原理示意图。

当绕组在磁场中旋转时，导线切割磁力线产生感应电动势。在长度 L（L 指的是导线在磁场中有效切割磁力线的长度，即导线与磁力线垂直的部分的长度。这部分长度

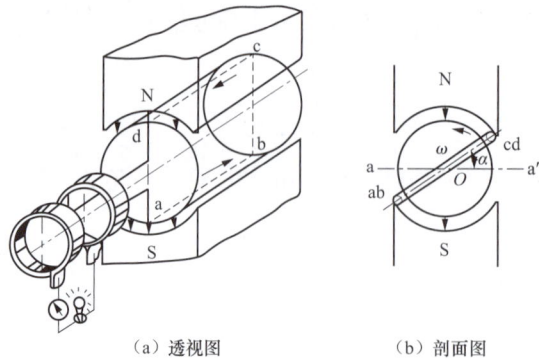

（a）透视图　　　　　　（b）剖面图

图 1-6　交流发电机工作原理示意图

直接影响到感应电动势的大小，因为导线越长，切割磁力线的效果越明显）和速度 v（v 指的是导线在磁场中移动的速度。速度越快，导线切割磁力线的频率越高，从而感应电动势的频率也越高）恒定时，感应电动势的强度与磁场强度 B 成正比。为获得正弦波形的交流电动势，发电机需设计特定磁极形状，确保磁通密度在电枢表面垂直方向上呈现正弦分布。

$$B = B_m \sin\alpha \tag{1-8}$$

式中　B_m——磁通密度的最大值，T；

　　　α——绕组的一边与转轴 O 所组成的平面与中性面（两磁极间的分界面）间的夹角。

所以，感应电动势也是空间角 α 的正弦函数，即

$$e = E_m \sin\alpha \tag{1-9}$$

式中　E_m——感应电动势的最大值，V。

当绕组单位时间内旋转的角度（又称角速度）为 ω 时，空间角 $\alpha = \omega t$，则感应电动势 e 随时间变化的规律可写成

$$e = E_m \sin\omega t \tag{1-10}$$

式中　ωt——电动势在时间为 t 时的角度，称为电动势的相位角。

（2）周期与频率。正弦交流电随时间按正弦规律由正到负、由负到正周而复始地变化。变化一周所需要的时间称为周期，用 T 表示，单位为 s，如图 1-7 所示。以电角度表示的一个周期为 2π 弧度，即

$$\omega T = 2\pi \text{ 或 } T = \frac{2\pi}{\omega} \tag{1-11}$$

每秒正弦量交变的次数称为频率，用 f 表示，单位为 Hz。我国电网采用的是频率是50Hz。

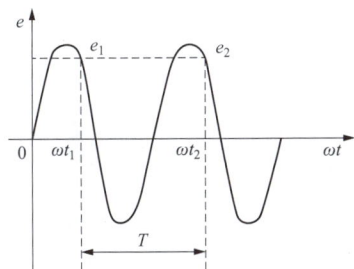

图1-7　正弦交流电的周期

周期和频率互为倒数，即

$$f = \frac{1}{T} \text{ 或 } T = \frac{1}{f} \qquad (1-12)$$

因为一个周期（360°）等于 2π 弧度，若将频率的单位 Hz 化为 rad/s（弧度每秒），即为角频率 ω，因此

$$\omega = \frac{2\pi}{T} = 2\pi f \qquad (1-13)$$

（3）瞬时值与最大值。瞬时值表示交流电在任意时刻的数值，通常以小写字母表示，例如电流用 i，电压用 u，电动势用 e。而最大值，即正弦波形中的最大瞬时值，用大写字母并附加下标 m 来表示，例如 I_m、U_m、E_m。在每个周期内，最大值会在正负峰值处各出现一次，共两次。

（4）有效值。交流电的瞬时值是随时间变化的，用瞬时值来反映交流电在电路中产生的效果很不方便，而且用最大值也不能确切地反映出交流电的大小。工程中常用有效值。

若交流电流的瞬时值方程为

$$i = I_m \sin \omega t \qquad (1-14)$$

则可推导出

$$I = \frac{I_m}{\sqrt{2}} = 0.707 I_m \qquad (1-15)$$

即正弦交流电流的有效值等于最大值的 $2/\sqrt{2}$。

交变电流的有效值等于与热效应相当的直流值，用英文大写字母表示，如 U、I、E 分别表示电压、电流、电动势的有效值。

有效值与最大值的关系分析如下：

在一周期的时间内所产生的热量为

$$Q = \int_0^T i^2 R \mathrm{d}t = R \int_0^T i^2 \mathrm{d}t \qquad (1\text{-}16)$$

直流电流 I 通过电阻 R 时，在时间 T 内产生的热量为

$$Q = I^2 RT \qquad (1\text{-}17)$$

则

$$I^2 RT = R \int_0^T i^2 \mathrm{d}t$$

$$I = \sqrt{\frac{1}{T} \int_0^T i^2 \mathrm{d}t} \qquad (1\text{-}18)$$

根据式（1-15），同理可得

$$U = \frac{U_m}{\sqrt{2}} = 0.707 U_m \qquad (1\text{-}19)$$

$$E = \frac{E_m}{\sqrt{2}} = 0.707 E_m \qquad (1\text{-}20)$$

在工程计算与实际应用中，电流、电压和电动势的数值通常指有效值。

（5）相位、初相位和相位差。

1）相位、初相位。在交流发电机中，当电枢绕组平面的起始位置与中性面 a—a′ 重合时，感应电动势瞬时值的表达式为

$$e = E_m \sin \alpha = E_m \sin \omega t$$

如果电枢绕组平面在与中性面夹角为 φ 时作起始位置（即 $t=0$ 时，$\alpha = \varphi$），如图 1-8 所示。经过 t（s）后，电枢绕组平面与中性面的夹角增加了 ωt，因此绕组所处位置的角度为 $\alpha = \omega t + \varphi$，则绕组中感应电动势的瞬时值应为

$$e = E_m \sin(\omega t + \varphi) \qquad (1\text{-}21)$$

式中　　$\omega t + \varphi$——相位角或相位。

相位是随时间变化的，它决定了正弦电动势瞬时值的大小和方向。$t = 0$ 时的相位角 φ 称为初相位角或初相位。在波形图上，初相位 φ 是正弦曲线正向过零点与坐标原点之间的角度。如正向过零点在纵轴左侧时，初相位是正值；在右侧时，初相位是负值。如图 1-9 中电流 i_1 的初相位为 $+60°$，电流 i_2 的初相位为 $-30°$，它们的瞬时值表达式分别为

$$\begin{aligned} i_1 &= I_m \sin\left(\omega t + 60°\right) \\ i_2 &= I_m \sin\left(\omega t - 30°\right) \end{aligned} \qquad (1\text{-}22)$$

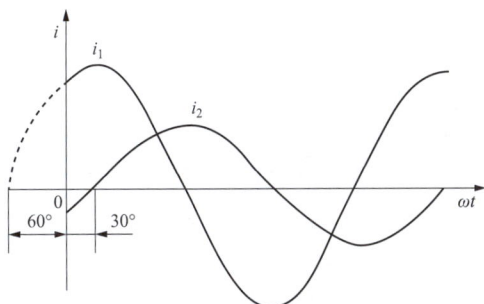

图1-8 电动势的相位和初相位

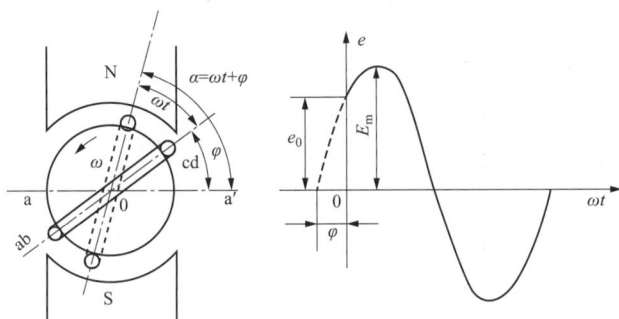

图1-9 初相位的正负值

2）相位差。设两个完全相同的电枢绕组，它们在电枢上的空间位置如图1-10（a）所示，由于它们绕在同一电枢上，所以两个绕组以同一角速度切割磁力线，它们产生的感应电动势分别为

$$e_1 = E_m \sin(\omega t + \varphi_1)$$
$$e_2 = E_m \sin(\omega t + \varphi_2) \tag{1-23}$$

这两个电动势的最大值和角频率相同，只是相位不同。两个同频率的正弦量在相位上的差别称为相位差，即

$$(\omega t + \varphi_1) - (\omega t + \varphi_2) = \varphi_1 - \varphi_2 = \varphi \tag{1-24}$$

由图1-10（b）可以看出，由于e_1和e_2存在相位差，所以在同一时刻它们的瞬时值不相等，且e_1总比e_2先到达最大值，即e_1在相位上超前e_2为φ角，e_2较e_1滞后φ角。i_1和i_2间的相位差为

$$\varphi_1 - \varphi_2 = 60° - (-30°) = 90° \tag{1-25}$$

即i_1超前i_2 90°，i_2滞后i_1 90°。

如果两个同频率的正弦量的相位差为0，这两个正弦量为同相位；如果相位差为180°，则这两个正弦量为反相位。

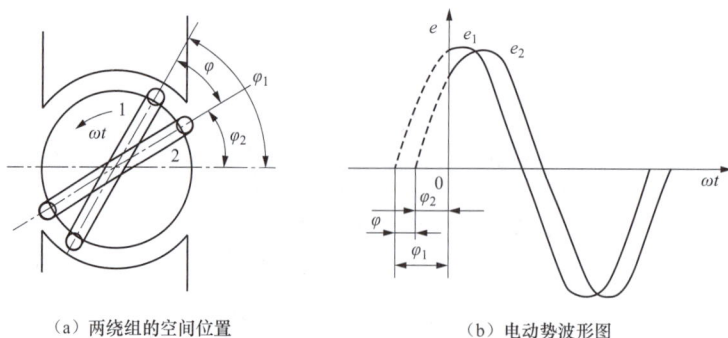

（a）两绕组的空间位置　　　　　　　（b）电动势波形图

图1-10　两相同的电枢绕组

2. 正弦交流电的相量表示法

（1）向量用于表示交流电时称为相量，在相应字母符号上方加"·"表示，如$\dot{I}_m$、$\dot{I}$、$\dot{U}_m$、$\dot{U}$等。正弦电流瞬时值$i = I_m \sin(\omega t + \varphi)$的相量表示法，如图1-11所示。

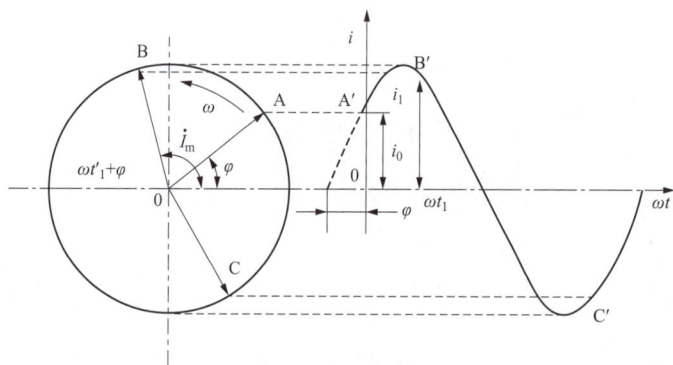

图1-11　用相量表示正弦量

图1-11中，$\dot{I}_m$的长度代表正弦电流的最大值，$\dot{I}_m$与横轴正方向的夹角表示i的初相位φ，$\dot{I}_m$以角速度（角速度是单位时间内变化的角度。相量旋转的角速度应为正弦量的角频率ω）逆时针方向旋转，对应于每一个瞬时相量i的位置在纵轴上的投影，正好等于该时刻i的瞬时值。将$\dot{I}_m$随时间旋转在纵轴上的投影按时间变量描成曲线，正好是一条正弦波曲线。

（2）相量图是一种将同频率正弦波形的电气量用向量形式表达在同一坐标系中的图形工具。绘制时，首先确定一个参考相量，它的初相位设为零，长度代表其有效值。在工程计算中，通常使用有效值来进行计算。

（3）相量的加法和减法遵循平行四边形法则。减法操作时，可以视作将被减相量反向后与原相量进行加法操作。通过相量图，可以直接测量出相量和或差的初相位角以及大小，然后根据作图比例得到实际数值。此外，相量和、差及其初相位角也可以通过计算方法得到。这是一种直观且准确的分析手段。

3. 交流电路中的电阻、电感、电容元件

（1）电阻交流电路。实际应用的白炽灯、电烙铁、电阻器等可看成电阻元件。在电阻元件构成的交流电路中，电流和电压的频率相同，相位相同，完全符合欧姆定律，即

$$\frac{u}{i} = \frac{U_m}{I_m} = \frac{U}{I} = R \qquad (1-26)$$

电阻电路的相量图和波形图，如图1-12所示。

任何瞬间电阻上所消耗的功率等于通过电阻的电流与加在电阻两端电压的瞬时值的乘积，即

$$P = ui \qquad (1-27)$$

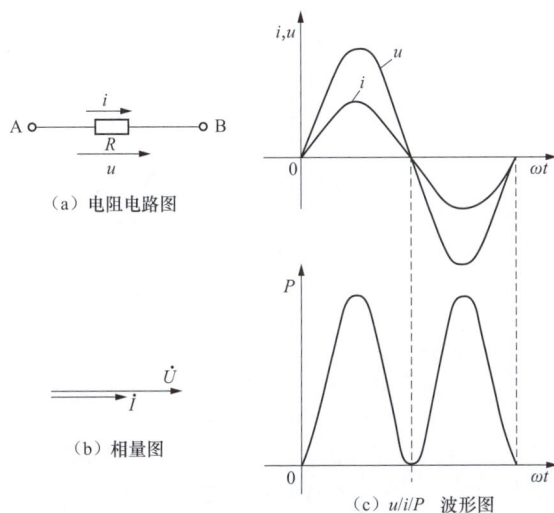

图1-12 电阻电路的相量图和波形图

观察图1-12（c）可以发现，所有时刻的功率值均为正，这表明电阻电路始终在从电源吸收能量，从而确认电阻是一种能量消耗元件。在日常生活中，我们通常所说的平均功率，也称为有功功率，是指在一个周期内瞬时功率的均值。电阻元件的平均功率等于流过电阻的电流、两端施加的电压的有效值的乘积，即

$$P = UI = I^2 R = \frac{U^2}{R} \qquad (1-28)$$

（2）电感交流电路。实际应用中的荧光灯镇流器线圈、接触器的线圈、继电器的线圈、电动机的绕组等，若忽略它们的导线电阻，都可看成是电感元件。图1-13所示为纯电感电路及其相量图、波形图。

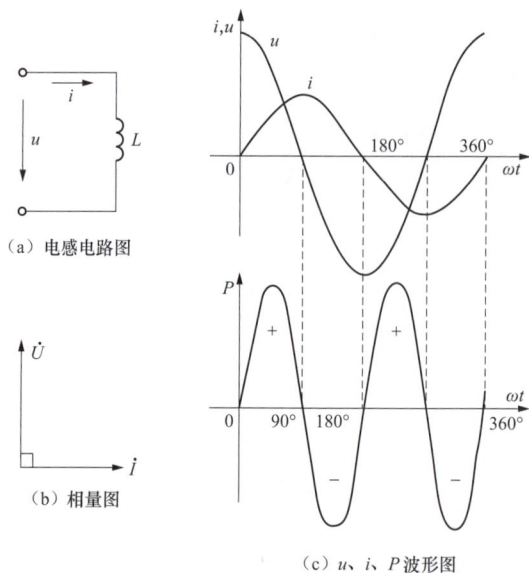

（a）电感电路图

（b）相量图

（c）u、i、P 波形图

图 1-13　电感电路的相量图、波形图

在电感交流电路中，电压和电流的有效值或最大值之比称为电感电抗，简称感抗，用 X_L 表示，即

$$\frac{U}{I} = \frac{U_m}{I_m} = X_L \tag{1-29}$$

感抗 X_L 和电阻 R 相似，在交流电路中都起阻碍电流通过的作用。X_L 的大小与电感 L 和频率 f 的乘积成正比，即

$$X_L = \omega L = 2\pi f L \tag{1-30}$$

式中　L ——绕组（线圈）的电感，H；

　　　f ——电源电压的频率，Hz；

　　　ω ——电源电压的角频率，rad/s；

　　　X_L——感抗，Ω。

从图 1-13（c）中看出，电压和电流的频率相同，电压的相位超前于电流 90°，用瞬时值表示为

$$i = I_m \sin \omega t \tag{1-31}$$

$$u = U_m \sin (\omega t + 90°) = I_m X_L \sin (\omega t + 90°) \tag{1-32}$$

观察图 1-13（c）的功率波形图，可以发现瞬时功率是两倍于电压或电流频率的正弦曲线，且正负半周完全对称。正值表示从电源吸收能量，负值则表示向电源释放能量，因此电感元件从电源吸收的平均功率为零，电感不消耗能量，只进行周期性的能

量互换。这种功率转换的规模称为感性无功功率，用Q_L表示，即

$$Q_L = UI = I^2 X_L = \frac{U^2}{X_L}$$ （1-33）

为了与有功功率区别，无功功率的单位是var（乏）。

（3）电容交流电路。电容器由两块靠近的金属导体组成，中间用不导电的绝缘介质隔开，接在电源上时，两个极板总是分别带有电量相等的正、负电荷。电容器储存电荷的物理量称为电容，用符号C表示，C值越大，储存的电量越多。用公式表示为

$$C = \frac{Q}{U}$$ （1-34）

式中　Q——极板上的带电量，C；

　　　　U——两个极板之间的电压，V；

　　　　C——电容，F（法拉）。

电容的单位一般为μF或pF，$1\mu F = 10^{-6}F$；$1\,pF = 10^{-6}\mu F = 10^{-12}F$。

电容交流电路中电压和电流的有效值（或最大值）之比等于电容电抗，简称容抗，用X_C表示

$$\frac{U}{I} = \frac{U_m}{I_m} = X_C$$ （1-35）

容抗在电路中也起阻碍电流的作用。X_C的大小与电容C和频率f的乘积成反比，即

$$X_C = \frac{1}{\omega C} = \frac{1}{2\pi f C}$$ （1-36）

式中　X_C——容抗，Ω；

　　　　ω——电源交流电压的角频率，rad/s；

　　　　C——电容元件的电容，F；

　　　　f——电源交流电压的频率，Hz。

电容元件中的电流与电压的频率相同，但电流的相位超前于电压90°，如图1-14所示。

电容电路中电压电流的瞬时值为

$$u = U_m \sin \omega t = I_m X_C \sin \omega t$$ （1-37）

$$i = I_m \sin (\omega t + 90°)$$ （1-38）

从图1-14（c）看出，电容电路也不消耗能量，在电源和电容器间只有周期性的能量交换，电容器是一个储能元件。这种互相转换功率的规模（最大值）称为电容性无

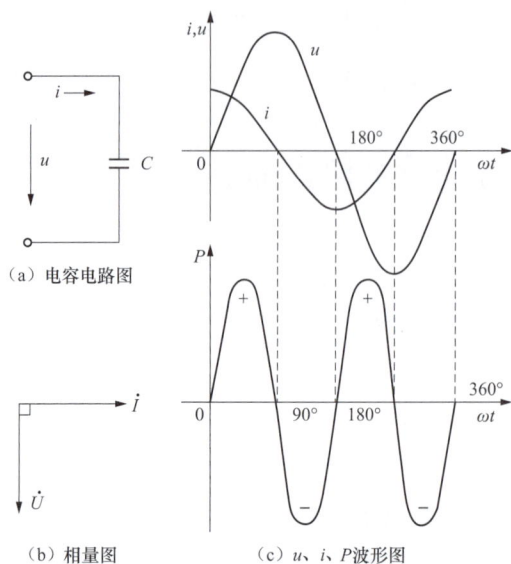

（a）电容电路图　　（b）相量图　　（c）u、i、P波形图

图1-14　电容电路的相量图和波形图

功功率，用Q_C（var）表示

$$Q_C = UI = I^2 X_C = \frac{U^2}{X_C} \quad\quad (1-39)$$

（4）电阻与电感串联的交流电路。电气设备的实际电路几乎都不是单一的电阻、电感或电容电路。最常见的是电阻与电感串联的电路，如电动机、变压器等。在电阻、电感串联电路中，各元件上的电压和总电压的关系如图1-15所示。

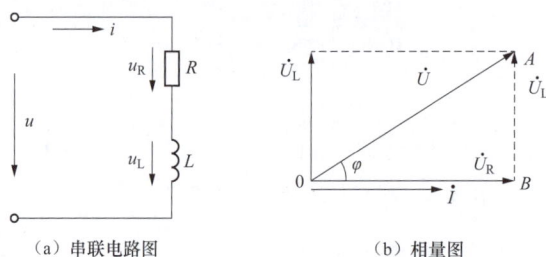

（a）串联电路图　　　　　　（b）相量图

图1-15　电阻和电感串联电路

在电压u的作用下，通过R、L的电流为i，i与R上的压降u_R同相位，i比L上的压降u_L落后90°。画相量图时，以电流$\dot{I}$为参考相量，再画出电阻上的电压$\dot{U}_R$相量和电感上的电压$\dot{U}_L$相量，总电压$\dot{U}$等于$\dot{U}_R$和$\dot{U}_L$的相量和。从图1-15（b）看出，总电压$\dot{U}$与$\dot{U}_R$、$\dot{U}_L$构成了一个直角三角形，称为电压三角形。其斜边为总电压$\dot{U}$，两直角边分别为$\dot{U}_R$、$\dot{U}_L$，根据勾股定律可得

$$U = \sqrt{U_R^2 + U_L^2} \qquad (1-40)$$

或
$$U = \sqrt{(IR)^2 + (IX_L)^2} = I\sqrt{R^2 + X_L^2} \qquad (1-41)$$

式中　$\sqrt{R^2 + X_L^2}$——交流电路的阻抗，Ω。

由式（1–41）看出，Z、R、X_L 之间也是一个直角三角形，称为阻抗三角形，如图 1–16（a）所示。

从图 1–16（b）看出，总电压和电流之间的相位差为 φ，即总电压和电流之间的相位差由负荷电阻和感抗的大小决定。

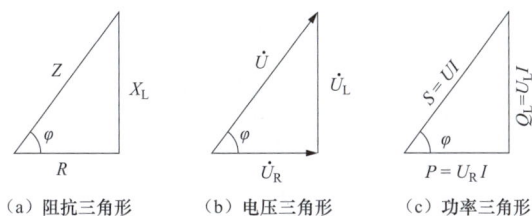

（a）阻抗三角形　　（b）电压三角形　　（c）功率三角形

图 1–16　阻抗、电压、功率三角形

在电阻、电感串联电路中，电阻上消耗的有功功率为

$$P = U_R I \qquad (1-42)$$

由电压三角形可知

$$U_R = U\cos\varphi \qquad (1-43)$$

所以

$$P = UI\cos\varphi \qquad (1-44)$$

式中　$\cos\varphi$——电路的功率因数，可由阻抗三角形求得，其数值与负荷的阻抗参数有关。

在电阻、电感串联电路中的无功功率为

$$Q = U_L I \qquad (1-45)$$

由电压三角形可知

$$U_L = U\sin\varphi \qquad (1-46)$$

所以

$$Q = UI\sin\varphi \qquad (1-47)$$

无功功率在电能的传输和转换过程中发挥着至关重要的作用。发电机必须发出适量的无功功率，这不仅有助于建立和维持交变磁场，而且对于设备的能量传输和转换效率至关重要。此外，无功功率的合理配置还能显著提升发电机和电网的整体稳定性与运行效率。

电路中，电压与电流的有效值的乘积称为视在功率，用 S 表示

$$S = UI \qquad (1-48)$$

视在功率的单位为伏安（VA）或千伏安（kVA）。一般变压器的容量用视在功率表示。

由视在功率 S、有功功率 P、无功功率 Q 组成的三角形，称为功率三角形，如图 1–16（c）所示。

视在功率为

$$S = \sqrt{P^2 + Q^2}$$

【例 1–1】有一个电阻 $R = 6\Omega$，电抗 $L = 25.5\text{mH}$ 的线圈，串接于 220V、50Hz 的电源上，试求线圈的感抗 X_L、阻抗 Z、电流 I、电阻压降 U_R、电感压降 U_L、功率因数 $\cos\varphi$、有功功率 P、无功功率 Q 和视在功率 S。

解：

$$X_L = 2\pi fL = 2 \times 3.14 \times 50 \times 0.0255 = 8(\Omega)$$

$$Z = \sqrt{R^2 + X_L^2} = \sqrt{6^2 + 8^2} = 10(\Omega)$$

$$I = \frac{U}{Z} = \frac{220}{10} = 10(\text{A})$$

$$U_R = IR = 22 \times 6 = 132(\text{V})$$

$$U_L = IX_L = 22 \times 8 = 176(\text{V})$$

$$\cos\varphi = \frac{R}{Z} = \frac{6}{10} = 0.6$$

$$P = I^2R = 22^2 \times 6 = 2904(\text{W}) = 2.904(\text{kW})$$

$$Q = I^2X_L = 22^2 \times 8 = 3872(\text{var}) = 3.872(\text{kvar})$$

$$S = UI = 220 \times 22 = 4840(\text{VA}) = 4.48(\text{kVA})$$

4. 功率因数 $\cos\varphi$

在功率三角形中，有功功率和视在功率的比值等于功率因数，即

$$\cos\varphi = \frac{P}{S} \tag{1–49}$$

因为发电机、变压器等电气设备的容量用视在功率表示时，等于额定电压和额定电流的乘积，即 $S = UI$。在正常运行时，电流、电压应不超过其额定值，从而发电机、变压器所输出的有功功率则与负荷的功率因数有关，即

$$P = UI\cos\varphi = S\cos\varphi \tag{1–50}$$

在电气工程中，功率因数（$\cos\varphi$）是衡量电源设备效率的重要指标，它决定了设备在给定视在功率（S）下能够输出的有功功率（P）。当功率因数不足时，设备的容量无法得到完全利用。以一台额定视在功率为 50kVA 的变压器为例，当功率因数达到理想状态（$\cos\varphi=1$），变压器能够输出 50kW 的有功功率。然而，当功率因数降至 0.8 时，有功功率减少到 40kW，若功率因数进一步降至 0.6，有功功率减少到 30kW。

功率因数的降低导致无功功率的增加，这会增加线路上的电流，从而引起电压降和功率损耗。电压降的增大会导致负荷端电压降低，影响照明和电动机的正常运行，严重时甚至可能导致电动机损坏。因此，为了减少线路损耗，提高电能利用效率，必须重视提高负荷的功率因数。通过优化电气系统的设计和运行，可以有效地提升功率因数，确保电源设备能够在各种条件下提供稳定的有功功率输出。

1.2.3　三相交流电路

本节包含三相交流电的概念；三相交流电路中电源及负载的连接方式；通过概念描述、定量分析等，使学员掌握简单的对称三相交流电路的分析计算方法。

1. 三相交流电动势

（1）三相交流电动势的产生。三相交流发电机通过旋转电枢在磁场中切割磁力线，产生三相电动势。图1-17中，电枢逆时针旋转时，UX绕组切割磁力线产生感应电动势，其瞬时值为

$$e_U = E_{Um} \sin \omega t \tag{1-51}$$

VY绕组比UX绕组在空间上后移120°，绕组中产生的感应电动势的瞬时值为

$$e_V = E_{Vm} \sin(\omega t - 120°) \tag{1-52}$$

WZ绕组比UX绕组在空间上后移240°或者说前移120°，绕组中感应电动势的瞬时值为

$$e_W = E_{Wm} \sin(\omega t - 240°) \text{ 或 } e_W = E_{Wm} \sin(\omega t + 120°) \tag{1-53}$$

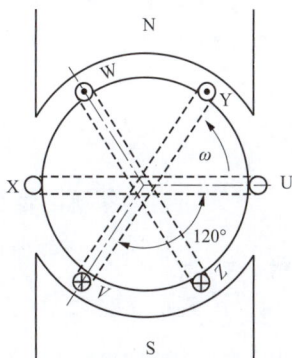

图1-17　三相交流发电机工作原理示意图

由于三个绕组结构相同，所以在三个绕组中感应电动势的最大值相等，即

$$E_{Um} = E_{Vm} = E_{Wm} = E_m \tag{1-54}$$

1）三个绕组以同一角速度在磁场中等速旋转，所以三个感应电动势的角频率相同。

2）三个绕组在空间上互差120°，所以三个感应电动势的相位互差120°。

这样，三个最大值相等、角频率相同、相位互差120°的电动势，称为对称三相电动势。其相量图和波形图如图1-18所示。

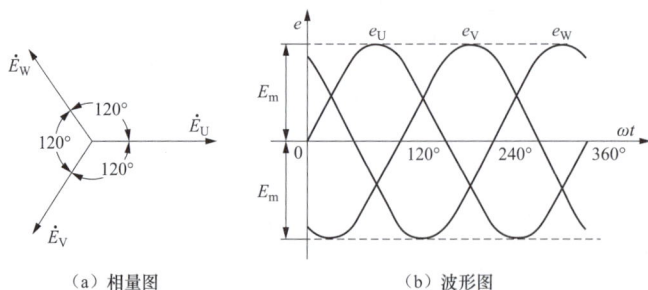

（a）相量图　　　　　　　　　　（b）波形图

图1-18　对称三相电动势的相量图和波形图

对称三相电动势的相量和等于零，即

$$\dot{E}_U + \dot{E}_V + \dot{E}_W = 0 \tag{1-55}$$

任一瞬间的代数和亦为零，即

$$e_U + e_V + e_W = 0 \tag{1-56}$$

（2）相序。在电气工程中，"相序"是一个关键概念，它描述了三相交流电中各相电动势达到峰值的顺序。习惯上，我们用 U－V－W 来表示这一顺序。确定相序时，可以任意选择一相作为 U 相，然后根据相位差来识别 V 相和 W 相：V 相比 U 相滞后120°，而 W 相则比 U 相超前120°。这种顺序被称为正相序。为了便于识别，电源母线上通常使用黄色、绿色和红色三种颜色来分别代表 U、V、W 三相。这种颜色编码有助于快速准确地识别和维护三相电力系统。

2. 电源绕组的连接

三相交流发电机的绕组连接方式对于电力系统的运行至关重要，主要分为星形（Y 连接）和三角形（Δ 连接）两种方式，它们各自具有独特的电气特性和应用场景。

（1）星形连接，也称为 Y 连接，因其形状类似于英文字母"Y"而得名。这种连接方式在发电机中通过将三个绕组的末端相连形成一个公共点，通常用字母 N 表示中性点。从每相绕组的首端引出的导线称为相线，用 L 表示，并依相序分别用 U、V、W 表示，用 L_1、L_2、L_3 表示导线三相，如图1-19（a）所示。

在星形连接中，每相绕组首末两端之间的电压称为相电压，如 u_U、u_V、u_W。而两相线之间的电压，或两绕组首端与首端之间的电压，称为线电压，如 u_{UV}、u_{VW}、u_{WU}。当电源电压对称且接为星形时，线电压等于相电压的 $\sqrt{3}$ 倍，且线电压相位超前相应相电压30°。三个线电压之间的相位差也都是120°。因此，三个线电压也是对称的。电源星形连接时，相电压和线电压的相量图如图1-19（b）所示。

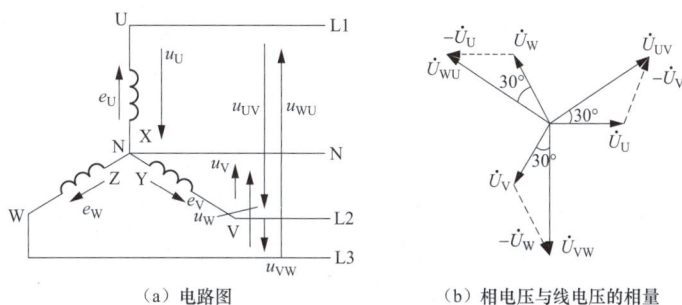

（a）电路图　　　　　　（b）相电压与线电压的相量

图1-19　三相电源绕组的星形连接

星形连接的优势在于其能够提供稳定的电压输出，并且具有较低的线电流，这在某些特定的工业应用中是非常有利的。这种连接方式在配电变压器的低压侧常见，提供220V的相电压和380V的线电压，适用于三相电动机和单相负载供电。

（2）三角形连接，通过将三相绕组依次连接成闭合回路，形成三角形。因其形状类似于希腊字母"Δ"而得名，Δ英文发音是 Delta（德耳塔），也被称为D连接。在这种连接方式中，每个绕组的末端与相邻绕组的起始端相连，形成一个闭合的环路，例如X接V，Y接W，Z接U，连接成一个闭合的三角形，再从三个连接点引出三根导线，用三相三线制电路给负荷供电，如图1-20所示。该接线方式，相电压与线电压相等。三角形连接通常用于三相三线制电路，直接向负荷供电。三角形连接的一个显著特点是其能够承受较高的电流，并且在某些情况下，可以提供更高的功率输出。

星形和三角形连接方式各有优势，星形连接因其结构简单、易于实现中性点接地而在低压配电系统中广泛应用；而三角形连接则因其能够提供与相电压相同的线电压，在某些特定场合下更为适用。了解这两种连接方式的特点对于电气工程师在设计和维护电力系统时至关重要。

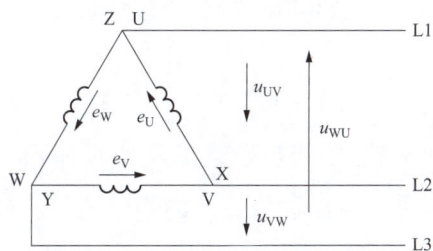

图1-20　三相电源绕组的三角形连接

三角形连接时的相电压等于线电压。

3. 三相负荷的连接方法

三相负荷的连接方法对于确保电力系统的稳定运行和效率至关重要。负荷分为三相负荷和单相负荷，它们可以通过星形或三角形连接方式与电源相匹配。

三相负荷，如三相电动机，可以采用与电源相同的星形或三角形连接方式。星形连接时，各相负荷的首端分别连接到电源的相线上，而末端则连接在一起形成一个共同的节点。三角形连接则是将各相负荷依次跨接在电源的两根相线之间。选择连接方式时，需要根据负荷的额定电压与电源电压的关系来确定，确保负荷能够正常工作。若额定电压等于电源的相电压，应接成星形；若额定电压等于电源线电压，应接成三角形，如图1-21所示。

对于单相负荷，如电灯、电风扇、电视机和洗衣机等，它们的连接方式取决于其额定电压。单相负荷可以根据额定电压选择连接到相电压或线电压上。为了保持电源电压的对称性，建议将单相负荷均匀地分配到三相电源上，这样可以避免对电网造成不平衡负载，从而提高系统的稳定性和效率，如图1-21所示。

三相负荷的连接方法需要根据负荷的额定电压和电源电压来选择，以确保负荷能够安全、有效地运行。无论是星形还是三角形连接，正确的连接方式对于实现电力系统的最优性能和可靠性都是必不可少的。同时，合理分配单相负荷至三相电源，有助于维持电网的平衡和稳定。

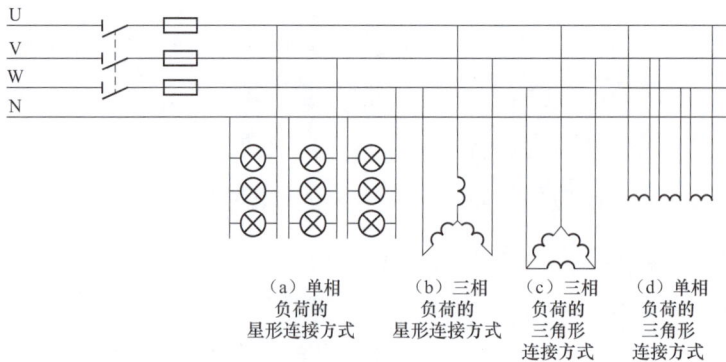

图1-21 负荷的连接方式

4. 电源、负荷都是星形连接的三相电路

（1）三相四线制电路。三相四线制电路如图1-22所示，Z_U、Z_V、Z_W分别为各相负荷的阻抗。各相负荷承受的电压称为负荷的相电压，流过各相负荷的电流称为负荷的相电流，流过中性线的电流称为中性线电流。它们的正方向如图1-22所示。

相电流的计算分别为

$$I_U = \frac{U'_U}{Z_U}$$

$$I_V = \frac{U'_V}{Z_V} \quad\quad (1-57)$$

$$I_W = \frac{U'_W}{Z_W}$$

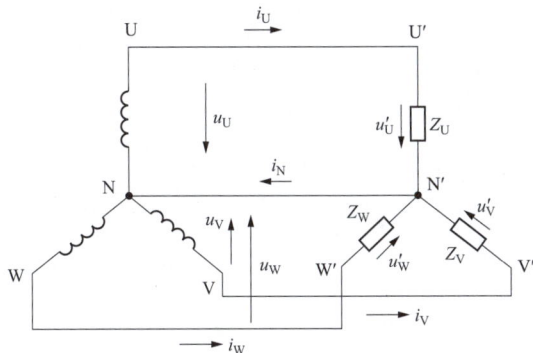

图 1-22　三相四线制电路

各相负荷的相电压与相电流之间的相位差分别为

$$\tan\varphi_U = \frac{X_U}{R_U}$$

$$\tan\varphi_V = \frac{X_V}{R_V} \quad\quad (1-58)$$

$$\tan\varphi_W = \frac{X_W}{R_W}$$

【例 1-2】有三个单相负荷 $R_U = 5\,\Omega$，$R_V = 10\,\Omega$，$R_W = 20\,\Omega$，接于三相四线制电路中，电源三相对称相电压 $U_{Ph} = 220\text{V}$，试求各相电流和中性线电流。

解：画出电路图，如图 1-23（a）所示。

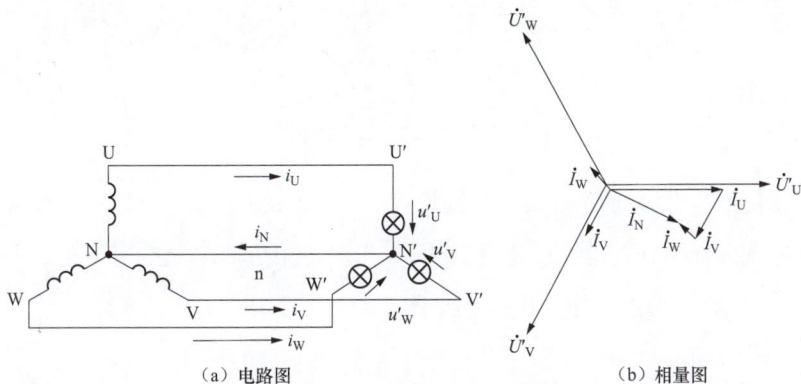

（a）电路图　　　　　　　　　（b）相量图

图 1-23　电路图和相量图

各相电流

$$I_U = \frac{U'_U}{R_U} = \frac{220}{5} = 44(A)$$

$$I_V = \frac{U'_V}{R_V} = \frac{220}{10} = 22(A)$$

$$I_W = \frac{U'_W}{R_W} = \frac{220}{20} = 11(A)$$

中性线电流为三相电流之相量和，即

$$\dot{I}_N = \dot{I}_U + \dot{I}_V + \dot{I}_W$$

如图1-23（b）所示，按比例画三相电压，再画各相电流，用平行四边形法则求出中性线电流，量取长度乘以比例可得中性线电流值，即

$$I_N = 29（A）$$

（2）三相三线制电路。三相三线制电路是针对三相对称负荷供电优化的电力系统配置，它通过减少线路数量，有效简化了电路设计和计算过程。在传统的三相四线制电路中，包括三根相线和一根中性线。然而，对于三相对称负荷，由于三相电流的矢量和为零，中性线实际上并不承担电流流动，从而在对称负荷供电中可有可无。三相三线制电路通过去除中性线，不仅减少了布线成本，还降低了系统复杂性。这种配置特别适合于三相电机等设备的供电，因为它允许工程师将原本复杂的三相电路问题转化为更易于处理的单相电路问题，从而简化了电路的计算和分析。先用 $I = \dfrac{U}{Z}$ 及 $\cos\varphi = \dfrac{R}{Z}$ 算出一相的电流及相位，再根据三相对称关系即可得知其他两相的电流及相位。三相三线制电路如图1-24所示。

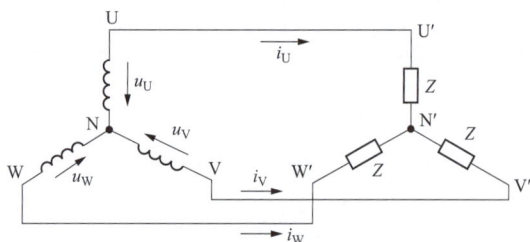

图1-24　三相三线制电路

【例1-3】有一星形连接的三相对称负荷，接于三相三线制电路中，每相电阻 $R = 6\Omega$，电感电抗 $X_L = 8\Omega$，电源线电压为380V，求各相负荷电流的有效值，并写出各相电流顺时针表达式，画出电压、电流相量图。

解：由于该电路是对称的三相三线制电路，所以相电压

$$U_{\mathrm{U}} = U_{\mathrm{Ph}} = \frac{380}{\sqrt{3}} = 220(\mathrm{V})$$

各相电流有效值为

$$I_{\mathrm{U}} = I_{\mathrm{Ph}} = \frac{U_{\mathrm{U}}}{Z} = \frac{220}{\sqrt{R^2 + X_{\mathrm{L}}^2}} = \frac{220}{\sqrt{6^2 + 8^2}} = 22(\mathrm{A})$$

$$I_{\mathrm{U}} = I_{\mathrm{V}} = I_{\mathrm{W}} = 22(\mathrm{A})$$

各相电流和电压之间的相位差为

$$\tan\varphi = \frac{X}{R}, \varphi_{\mathrm{U}} = \tan^{-1}\frac{X}{R} = \tan^{-1}\frac{8}{6} = 53°\,8'$$

$$\varphi_{\mathrm{U}} = \varphi_{\mathrm{V}} = \varphi_{\mathrm{W}} = 53°\,8'$$

设以U相电压为参考正弦量，则各相电流顺时针为

$$i_{\mathrm{U}} = \sqrt{2} \times 22\sin(\omega t - 53.13°)$$

$$i_{\mathrm{V}} = \sqrt{2} \times 22\sin(\omega t - 173.13°)$$

$$i_{\mathrm{W}} = \sqrt{2} \times 22\sin(\omega t + 66.87°)$$

电流、电压相量图如图1-25所示。

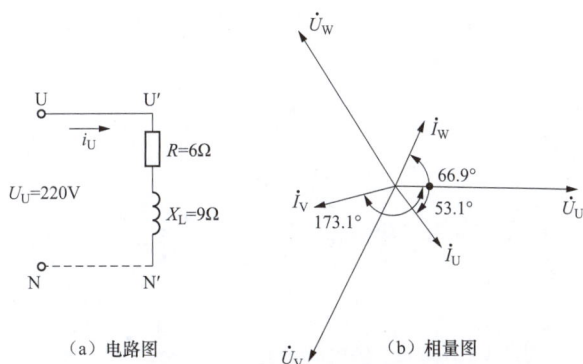

（a）电路图　　　　　（b）相量图

图1-25　电路图和相量图

4. 电源星形连接、负荷三角形连接的对称三相电路

这种三相电路在实际工程中采用时，每相负荷承受的电压均为电源线电压，如图1-26所示。

由于三相对称负载接于三相对称电压上，因而三相电流也是对称的因此，只需计算一相即可。如计算UV相电流，即

$$I_{\mathrm{UV}} = \frac{U_{\mathrm{UV}}}{Z}$$

$$\tan\varphi_{\mathrm{UV}} = \frac{X}{R}$$

（1-59）

其余两相电流可按对称关系直接写出。

线电流和相电流的关系，如图1-26（b）所示。三个负荷相电压组成一个正三角形，三个负荷相电流分别落后于三个相应的负荷相电压一个φ角，线电流为相邻两个负载相电流之差，线电流比相应相电流落后30°，线电流的有效值是相电流有效值的$\sqrt{3}$倍。

5. 三相电路的功率

三相负荷接于三相电源上，无论负荷接成星形还是三角形，每相负荷的有功功率、无功功率、视在功率都和单相电路功率的计算方法一样。现以U相为例：

$$
\begin{aligned}
P_U &= U_U I_U \cos\varphi_U \\
Q_U &= U_U I_U \sin\varphi_U \\
S_U &= U_U I_U
\end{aligned}
\tag{1-60}
$$

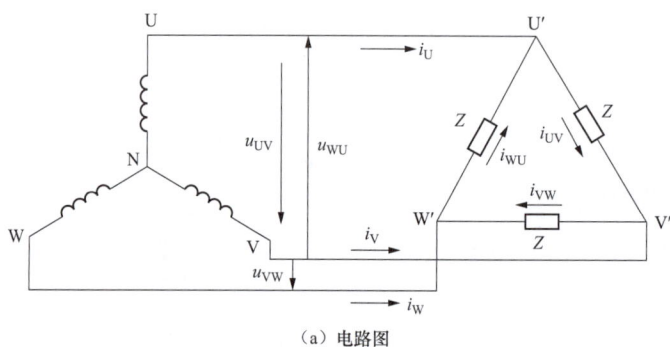

（a）电路图

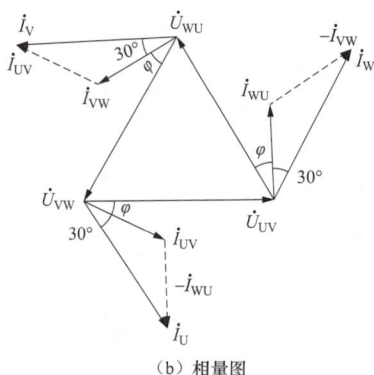

（b）相量图

图1-26　电源星形连接、负荷三角形连接的对称三相电路

三相负荷的总有功功率、总无功功率等于各相负荷相应功率的和，视在功率可用功率三角形关系求得，即

$$
\begin{aligned}
P &= P_U + P_V + P_W = \sqrt{3}\,U_l I_l \cos\varphi_{ph} \\
Q &= Q_U + Q_V + Q_W = \sqrt{3}\,U_l I_l \sin\varphi_{ph} \\
S &= \sqrt{P^2 + Q^2} = \sqrt{3}\,U_l I_l
\end{aligned}
\tag{1-61}
$$

1.3 配电线路基本认知

1.3.1 配电线路基本常识

主要介绍配电线路的基本结构、配电线路的基本组成及配电线路各元件的作用等内容。通过概念描述、结构介绍、原理分析、特点对比、图解示意，掌握配电线路的基础知识。

1. 配电线路的分类

按照电力网的性质及其在电力系统中的作用和功能，将电压等级划分为输电电压与配电电压两大类。根据 DL/T 5729—2016《配电网规划设计技术导则》的规定，配电网电压分别为高压配电电压 35～110kV、中压配电电压 10kV、低压配电电压 380/220V。

配电线路是以传输和分配电能为工作目的的电力线路。其中：

（1）高压配电线路用于电能分配，传输 35、110kV 变电电能，向用户供电或为下一级配电网提供电源，具有大容量、重负荷、少节点、高供电可靠性等特点。

（2）中压配电线路负责小区域内的电能分配，连接 35kV 变电站与 10kV 台式、箱式变压器，从输电网或高压配电网接收电能，向中压用户供电或向配电变压器供电，再降压提供给低压配电网。具有供电面广、容量大、配电点多等特点，我国采用 10kV 为标准额定电压。

（3）低压配电线路主要用于连接 10kV 台式变压器、箱式变压器与低压用户用电设备，以中压配电网的配电变压器为电源，通过低压配电线路直接将电能送给用户，供电距离近、电源点较多、分布面广，采用三相四线制、单相和三相三线制混合系统，我国规定采用单相 220V、三相 380V 的低压额定电压。

2. 配电线路的基本要求

（1）电网的额定电压。能使电力设备正常工作的电压叫额定电压。各种电力设备在额定电压下运行时，其技术性能和经济效益最好。

电力线路的正常工作电压，应该与线路直接相连的电力设备额定电压相等。但由于线路中有电压降或电压损耗存在，所以线路末端电压比首端电压要低，沿线各点的电压也不相等，而电力设备的生产必须是标准化的，不可能随线路压降而变。为使设备端电压与电网额定电压尽可能接近，取 $U_N=(U_1+U_2)/2$ 为电网的额定电压，其中 U_1、U_2 分别为电网的首端电压和末端电压。

（2）对配电线路的要求。

1）保证供电可靠性。为用户提供可靠的电力、实行不间断供电，这是衡量现代电力系统和现代化电网的第一质量指标。为提高电力系统的供电可靠率，必须采取以下措施：

a.采用优质、运行安全、性能稳定，在使用期不检修或少检修的电气设备。

b.采用具有多次重合功能的重合器和线路分段器，以缩小停电面积和减少停电时间。

c.改革现行的管理制度和管理方法，其中包括检修制度、清扫制度、登检制度和试验制度等，同时还要加强可靠性统计和可靠性管理。

2）保证良好的电能质量。所谓电能质量是指电压、频率、波形变化率的各项指标。

a.电压变化率。电压变化率是衡量电网对负荷吞吐能力的一项指标。当系统的负荷变化时，过大的电压变化将会导致运行在系统中的电气设备偏离其额定电压很大，使其运行特性劣化，导致损耗增加。我国规定的允许电压偏移标准为：35kV及以上用户为5%；10kV及以下用户和低压电力用户为7%；低压照明用户为+7%～−10%。

b.频率变化。频率是电力系统运行稳定性的质量指标，过大的频率变化将会导致系统稳定性下降，甚至会造成系统的瓦解。同时，频率降低时，会引起电动机转速降低，乃至引起其拖动的生产机械的效率下降。我国电力系统的频率标准是50Hz，其偏差值要求对于300万kW及以上的系统不得超过0.2Hz，300万kW以下的系统不得超过±0.5Hz。

c.波形的变化。近代电力系统中引入了大量的整流负荷，如电弧炉、电解炉、晶闸管控制的电动机等。这些设备形成了各种高次谐波源，向系统输送大量的高次波。高次波不但会使电源电压的正弦波发生畸变，而且会导致计量仪表产生较大的误差，使计量不准确，发生大量丢失电量的现象。因此，相关规程中要求系统中任一高次谐波的瞬时值不得超过同相基波电压瞬时值的5%。

除此之外，还要求配电线路的运行必须经济，在保证对负荷正常供电的前提下，线路的运行成本最低。

3. 配电线路的发展趋势

配电线路的发展趋势主要体现在简化电压等级、减小线路走廊和占地、线路绝缘化等方面。通过减少降压层次、采用窄基铁塔、钢管塔等多回路线路等措施，有效提高配电线路的供电可靠性和经济性，同时降低对环境的影响。架空绝缘线路的应用也将逐渐得到改善。

1.3.2 配电线路常用材料

主要介绍配电线路的常用材料的种类及选择的基本要求等内容。通过概念描述、特点对比、图解示意、要点归纳，熟悉常用的配电线路材料。

1. 电杆

电杆是架空配电线路的基本设备，按材质分为木制、金属和钢筋混凝土杆，其中钢筋混凝土杆分为普通和预应力两种，具有使用寿命长、维护量小等优点，广泛应用于配电线路中。常用钢筋混凝土杆的结构如图1-27所示，其电杆的规格及基本技术参数见表1-2。

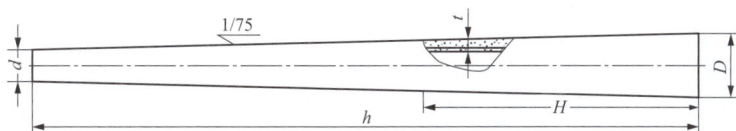

图1-27 钢筋混凝土杆结构示意图

d—杆顶直径；*D*—杆根直径；*h*—电杆长度；*H*—电杆重心高度；*t*—电杆壁厚

▼表1-2   低压架空电力线路常用钢筋混凝土杆规格

类型	规格				参考重心 *H*（m）	理论质量（kg/根）
	梢径 *d*（mm）	壁厚 *t*（mm）	根径 *D*（mm）	杆长 *h*（m）		
预应力杆	150	40	243	7	3.08	350
	150	40	257	8	3.52	425
	150	40	270	9	3.96	500
	150	40	283	10	4.40	600
	190	50	270	6	2.64	460
	190	50	310	9	3.96	765
	190	50	323	10	4.40	860
	190	50	337	11	4.84	980
	190	50	350	12	5.28	1120
	190	50	390	15	6.6	1525

2. 架空导线

架空导线是架设在地面之上，用绝缘子将导线固定在直立于地面的杆塔上以传输电能的配电线路。导线分为裸导线和绝缘导线。常用的导线应采用多股绞合导线，主要有铝绞线、钢芯铝绞线、合金铝绞线等。

（1）常用裸导线。裸导线具备有结构简单，线路工程造价成本低，施工、维护方便等特点。常用钢芯铝绞线的基本技术指标见表1-3。

（2）架空绝缘导线。

1）架空绝缘导线的主要特点。绝缘导线电力线路相比裸导线，优点在于提高配电系统安全可靠性、减少停电次数和维护工作量，节约空间和线路材料，简化杆塔结构，降低电能损失和电压损失，提高线路使用寿命和配电可靠性，降低对线路支持件的绝缘要求，提高同杆线路回路数。缺点在于允许载流量小，易受雷击侵害，散热较差，导致线路单位造价高于裸导线。

▼ 表1-3　常用钢芯铝绞线的基本技术指标

标称截面积 (mm²)	实际截面积 (mm²) 铝	钢	铝钢截面积比	结构尺寸根数/直径 (根/mm) 铝	钢	计算直径 (mm) 导线	钢芯	直流电阻 (Ω/km, 20℃)	拉断力 (N)	弹性系数 (N/mm²)	热膨胀系数 (×10⁻⁶/℃)	载流量 (A) 70℃	80℃	90℃	计算质量 (kg/km)	制造长度 (km)
16	15.3	2.54	6.0	6/1.8	1/1.8	5.4	1.8	1.926	5.3	19.1	78	82	97	109	61.7	1500
25	22.8	3.80	6.0	6/2.2	1/2.2	6.6	2.2	1.298	7.9	19.1	89	104	123	139	92.2	1500
35	37.0	6.16	6.0	6/2.8	1/2.8	8.4	2.8	0.796	11.9	19.1	78	138	164	183	149	1000
50	48.3	8.04	6.0	6/3.2	1/3.2	9.6	3.2	0.609	15.5	19.1	78	161	190	212	195	1000
70	68.0	11.3	6.0	6/3.8	1/3.8	11.4	3.8	0.432	21.3	19.1	78	194	228	255	275	1000
95	94.2	17.8	5.03	28/2.07	7/1.8	13.68	5.4	0.315	34.9	18.8	80	248	302	345	401	1500
95	94.2	17.8	5.03	7/4.14	7/1.8	13.68	5.4	0.312	33.1	18.8	80	230	272	304	398	1500
120	116.3	22.0	5.3	28/2.3	7/2.0	15.20	6.0	0.255	43.1	18.8	80	281	344	394	495	1500
120	116.3	22.0	5.3	7/4.6	7/2.0	15.20	6.0	0.253	40.9	18.8	80	256	303	340	492	1500
150	140.8	26.6	5.3	28/2.53	7/2.2	16.72	6.6	0.211	50.8	18.8	80	315	387	444	598	1500
185	182.4	34.4	5.3	28/2.88	7/2.5	19.02	7.5	0.163	65.7	18.8	80	368	453	522	774	1500
240	228.0	43.1	5.3	28/3.22	7/2.8	21.28	8.4	0.130	78.6	18.8	80	420	520	600	969	1500
300	317.5	59.7	5.3	28/3.8	19/2	25.2	10.0	0.0935	111	18.8	80	511	638	740	1348	1000

注　指标数据来源于DL/T 499—2001《农村低压电力技术规程》附录D。

2）架空绝缘导线的型号。目前，在我国配电线路中常用的低压架空绝缘导线主要见表1-4，常用的10kV架空绝缘导线见表1-5。

▼ 表1-4　　　　　　　　　常用低压架空绝缘导线的型号

编号	型号	名称	主要用途
1	JV 型	铜芯聚氯乙烯绝缘线	架空固定敷设，下、接户线等
2	JLV 型	铝芯聚氯乙烯绝缘线	
3	JY 型	铜芯聚乙烯绝缘线	
4	JLY 型	铝芯聚乙烯绝缘线	
5	JYJ 型	铜芯交联聚乙烯绝缘线	
6	YLYJ 型	铝芯交联聚乙烯绝缘线	

▼ 表1-5　　　　　　　　　常用10kV架空绝缘导线的型号

型号	名称	常用截面	主要用途
JKTRYJ	软铜芯交联聚乙烯架空绝缘导线	35～70	架空固定敷设，下、接户线等
JKLYJ	铝芯交联聚乙烯架空绝缘导线	35～300	
JKTRY	软铜芯聚乙烯架空绝缘导线	35～70	
JKLY	铝芯聚乙烯架空绝缘导线	35～300	
JKLYJ/Q	铝芯轻型交联聚乙烯薄架空绝缘导线	15～300	
JKLY/Q	铝芯轻型聚乙烯薄架空绝缘导线	35～300	

3. 配电线路的常用绝缘子

配电线路常用的绝缘子主要有针式绝缘子、蝶式绝缘子、悬式绝缘子和拉线绝缘子，其中，农村低压架空配电线路中常用的有针式绝缘子、蝶式绝缘子和拉线绝缘子等。

（1）针式绝缘子。针式绝缘子主要用于中、低压配电线路的用于直线杆及非耐张的转角、分支杆的及耐张跳线等非耐张或张力不大的绝缘子。其典型应用如图1-28（a）所示。

针式绝缘子按耐压能力可分为1号和2号两种；按铁脚型式不同，可分为短脚、长脚和弯脚三种。其中：字母"T"表示短脚，用于铁横担；"M"表示长脚，用于木横担；"W"表示弯脚，可直接拧入木电杆上使用。

低压针式绝缘子的符号为PD，常用PD型低压针式绝缘子规格型号见表1-6。

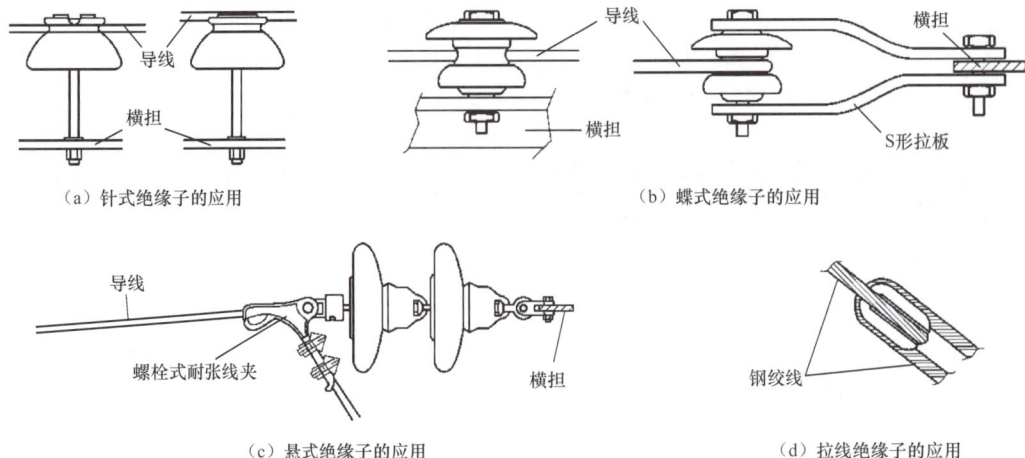

（a）针式绝缘子的应用

（b）蝶式绝缘子的应用

（c）悬式绝缘子的应用

（d）拉线绝缘子的应用

图1-28 绝缘子在配电线路中的典型应用

▼表1-6　　　　　　　　常用PD型低压针式绝缘子规格型号

型号	机电破坏负荷（不小于kN）	质量（kg）	结构示意图
PD-1	9.8	0.32	
PD-1T	9.8	0.45	
PD-1M	9.8	0.55	
PD-1W	9.8	0.55	
PD-2	5.9	0.42	
PD-2T	5.9	0.69	
PD-2M	5.9	0.79	
PD-2W	5.9	0.85	
PD-3	3	0.27	
PD-3T	7	0.7	
PD-3M	7	0.76	

（2）蝶式绝缘子。蝶式绝缘子主要用于低压绝缘配电线路，在直线杆或接户线终端杆上，通常用穿心螺栓固定在横担上，也可用铁夹板夹在中间连接在耐张横担上，如图1-28（b）所示。

蝶式绝缘子的符号为ED，按尺寸大小蝶式绝缘子可分为1、2、3、4号共4种。ED低压蝶式绝缘子规格型号，见表1-7。

▼表1-7 　　　　　　　　　ED型低压蝶式绝缘子规型号

型号	机电破坏负荷（不小于kN）	质量（kg）	结构示意图
ED-1	11.8	0.75	
ED-2	9.8	0.65	
ED-3	7.8	0.25	
ED-4	4.9	0.14	
ED-2B	12.7	0.48	
ED-2C	13.2	0.5	
ED-2-1	11.8	0.45	
ED-3-1	7.8	0.15	
ED-3A	13.2	0.5	

（3）悬式绝缘子。悬式绝缘子的外形如图1-28（c）所示，悬式绝缘子通常是多片串联使用。

悬式绝缘子的符号为XP，当低压线路采用大截面导线时，其耐张可选用悬式绝缘子。

（4）拉线绝缘子。设置拉线绝缘子的目的是防止拉线万一带电可能造成人身触电事故而采取的绝缘措施。拉线绝缘子的符号为J，图1-29所示为拉线绝缘子的三种基本外形，其规格见表1-8。

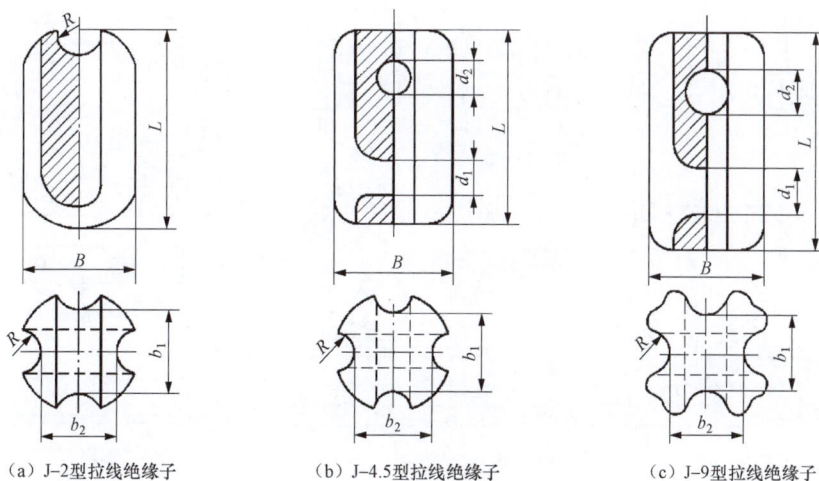

（a）J-2型拉线绝缘子　　　　（b）J-4.5型拉线绝缘子　　　　（c）J-9型拉线绝缘子

图1-29　拉线绝缘子

▼ 表1–8　　　　　　　　　　　　拉线绝缘子规格

型号	试验电压	机电破坏负荷（kg）	主要尺寸（mm）							质量（kg）
			L	B	b_1	b_2	d_1	d_2	R	
J–2	10	19.6	72	43	30	30	—	—	8	0.2
J–4.5	15	44.1	90	58	45	45	14	14	10	1.1
J–9	25	88.3	172	89	60	60	25	25	14	2.0

4. 配电线路金具

（1）横担固定金具。

1）U形抱箍。用直径为16mm的圆钢或中间用4mm×40mm或5mm×50mm的扁铁与直径为16mm的螺杆焊接制作而成，用于将横担固定在直线杆上。如图1–30（a）所示。

2）圆凸形抱箍，又称羊角抱箍。用4mm×40mm或5mm×50mm的扁钢制作而成，用于将横担支撑扁铁固定在电杆上。如图1–30（b）（c）所示，其中羊角抱箍为新型，带凸抱箍为传统型。

3）横担垫铁，又称瓦形（弧形）垫铁或M形垫铁。用4mm×40mm或5mm×50mm的扁钢制成M形或圆弧形，其中凸形面与水泥杆接触，平面直接与铁横担并接，使横担与电杆连接牢固。如图1–30（d）所示。

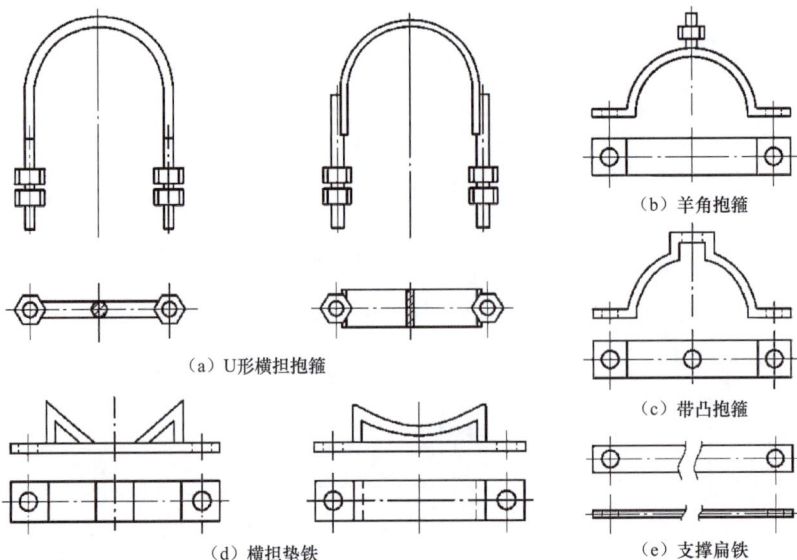

（a）U形横担抱箍　（b）羊角抱箍　（c）带凸抱箍　（d）横担垫铁　（e）支撑扁铁

图1–30　低压架空线路常用横担固定金具

4）支撑扁铁。用4mm×40mm或5mm×50mm的扁钢制作，也可用5mm×50mm×50mm的等边角钢制作，用于支撑横担，防止横担倾斜，如图1-30（e）所示。常用支撑扁铁规格见表1-9。

▼表1-9　　　　　　　　　　　常用支撑扁铁规格表　　　　　　　　单位：mm

支撑扁铁号	宽度	厚度	孔距	长度	用途
6号	50	4~5	600	660	
7号	50	4~5	710	770	
8号	50	4~5	770	830	支撑横担
9号	50	4~5	910	970	
10号	50	4~5	970	1030	

（2）拉线金具。

1）楔形线夹。俗称上把，是利用楔的臂力作用，使钢绞线紧固，其结构如图1-31（a）所示。

2）UT形线夹（可调式）。俗称下把或底把，既能用于固定拉线，又可调整拉线，其结构如图1-31（b）所示。

3）拉线抱箍。又称圆形抱箍或两合抱箍。通常用4mm×40mm或5mm×50mm的扁钢制作而成，用于将拉线固定在电杆上，如图1-31（c）所示。

4）延长环。主要用于拉线抱箍与楔形线夹之间的连接，如图1-31（d）所示。

5）钢线卡。也称元宝螺栓，主要用于低压架空线路小型电杆的拉线回头绑扎，由于钢线卡握着力的限制，不宜作为较大截面拉线的紧固工具，其结构如图1-31（e）所示。

6）拉线用U形挂环。俗称鸭嘴环，用来和拉线金具和楔形线夹配套，安装在杆塔拉线抱箍上，其结构如图1-31（f）所示。

（3）导线固定金具。导线固定金具包括悬垂线夹和耐张线夹，如图1-32所示。其中悬垂线夹主要用于导线在直线杆塔上的悬挂，配电线路常用悬垂线夹的主要技术指标见表1-10；耐张线夹主要用于导线在耐张杆塔上的固定，配电线路常用耐张线夹的主要技术指标见表1-11。

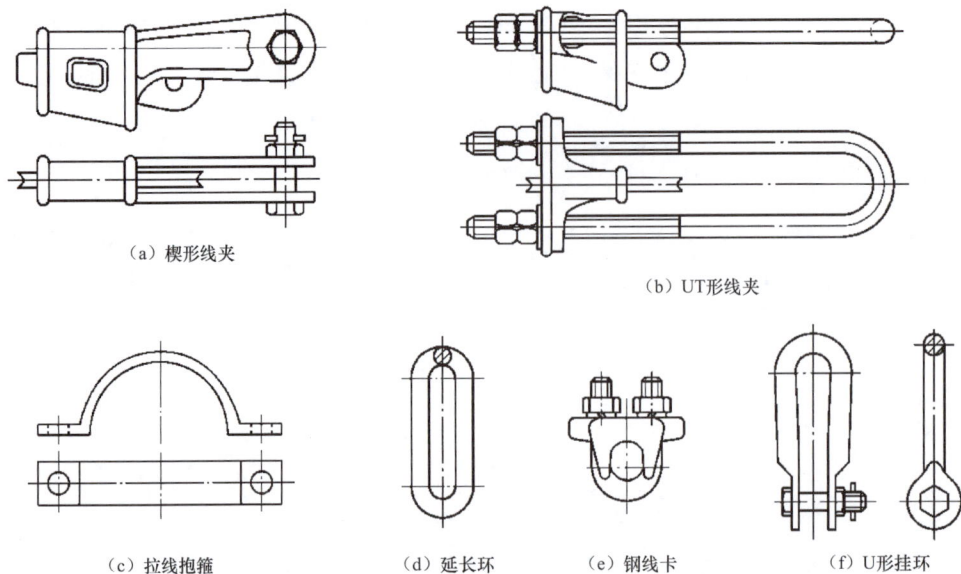

（a）楔形线夹　　（b）UT形线夹

（c）拉线抱箍　　（d）延长环　　（e）钢线卡　　（f）U形挂环

图1-31　常用拉线金具

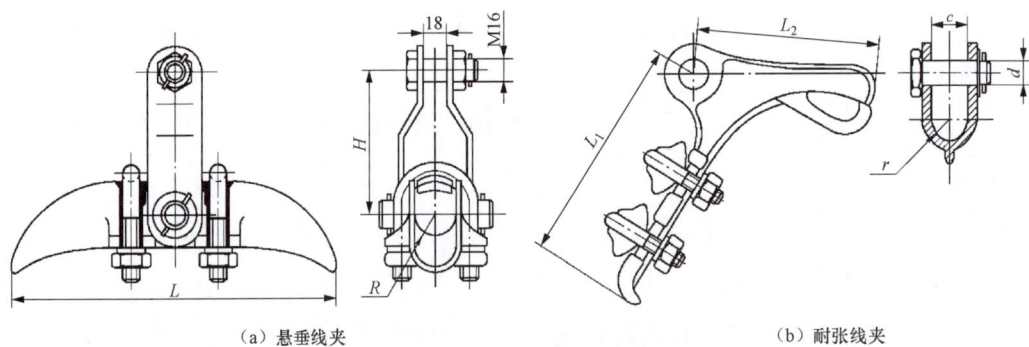

（a）悬垂线夹　　（b）耐张线夹

图1-32　导线固定金具

▼表1-10　　　　　　　　　　固定型悬垂线夹规格

型号	适用绞线直径范围（mm）	主要尺寸（mm）			标称破坏载荷（kN）	参考质量（kg）
		H	L	R		
CGU-1	5.0～7.0	82.5	180	4.0	40	1.4
CGU-2	7.1～13.0	82	200	7.0	40	1.8
CGU-3	13.1～21.0	101	220	11.0	40	2.0
CGU-4	21.1～26.0	109	250	13.5	40	3.0

注　表中型号字母及数字意义为：C—悬垂线夹；G—固定；U—U形螺钉；数字—适用导线组合号。

▼ 表1-11 螺栓型耐张线夹规格

型号	适用绞线直径范围（mm）	主要尺寸（mm）					U形螺栓	
		d	c	L_1	L_2	r	个数	直径（mm）
NL-1	5.0～10.0	16	18	150	120	6.5	2	12
NL-2	10.1～14.0	16	18	205	130	8.0	3	12
NL-3	14.1～18.0	18	22	310	100	11.0	4	16
NL-4	18.1～23.0	18	25	410	220	12.5	4	16

注 表中型号字母及数字意义为：N—耐张线夹；L—螺栓；数字—产品序号。

1.3.3 配电线路常用设备

主要介绍配电变压器、高压断路器、隔离开关、跌落式熔断器和避雷器等配电设备，通过概念描述，熟悉配电线路常用设备。

1. 配电变压器的作用及结构

配电变压器是一种静止的电气设备，用来将某一数值的交流电压（流）变成频率相同的另一种电压（电流）。配电变压器主要作用是降压和传输电能。

2. 高压断路器

高压断路器是配电网的关键元件，可切断或闭合高压电路中的空载和负荷电流，也可切断过负荷和短路电流。高压断路器具有完善的灭弧结构和足够的断流能力，以灭弧介质可分为油、真空、SF₆气体断路器。技术参数有额定电压、额定电流、额定短路开断电流等。

3. 隔离开关

隔离开关是高压开关设备的一种，不能用于接通或切断负荷电流和短路电流，主要用于隔离电路检修及切换空载电路。其结构主要由底座、导电部分、绝缘子、传动和操动机构组成。

4. 跌落式熔断器的作用及结构

10kV跌落式熔断器用于杆上变压器、互感器、电容器与线路连接处，提供过载和短路保护，也可在线路末端或分支线路上，对继电保护不到范围提供保护。结构简单、价格便宜、维护方便、体积小巧，应用广泛。工作原理是：熔丝熔断后，形成电弧，大量气体吹弧，使电弧拉长并熄灭，同时失去熔丝拉力，熔丝管跌落，切断电路。

5. 避雷器

金属氧化物避雷器主要分为无间隙型和有串联间隙型两类。其中，无间隙氧化锌避雷器因其卓越的性能而得到了广泛的应用。这类避雷器的结构设计精巧，核心部件为采用高温焙烧工艺制备的氧化锌阀片，两端连接金属端子。通过使用绝缘胶带螺旋缠绕形成芯棒，并以硅橡胶外壳进行热压浇筑成型，确保了整体的绝缘性能和机械强度。这种避雷器的设计不仅提高了其稳定性和可靠性，同时也简化了制造工艺，降低了成本。主要电气参数包括额定电压、持续运行电压、冲击电流残压和直流 1mA 参考电压。

1.3.4 配电线路的运行与管理（巡视）

1. 一般要求

运维单位应结合配电网设备、设施运行状况和气候、环境变化情况以及上级运维管理部门的要求，编制计划、合理安排，开展标准化巡视工作。

2. 巡视分类

配电网运维人员进行定期巡视，旨在掌握设备、设施的运行状况和环境变化，及时发现缺陷和威胁安全运行的情况。在有外力破坏可能、恶劣气象条件、重要保电任务等特殊情况下，运维单位组织进行特殊巡视。夜间巡视检查连接点过热、打火和绝缘子表面闪络情况。故障巡视查明线路故障地点和原因。检查巡视由管理人员进行，了解线路及设备状况，指导巡视人员工作。

3. 巡视周期

巡视周期应根据设备状态评价结果动态调整，但最多只能延长一个定期巡视周期。重负荷和三级污秽及以上地区线路应每年至少进行一次夜间巡视。重要线路和故障多发线路应每年至少进行一次检查巡视。定期巡视周期见表1-12。

▼表1-12　　　　　　　　　　　　　定期巡视周期

序号	巡视对象	周期
1	架空线路通道	市区：一个月
		郊区及农村：一个季度
2	电缆线路通道	一个月
3	架空线路、柱上开关设备柱上变压器、柱上电容器	市区：一个月
		郊区及农村：一个季度
4	电力电缆线路	一个季度
5	中压开关站、环网单元	一个季度

续表

序号	巡视对象	周期
6	配电室、箱式变电站	一个季度
7	防雷与接地装置	与主设备相同
8	配电终端、直流电源	与主设备相同

4. 巡视范围

（1）定期巡视范围包括架空线路、电缆及其附属电气设备和柱上变压器、断路器设备、电容器等电气设备，中压开关站、环网单元等相关设施，建（构）筑物和防雷与接地装置等设备，以及各类相关的标识标示及相关设施。

（2）特殊巡视的主要范围包括过温、过负荷、新投运、有薄弱环节或缺陷、存在外力破坏或恶劣气象条件、重要保电任务期间以及其他电网安全稳定有特殊运行要求的线路及设备。

5. 巡视内容

巡视内容依据 Q/GDW 519—2010《配电网运行规程》的规定进行。

6. 巡视人员要求

巡视人员的身体状况、精神状态应良好，具备必要的电气知识，熟悉巡视线路的地理走向、运行环境、网络接线情况、当前运行方式、设备状况等，能正确判别缺陷等级，并经《国家电网公司电力安全工作规程（配电部分）》考试合格。

（1）巡视负责人员，需具备配电专业中级工及以上水平或同等技能水平，监督巡视人员遵守电力安全工作规程规定，告知巡视范围、运行方式、危险点及控制措施，检查巡视人员精神状态和准备工作，判别巡视情况并监督记录，汇总缺陷并上报。

（2）巡视人员，应具备电力线路工作经验，技能达到配电专业初级工及以上水平或同等技能水平，严格遵守电力安全工作规程规定，熟悉巡视内容、流程和危险点，并正确使用安全工器具和劳动防护用品。身体健康、精神饱满、着装整齐、巡视工具和劳保用品齐全。

（3）人员分工

线路巡视工作不得少于2人进行，设巡视负责人1名。

7. 巡视其他要求

巡视人员应携带资料、常用工具和防护用品，巡视线路和设备时应同时核对命名、编号等标识。记录巡视情况，包括气象条件、巡视人、日期、线路设备名称及发现的缺陷等。发现危急缺陷立即汇报并协助处理，发现影响安全的施工作业情况应调查并通知施工单位。加强特殊巡视工作，确保配电网安全可靠运行。

1.4 配电设备基本认知

1.4.1 配电变压器基本认知

主要介绍配电变压器工作原理、基本结构、主要技术指标、接线组别等内容，通过概念描述、术语说明、结构介绍、原理分析、特点对比、图解示意，掌握配电变压器基础知识。

1. 用途和分类

（1）配电变压器的用途。变压器转换交流电压，不改传输容量。配电变压器降高电压为低电压供电。低压380V和220V，高压3～6kV，配电变电压6～35kV，大电网110kV及以上，可装设于电杆、平台、配电站及箱式变电站内。

（2）变压器的分类。电力变压器有升压和降压之分，按结构可分为双绕组、三绕组和自耦变压器等，按冷却方式可分为油浸自冷和油浸风冷，按调压方式可分为无励磁调压和有载调压。此外，还有多种特殊用途变压器。电力系统中的配电变压器为降压变压器，双绕组，油浸自冷，无励磁调压。

2. 变压器的结构

配电变压器的基本部件是铁芯和绕组，其主要部件还包括套管和分接开关。不同的绝缘介质、不同的冷却介质，其结构不同。三相变压器的外形如图1-33（a）所示，三相配电变压器内部结构，如图1-33（b）所示。

(a) 外形   (b) 内部结构

图1-33 三相变压器

（1）铁芯。铁芯是变压器的重要组成部分，既可作为主磁路，又可作为机械骨架固定绕组。铁芯的结构分为芯式和壳式两种，其中绕组包围铁芯的结构称为壳式铁芯，铁芯包围绕组的结构则称为芯式铁芯。铁芯的材质对变压器的性能有重要影响，为了减少铁芯产生的噪声、损耗和励磁电流，主要采用冷轧取向硅钢片，也可采用非晶合金材料。铁芯的装配一般采用叠积或卷绕两种工艺，其中卷绕铁芯制作工艺具有更优良的性能。铁芯通常采用一点接地，以消除悬浮电位，避免造成放电。

（2）绕组。绕组是构成变压器电路的基本部件，分为层式和饼式两种形式。配电变压器主要采用圆筒式、箔式、连续式、螺旋式绕组，一般由导电率较高的铜导线和铜箔绕制而成。芯式变压器采用同芯式绕组，高、低压绕组间有绝缘间隙和油道。

3. 套管

套管是变压器的主要部件，连接变压器内部绕组与电力系统或用电设备，保证引线对地绝缘。配电变压器低压导管主要采用复合瓷绝缘式，高压导管主要采用单体瓷绝缘式。复合绝缘导管（见图1-34）有杆式和板式两种，单体瓷绝缘式导管分为导电杆式（见图1-35）和穿缆式两种。导管在油箱上排列的顺序一般从高压侧看，由左向右，三相变压器为高压U1-V1-W1、低压N-U2-V2-W2；单相变压器为高压U1、低压U2。

图1-34　复合绝缘套管　　　　图1-35　导电杆式绝缘套管

4. 油箱

油箱是变压器的外壳，用于盛装器身和变压器油，两侧或四周装有散热管或散热片。变压器油起绝缘和散热作用，根据凝固点不同分为10号、25号、45号油，因其凝固后不能对流，使用时要考虑最低气温。

5. 储油柜

储油柜装于油箱顶上，与油箱间通过连接管相通，作用是减少变压器油与外界空气接触面积，减缓油变质速度，并通过调节油量保证绕组和铁芯浸在油里。气体继电器保护变压器，防止其因内部故障严重损坏。储油柜上的油标和呼吸孔可避免油箱损坏或变形。

6. 调压装置

调压装置又称分接开关，可改变变压器匝数比调压，分为无励磁和有载调压两种。有载分接开关不中断运行，带电调压，采用电阻型过渡电路、选择电路与调压电路实现。

7. 配电变压器铭牌及其技术参数

将配电变压器在规定的使用环境和运行条件下的主要技术参数标在变压器的铭牌（见图1-36）上，并将铭牌固定在明显可见的位置上。其主要技术参数包括相数、额定频率、额定容量、额定电压、额定电流、阻抗电压、负载损耗、空载电流、空载损耗和联结组别等。

（1）相数。变压器相数分为单相、三相两种。

（2）额定频率。额定频率指变压器设计时所规定的运行频率，用f_N表示，单位为赫兹（Hz）。我国规定额定频率为50Hz。

（3）额定容量。额定容量指变压器额定（额定电压、额定电流、额定使用条件）工作状态下的输出功率，用视在功率表示，用S_N表示，单位为千伏安（kVA）或伏安（VA）。

对于单相变压器

$$S_N = U_N I_N \tag{1-62}$$

对于三相变压器

$$S_N = \sqrt{3}\, U_N I_N \tag{1-63}$$

（4）额定电压。额定电压指单相或三相变压器出线端子之间，指定施加的（或空载时感应出的）电压值，用U_N表示，单位为千伏（kV）或伏（V）。指定施加的电压为一次额定电压时，用U_{N1}表示；空载时感应出的电压为二次额定电压，用U_{N2}表示。

对于单相变压器

$$U_N = S_N / I_N \tag{1-64}$$

对于三相变压器

$$U_N = S_N / \sqrt{3}\, I_N \tag{1-65}$$

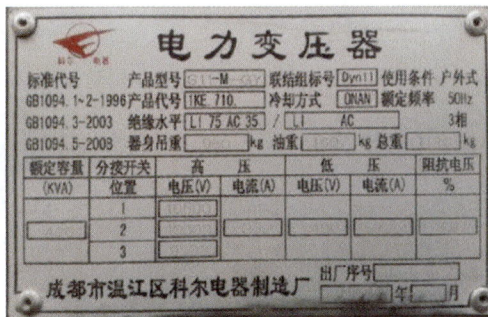

图1-36 变压器铭牌

（5）变比。变比指变压器高压侧绕组与低压侧绕组匝数之比，可用高压侧与低压侧额定电压之比表示，即 U_{N1}/U_{N2}。

（6）额定电流。额定电流指在额定容量和允许温升条件下，流过变压器一、二次绕组出线端子的电流，用 I_N 表示，单位为千安（kA）或安（A）。流过变压器一次绕组出线端子的电流，用 I_{N1} 表示；流过变压器二次绕组出线端子的电流，用 I_{N2} 表示。

对于单相变压器

$$I_N = S_N / U_N \qquad (1-66)$$

对于三相变压器

$$I_N = S_N / \sqrt{3}\, U_N \qquad (1-67)$$

（7）负荷损耗。指带分接绕组在主分接位置并联接入额定频率电压，另一侧绕组出线端子短路，额定电流流过绕组出线端子时，变压器消耗的有功功率，用 P_k 表示，单位千瓦（kW）或瓦（W）。负载损耗取决于绕组材质等，随负荷变化而变化。

（8）空载电流。指变压器在空载运行时的电流，即一侧绕组施加额定电压，另一侧绕组开路时的进线端子电流，用 I_0 表示，用百分数表示为 $I_0\% = (I_0/I_N) \times 100\%$。变压器容量越大，其值越小。

（9）空载损耗。空载损耗是变压器铁损，当一侧绕组施加额定电压、另一侧绕组开路时，变压器所吸取的有功功率 P_0 表示，与铁芯材质、制作工艺相关，与负荷大小无关。

（10）联结组别。三相变压器的绕组采用星形或三角形连接，连接组别标号用时钟法表示，以高压侧线电压相量为长针固定在0点钟位置，低压侧相对应线电压相量为短针，指向几点钟位置即为该连接组别标号，常用标号有Yyn0和Dyn11两种，如图1-37所示。

（11）冷却方式。指绕组及油箱内外的冷却介质和循环方式。

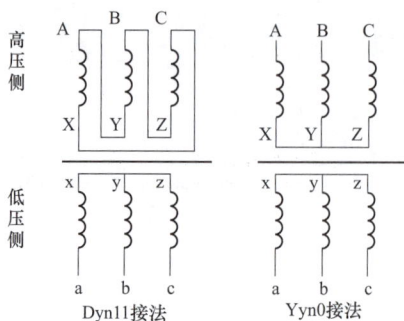

图1-37　变压器联结组别

（12）温升。指所考虑部位的温度与外部冷却介质温度之差。对于空气冷却变压器是指所考虑部位的温度与冷却空气温度之差。

8.配电变压器工作原理

配电变压器利用电磁感应原理将一种电压等级的交流电能转变成另一种电压等级的交流电能，原理（见图1-38）是一次侧绕组接交流电源，产生交变磁通交链着一、二次侧绕组，感应电动势产生电流输出电能，变比用K表示。即

$$K= N_1/ N_2 \tag{1-68}$$

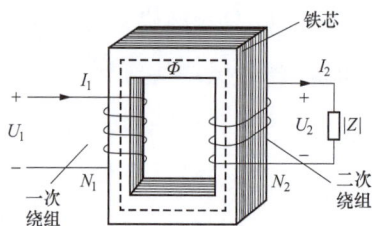

图1-38　变压器工作原理

忽略漏阻抗压降和励磁电流时，一、二次电流、电压与变比的关系为

$$K= N_1/ N_2=U_1/ U_2= I_2/ I_1 \tag{1-69}$$

9.箱式变电站

箱式变电站是一种技术先进、安全可靠的配电设备，具有工厂预制化等优点，适用于住宅小区、城市公用变压器、路灯等不同使用条件和负荷等级，如图1-39所示。

国产箱式变电站由独立柜体组成，设有变压器室、高压开关室和低压开关室，方

便维修和增容。高压开关室内装有负荷开关-熔断器组合电器和避雷器，柜内开关可观察状态，如图1-40（a）所示。低压开关柜内装有总开关、分支开关、避雷器和仪表，如图1-40（b）所示。外壳采用防腐工艺处理，以提高防护能力。

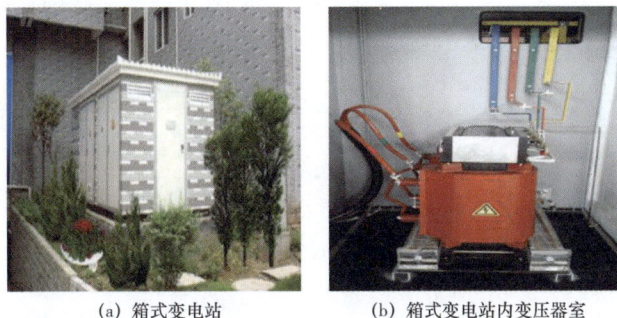

(a) 箱式变电站　　　　　　　　(b) 箱式变电站内变压器室

图1-39　箱式变电站

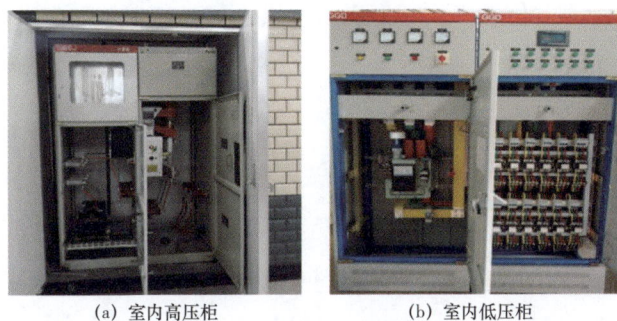

(a) 室内高压柜　　　　　　　　(b) 室内低压柜

图1-40　箱式变电站柜体

1.4.2　高压断路器基本认知

主要介绍高压断路器的作用、类型及相关基本技术参数，并为后续高压断路器的运行、管理、检修、事故预防及处理等内容做好知识储备。

1. 高压断路器的作用

额定电压为3kV及以上，能够关合、承载和开断运行状态的正常电流，并能在规定时间内关合、承载和开断规定的异常电流（如短路电流、过负荷电流）的开关电器称为高压断路器（或称高压开关），是变电站主要的电力控制设备，具有灭弧特性，有控制、保护和安全隔离的作用。

2. 高压断路器的类型

高压断路器根据其安装环境的差异，可划分为室内型和室外型两大类别。而在灭弧介质的分类上，又可细分为油介质断路器、空气介质断路器、SF_6介质断路器及真空介质断路器四种主要类型。这些分类反映了高压断路器在设计和应用上的多样性，以适应不同的电力系统需求和运行条件。

（1）油断路器。油断路器以绝缘油为灭弧介质，分为多油和少油两种。多油断路器中油既绝缘又灭弧，少油断路器中油只灭弧。油断路器缺点突出，逐渐淘汰。

（2）空气断路器。以压缩空气作为灭弧介质，具有灭弧能力强、动作迅速等优点，但结构复杂、工艺要求高、有色金属消耗多，主要应用在110kV及以上的电力系统中。

（3）SF_6断路器。SF_6断路器采用SF_6气体为灭弧介质，具有优异的灭弧和绝缘性能，开断能力强、动作快、体积小。但金属消耗多，价格昂贵，存在有毒气体泄漏问题，需要回收装置。

（4）真空断路器。真空断路器利用真空作为绝缘介质和灭弧介质，优点是可以频繁操作，维护工作量小，体积小，无易燃易爆风险等，越来越受到人们的重视。

3. 高压断路器的基本技术参数

高压断路器的性能由以下技术参数决定：

（1）额定电压。决定断路器的绝缘强度，是设备长期工作的标准电压。我国规定的高压断路器额定电压有3、6、10、20、35、60、110、220、330、500kV等。

（2）额定电流。表示断路器能够连续通过的最大电流。当周围空气温度高于40℃但不高于60℃时，需降低负荷长期工作。

（3）额定开断电流。在额定电压下，断路器能保证可靠开断的最大短路电流。

（4）动稳定电流。反映断路器承受短路电流电动力效应的能力，短路电流值为最大峰值，称为电动稳定电流或极限通过电流。

（5）关合电流。关合电流是断路器关合电流能力之表征，过大短路电流可能导致触头熔焊、损伤。额定关合电流与动稳定电流数值相等，均为冲击电流，且为额定开断电流的2.55倍。

（6）热稳定电流和热稳定电流的持续时间。热稳定电流是断路器承受短路电流热效应能力的表征，是指断路器在合闸状态下，允许通过电流的最大周期分量有效值，并且在持续时间内，断路器不应因电流短时发热而损坏。热稳定电流等于开断电流。

（7）合闸时间与分闸时间。断路器的操作性能参数包括合闸时间和分闸时间。合闸时间指操动机构合闸线圈接通至主触头接通的时间，分闸时间则包括固有分闸时间和熄弧时间。固有分闸时间指操动机构分闸线圈接通至触头分离的时间，而熄弧时间指触头分离至各相电弧熄灭的时间。

（8）机械和电气寿命。断路器多次分合会导致机械磨损，我国标准规定，连续进行2000次操作，不允许调整修理，但可润滑。特殊要求或频繁操作时，试验次数由专业标准或用户与制造厂协商确定。

1.4.3 互感器基本认知

1. 互感器的概念

互感器是一种设备，能将高压大电流信号等比例转换为低压小电流信号，使得测量仪器能够实时监控一次设备的电压和电流，保障一次设备的稳定运行。互感器又称为仪用变压器，包括电流互感器和电压互感器。

互感器按照测试对象进行分类可分为电压互感器（TV）和电流互感器（TA），对应功能则是对电压或电流信号进行转换。在电力系统线路中电压互感器和电流互感器的接线方式如图1-41所示。

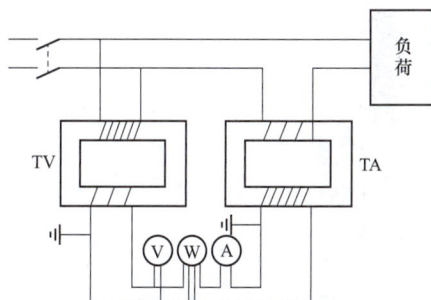

图1-41 互感器的接线图

互感器能供电与控制，实现标准化与小型化；控制电缆远距离，保护设备和人身安全。短路时保护线圈，电气隔离保证安全。二次侧接地，设备和人身更安全。

2. 电压互感器

电压互感器的工作原理与降压变压器类似，一次绕组与被测电路并联，二次绕组与测量仪表和保护装置的电压线圈并联。由于二次侧负荷较恒定，接近开路状态，电压互感器二次侧不允许短路。根据使用环境，电压互感器分为户内式和户外式，如图1-42（a）、（b）所示。电压互感器按照测试相数分为单相式电压互感器和三相式电压互感器，如图1-42（c）、（d）所示。电压互感器按照绝缘方式分为干式、浇筑式、油浸式和气体式，如图1-42（e）、（f）、（g）、（h）所示。

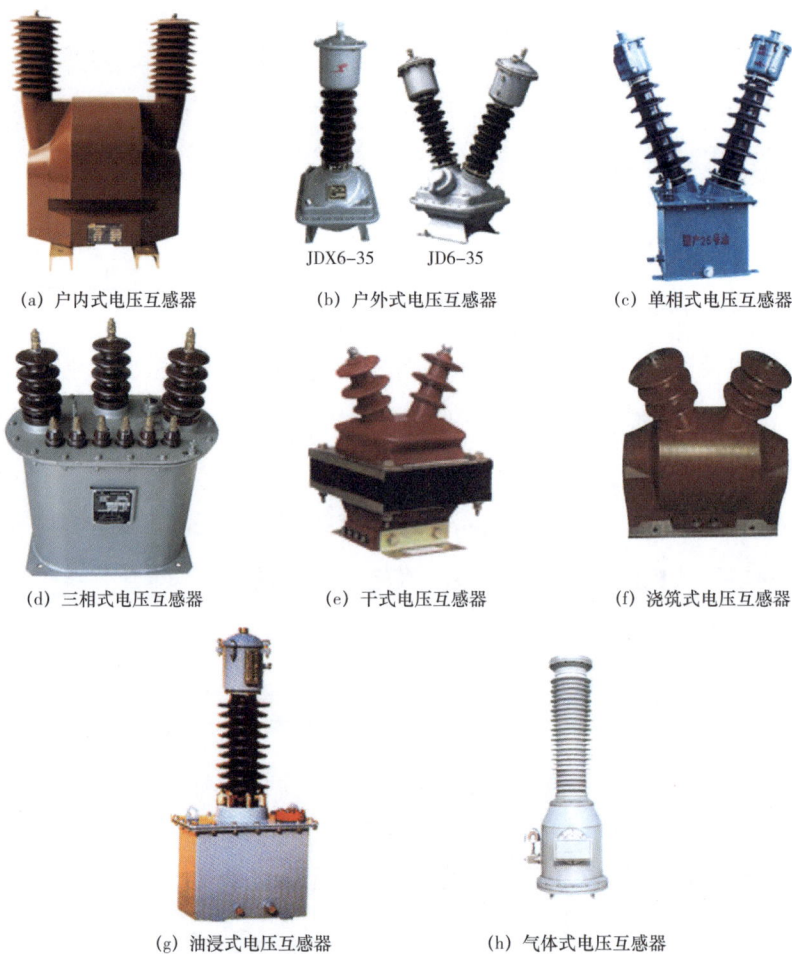

(a) 户内式电压互感器　　　(b) 户外式电压互感器　　　(c) 单相式电压互感器

(d) 三相式电压互感器　　　(e) 干式电压互感器　　　(f) 浇筑式电压互感器

(g) 油浸式电压互感器　　　(h) 气体式电压互感器

图 1-42　电压互感器

3. 电流互感器

电流互感器按电磁感应原理工作，一次绕组串联在测试线路中，二次绕组所接仪表和继电器电流线圈阻抗很小，在接近短路状态下运行。按使用环境分为户内式和户外式电流互感器，如图 1-43（a）、（b）所示；按安装方式分为装入式、穿墙式和支持式电流互感器，如图 1-43（c）、（d）、（e）所示；按绝缘方式分为干式、浇筑式、油浸式和气体式电流互感器，如图 1-43（f）、（g）、（h）、（i）所示。

1.4.4　隔离开关基本认知

1. 隔离开关的主要作用

隔离开关在电力系统中主要用于隔离电源、倒闸操作和小电流分合。隔离开关通常在断路器断开的情况下进行操作，具有明显的断开点，且动触头和静触头之间的距

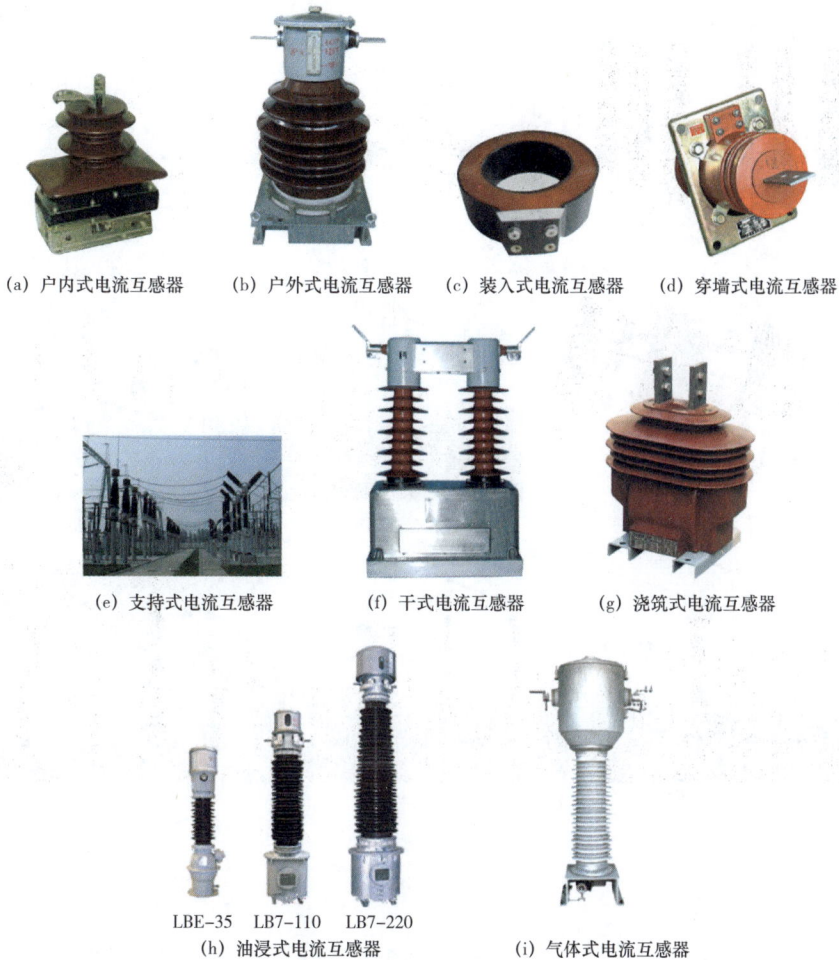

(a) 户内式电流互感器　　(b) 户外式电流互感器　　(c) 装入式电流互感器　　(d) 穿墙式电流互感器

(e) 支持式电流互感器　　(f) 干式电流互感器　　　(g) 浇筑式电流互感器

LBE–35　LB7–110　LB7–220

(h) 油浸式电流互感器　　　　(i) 气体式电流互感器

图1–43　电流互感器

离需大于被击穿时所需的距离，以确保安全。

2.隔离开关的分类

隔离开关根据环境分为户外和户内型，按级数分为单极和三极，有无接地开关可选，支撑绝缘子数目分为单柱、双柱和三柱式，如图1–44所示。

3.隔离开关型号及使用环境

（1）产品型号。以GW23B–126 D（G）型高压交流隔离开关为例，其型号名称的意义如图1–45所示。

其中括号内代表隔离开关的类型：T—统一设计，G—改进型，D—带接地开关，K—快速分闸型，E—带支持导电杆，W—防污型，TH—湿热带型，TA—干热带型，Z—强震地区。

（2）使用环境条件。GW23B–126型户外高压交流隔离开关的使用条件见表1–13。

(a) 户外式隔离开关　　　　　　　　　　(b) 单极式隔离开关

(c) 三极式隔离开关　　(d) 带接地开关隔离开关　　(e) 不带接地开关隔离开关

(f) 单柱式隔离开关　　(g) 双柱式隔离开关　　(h) 三柱式隔离开关

图1-44　隔离开关

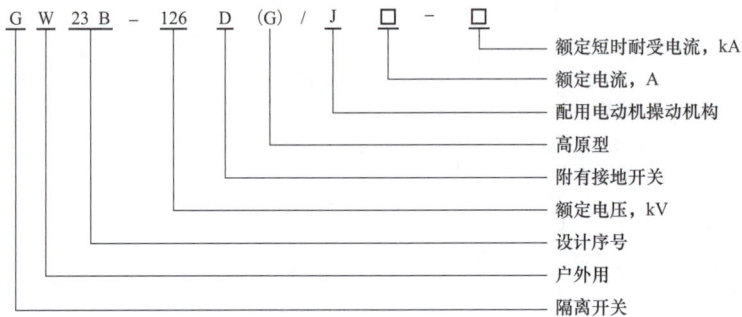

图1-45　GW23B-126D（G）型号含义

▼表1-13　　　　　　GW23B-126型户外高压交流隔离开关运行条件

环境温度	-40℃～+40℃
海拔	不超过2000m
风速	不超过34m/s
覆冰厚度	不超过10mm

续表

环境温度	−40℃~+40℃
地震强度	不超过9级
空气污秽程度	适用于Ⅳ级及以下污秽地区
无频繁激烈振动	无易燃易爆和化学腐蚀物质
阳光辐射强度	1000W/m² （晴天中午）

（3）GW23B-126D（G）型户外高压交流隔离开关。GW23B-126D（G）型户外高压交流隔离开关是三相交流、额定频率50Hz、额定电压126kV的输电设备。用于无负载下断开或接通线路，改变线路运行方式，隔离高压电气设备。该隔离开关附装接地开关，静触头固定在传动座上，导电杆由圆铝管制成。隔离开关与接地开关之间有机械联锁，确保不能同时合闸。

（4）GW22-252型折叠垂直伸缩式隔离开关。GW22-252型折叠垂直伸缩式隔离开关为单柱、垂直断口、折叠式结构，每组有三个独立单极隔离开关，且可附装接地开关，三极隔离开关由SRCJ3型电动机操动机构操作，三极接地开关由SRCS1/SRCS2型人力操动机构操作。每个单极隔离开关由基座、支柱绝缘子、操作绝缘子、主导电部分、传动系统及接地开关组成。

1.4.5 高压熔断器基本认知

主要介绍高压熔断器基本知识，高压熔断器作为一种保护电器，当系统或电气设备过负荷或短路时，故障电流使熔断器内的熔体发热熔断，从而切断电路，起到保护设备的作用。

1. 基本构成和熔件材料

高压熔断器的结构包括熔体、触头和外壳。熔体采用冶金效应，结合高熔点且导电性好的材料与低熔点且导电性差的材料，形成导电性好且熔点低的合成金属熔体。

2. 工作原理

金属熔体是易熔断的导体，正常情况下可保证电路可靠接通。过负荷或短路时，电流增大，熔体自身温度超过熔点，从而在保护设备绝缘未被破坏前切断电路。

3. 熔断器的技术参数

（1）额定电压。熔断器长期能够承受的正常工作电压。此电压应等于安装处电力网的额定电压。

（2）额定电流。熔断器壳体部分和载流部分允许通过的长期最大工作电流。长期通过此电流时，熔断器不会损坏。

（3）熔体额定电流。熔件允许长期通过而不熔断的最大电流。熔件的额定电流可以和熔断器的额定电流不同。同一熔断器可装入不同额定电流的熔件，但熔件的最大额定电流不应超过熔断器的额定电流。

（4）开断电流。熔断器允许切断的最大电流。由熔断器的灭弧能力决定。若被断开的电流大于此电流时，有可能使熔断器损坏，或由于电弧不能熄灭引起相间短路。

（5）种类。高压熔断器分为户内和户外、支柱和跌落、限流和非限流。户内熔断器全是限流型，RN1用于电力线路和设备过载短路保护，RN2用于电压互感器过载短路保护。

（6）型号。如图1-46所示，第一位代表复合绝缘支架（无H表示陶瓷支架），第二位代表产品类型，包括RW-普通型跌落式熔断器、PRWC-改进型、RXWO-限流型，第三位代表设计序号，第四位代表额定电流（A），第五位代表额定电压（kV）。

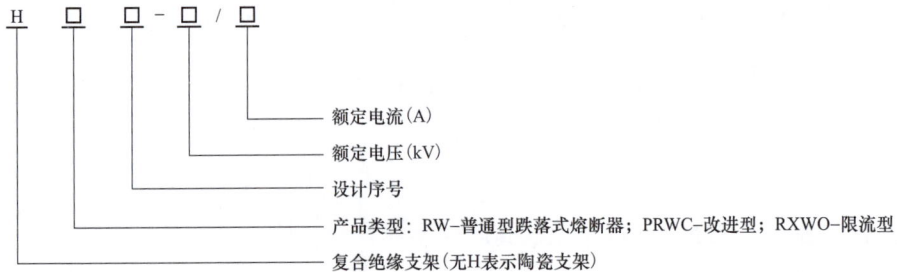

图1-46　熔断器型号含义

4. 跌落式熔断器的运行维护

日常检查维护包括检查瓷绝缘部分、额定值与熔丝配合及负荷电流、导电部分接触、安装角度、动作灵活性、熔丝熔断迅速形成断开点、上触头磷铜膜片完好、紧固熔丝时压封住熔管上端口、防止因受力振动掉落等。

1.4.6　户内型高压熔断器

从结构及工作原理、型号及技术数据、用途一共三方面介绍户内型高压熔断器。

1. 户内型高压熔断器的结构及工作原理

户内型高压熔断器又称限流式熔断器，主要由四部分组成，如图1-47所示。

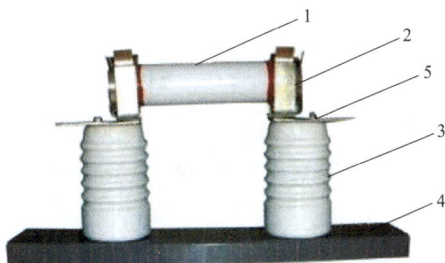

图1-47　RN1-10型熔断器外形图

1—熔管；2—触头座；3—支持绝缘子；4—底板；5—接线座

（1）熔丝管的具体结构如图1-48所示。对于7.5A及以下的熔丝，它们被绕制在六角形的陶瓷骨架上；而对于7.5A以上的熔丝，则不使用骨架。这些熔丝采用紫铜材料，并在变截面积处通过锡球或搪锡焊接来确保连接的可靠性。特别地，为电压互感器设计的专用熔丝，使用镍铬丝制成100Ω的限流电阻。此外，瓷管内填充有石英砂，这一设计赋予了熔丝良好的灭弧性能。

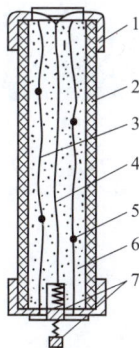

图1-48　RN1型熔断器熔丝管剖面图

1—管帽；2—瓷管；3—工作熔件；4—指示熔件；5—锡球；6—石英砂填料；7—熔断指示器

（2）触头座。熔丝管插接在触头座内，以便于更换熔丝管。触头座上有接线板，以便于与电路相连接。

（3）绝缘子。为基本绝缘，用于支持触头座。

（4）底板。钢制框架式熔断器，当过电流熔断时，熔丝同时熔断，石英砂冷却，并游离熄灭电弧。RN型熔丝管性能更佳，电压互感器专用限流电阻熔断器不能被普通熔丝管代替。

2. 户内型高压熔断器的型号及技术数据

高压熔断器型号RN1-10 20/10由六部分组成，其中R代表熔断器，N代表户内型，1是设计序号，10是额定工作电压，20是熔断器额定电流，10是熔体额定电流。表1–14列出了RN1–10及RN3–10型熔丝管容量及熔丝额定电流，可供选配。RN2–10、RN4–10、型高压熔断器是专为电压互感器设计的熔断器，其中RN2–10和RN4–10只包含0.5A的熔体，使用镍铬丝作为引线，形成100Ω的限流电阻。RN5–10型熔断器的技术数据详见表1–15。

▼表1–14　　　　　　　　RN1/3–10型熔断器规格表

熔断器容量（A）	熔体额定电流（A）	熔断器容量（A）	熔体额定电流（A）
20	2、3、5、7、7.5、10、15、20	150	150
50	30、40、50	200	200
100	75、100		

▼表1–15　　　　　　　　RN型高压熔断器的技术数据

型号	额定电压（kV）	熔管额定电流（A）	熔体额定电流（A）	熔体额定电流（Ω）	最小分断电流为额定电流的倍数	最大分断电流有效值（kA）	最大三相断流容量（MVA）
RN1–10	10	25	2、3、5、7.5、10、15、20、25		不规定	11.6	200
		50	30、40、50		1.3		
		150	75、100、150				
RN2–10	10	0.5	0.5	100±7	0.6～1.8A，1min内熔断	50	1000
RN5–10	10	1	1	14.5		25	500

近年来，由于环网柜的普及，导致高压熔断器出现多种引进产品及国产化产品，其中XRNT–10系列户内交流高压限流熔断器是引进英国技术国产化的产品，其由基座熔管、导电触头、撞击器等组成，与负荷开关配套使用可提高灭弧能力。由于负荷开关结构的不同，与之配套的熔断器也有所不同，其配套关系见表1–16。

3. 户内型高压熔断器的用途

RN1–10、RN3–10型高压熔断器用于10kV配电和电气设备过载及短路保护，与多种型号负荷开关广泛配套。RN2、RN4、RN5为电压互感器专用熔断器。

▼表1-16 引进的高压熔断器参数

熔断器型号		额定电压（kV）	熔管额定电流（A）	熔体额定电流（A）	额定开断电流（A）	特征	配套的负荷开关型号
国产化	引进						
XRNT1-10	SDLA-J	10	40	6.3、10、16、20、25、31.5、40	31.5	插入式，有撞针机构	FN2-10
	SFLA-J		100	50、63、71、80、100	50		
	SKLA-J		125	125	31.5		
XRNT2-10	FFLA-J	10	50	20、25、31.5、40、50	50	插入式，有撞针机构	KLF
			63	63	40		
—	BPGHC	10	50	20、25、31.5、40、50	40	插入式，有撞针机构	ELC-24
—	BFGHD		100	63	40	母线式，有撞针机构	

1.4.7 电力电容器基本认知

电力电容器在电力系统中应用广泛，主要分为并联电容器和串联电容器，其主要功能是提供无功补偿，减少电压波动等，为电网的稳定运行起到了至关重要的作用。

1. 电容器的工作原理

电容器的工作原理是储存电荷，其内部存在多块导电物质制成的平行电极，每两块平板电极之间有一层绝缘介质物质。在电子电路中，电容器可以存储电荷，起到平滑电流的作用，并抑制电压的瞬变，起到滤波的作用。

2. 电力电容器的分类

根据用途，电力电容器主要分为并联电容器、串联电容器、耦合电容器、均压电容器、脉冲电容器等种类，如图1-49所示。

（1）并联电容器。能够提高功率因数、减少线路损耗、防止电压进一步下降，对提高电力质量非常重要。

（2）串联电容器。串联电容器串联在线路中，起到了补偿输配电线路感抗、提高线路末端电压水平、改善线路功率因数、提高电压和系统稳定性、增加电能传输距离和传输容量的作用。

（3）耦合电容器。耦合电容器用于高压及超高压输电线路的载波通信系统，同时也可作为测量、控制、保护装置中的部件，如局部放电测量中可能会用到耦合电容器。

（4）均压电容器。均压电容器一般并联于断路器的断口上，使各断口间的电压在开断时分布均匀，并且可改善断路器的灭弧特性，提高断路器开断能力。

（5）脉冲电容器。脉冲电容器为冲击高压和冲击电流储能，作为基本元件用于冲击电压和电流发生器、断路器试验振荡回路等高压试验设备。

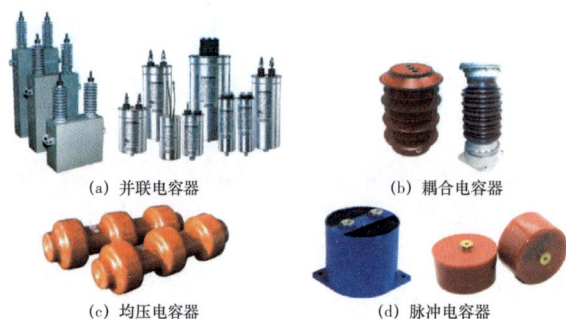

(a) 并联电容器   (b) 耦合电容器

(c) 均压电容器   (d) 脉冲电容器

图 1-49　电容器

在电力系统中，并联电力电容器被广泛应用，其种类和结构也有所不同。其中，浸渍剂型并联电容器由卷绕式结构组成，使用油类作为绝缘和散热介质；金属化膜式电容器采用塑料薄膜作为电介质，镀上金属层后卷绕而成，具有轻质、体积小、损耗低等特点；密集型并联电容器将多个单元电容器组合在一个箱体内，具有占地面积小、安装方便、运行维护工作量小等优点。电力电容器的投入和切除需要注意倒闸操作，遵循一定的顺序和注意事项，以保证系统的稳定和安全。

1.4.8　接地装置基本认知

电力系统为保证电气设备人身安全和可靠运行，必须具备符合规定的接地装置。接地，即将用电、供电设备、防雷装置等通过金属导体与大地进行良好连接。根据中性点运行方式不同，接地分为中性点直接接地系统（见图 1-50）和中性点不接地系统。我国 3、6、10、35kV 高压配电线路采用中性点不接地系统，0.4kV 低压配电线路采用中性点直接接地系统。电气设备绝缘损坏可能产生对地电压，为避免漏电致命的危险应接地。

接地装置是电气设备的接地引下导线和埋入地中的金属接地体的总和，旨在确保电气设备与大地之间建立良好的金属连接。接地体又称为接地极，是埋入地中直接与土壤接触的金属导体组或金属导体，用于引导接地电流流向土壤。接地线则是电气设

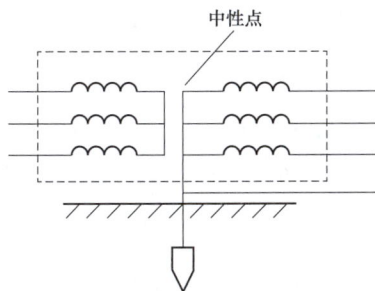

图1-50　中性点直接接地系统

备需要接地的部位与接地体相连接的部分，包括接地干线和接地支线。根据目的不同，接地可以分为防雷接地、工作接地和保护接地等类别。

1. 工作接地

工作接地是因电气设备正常工作或排除事故的需要而进行的接地。

2. 保护接地

保护接地是为了防止电气设备金属外壳因绝缘损坏而带电而进行的接地，图1-51所示为常采用的保护接地和保护接零的方法。

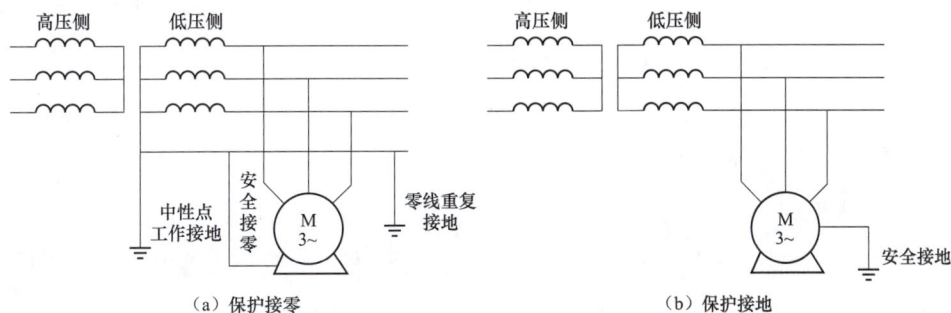

图1-51　保护接地与保护接零

3. 防雷接地

防雷接地是为了将雷电流引入大地而进行的接地，如避雷针、避雷器、避雷线的接地。

4. 防静电接地

防静电接地是为了防止由于静电聚集而形成火花放电的危险，把可能产生静电的设备接地，如易燃气、油、金属储藏的接地。

5. 防干扰接地

防干扰接地是为防止电干扰装设的屏蔽物的接地。

接地装置的接地电阻是指接地体电阻、接地线电阻、接地体与土壤之间的过渡电阻和土壤流散电阻的总和。接地装置一般由钢管、角铁、铁带及钢绞线等材料制成。

（1）接地体的材料及规格。接地体一般由钢管、铁带等材料制成，采用的钢管壁厚一般应大于3.5mm，外径大于25mm，长度一般为2～3m。如果钢管直径超过50mm，虽然管径增大，但散流电阻降低得很少。角钢接地体一般采用50mm×6mm或40mm×5mm的角钢，垂直打入地中，具有钢管的效果。扁钢接地体截面积不小于100mm²，厚度不小于4mm。一般应用25mm×4mm或40mm×4mm的扁钢，埋深应不少于0.5～0.8m。

（2）接地引下线的规格。接地引下线一般采用钢材为：

1）圆钢引下线直径一般不小于8mm。

2）扁钢截面积不小于12mm×4mm。

3）镀锌钢绞线截面积不小于25mm²。

低压线路绝缘子铁脚接地可用简易引下线，如直径为6mm的圆钢或两根8号铁丝；与空气交界处引下线最好用镀锌钢材或涂以沥青等防腐剂。

（3）接地体的形式和尺寸。根据土壤电阻率的不同，接地体的形式也多种多样，一般有以下几种：

1）放射型接地体，采用一至数条接地带敷设在接地槽中，一般应用在土壤电阻率较小的地区。

2）环状接地体，用扁钢围绕杆塔构成的环状接地体。

3）混合接地体，由扁钢和钢管组成的接地体。

按其埋入地中的方式，接地体有水平接地体和垂直接地体之分。

1）水平接地体。该接地体水平埋入地中，其长度和根数按接地电阻的要求确定。接地体的选择优先采用圆钢，一般直径为8～10mm；选用扁钢时，其截面积为25mm×4mm～40mm×4mm。热带地区应选择较大截面积扁钢；干旱地区选择小截面积扁钢。

2）垂直接地体。该接地体是垂直打入地中，长度为1.5～0.3m。截面积按机械强度考虑，角钢为20mm×20mm×3mm～50mm×50mm×5mm，钢管直径为20～50mm，圆钢直径为10～12mm。

1.5 电气图基本认知

1.5.1 电气图的基本认知

电气图是简化的电气工程图，使用标准图形和文字符号表示，遵循相关国家标准，包括图形符号、代码代号、电气制图和物理量和单位标准等，是绘制、校正、阅读电气图的必要条件。电气图相关国家标准见表1-16。

电气图相关国家标准

标准类型	标准代号	标准名称
电气图形符号	GB/T 4728.2—2018	电气简图用图形符号 第2部分：符号要素、限定符号和其他常用符号
	GB/T 4728.3—2018	电气简图用图形符号 第3部分：导线和连接件
	GB/T 4728.4—2018	电气简图用图形符号 第4部分：基本无源元件
	GB/T 4728.5—2018	电气简图用图形符号 第5部分：半导体管和电子管
	GB/T 4728.6—2022	电气简图用图形符号 第6部分：电能的发生与转换
电气图形代码	GB/T 5094.3—2005	工业系统、装置与设备以及工业产品结构原则与参照代号 第3部分：应用指南
	GB/T 16679—2009	工业系统、装置与设备以及工业产品 信号代号
	GB/T 2625—1981	过程检测和控制流程图用图形符号和文字代号
电气制图	GB/T 6988.1—2008	电气技术用文件的编制 第1部分：规则
其他	GB/T 3102.8—1993	物理化学和分子物理学的量和单位
	GB/T 3102.11—1993	物理科学和技术中使用的数学符号

在配电领域，常用的电气图包括一次回路系统图、二次回路接线图两大类。

1. 一次回路系统图

电气设备分为一次设备和二次设备。一次设备直接生产和输配电能，如同步发电机、变压器、开关电器、限流电器、载流导体等；二次设备监测、测量、控制、保护、调节一次设备，如测量表计、控制信号装置、继电保护及自动装置等。一次回路系统图表示设备连接关系，图1-52所示为某制氧站的一次回路系统图。

2. 二次回路接线图

二次回路接线图是表示二次设备连接关系和信号走向的电气图，包括原理接线图、展开接线图和安装接线图。原理接线图用直线绘制出装置之间的连接方式，阐明装置的工作方式和动作原理，且电气触点按照正常工作状态绘制。图1-53所示为某10kV线路过电流保护的原理接线图。

展开接线图是在原理接线图的基础上进一步将连接关系以各装置为单位进行展开，其突出特点是交流回路和直流回路分开绘制。为了方便查看，对同一个元件的线圈和触点用相同的符号表示。图1-54为图1-53的展开接线图。

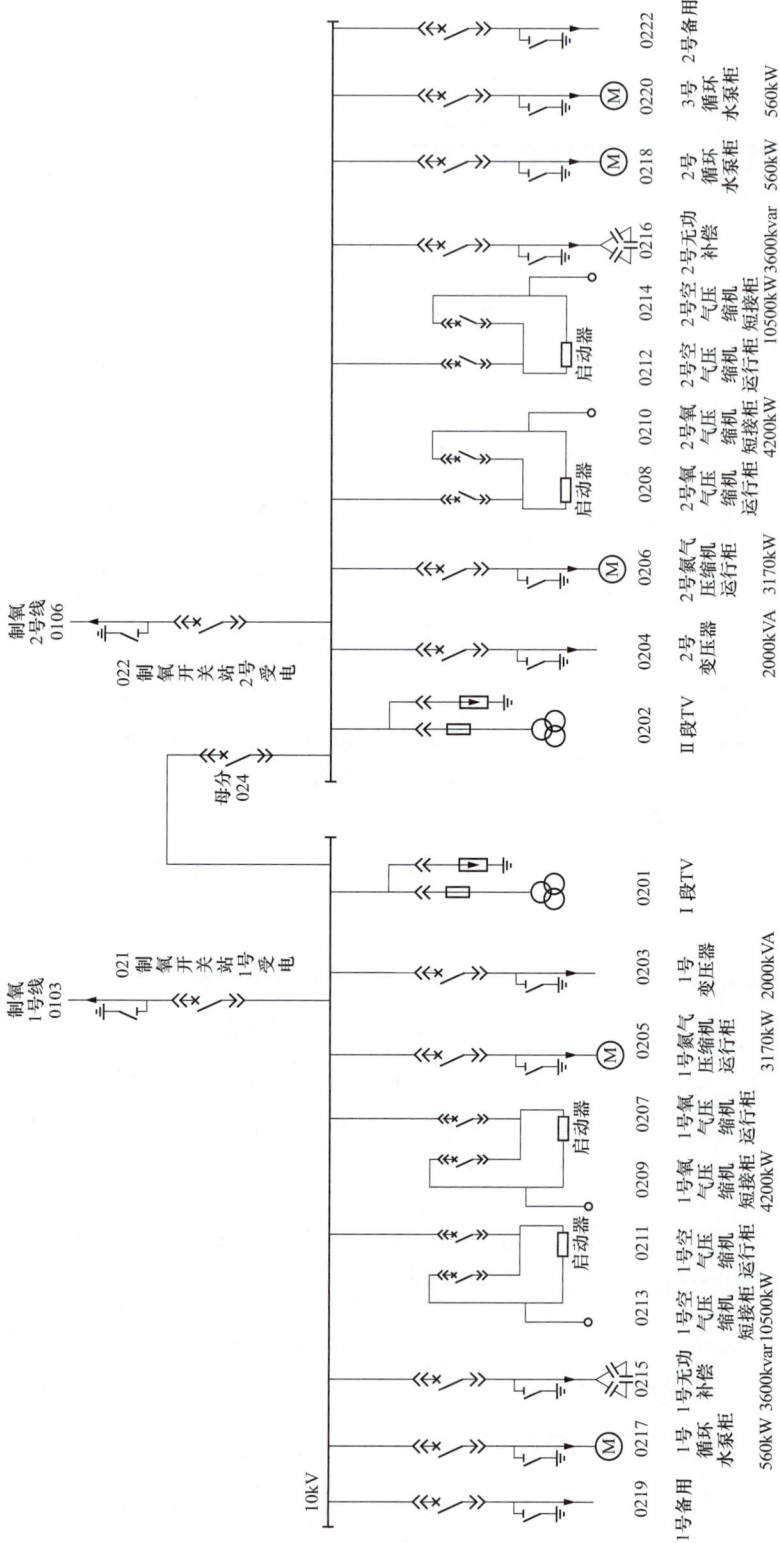

图 1-52　某制氧站一次回路系统图

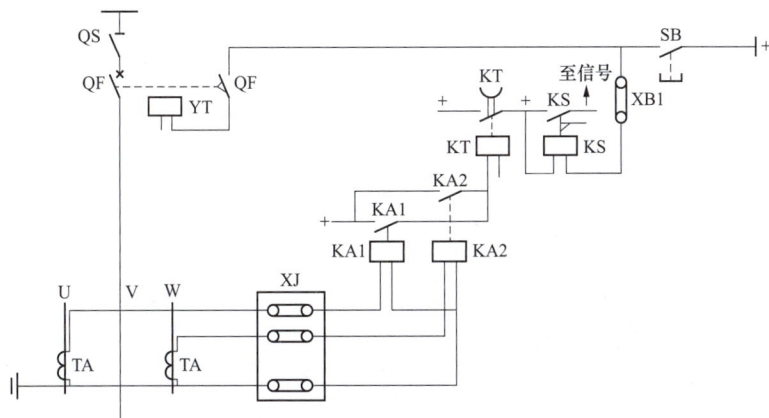

图1-53 某10kV线路过电流保护原理接线图

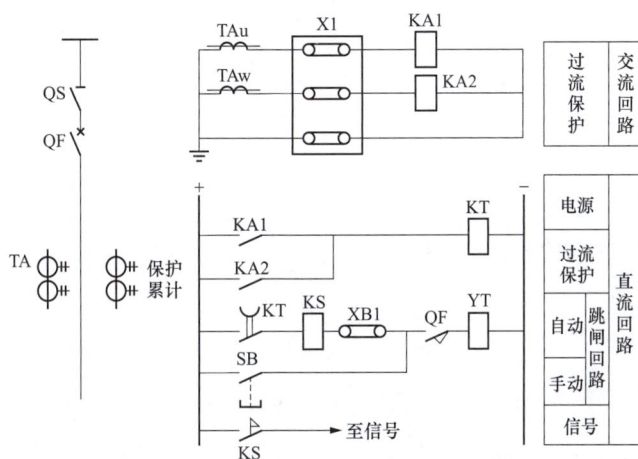

图1-54 某10kV线路过电流保护展开图

安装接线图展示了接线端子之间的连接关系，包括屏面布置图、屏后接线图、端子排图。屏面布置图表示设备和器具在屏面的安装位置，屏面布置图上的设备、器具及其布置均按比例绘制。图1-55所示为某10kV线路控制屏的屏面布置图。屏后接线图表示屏内设备、器具之间和屏外设备之间的电气连接。端子排图表示屏内外各设备和器具的各种端子排的布置及电气连接，图1-56所示为典型的端子排图。

1.5.2 常用电气图的识读

1.一次回路系统图

对于一次回路系统图，首先要阅读其标题栏，明确该图对应哪个发电厂、变电站或配电室。接着，确定进出线的条数和电压等级。然后，查看图中有哪些电气设备，并确定电气设备之间的连接方式和主接线方式。最后，确定各电气设备的型号、容量、电压等级等。

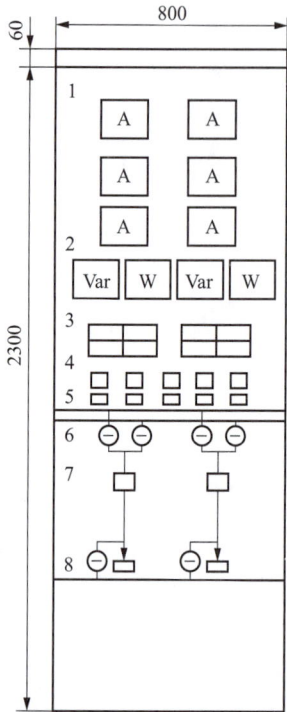

图 1-55 10kV 线路控制屏的屏面布置图

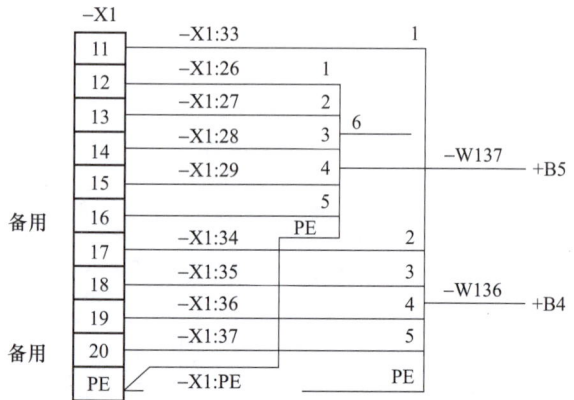

图 1-56 典型端子排图

图 1-57 所示是某配电室的一次回路系统图，由图可知，该配电室有 2 条进线、20 条出线，进线的电压等级为 10kV，出线的电压等级为 230/400V。图中主要的电气设备包括变压器、电流互感器、断路器、隔离开关、母线，主接线方式为单母线分段，两段母线通过隔离开关进行连接。其中，变压器的型号为 SL9-930，变比为 10000V/230V，电流互感器型号为 LWZJ1-0.5-1250/5，低压母线型号为 LWY-3（80×6）+（30×4）。

2. 二次回路接线图

对于二次回路接线图，首先阅读其标题栏，明确该图对应哪种控制或保护装置。接着查看原理接线图，确定二次系统中所包含的设备或元件，以及设备和元件之间的连接关系。然后，查看展开接线图，对照原理接线图，按照二次回路的连接顺序，分别对电压回路、电流回路和信号回路的连接方式进行确认。最后查看材料明细表，确定二次设备的型号。

下面分别介绍原理接线图、展开接线图和安装接线图的识读方法。

（1）原理接线图。图 1-58 所示为某 10kV 线路过电流保护原理接线图。原理接线图的一、二次回路绘制在一起，识读顺序为从一次侧到二次侧再回到一次侧。图 1-58 中，电流互感器 TAu 和 TAw 分别采集 U 相、W 相电流，然后分别送至电流继电器 1KA

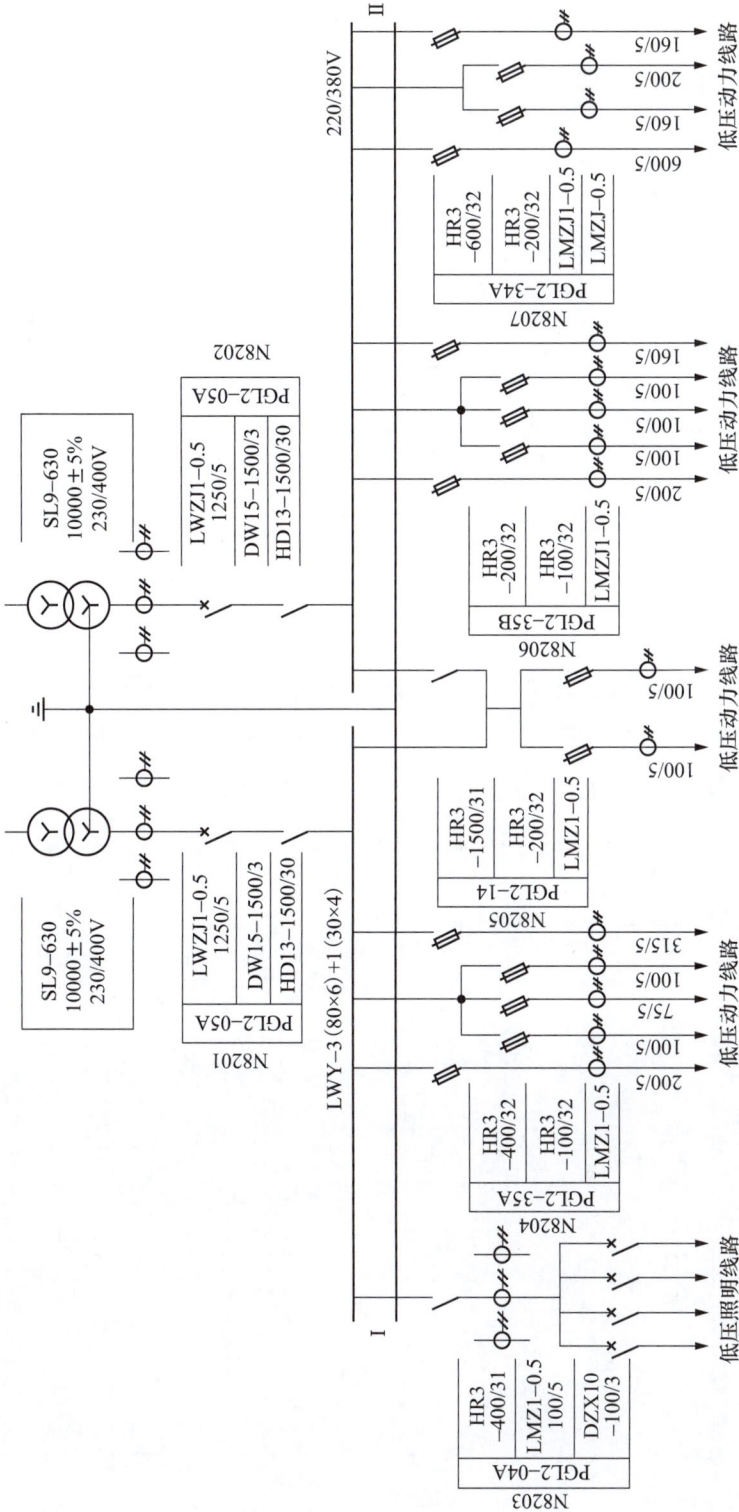

图1-57 某变配电室一次系统图

和2KA，任一电流继电器动作会引起时间继电器KT动作，经过一段时间后信号继电器KS发送跳闸信号至跳闸线圈YT，从而使得断路器QF分闸，断开过载电流。当断路器辅助触点QF1断开时，上述保护将不会动作。

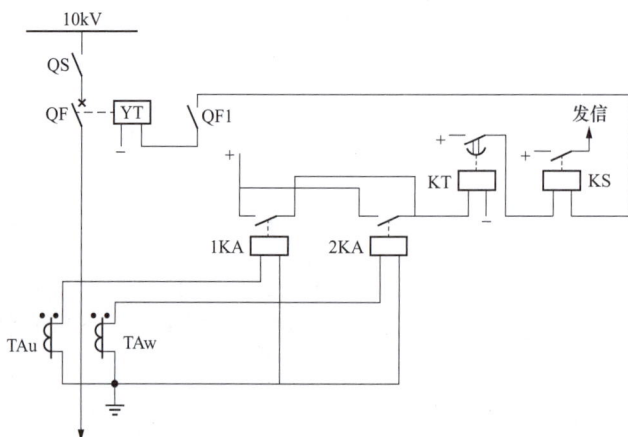

图1-58　某10kV线路过电流保护原理接线图

（2）展开接线图。图1-59为图1-58的展开接线图，展开接线图的一次、二次回路分开绘制，且二次回路中直流回路和交流回路也分开绘制。如图1-59（a）所示，一次回路中电流互感器1TA、2TA采集了两相电流，在交流电流回路中，电流互感器的二次绕组1TAu、1TAw分别与电流继电器1KA、2KA连接，并通过公共线接地。在直流操作

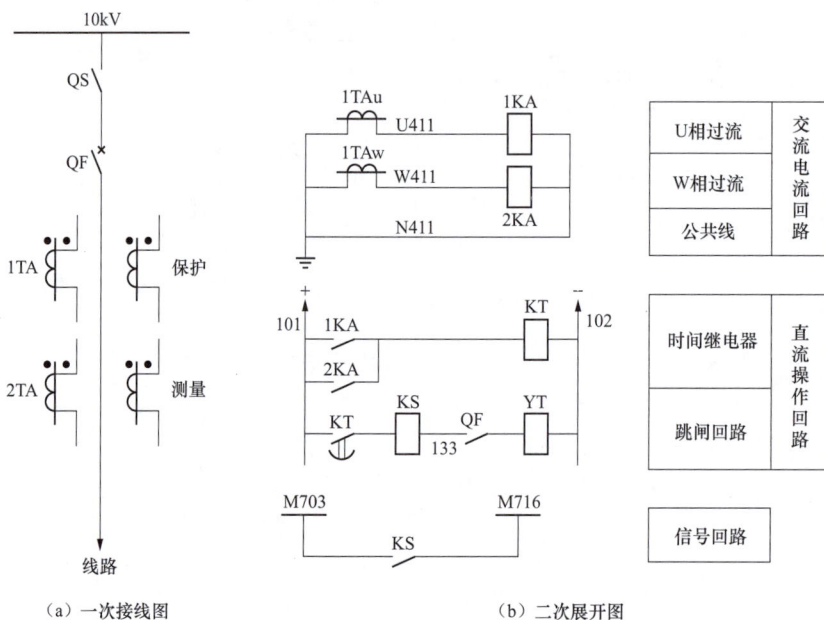

（a）一次接线图　　　　　　　　　　　（b）二次展开图

图1-59　某10kV线路过电流保护展开接线图

回路中，时间继电器KT受1KA、2KA控制，任一电流继电器动作将引起KT动作，在延时后引起信号继电器KS和跳闸线圈YT动作。

（3）安装接线图。安装接线图上设备和器具均按实际情况布置。设备、器具的端子和导线、电缆的走向均用符号、标号加以标示。两端连接不同端子的导线，为了便于查找其走向，采用相对标记法，相对标记法是指每一条连接导线的任一端标以对侧所接设备的标号或代号，故同一导线两端的标号是不同的，并与展开图上的回路标号无关。这种方法很容易查找导线的走向，从已知的一端便可知另一端接至何处。

图1-60所示为相对标记法接线图。以电流互感器KA1的接线为例进行说明，KA1的1号端子上标记I:5和I2:2，表明该端子与端子排I的5号端子以及端子排I2的1号端子相连，为了与之对应，端子排I的5号端子和端子排I2的1号端子也分别标记I1:1。

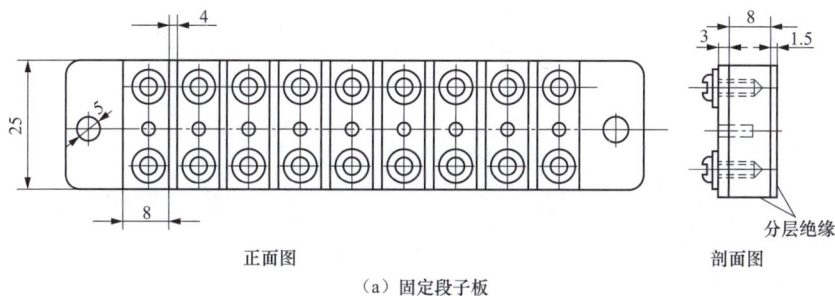

（a）固定段子板

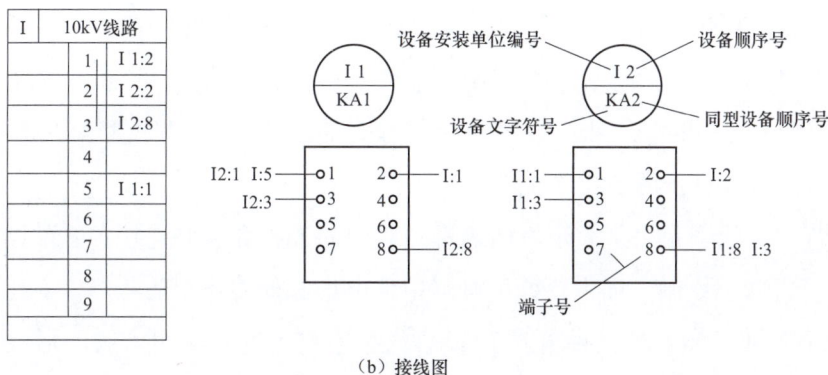

（b）接线图

图1-60 相对标记法接线图

1.6 配电站主接线基本认知

1.6.1 系统电气主接线基本认知

变、配电站（见图1-61）是供配电系统的核心，承担从电力系统受电、变压、配电的任务，配电站则负责从电力系统受电、直接配电。主接线表示用电单位接受和分配电能的路径和方式，由电力变压器、断路器、隔离开关等一次主电气设备按一定次序连接而成，通常采用单线图表示。主接线的确定是供配电设计的重要环节。

(a) 低压配电站 　　　　　　　(b) 低压配电室

图 1-61　变配电站

1. 电气主接线的作用

变电站中的电气主接线是电气运行人员进行操作和事故处理的依据，显示了电气设备的数量、规格、连接方式及可能的运行方式，关系到全厂电气设备的选择、布置，以及继电保护和自动装置的确定。因此，在国家有关技术经济政策下，主接线的拟订应追求技术先进、经济合理、安全可靠。

2. 电气主接线的基本要求

配电站主接线的基本要求是可靠性、灵活性、安全性和经济性。主接线应满足用电负荷对供电可靠性的要求，适应不同的运行方式，便于操作和检修，符合相关国家标准及行业标准的要求，保证人身和设备安全，简洁明了，工程投资少，运行费用低。

3. 电气主接线图的绘制方法。

电气主接线图是用来表示电能输送过程中的设备和线路连接关系的图。所有电气均按正常状态绘制，即电气处于电路中无电压和外力作用的状态。对于断路器和隔离开关，应画出它们的断开位置。电气主接线图通常采用单线图形式，即用一根相线表示三相对称电路，但在某些情况下（如三相电路不对称），也可以采用三线图。

电气主接线图有系统式和装置式两种绘制形式。

（1）系统式主接线图。按照电能输送的顺序，依次绘制设备和线路的连接关系，全面系统地反映主接线中电能的传输过程，但并不反映成套配电装置之间的排列关系，如图1-62所示。系统式主接线图主要用于变配电所的运行和方案设计阶段。

（2）装置式主接线图。按照主接线中高压或低压成套配电装置之间的相互连接关系和排列位置来绘制简图。如图1-63所示，装置式主接线图不仅包括代表设备的图形符号，还标明了设备的型号与规格。从装置式主接线图上可以清晰地看出某一电压等级的成套配电装置内部设备的连接关系及装置之间的相互排列位置，以及各配电装置

高压开关柜编号	1	2	3	4	5
高压开关柜型号	KYN1-10/02	KYN1-10/33（改）	KYN1-10/41	KYN1-10/04	KYN1-10/04
回路名称	电源进线	计量	电压互感器	1号主变压器	2号主变压器
二次回路号	略	略	略	略	略

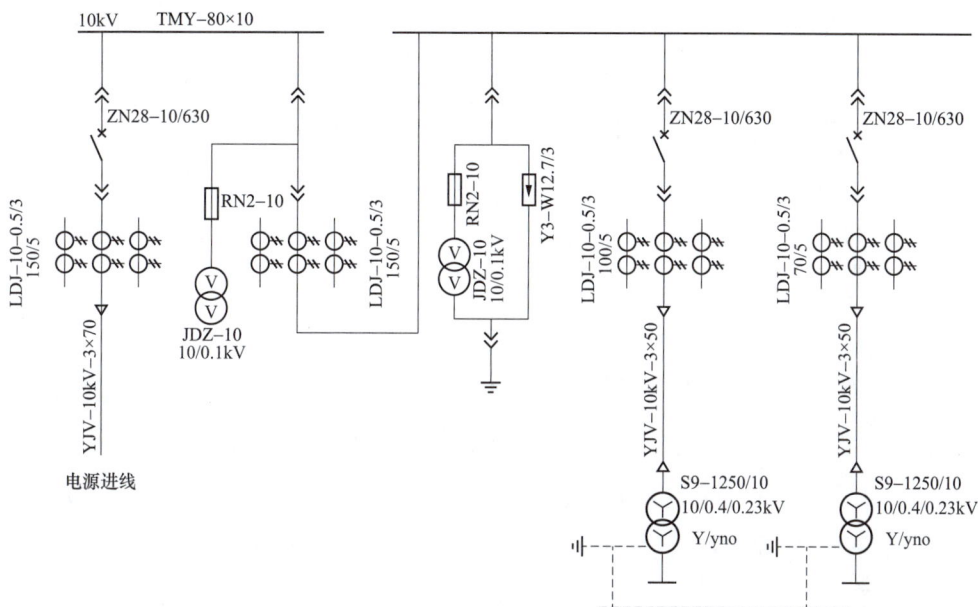

图1-62 供电系统高压配电电气主接线图

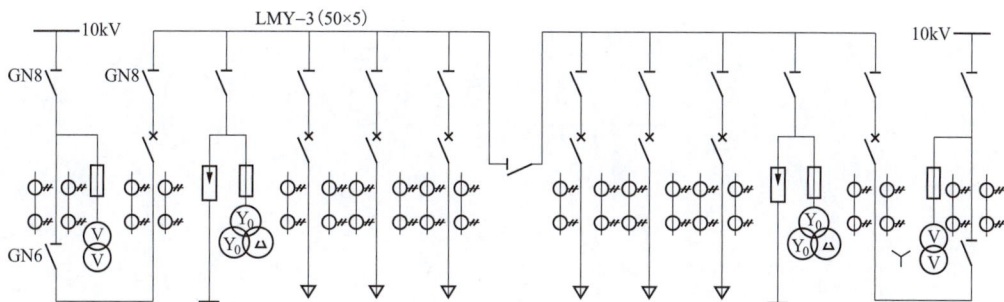

101号	102号	103号	104号	105号	106号		107号	108号	109号	110号	111号	112号
电能计量柜	1号进线开关柜	避雷器及电压互感器	出线柜	出线柜	出线柜	GN6-10/400	出线柜	出线柜	出线柜	避雷器及电压互感器	2号进线开关柜	电能计量柜
GG-1A-J	GG-1A(F)-11	GG-1A(F)-54	GG-1A(F)-03	GG-1A(F)-03	GG-1A(F)-03		GG-1A(F)-03	GG-1A(F)-03	GG-1A(F)-03	GG-1A(F)-54	GG-1A(F)-11	GG-1A-J

图1-63 高压配电所的装置式主接线图

在系统中的作用是进线、出线、测量（计量）、无功补偿、分段、母联等。装置式主接线图主要用于变配电所的施工图设计阶段。

1.6.2　常用主接线类型介绍

配电所主接线通常取决于母线的接线方式。母线也称汇流排，是电路中的一个电气触点，起着集中接受电能和向多个用户馈线分配电能的作用。其中，母线制分为单母线、单母线分段和双母线等接线方式。

1. 单母线接线方式

单母线接线方式适用于引入单回电源的情况，如图1-64所示。在每条引入、引出线路中都装设断路器QF和隔离开关QS，利用隔离开关具有明显断开点的特点，用于隔离电源和倒闸操作。将隔离开关装于母线侧时，称为母线隔离开关，在检修断路器时用于隔离母线电源；将隔离开关装于线路侧时，称为线路隔离开关，在检修断路器时用来防止从用户侧反向馈电或防止雷电过电压沿线路侵入，以确保检修人员的安全。

单母线接线方式电路简单，操作方便，使用电气设备少，变配电装置造价低，便于扩建，但其可靠性与灵活性较差。当母线、母线隔离开关发生故障或检修时，必须停止整个系统的供电，当引出线的断路器检修时，该支路要停止供电。因此，单母线不分段接线方式不能满足不允许停电的重要用户的供电要求，只适用于对供电连续性要求不高的用电单位。

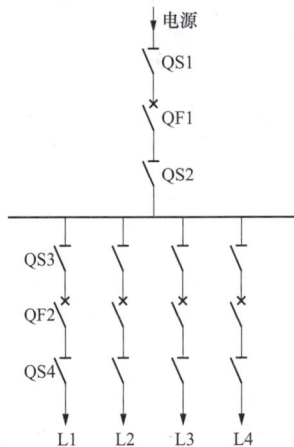

图1-64　单母线接线

2. 单母线分段接线方式

在两回电源进线条件下，可采用单母线分段主接线，以克服单母线不分段主接线存在的不足。根据电源数目、功率大小以及电网的接线情况来确定单母线的分段数。通常每段母线要接1~2回电源，引出线分别从各段母线上引出。各母线段引出线的电能分配尽量与电源功率平衡，以减少各段间的功率交换。单母线的分段可采用隔离开关或断路器实现。

（1）用隔离开关分段的单母线分段接线方式如图1-65所示，适用于双回电源供电的二级负荷用户。它可以分段单独运行，也可以并列同时运行。采用分段运行时，各段就相当于单母线不分段接线的运行状态，各段母线的电气系统互不影响。当某段母线故障或检修时，仅对该母线段用电负荷停电；当某一回路电源故障或检修时，如另一回路电源容量能担负全部负荷，则可经倒闸操作恢复对全部负荷供电。以图1-65为例，如电源Ⅰ检修，则分别将断路器QF1、QF2切断，再分别将离开关QS1、QS4切断，将分段隔离开关QS闭合，再闭QS3、QS4，最后再闭合QF2恢复对全部引出线负荷的供电。可见，在倒闸操作过程中，需对母线做短时停电。采用并列运行时，当某回路电源故障或检修时，则无须母线停电，只需切断该回电源的断路器及其隔离开关即可。这种接线的最大不足就是当某一电源故障或检修时，另一段正常母线也会短时停电。

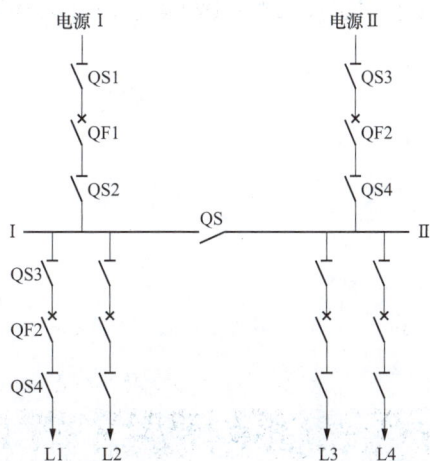

图1-65　隔离开关分段的单母线分段接线

（2）用断路器分段的单母线分段接线方式如图1-66所示。分段断路器QF装有相应的保护装置，当某段母线发生故障时，分段断路器QF与该电源进线断路器将同时跳闸，非故障段母线仍保持正常工作。当对某段母线检修时，可操作分段断路器和相应的电源进线断路器，而不影响另一段母线的正常运行。所以采用断路器分段的单母线分段接线方式的供电可靠性较高。

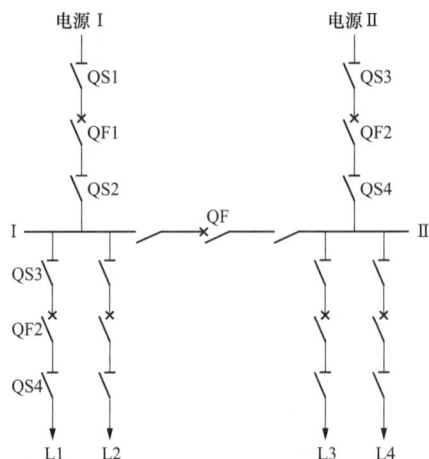

图1-66　断路器分段的单母线分段接线

3. 双母线接线方式

双母线接线方式适用于用电负荷大、重要负荷多、对供电可靠性要求高或馈电回路多而采用单母线分段存在困难的情况。大型工业企业配电站的35～110kV线系统和有重要高压负荷的6～10kV母线系统中多采用这种接线方式。一般用户配电站内馈电线路不多，采用三回进线单母线分段接线时也可满足一级负荷对供电可靠性高的要求，所以一般6～10kV配电站不推荐使用双母线接线方式。

双母线接线方式如图1-67所示，任一供电电源和引出线回路都经一台断路器和两台母线隔离开关接于双母线上，其中母线1为工作母线，母线1为备用母线，双母线接线的工作方式可分为两种。

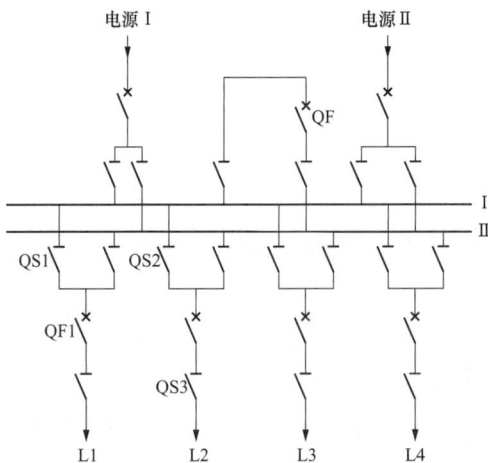

图1-67　双母线接线

（1）母线Ⅰ运行，母线Ⅱ线备用，与母线Ⅰ线接的母线隔离开关闭合，与母线Ⅱ连接的母线隔离开关断开，两组母线间装设的母线联络断路器QF在正常运行时处于断开状态，其两侧与之串接的隔离开关为闭合状态。当工作母线Ⅰ故障或检修时，可经倒闸操作改用备用母线Ⅱ继续供电。

（2）两组线同时列行，但互为备用。按可靠性和电力平衡的原则要求，将电源进线与引出线路同两组母线连接，并将所有母线隔离开关闭合，母线联络断路器QF在正常运行时也闭合。当某组母线故障或检修时仍可经倒闸操作，将全部电源和引出线路均接于另一组母线上，继续为用户供电。

两组母线互为备用，大大提高了供电可靠性，也提高了主接线工作的灵活性。在图1-67中，如检修引出线LⅠ上的母线隔离开关QS1故障，则需先将备用母线Ⅱ转入运行状态，工作母线Ⅰ转入备用状态，再使断路器QF1切断后，使隔离开关QS2、QS3先后断开，即可对QS1进行检修。故双母线接线具有单母线分段接线所不具备的优点，向无备用电源用户供电时，更显其优越性。

倒闸操作是配电站运行中重要而又经常性的工作，倒闸操作应遵循一定的顺序进行，操作不当或操作错误将会产生巨大的损失。以图1-67中LⅠ出线停电、送电为例，其倒闸操作程序如下：①L1送电合闸的顺序应为QS3→QS4→QL2；②停电拉闸的顺序应为QF2→QS4→QS3。

4. 桥形接线

（1）内桥式接线。配电站主接线中高压断路器QF3跨接在两路电源进线之间，且靠近变压器，因此称为内桥式接线，如图1-68（a）所示。内桥式接线具有较好的运行灵活性和较高的供电可靠性，适用于一、二级负荷的工厂。在正常运行时，QF3处于断开状态，而其两侧S处于闭合状态。当某路电源如Ⅰ线路需要进行停电检修或发生故障时，断开QF1并投入QF3即可由Ⅱ线路恢复对变压器的供电。

内桥式接线操作方便，当线路故障时，仅故障线路断路器跳闸，其余回路可继续工作并保持联系。但正常运行时变压器操作较复杂，如变压器T故障或检修，需断开QF1、QF3，导致未故障线路L1供电受影响，需倒闸操作才能恢复L1工作，此外，桥回路故障或检修时，全厂分为两部分，两个单元失去联系。适用于电源线路长、故障多、停电机会多、变压器不需经常切换的总降压配电站。

（2）外桥式接线。配电所主接线将高压断路器QF3接在两路电源进线之间，靠近电源进线方向，因此称为外桥式接线，如图1-68（b）所示。其运行灵活性和供电可靠性高，适用于一、二级负荷的工厂。但跨接桥的位置不同，适用于变压器T1停电检修或发生故障时，断开 QF1，投入 QF3，使两路电源进线迅速恢复正常运行。若故障发生在某条电源进线上，切换较为复杂。

外桥式接线操作方便，变压器故障时仅跳闸故障回路，其余回路可继续工作并保持联系。但线路投入与切除时操作较复杂，可能会造成短时停电。外桥式接线适用于电源线路较短、负荷变动较大、根据经济运行要求经常投切变压器的总降压配电站；适用于电源线路较短、负故障少、变压器需经常切换的变电站。

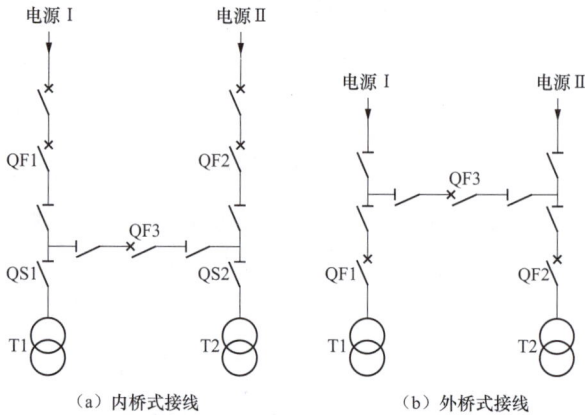

（a）内桥式接线　　　　（b）外桥式接线

图 1-68　桥形接线

1.7　继电保护及自动装置基本认知

1.7.1　继电保护装置的任务、原理及组成

介绍电力系统的故障及异常运行状态、继电保护装置在配电网中的主要任务及要求等内容。

1. 电力系统的运行状态

电力系统运行状态分为正常状态、不正常状态和故障状态。正常状态下，电力系统的电能质量符合要求；不正常状态包括过负荷、过电压等，可能破坏正常工作；故障状态则因外力、绝缘老化、过电压、误操作等原因导致电力系统部分约束遭到破坏，如短路、断线等。其中，三相短路最危险且后果最严重，而单相短路故障概率最高。短路故障可能导致严重后果，如设备损坏、电压下降、系统振荡甚至瓦解，造成大面积停电。因此，应采取措施预防和减少短路故障的发生。

2. 电力系统继电保护的任务

继电保护装置指能反应电力系统中电气设备发生故障或不正常运行状态，并使短路器跳闸或发出信号的一种自动装置。电力系统继电保护泛指继电保护技术和由各种继电保护装置组成的继电保护系统。电力系统继电保护的基本任务为：

（1）能自动、迅速、有选择性地将故障元件从电力系统中切除，以免故障元件继续遭到损坏，又保证其他无故障部分迅速恢复正常运行。

（2）能反应电力设备的不正常运行状态，并根据运行维护条件，而动作于发出信号或跳闸。

3. 电力系统继电保护的基本原理及组成

电力系统继电保护的基本原理是利用电气元件在运行状态下的可测参量差异，区分正常运行状态、故障状态和不正常运行工作状态。继电保护装置由测量元件、逻辑环节和执行输出三部分组成，通过比较电气元件的物理参量，按一定的逻辑关系判定故障类型和范围，以决定是否启动保护，如图1-69所示。

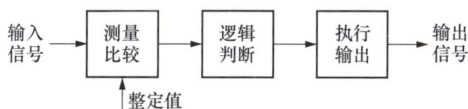

图1-69　继电保护装置基本组成

4. 电力系统继电保护装置的要求

短路故障时对继电保护装置的要求是快速、灵敏，且有选择、可靠地通过断路器跳闸，切除故障，即选择性、速动性、灵敏性和可靠性四个基本要求，这四个要求之间联系紧密，既矛盾又统一，必须根据具体电力系统运行的主要矛盾和矛盾的主要方面，配置、配合、整定每个电力元件的继电保护。

1.7.2　主保护、后备保护及辅助保护

介绍主保护、后备保护与辅助保护的基本概念。

根据保护装置作用的不同，继电保护装置可分为主保护、后备保护和辅助保护三类型。系统中的被保护元件都应该配置主保护和后备保护，必要时可增设辅助保护。

1. 主保护

主保护能以最短的时限，有选择性地切除被保护设备和全线路故障的保护，既能满足系统稳定运行及设备安全要求，也能保证系统中其他非故障部分的继续运行，如阶段式电流保护的Ⅰ段和Ⅱ段、距高保护的Ⅰ段和Ⅱ段、高频保护、差动保护等。

2. 后备保护

后备保护在主保护或断路器拒动时，用于切除故障。它可分为远后备和近后备两

种。远后备是指当本元件的主保护或断路器拒动时，由相邻电力设备或线路的保护来实现后备。近后备则是指在主保护拒动时，由本设备或线路的另一套保护实现的备用保护。当断路器拒动时，该元件的保护或断路器失灵保护可以断开同一边所有电源的断路器，以切除故障。

3. 辅助保护

辅助保护是补充主保护和后备保护的不足而增设的简单保护，如电流速断通常可以作为这类性质的保护。

异常运行保护是反映被保护电力设备或者线路异常运行状态的保护，如过负荷保护、水轮发电机和大型汽轮发电机过电压保护等。

总之，为了减少保护套数和简化接线，主保护和后备保护可以合并于一套保护装置中，如采用电流、电流方向和距离保护作为主保护。如果远后备保护不能满足系统要求，则需要配置单独的一套后备保护。

1.7.3　常规继电保护工作原理

单侧电源输电线路相间短路的电流保护：

（1）瞬时电流速断保护。根据对继电保护速动性的要求，瞬时电流速断保护装置动作切除故障的时间必须满足系统稳定和保证重要用户供电可靠性。在简单、可靠和保证选择性的前提下，原则上越快越好。

为了把电流保护范围限制在本线路，可通过保护的动作电流大于相邻下一线路首端短路时的最大短路电流来实现。这种电流保护的选择性是靠动作电流的整定来获得的，不必加时限，可以做成瞬动保护，称为瞬时电流速断保护。瞬时电流速断保护的灵敏度通常用保护范围占被保护线路全长的百分数来表示。一般认为在最大运行方式下，保护范围占全长的50%时，即认为有良好的保护效果；而在最小运行方式下发生两相短路时，保护范围不小于被保护线路全长的15%～20%，才能装设瞬时电流速断保护。

从主保护角度来看，要求保护能以最快速度切除本保护范围故障，电流速断保护能做到在线路始端一定范围内短路时，瞬时切除故障，但只在电压等级不高的非重要线路中作主保护用。

（2）限时电流速断保护。瞬时电流速断保护的优点是动作迅速，但不能保护线路全长，线路中、末端的故障必须由另外的保护装置来切除，如采用定时限过电流保护，其动作时间又较长，为此考虑增设一套既能保护全长，又能较迅速切除故障的保护，即限时电流速断保护。

要求限时电流速断保护能保护全长，就必然会使其保护范围延伸到下一级线路，这样当下一级线路首端发生故障时，保护也会启动。为了保证选择性的要求，必须使其动作时间比相邻下一级线路的瞬时电流速断保护大一时间级差，并且使其保护范围不能超过下级线路瞬时电流速断保护的保护范围。

（3）定时限过电流保护。当电力系统中的发电机、变压器、输电线路上发生短路时，其重要特征之一是流过这些电气设备的电流大大增加，定时限过电流保护装置就是根据这一特征构成的。所谓定时限过电流保护是将被保护设备的电流接入过电流继电器，当电流超过规定值（即保护装置的整定值）时就动作，并以一定的时间（即保护选择性配合所需的时限）动作于断路器跳闸的一种保护装置。各套保护装置时限的大小是从用户到电源逐级增加的，越靠近电源的保护，其动作时间越长，它好比一个阶梯，故称为阶梯形时限特性。

定时限过电流保护的特点：各段保护的动作时限是固定的，与短路电流的大小无关。各段保护的时限特性呈阶梯性，越靠近电源侧动作时限越长。每一段线路的定时限过电流保护，除保护本线路外，还作为相邻下一线路的后备保护。

（4）阶段式电流保护。阶段式电流保护瞬时电流速断保护只能保护线路的一部分，作主保护有一定的缺陷；带时限的电流速断保护能保护线路的全长，但带时间延时，可作为本线路近后备保护，不能作为下一级线路的远后备保护；过电流保护既可作本线路的近后备保护，还可作下一级线路的远后备保护，但切除故障的时间较长。通常情况下，为了对线路进行可靠有效的保护，通常将瞬时电流速断、带时限电流速断保护和定时限过流保护相互配合，构成三段式电流保护。

1.7.4 配电网继电保护及自动装置配置

1. 配电线路保护及自动装置配置要求

（1）根据GB/T 14285—2006《继电保护和安全自动装置技术规程》的要求，配电网应当配备相应的继电保护和自动装置。在配电网的设备上，必须安装短路故障和异常运行的保护装置。为了确保系统的安全和可靠性，设备的短路故障保护应包括主保护和后备保护。在某些情况下，为了进一步提升保护的全面性，还可以增设辅助保护。这样的配置能够有效地应对各种故障情况，保障配电网的稳定运行。

（2）10kV配电网主要采用阶段式电流保护，架空及架空电缆混合线路应配置重合闸；低电阻接地系统中的线路应增设零序电流保护；合环运行的配电线路应增设相应保护装置，确保能够快速切除故障。

（3）全光纤纵差保护作为一种先进的保护技术，应在充分评估和论证其适用性的基础上，明确其使用的具体范围。对于接入110～10kV电网的各种电源，在采用专线方式接入时，建议优先考虑配置光纤电流差动保护。这种保护方式具有高精度和快速响应的特点，能够有效提高电网的安全性和可靠性。同时，在需要的情况下，上级设备可以增设具备联锁切断功能的保护装置，以进一步增强系统的防护能力。通过这样的配置，可以确保电网在面对复杂故障情况时，能够迅速有效地进行处理，保障电网的稳定运行。

（4）380/220V供电系统中应根据用电负荷和线路具体情况合理配置二级或三级剩余电流动作保护装置。各级剩余电流动作保护装置的动作电流与动作时间应协调配合，实现具有动作选择性的分级保护。

2. 自动装置配置要求

针对110～35kV等级的变电站，应当装备低频低压减载装置，以确保在电力系统负荷过大时能够有效地进行负荷控制。同时，主变压器的高压、中压和低压三侧均应设置备用自投装置，以提高供电的可靠性。对于单链或单环网结构的串供变电站，应配置远程备用自投装置，以实现更加灵活的电网运行和控制。

在变电站的保护信息及配电自动化控制信息传输方面，优先使用光纤通信技术，以保证数据传输的高速性和安全性。如果仅需采集远程测量和逻辑信号信息，可以考虑使用无线通信、电力载波等其他通信方式。对于线路电流差动保护的信号传输通道，应保证去程和返程均通过同一个信号通道进行传输，以确保数据的一致性和可靠性。这样的配置有助于提升变电站的运行效率和电网的整体稳定性。

终端配电网及工矿企业配电网的重合闸一般应满足：

（1）除遥控变电站外，优先采用控制开关的位置"不对应"原则启动重合闸，以保证由继电保护动作或其他原因误使断路器跳闸后，都可进行重合；同时也可防止因保护返回太快，自动重合闸可能来不及启动而造成的拒绝重合。

（2）手动或遥控切除断路器，自动重合闸均不应启动。手动投入断路器于故障线路上而随即由继电保护动作断开时，自动重合闸应保证不进行重合。自动重合闸的动作次数应符合预先规定的次数。对单侧电源线应采取一次重合闸。当配电网由几段串联线构成时，宜采用自动重合闸前加速保护动作或顺序自动重合闸。自动重合闸在动作以后，一般应自动复归，以便下次再动作；也可采用手动复归的方式。自动重合闸应有可能在重合闸以前或重合闸以后加速继电保护的动作，当用控制开关合闸时，也宜采用加速继电保护动作的措施。自动重合闸的动作时间应力求最短，以便较快恢复对用户的正常供电。

2 常规防触电安全技术及基本安全技能

❯ 2.1 常规防触电安全技术

❯ 2.2 常用仪表的使用

❯ 2.3 现场紧急救护

❯ 2.4 高处作业

❯ 2.5 登高作业

本章重点介绍常规防触电安全技术以及现场紧急救护和高处作业等基本安全技能。通过学习，读者可以掌握常用的防触电方法，了解常用仪表的使用和维护方法，以及在紧急情况下进行正确的现场救护和安全操作。这些技能对于保障自身安全和防止事故发生具有重要意义。

2.1　常规防触电安全技术

2.1.1　直接接触电击的防护措施

1. 直接触电认知

直接触电是指人体直接触及或过分靠近电气设备及线路的带电导体而发生的触电现象。如单相触电、两相触电、电弧伤害、人体与带电体的距离小于安全距离的弧光放电触电、剩余电荷触电、静电触电和感应电压触电，如电磁感应和静电感应等。

2. 人与带电体直接接触触电

（1）单相触电。指人站在地面或其他接地体上，人体的某一部位触及一相带电体所引起的触电。系统中性点运行方式不同，发生单相触电时，电流流经人体的路径及大小就不一样，其危害程度与电压的高低、电网中性点接地方式、带电体对地绝缘等有关，电流流通路径如图2-1和图2-2所示。

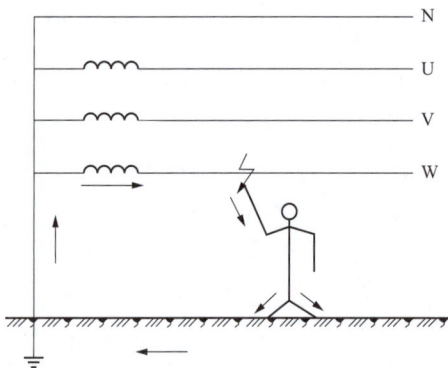

图2-1　中性点接地的单相触电　　图2-2　中性点不接地系统的单相触电

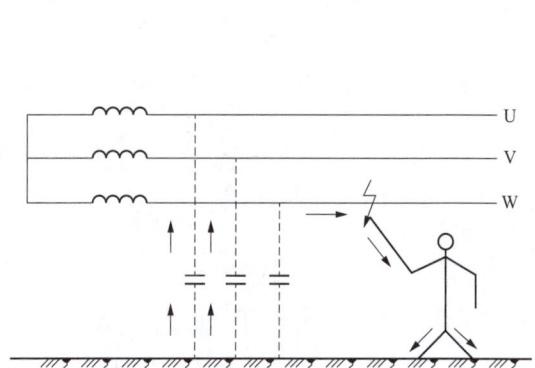

（2）两相触电。指人体有两处同时接触带电的任何两相电源时发生的触电，如图2-3所示。加载在人体上的电压为线电压，危险性大，发生概率小。

不论中性点是否接地、人体对地是否绝缘，通过人体的电流只取决于人体电阻和人体与之相接触的两相导线的接触电阻之和。

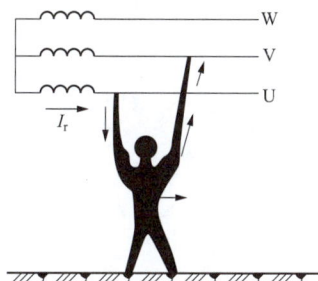

图2-3 两相触电示意图

3. 直接接触电击的防护措施

直接触电防护也称基本保护，变配电装置从设计、安装、调试、运行、检修各个环节都必须注意防止触及电气装置的带电部分时可能发生的危险，并设置安全防护措施。

保护的基本原则是防止电流经由任何人的身体通过，或限制可能流经人体的电流使之小于允许电流。对直接触电可采用绝缘、屏护、电气间距、安全电压等防护措施。

（1）绝缘。绝缘是指用绝缘材料把带电体封闭起来，实现带电体相互之间、带电体与其他物体之间的电气隔离，使电流按指定路径通过，确保电气设备和线路正常工作，防止人身触电。

良好的绝缘是保证设备和线路正常工作的必要条件，也是防止触电事故的重要措施。设备或线路的绝缘必须与所采用的电压相符合，与周围环境和运行条件相适应。电气作业时，使用绝缘站台（垫）工作、穿绝缘鞋、戴绝缘手套、使用有绝缘手柄的工具等都是为了防止直接触电。

（2）屏护。屏护就是用遮栏、护罩、护盖等将带电体隔离，有醒目的带电标识，主要用于电气设备不便于绝缘或绝缘不足的场合，以保证安全。屏护的作用：

1）防止工作人员意外碰触或过分接近带电体。

2）作为检修部位与带电体的距离小于安全距离时的隔离措施。

3）保护电气设备不受机械损伤。

采用阻挡物进行保护，阻挡物不能防止工作人员有意识移开、绕过或翻越该障碍触及或接近带电体，因此并不安全，必须防止以下两种情况的发生：

1）身体无意识地接近带电部分；

2）在正常工作中，无意识地触及运行中的带电设备。

（3）电气间距。为了防止人体触及或接近带电体造成事故，在带电体与地面之间、带电体与其他设施和设备之间、带电体与带电体之间均需保持一定的安全距离。凡是易接近的带电体，与其距离应保持在伸出手臂时多能触及范围之外。

（4）安全电压。安全电压是指不会使人发生电击危险的电压，即在各种不同环境条件下，人体接触到有一定电压的带电体后，其各部分组织（如皮肤、心脏、呼吸器官和神经系统等）不发生任何损害，该电压称为安全电压。

安全电压是根据人体允许通过的电流与人体电阻的乘积为依据确定的。国际电工委员会按照人体中值电阻1700Ω和人体允许通过工频交流电流30mA·s，规定工频交流有效值安全电压为50V。我国规定的安全电压有效值限值为工频交流50V、直流72V。工频交流有效值的额定值有42、36、24、12、6V五个等级。

安全电压的选用：电气设备安全电压应根据使用场所、操作人员条件、使用方式、供电方式和线路等多种因素进行选用。

国际电工委员会规定接触电压的限定值（相当于安全电压）为50V，并规定在25V以下时，不需要考虑防止电击的安全措施。

采用安全电压，必须具备以下条件：

1）安全电压的供电电源要使用隔离变压器，使其输入电路与输出电路实现电路上可隔离，或采用独立电源。

2）隔离变压器的低压侧出线端不准接地。

3）设备本身及其附近没有被人体触及的带电体（低于25V时不要求）。

4）采用超过24V的安全电压时，必须采取防止直接触及带电体的保护措施。

4. 使用漏电保护装置作为附加保护

漏电保护断路器（又称漏电开关、触电保安器等），是一种在规定条件下，当漏电电流达到或超过给定值时，便能自动断开电路的一种机械式开关电器或组合电器。

漏电保护断路器的作用是防止电气设备和线路等漏电引起人身触电事故。

2.1.2 间接接触电击保护

安全接地是防止接触电压触电和跨步电压触电的根本方法。安全接地包括电气设备外壳或构架保护接地，保护接零或中性线的重复接地。注意：同一系统不允许同时采用保护接地和保护接零。

保护接地是一种安全措施，它通过将正常情况下不带电、但在绝缘损坏时可能带电的金属部件（如电气设备的金属外壳、配电装置的金属构架等）与一个专用的接地装置连接起来。这种做法能够防止当工作人员接触到这些金属部件时发生电击事故。

通过保持接地装置的接地电阻值足够低，可以降低故障设备外壳或可导电部分对地的电压，从而减少流过人体的电流。这样的措施有效地减少了接触电压触电的风险，是防止间接接触电击的有效技术手段。保护接地的接地方式有安全接地、IT系统（中性点不接地系统的保护接地）、TT系统（中性点直接接地系统保护接地）、TN系统（保护接零）等。

1. 安全接地

安全接地是为防止电力设施或电气设置绝缘损坏、危及人身安全而设置的保护接地；为消除生产过程中产生的静电积累，引起电击或爆炸而设的静电接地；为防止电磁感应而对设备的金属外壳、屏蔽罩或屏蔽线外皮所进行的屏蔽接地等。接地电阻包括导体电阻、接地体电阻、土壤散流电阻部分。

2. IT系统（中性点不接地系统的保护接地）

IT系统，即所有的金属机壳都必须接地，但是电力系统不接地或通过阻抗接地。其中，I为电力系统的中性点不接地或者通过阻抗（电阻器或电抗器）接地，T为电气装置的外壳（即所有机壳）导电部分单独接地或者通过保护导体接到电力系统的接地极装置上。采用保护接地后，漏电设备对地电压大大降低。一般低压系统，接地电阻小于 4Ω，触电危险可以解除。接线原理如图2-4所示。

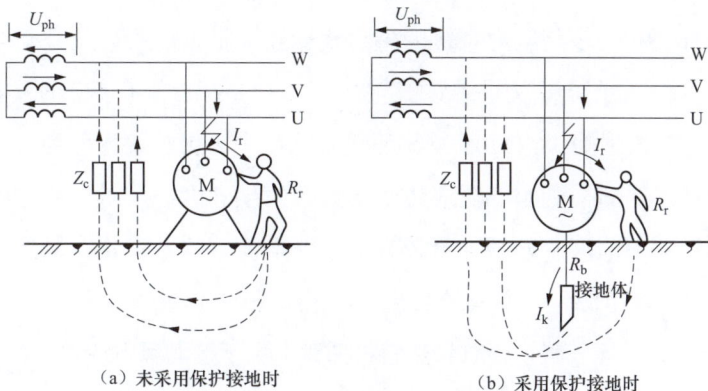

（a）未采用保护接地时　　　　　（b）采用保护接地时

图2-4　中性点不接地系统的保护接地

3. TT 系统（中性点直接接地系统保护接地）

在 TT 系统中，一旦发生设备外壳短路（漏电），接地回路电流将流经设备的接地体、人体以及系统的接地体，形成闭合回路。此时，漏电设备的对地电压取决于保护接地电阻和人体电阻的并联值。为了确保安全，所有金属外壳的设备必须接地，且接地点应独立于中性点接地。TT 系统的保护接地（见图 2-5）确实能降低接触电压，但仍存在一定的危险性。尽管如此，随着高灵敏度剩余电流保护器的普及，保护接地措施也开始应用于中性点直接接地的三相四线制电网中。

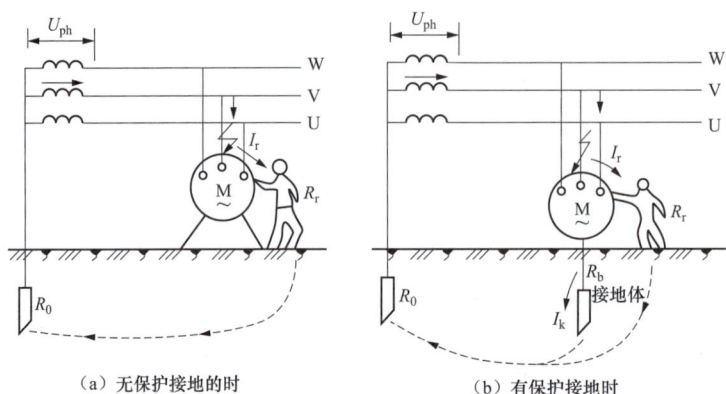

图 2-5　TT 系统保护接地

保护接地的适用范围主要限于中性点不接地的系统。在中性点接地的系统中，仅依靠保护接地可能无法完全保证安全，必须限制接触电压值。在这种情况下，通常需要额外采用剩余电流保护器或过电流保护器来提供附加保护。

4. TN 系统（保护接零）

在低压配电系统中，采用保护接零的方式被称为 TN 系统。所谓保护接零，即将电气设备的金属外壳和底座与电力系统的中性线相连。根据设备金属外壳与系统中性线连接方式的不同，TN 系统可以进一步分为 TN-C、TN-S 和 TN-C-S 三种类型。

在中性点直接接地的 380/220V 三相四线制系统中，保护接零作为一种防止间接接触电击的安全技术措施得到了广泛应用。当设备发生外壳短路时，通过中性线形成了单相短路，导致漏电电流急剧增加至较大的短路电流。这一变化会触发线路上的保护装置快速响应并切断电源，从而有效防止了电击事故的发生，如图 2-6 所示。

在 TN 系统中，接插三眼插座时，严禁将插座上用于接电源中性线的孔与保护接地线的孔相连接。在这种系统中，除了要求系统中性点必须实现有效的接地外，还要求中性线进行重复接地，即在中性线或接零保护线的一处或多处再次与地面建立金属性连接。

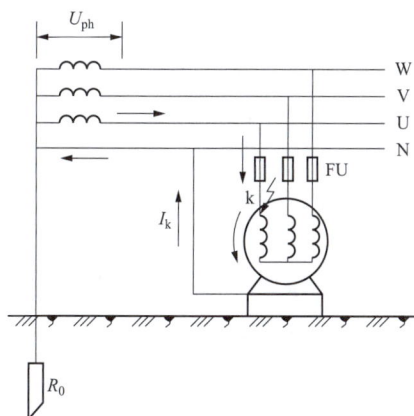

图2-6　TN系统保护接地

此外，中性线上不允许安装熔断器和断路器，这是为了防止在中性线回路意外断开时，中性线端出现相电压，从而增加触电的风险。通过这些措施，TN系统能够有效地降低接触电压，提高用电安全。

5. 安全接地注意事项

（1）一系统（同一台变压器或同一台发电机供电的系统）中，只能采用一种安全接地的方式。

（2）中性线的主干线不允许装设开关或熔断器。

（3）各设备的保护接中性线不允许串接，应各自与中性线的干线直接相连。

（4）在低压配电系统中，不准将三眼插座上接电源中性线的孔同接地线的孔串接，否则若中性线松掉或折断，就会使设备金属外壳带电；若中性线和相线接反，则会使外壳带上危险电压。

（5）目前使用的三相五孔插座，其作用是将中性线和保护线分开连接。

2.1.3　保证安全的组织与技术措施

1. 保证安全的组织措施

保证安全的组织措施主要有现场勘察制度、工作票制度、工作许可制度、工作监护制度、工作间断、转移和终结制度。

（1）现场勘察制度。电力线路施工或检修作业前，工作票签发人和工作负责人应根据工作任务的需要进行现场勘察，并详细记录勘察结果。勘察内容应包括确定施工或检修作业所需的停电范围、确认带电部位、评估作业现场的环境与条件，以及识别其他潜在的危险点。

对于风险较高、技术复杂或难度较大的作业项目，应根据勘察结果制定相应的组织措施、技术措施和安全措施。这些措施在实施前需得到本单位主管生产领导（如总工程师）的审批。通过这样的流程，可以确保作业的安全性和有效性，预防和减少事故的发生。

（2）工作票制度。工作票是准许在电气设备或线路上工作的书面命令，工作负责人和工作许可人要凭工作票履行工作许可手续，工作票也是工作间断、转移和终结手续的依据。

不论电气一次回路，还是二次回路、照明回路等的检修作业，因安全距离不够、地点狭窄及其他方面的问题对工作形成妨碍时，需要全部或部分停止高压设备运行，并采取安全措施的工作，要填写第一种工作票。简言之，需要停电的作业填写第一种工作票。

工作票的种类、适用范围、填写、签发、执行、有效期与延期等的具体规定见电力行业相关安全规范制度。

（3）工作许可制度。工作许可制度是指工作许可人负责审查工作票所列安全措施是否正确完备、是否符合现场条件，在负责完成现场的安全措施后会同工作负责人到工作现场所作的一系列证明、交代、提醒和签字，而准许检修工作开始的过程。

（4）工作监护制度。工作监护制度是指作业人员在作业过程中始终受到监护人的严格监督和保护，以便及时纠正作业人员的一切不安全行为和错误。

（5）工作间断、转移和终结制度。

1）工作间断制度。工作间断是指工作过程中，因需要补充营养、休息或其他原因，工作人员从现场撤出停止作业一段时间的情况。工作间断有当日间断和隔日间断。

2）工作转移。在同一电气连接部分，当使用同一工作票在不同的工作地点依次进行作业时，工作人员应在开工前完成所有必要的安全措施，无需每次作业地点变更时重复办理转移手续。然而，工作负责人在作业地点发生转移时，有责任向工作人员明确指出带电范围、重申安全措施，并提醒他们相关注意事项。这样的做法有助于确保作业过程中的安全性，防止因信息传递不畅而导致的事故。

3）工作终结。全部工作结束，工作人员应清扫、整理现场，并应按以下顺序进行检查：工作负责人应会同值班员对设备进行检查，特别要核对断路器、隔离开关的分合位置是否符合工作票规定的位置。核对无误后，双方在工作票上签字，宣布工作终结。检查设备上、线路上及工作现场的工具材料，不应有遗漏。检修线路工作终结，应检查导线的相序断路器、隔离开关的分合位置是否符合工作票规定；拆除临时遮拦、标示牌，恢复永久遮拦、标示牌等，同时清点全体工作人员的人数无误；拆除临时接地线，所拆的接地线组数应与挂接的接地线组数相同，接地开关的分合位置与工作票的规定相符。已终结的工作票、事故应急抢修单应保存一年。

2. 保证安全的技术措施

保证安全的技术措施是保障电气设备和人员生命安全最有效和必不可少的技术手段，主要包括停电、验电、装设接地线、悬挂标示牌和装设遮栏等。

其目的是在全部停电或部分停电设备上进行工作时，防止停电设备上突然来电，工作人员由于不注意而误碰到带电运行的设备上，造成触电事故。

（1）停电。将停电的设备可靠地脱离电源，要确保有可能给停电设备送电的各方面电源均须断开。

断开电源，至少要有一个明显的断开点（拉开隔离开关），并采取防止误合隔离开关的措施。与停电设备有电气连接的星形接地的电气设备的中性点也应视为带电设备，且中性点必须断开。为了防止因误操作或校验引起继电保护误动等造成断路器或远方控制的隔离开关突然合闸而发生意外，必须断开开关的电、气、油等操作能源。对一经合闸就可能送电到停电设备的隔离开关操作把手必须锁住。对难以做到与电源完全断开的检修设备，可以拆除设备与电源之间的电气连接。

（2）验电。验电就是使用验电器验证停电设备是否确无电压，是检验停电措施的制定和执行是否正确、完善的重要手段，也可防止发生带电装设接地线或合接地隔离开关等恶性事故。

（3）装设接地线。装设接地线就是把工作地点的电气设备用导电性能良好的金属与接地网可靠地连接起来，使工作设备上的电位于地点位相同，形成一个等地电位作业保护区域。装设接地线包括合上接地开关和悬挂临时接地线（又称携带型接地线）。

（4）悬挂标示牌和装设遮栏。悬挂标示牌的作用在于警示相关人员避免进行错误的操作或动作。具体要求如下：对于一旦合闸就会向工作区域供电的断路器和隔离开关的操作把手上，必须悬挂写有"禁止合闸，有人工作！"的标示牌；对于既支持远程操作也支持现场操作的断路器和隔离开关，应在控制台上的操作手柄以及现场的操作把手处都悬挂相应的标示牌。这样的措施有助于确保作业安全，防止因误操作而导致的事故。

悬挂标示牌和装设遮栏要求：

1）在一经合闸便能向工作区域供电的断路器和隔离开关上，操作把手处都应当悬挂写有"禁止合闸，有人工作！"的警示标示牌。对于能够进行远程或现场操作的断路器和隔离开关，无论是在控制盘的操作手柄处还是在现场的直接操作把手上，同样需要悬挂相应的标示牌。这些标示牌的设置是为了提醒操作人员注意安全，防止在维护或检修期间发生意外合闸，从而确保工作人员的安全。

2）当线路有人工作时，则应在线路开关和母线侧隔离开关把手上悬挂"禁止合闸，线路有人工作！"的标示牌。

3）在室内高压设备上工作时，应在工作地点两旁间隔、对面间隔的遮栏上及禁止通行的过道上悬挂"止步，高压危险！"的标示牌。

4）在室外配电装置上进行部分停电工作时，应在工作地点带电设备四周用绳子做好围栏，以限制检修人员的活动范围，防止误登邻近有电设备和构架；围栏上还应悬挂适当数量的"止步，高压危险！"标示牌，并悬挂在围栏内侧方向。

5）为了防止人身或停电部分对邻近带电设备的危险接近，安全距离小于表2-1规定以内的带电设备均应加装临时遮栏，临时遮栏与带电部分的距离不得小于表2-2的规定，并悬挂"止步，高压危险"的标示牌。

▼表2-1　　　　　　　　　　设备不停电时的安全距离

电压等级（kV）	安全距离（m）	电压等级（kV）	安全距离（m）
10及以下（13.8）	0.70	750	7.20
20、35	1.00	1000	8.70
63（66）、110	1.50	±50及以下	1.50
220	3.00	±500	6.00
330	4.00	±600	8.40
500	5.00	±800	9.30

▼表2-2　　　　工作人员工作中正常活动范围与设备带电部分的安全距离

电压等级（kV）	安全距离（m）	电压等级（kV）	安全距离（m）
10及以下（13.8）	0.35	750	8.00
20、35	0.6	1000	9.50
63（66）、110	1.50	±50及以下	1.50
220	3.00	±500	6.80
330	4.00	±600	9.00
500	5.00	±800	10.10

注　1.表中未列电压按高一档电压等级的安全距离。
　　2.750kV数据是按海拔2000m校正的，其他等级数据按海拔100m校正。

6）严禁工作人员擅自移动或拆除遮栏（围栏）、标识牌。

7）停电工作时，须在工作地点或工作设备上悬挂"在此工作！"标示牌。

2.2 常用仪表的使用

2.2.1 万用表的使用流程及注意事项

万用表是一种可以测量多种电量、电参数的复用表，其突出特点是用途广泛，量限范围宽，使用和携带方便。万用表分为模拟指针式和数字显示式两类，均可用于测量直流电压、电流、交流电压、电流、电阻、电容和电感等。

1. 模拟指针式万用表

（1）相关知识。模拟指针式万用表使用十分方便，在不需要进行精确测量的前提下，以指针的偏转来表示量值的大小，有时更为直观。如在测量判别电容器时，指针的运动过程可形象地模拟出充放电电流由小到大、由大到小的过程，也很容易筛选出其中的不合格品。模拟指针式万用表的缺点是准确度不高。

模拟指针式万用表由表头、测量线路、转换开关以及外壳等组成，如图2-7所示。表头用来指示被测量的数值；测量线路用来将各种被测量物理量转换为适合表头测量的直流微小电流；转换开关用来实现对不同测量线路的选择，以适合各种被测量的要求。

图2-7 500型模拟指针式万用表

（2）使用方法。模拟指针式万用表的结构形式多，可测的电量及电参数多，规格、量限多。因此，使用前应仔细阅读使用说明书，了解万用表的主要功能、技术指标及量限的设置等。使用时应注意：

1）检查表笔，根据测量选择量程。高量程初测，复测时切换至合适量程。

2）测量直流时要注意正负极性。当待测对象极性不明时，也应先将万用表置于高量限上，先确认极性，再进行测量。

3）当测电流时，应将表笔与电路串联；测电压时，表笔与电路并联。

4）读数要正确。弄清标度尺分度值。

2. 数字万用表

（1）相关知识。数字万用表是在直流数字电压表的基础上，配以各种功能转换电路组成的多功能测量仪表。与模拟指针式万用表相比具有测量范围更宽、准确度较高和分辨力强等诸多优势。

如图2-8所示，功能转换电路包括二极管正向压降、电容量、晶体管电流放大倍数、频率、温度等转换为直流电压的变换器，数字万用表附加自动关机、报警、蜂鸣器、保护及量程自动切换等功能。

图2-8　SD9205数字万用表

（2）使用方法。

1）直流电压的测量。如要测150V直流电压，操作过程为：将红表笔插入"VΩ"插孔，黑表笔插入"COM"插孔，量程选择为"V ⎓"200V挡，打开电源开关，两表笔并联在被测电路两端，从显示屏上读取示数。

2）交流600V电压的测量。表笔接法同上；量程选择开关置于"V～"750V挡位，其余过程同直流电压的测量。

3）直流15mA的测量。将红表笔插入"mA"插孔，黑表笔插入"COM"插孔，量程选择开关置于"A ⎓"20mA挡位，其余过程同直流电压的测量。

4）电阻的测量。量程选择开关置于"Ω"对应量程挡位，其余过程同直流电压的测量。

5）二极管的测量。表笔位置为"VΩ"（红）接二极管正极，"COM"（黑）接二极管负极，量程选择开关置于"V ⚊⚊" 2挡，此时显示的是二极管的正向电压，锗管应为 0.150 ~ 0.300V，硅管应为 0.550 ~ 0.700V。如显示为"000"，表示二极管已击穿，显示"1"，表示二极管内部开路。

6）选用数字式万用表时，应遵循具体的工艺文件或操作规程的要求。由于市场上的数字万用表品牌和型号众多，它们的主要技术指标、显示精度、附加功能以及测量范围都有所差异。因此，在选择时需要根据实际的测量需求和工艺文件的具体规定来确定最合适的型号。例如，工艺文件可能会指明所需的测量精度、必要的功能（如数据记录、自动量程选择等）以及特定的测量范围，从而确保选用的万用表能够满足工作中的各项要求。正确地选用和使用数字式万用表，不仅能提高工作效率，更能保障测量的准确性和安全性。

7）使用前应仔细阅读说明书，熟悉其面板结构、插孔、开关的作用，防止误操作。

8）当使用电阻挡测量晶体管、电解电容器时，应注意红表笔为正极，黑表笔带负电，与模拟指针式万用表正好相反。

9）数字万用表的频率特性较差，通常只能测 45 ~ 500Hz 频率内的正弦量有效值。

10）严禁在被测电路带电的情况下测量电阻。

11）严禁在测量高电压或较大电流的过程中旋动量程选择开关，以防产生电弧，烧坏开关触点。

12）当显示屏上提示电池电压过低，或打开开关屏幕无显示时，应更换电池。每次使用完毕应将仪表上的电源开关关断，仪表长期不用时应将电池取出。

2.2.2 绝缘电阻表的使用流程及注意事项

绝缘诊断作为发现和评估电气设备绝缘缺陷或故障的关键技术手段，通常采用绝缘电阻表来进行。绝缘电阻表分为大气数字式和指针式两种类型，在当前的生产实践中，手摇式绝缘电阻表（即指针式）因其简便性而被广泛使用。该设备的计量单位为兆欧（MΩ），通过使用绝缘电阻表，可以有效测量绝缘电阻，从而确保电气系统的安全运行。

1. 绝缘电阻表的基本结构和功能

绝缘电阻表主要由手摇发电机、比率型磁电系测量机构以及测量电路等组成，如图 2-9 所示。

绝缘电阻表有三个接线柱，上端两个较大的接线柱上分别标有"接地"（E）和"线路"（L），下方较小的一个接线柱上标有"保护环"（或"屏蔽"）（G）。

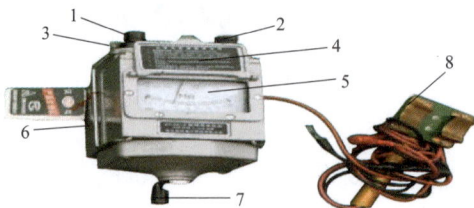

图2-9　绝缘电阻表示例图

1—线路接线柱；2—接地接线柱；3—屏蔽端钮；4—表盖；5—刻度盘；

6—提手；7—发电机摇柄；8—测试电极

2. 绝缘电阻表的技术参数

（1）测量额定电压在500V以下的设备的绝缘电阻时，选用500V或1000V量程。

（2）测量额定电压在500V以上的设备的绝缘电阻时，选用1000～2500V绝缘电阻表。

（3）测量绝缘子时，应选用2500～5000V绝缘电阻表。一般情况下，测量低压电气设备绝缘电阻时可选用0～200MΩ量程的绝缘电阻表。

（4）绝缘电阻表根据其测量准确度的不同，被划分为多个等级。这些等级通常包括1.0、2.0、3.0、5.0、10.0以及20.0等级别。每个等级的绝缘电阻表都有其特定的误差范围，其中数字越小表示准确度越高。这样的分级有助于用户根据实际的测量需求和精度要求选择合适的绝缘电阻表，确保电气设备绝缘性能的准确评估。

3. 绝缘电阻表的检查

绝缘电阻表在使用前必须进行检查，内容如下：

（1）检查绝缘电阻表的外观是否良好，表面是否脏污。

（2）检查绝缘电阻表连接线是否完好，连接是否牢固可靠。

（3）检查绝缘电阻表的出厂合格证和校验合格证，检查确认其在检验合格周期内。

（4）对绝缘电阻表进行开路试验。将两连接线开路，摇动手柄指针应指在无穷大处。

（5）对绝缘电阻表进行短路试验。慢摇绝缘电阻表摇柄，把两连接线短接一下，指针应指在零处。要注意，将两连接线断开后，方可停止摇动绝缘电阻表摇柄。

图2-10所示为绝缘电阻表检查示例，图2-11所示为绝缘电阻表开路试验示例。

4. 绝缘电阻表的使用方法

（1）将绝缘电阻表的"接地"接线柱（即E接线柱）通过测试线可靠地接地（一般接到某一接地体上），将"线路"接线柱（即L接线柱）通过测试线接到被测物上。

（2）连接好后，顺时针摇动绝缘电阻表，转速逐渐加快，保持在约120r/min后匀速摇动，当转速稳定，表的指针也稳定后，指针所指示的数值即为被测物的绝缘电阻值。

图2-10　绝缘电阻表检查示例图

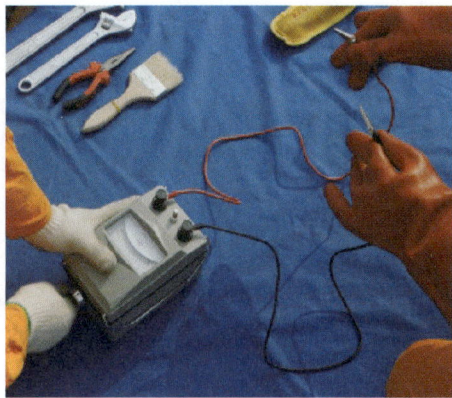

图2-11　绝缘电阻表开路试验示例图

（3）实际使用中，E、L两个接线柱也可以任意连接，即E可以与接被测物相连接，L可以与接地体连接（即接地），但G接线柱决不能接错。

5.绝缘电阻表使用注意事项

（1）使用前应作开路和短路试验。使L、E两接线柱处在断开状态，摇动绝缘电阻表，指针应指向"∞"；将L和E两个接线柱短接，慢慢地转动，指针应指向在"0"处。这两项都满足要求，说明绝缘电阻表是好的。

（2）测量电气设备的绝缘电阻时，必须先切断电源，然后将设备进行放电，以保证人身安全和测量准确。

（3）绝缘电阻表测量时应放在水平位置，并用力按住绝缘电阻表，防止其在摇动中晃动，摇动的转速为120r/min。

（4）测试线应采用多股软线，且要有良好的绝缘性能，两根测试线切忌绞在一起，以免造成测量数据的不准确。

（5）测量完后应立即对被测物放电，在绝缘电阻表的摇把未停止转动和被测物未放电前，不可用手去触及被测物的测量部分或拆除导线，以防触电。

图2-12所示为绝缘电阻表使用示例。

6.绝缘电阻表保管注意事项

（1）绝缘电阻测试仪应存放保管在通风良好、干燥、清洁的环境内，并上架定置存放。

（2）做好仪器仪表的维护保养工作。

（3）仪器仪表的技术资料及说明书要妥善保管。

图2-13所示为存放绝缘电阻表的工具柜示例。

图2-12　绝缘电阻表使用示例图

图2-13　存放绝缘电阻表的工具柜示例图

7. 绝缘电阻表预防性试验

绝缘电阻表预防性试验主要是定期对绝缘电阻表进行校验，检定周期不得超过两年。

2.2.3　电子式绝缘电阻表

1. 电子式绝缘电阻表的基本结构

电子式绝缘电阻表主要由接地端、屏蔽端、接线端、仪表刻度盘、发光显示管、调零装置、测试键、波段开关和测试电极组成，各部分功能如下：

（1）地端。接于被试设备的外壳或地上。

（2）屏蔽端。接于被试设备的高压护环，以消除表面泄漏电流的影响。

（3）线路端。高压输出端口，接于被试设备的高压导体上。

（4）双排刻度线。上挡为绿色，5000V/2GΩ～200GΩ，10000V/4GΩ～400GΩ；下挡为红色，5000V/0～4000MΩ，10000V/0～8000MΩ。

（5）绿色发光二极管。发光时读绿挡（上挡）刻度。

（6）红色发光二极管。发光时读红挡（下挡）刻度。

（7）机械调零。调整机械指针位置，使其对准∞刻度线。

（8）测试键。按下开始测试，按下后如顺时针旋转可锁定此键。

（9）波段开关。可实现输出电压选择，电池检测，电源开关等功能。

（10）测试电极。一端接到仪表，另一端与被测物体接触。

2. 基本功能

电子式绝缘电阻表可用于测量变压器、互感器、发电机、高压电动机、电力电容器、电力电缆、避雷器等绝缘电阻。

电子式绝缘电阻表的外形如图2-14所示。

图2-14 绝缘电阻测试仪检查示例图

3. 电子式绝缘电阻表的技术参数

A. 输出电压：500、1000、2500、5000V。

B. 绝缘电阻：200GΩ。

C. 精度：0.05。

4. 电子式绝缘电阻表的检查

电子式绝缘电阻表在使用前必须进行检查，内容如下：

（1）检查电子式绝缘电阻表的外观良好。

（2）检查电子式绝缘电阻表的出厂合格证和校验合格证，检查确认电子式绝缘电阻表在检验合格周期内。

（3）校验仪表指针是否在无穷大上，否则需调整机械调零螺栓。

（4）检查仪表电池是否良好。

（5）检查各接头状况是否良好。

图2-15所示为电子式绝缘电阻表检查示例。

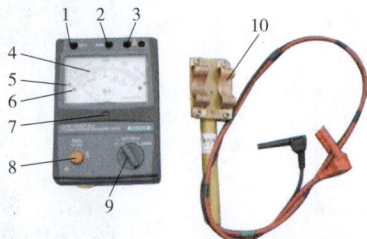

图2-15 电子式绝缘电阻表检查示意

1—地端；2—线路端；3—屏蔽端；4—双排刻度线；5—绿色发光二极管；
6—红色发光二极管；7—机械调零；8—测试键；9—波段开关；10—测试电极

5. 电子式绝缘电阻表的使用方法

（1）将高压测试线一端（红色）插入LINE端，另一端接于或使用挂钩挂在被试设备的高压导体上；将绿色测试线一端插入GUARD端，另一端接于被试设备的高压护环上，以消除表面泄漏电流的影响。将另外一根黑色测试线插入地端（EARTH）端，另一端接于被试设备的外壳或地上。在接线时，特别注意LINE（红色）与GUARD（绿色）的接法，不要将其短路。

（2）转动波段开关BATT.CHECK挡，按下测试键，仪表开始检测电池容量。

（3）转动波段开关，选择需要的测试电压。

（4）按下或锁定测试键开始测试。这时测试键上方高压输出指示灯发亮并且仪表内置蜂鸣器每隔1s响一声，代表LINE端有高压输出。注意，测试过程中，严禁触摸探棒前端裸露部分以免发生触电危险。

（5）当绿色LED亮，在外圈读绝缘电阻值（高范围）；红色LED亮，则读内圈刻度。测试完后，松开测试键，仪表停止测试，等待几秒钟，不要立即把测试电极移开。这时仪表将自动释放测试电路中的残存电荷。注意，试验完毕或重复进行试验时，必须将被试物短接后对地充分放电（仪表也有内置自动放电功能，不过时间较长）。

（6）需连续进行第二次测量时，可按步骤（3）～（5）执行。注意：如长期不进行测试，需将电池仓中的电池拿出，以免电池液渗漏损坏仪表。

（7）对于两节及以上被试品，如避雷器、耦合电容，采用图2-16所示接线测量。屏蔽端接避雷器上一节法兰，避免干扰电流影响。最上节避雷器上法兰接EARTH后接地，不能完全消除干扰。图2-17所示为电子式绝缘电阻表使用示例图。

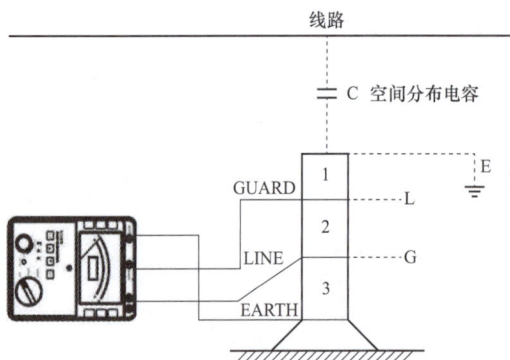

图2-16　两节以上被试品接线示意　　图2-17　电子式绝缘电阻表使用示例

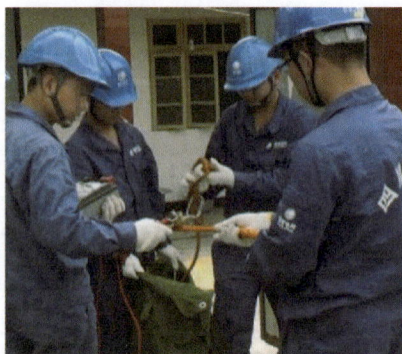

6. 电子式绝缘电阻表保管注意事项

（1）绝缘电阻测试仪应存放保管在通风良好、干燥、清洁的环境内，并上架定置存放。

（2）做好仪器仪表的维护保养工作。

（3）仪器仪表的技术资料及说明书要妥善保管。

图2-18所示为电子式绝缘电阻表存放工具柜示例图。

图2-18　电子式绝缘电阻表保管示例图

7. 电子式绝缘电阻表预防性试验

绝缘电阻测试仪预防性试验主要是定期对绝缘电阻测试仪进行校验。绝缘电阻测试仪的检定周期不得超过2年。

2.2.4　钳形电流表的使用及注意事项

主要介绍钳型电流表的基本原理和结构、使用方法和注意事项等内容。

1. 钳形电流表简介

钳型表电流表由电磁式电流表和穿心式电流互感器组成，可测量交流电流。测量时，将导线置于穿心式电流互感器中心，当导线中有交变电流通过时，感应电流驱动电磁式电流表的指针偏转，指示被测电流值。如图2-19所示。

目前，钳型电流表也有指针式和数字式两种，数字式钳型电流表产品很多，功能多样，用法大同小异，使用时以具体的表计型号型式为准，参照说明书使用。

2. 钳形电流表的使用方法和注意事项

（1）使用方法及步骤。

1）检查钳型铁芯的橡胶绝缘完好无损，钳口清洁、无锈，闭合后无缝隙。

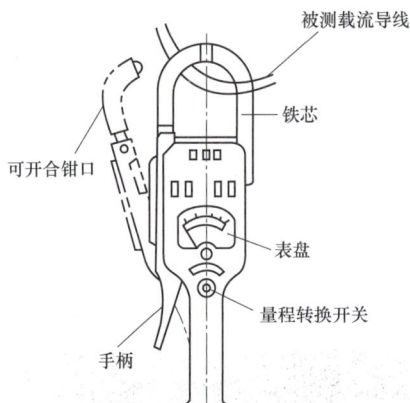

图2-19 指针式钳型电流表外形及使用方法示意图

2）估计被测电流大小，选择合适量程。如无法估计，先选较大量程，再逐挡减小，转换到合适挡位。转换时，必须在不带电或钳口张开的情况下进行。

3）被测导线尽量放在钳口中部，如钳口有杂声，需重新开合一次或处理结合面。不可同时钳住两根导线。

4）测量5A以下电流时，如条件许可，可将导线多绕几圈放进钳口测量，实际电流值应为仪表读数除以导线根数。

其使用方法流程如图2-20所示。

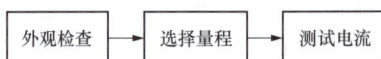

图2-20 指针式钳型电流表使用步骤流程图

（2）注意事项。

1）钳型电流表不能测高压线路的电流，被测线路的电压不得超过钳型电流表所规定的额定电压，只限于被测电路的电压不应超过600V，以防绝缘击穿和人身触电。

2）测量前应估计被测电流的大小，选择合适的量程，不可用小量程挡测大电流。在测量过程中不得切换量程挡，以免产生高压伤人和损坏设备。钳型电流表是利用电流互感器的原理制成的，电流互感器二次侧不准开路。

3）每次测量只能钳入一根导线。测量时应将被测导线钳入钳口中央位置，以提高测量的准确度。测量结束应将量程开关扳到最大量程位置，以便下次安全使用。

4）测量5A以下小电流时，为得到准确的读数，可将被测导线多绕几圈穿入钳口进行测量，实际电流数值应为钳型电流表读数除以放进钳口内的导线根数。

5）测量时应注意相对带电部分的安全距离，以免发生触电事故。

6）测量时应注意钳口夹紧，防止钳口不紧造成读数不准。

7）日常维护事项。应妥善保管，定期检查校验。维修时不要带电操作，以防触电。

2.3 现场紧急救护

2.3.1 触电急救

1. 概述

触电急救对于保护人员安全、减少伤害程度、防止二次伤害以及挽救生命等方面都具有重要的意义。触电事故往往会造成严重的后果，甚至危及生命。因此，保护人员安全是触电急救的首要任务。避免触电事故的发生需要采取以下措施：

（1）学习和了解用电安全知识，掌握安全用电常识，提高安全意识。

（2）使用合格的电气设备，不使用破损或老化的电线和电器。

（3）遵循正确的安全操作规程。

在触电事故发生后，要及时采取急救措施可以有效地减少伤害程度。现场急救包括以下几个方面：

（1）立即切断电源，或使用绝缘物品移开电线或电器。

（2）检查触电者的呼吸和心跳，并拨打紧急电话求助，如有需要，立即进行心肺复苏。观察触电者的受伤情况，如有需要，及时进行止血和包扎。

（3）在急救人员到场前，尽量保持触电者的身体温暖，不要做任何未经许可的移动。

2. 紧急救护的基本原则

（1）迅速。即要争分夺秒、千方百计地使触电者脱离电源，并将受害者放到安全的地方，这是现场抢救的关键。

（2）就地。即要争取时间，在现场或附近（安全地方）就地救治触电者。

（3）准确。即抢救的方法和施行的动作姿势要合适得当。

（4）坚持。即抢救必须坚持到底，直至医务人员判定触电者已经死亡，已无法再抢救时，才能停止抢救。

3. 触电急救操作流程

触电急救操作流程见表2-3。

▼ 表2-3　触电急救操作流程

序号	急救步骤	救护方法
1	脱离电源	（1）对于低压被触电者脱离电源的方式： 1）切断电源，割断电源线。若附近有电源开关或电源插头，应立即关闭或拔掉插头；否则，用绝缘工具切断电线，断开电源。 2）挑、拉电源线。电线压身，用干燥物件，挑拉开电源线，使其脱离电源。 3）干燥衣物，单手抓住，拉离电源。 4）若触电发生在低压带电的架空线路上或配电台架、进户线上，使用绝缘胶柄钢丝钳切断电源。 （2）对于高压被触电者脱离电源的方法： 1）立即通知有关供电单位或用户及时停电。 2）戴上绝缘手套，穿上绝缘靴，用相应绝缘工具按顺序拉开电源开关或熔断器。 3）抛掷裸金属线使线路短路接地，迫使保护装置动作，断开电源。 （3）可靠脱离电源后，需要注意的事项： 1）最好单手操作，选择可靠的、不导电的工具，如干燥绝缘的木棒等，以防自己触电。 2）严防二次伤害，施救者需预防坠落，观察被救者方向，防止摔倒。 3）若触电事故在夜间发生，应设置临时照明，方便抢救，避免意外事故，但不能因此延误切除电源和进行急救的时间
2	对症急救	（1）神志清醒，有心跳，呼吸急促，只是感到心慌，四肢发麻，全身无力。方法：伤员就地躺平或抬到通风好的地方。在此期间抢救者不要离开现场，要注意观察。 （2）有呼吸、心跳。方法：只是一度陷入昏迷状态。方法：唤醒其意识，一直到恢复意识为止。 （3）无意识。方法：放置好患者体位（仰卧位），并在5～10s内完成呼吸、即看、听、试。 （4）无意识，无呼吸，心脏或脉搏仍跳动。方法：即采用口对口人工呼吸法进行抢救。切记不能对伤者施行心脏按压。 （5）有意识，无心脏或脉搏，有呼吸。方法：胸外心脏按压法。 （6）意识丧失，呼吸和心跳均已停止。救护方法：应立即按心肺复苏法支持生命的三项基本措施就地进行抢救，不得延误和中断

续表

序号	急救步骤	救护方法
3	心肺复苏法	（1）通畅气道。确保伤员气道通畅，如口内有异物，将其身体及头部同时侧转并迅速取出。头部推向后仰，舌根随之抬起，气道即可通畅。严禁用枕头或其他物品垫在头部，会加重气道阻塞和减少心脏向脑流血流。 （2）人工呼吸。 1）保持伤员气道通畅，伤员口部张开； 2）拇指、食指捏住伤员鼻翼下端； 3）深吸气后，包嘴吹气并换气，同时侧头观察胸部起伏。 4）吹气后，松开手张开口。 注意：口对口紧合防漏气，每次1~5s。吹气两次。测试无搏动则按压。吹气时胸部起伏，有阻力则纠正头部后仰。牙关紧闭则口对鼻呼吸。 （3）胸外心脏按压。正确的按压位置：找到肋骨与胸骨接合处中点，掌根置于胸骨上。正确的按压姿势如下： 1）使伤员仰面躺在平硬的地方，救护人员站立或跪在伤员一侧胸旁，两肩位于伤员胸骨正上方，两臂伸直，肘关节固定不屈，两手掌根相叠，手指翘起，不接触其胸壁。 2）以髋关节为支点，利用上身的重力，垂直将正常成人胸骨压陷3~5cm（儿童和瘦弱者酌减）。 3）按压至要求深度后，立即全部放松，但放松时救护人员的掌根不得离开胸壁。按压必须有效，其有效的标志是按压过程中可以触及颈及动脉搏动。 4）胸外按压要以均匀速度进行，每分钟100~120次左右，每次按压和放松的时间相等，确保平稳、有节律、不间断。 1个循环为胸外心脏按压30次+人工呼吸2次。按压和呼吸5个循环后，用"看、试、听"的方法，判断伤员呼吸、心跳恢复情况，如未恢复，继续坚持心肺复苏法抢救，在医务人员未接替抢救前，现场抢救人员不得放弃现场救治
4	抢救过程中的再判定	（1）按压吹气1min后，应用看、试、听，试方法在5~7s时间内完成对伤员呼吸和心跳是否恢复的再判定。如脉搏和呼吸均未恢复，则继续坚持心肺复苏法抢救。 （2）在医务人员未接替抢救前，现场抢救人员不得放弃现场抢救

2.3.2 创伤急救

现场作业人员应该了解基本现场外伤救护的基本常识，学会现场急救的简单方法，能现场自救、互救。

1. 创伤急救的基本要求

（1）先抢救、后固定、再搬运，并注意采取措施防止伤情加重或污染。

（2）抢救前先使伤员安静躺平，判断全身情况和受伤程度。

（3）外部出血应立即采取止血措施，防止失血过多而休克。

（4）为防止伤口感染，用清洁布片覆盖，救护人员不得直接接触伤口或填塞伤口。

（5）搬运时应使伤员平躺在担架上，腰部束在担架上，防止跌下，并严密观察伤员防止伤情突变。

2. 止血急救

（1）止血的意义。在现场工作中，若发生创伤伴有大出血情况，则必须抓紧时间，迅速、准确、有效地止血，这对于抢救伤员生命具有极为重要的意义。

（2）损伤性出血的分类。

1）按照血管分类。

a.动脉出血：呈鲜红色，速度快，量多，不易凝固，呈喷射状流出。

b.静脉出血：呈暗红色，速度较慢，易控制，呈点滴状。

c.毛细血管出血：呈渗血状，速度慢，可自行凝固。

2）按照损伤类型分类。

a.外出血：血液从损伤的血管流向体外。

b.内出血：血液积滞在体腔内，为体外看不到的出血。

3）止血方法。

a.抬高患肢位置法：将患肢抬高超过心脏位置，以减少出血量。

b.加压包扎止血法：用纱布或手帕等覆盖伤口，然后用力加压，通常能够奏效。

c.指压止血法：用手指压迫止血点止血，适用于面部、颈部和四肢动脉出血。

3. 现场伤口的简单包扎

现场伤口包扎的目的避免病菌侵入人体，防止感染。包扎要求动作轻，避免增加被救者疼痛和出血；迅速且松紧合适；不能用水冲洗伤口或用手触摸。包扎步骤为：暴露伤口，根据伤情进行对症救护和包扎，可剪开衣物。包扎材料为绷带、三角巾、四头带，也可用干净毛巾、衣物等代替。不同部位的简单包扎见表2-4。

▼表2-4　　　　　　　　　　　　　　　不同部位的简单包扎

部位	包扎方法
头面部伤包扎	包扎头面部伤时，可用三角巾或四头带，打结时尽可能打在以下部位，即下颌下、后脑勺下或前额的眉弓处，以免包扎松落
膝关节伤包扎	用三角巾折成适合于伤部宽度的条带，斜放在伤口，用条带两端分别压住上、下两边，缠绕肢体一周，然后在肢体内侧或外侧打结。此方法也适用于上肢包扎

4. 骨折急救

骨折时，除了骨骼本身受到破坏，骨骼附近的其他软组织，如纤维、韧带、肌肉、神经、血管等也会受到不同程度的损伤。

所谓骨折，就是骨质或骨小梁发生完全或不完全的断裂，骨折的主要分类法有：

（1）按骨折端与皮肤、肌肉的关系分类，分为闭合性骨折和开放性骨折，见表2-5。

▼表2-5　　　　　　　　　　　　　　　闭合性骨折和开放性骨折

骨折类型	特点
闭合性骨折	骨折端未刺出皮肤，与外界空气不相通
开放性骨折	骨折端刺出皮肤、肌肉，与外界空气相通

（2）从骨折断裂的程度分类，分为完全性骨折和不完全性骨折。

（3）骨折的症状与判断。如果发现有人因摔伤、挤伤而出现以下症状时，可初步确定是发生了骨折。

1）局部症状。

a.有局部痛感。如果有局部压痛或间接叩击振动痛感，可能是骨折端刺激骨膜及其周围软组织的神经末梢所致，一般疼痛的部位可能就是骨折的部位。

b.局部畸形，见表2-6。

▼表2-6 局部畸形

症状	特点
局部畸形	受伤处缩短、旋转或成角畸形，可能是外力、肌肉收缩、肢体重量导致骨折完全折断和移位

c.局部软组织肿胀且呈现青紫色。这是由于骨折出血和渗出液所致。此外，骨折错位和重叠，在外表上也形成局部肿胀。

d.骨擦音或骨擦感。伤员自己动作时，骨折端互相摩擦，可听到骨擦音或有骨擦感。

f.功能受限。如下肢骨折，则不能站立；若肋骨骨折，则呼吸困难、剧痛；若关节附近骨折，将不能伸屈；脊椎骨折时，不能坐立等。

2）全身症状。如休克、体温升高肢体瘫痪、骨折的现场急救。

（4）骨折急救的基本原则。先固定、防污染、要冷静、待全身情况稳定后再考虑固定搬运、现场骨折急救仅是将骨折处作临时固定处理，处理后应尽快送往医院救治。

骨折的急救措施见表2-7。

▼表2-7 骨折的急救措施

部位	急救措施
上臂部肱骨骨折	紧贴胸廓，围巾或毛巾衬垫，屈肘90°悬挂前臂，毛巾等物衬垫，绷带环形缚住
前臂部尺骨、桡骨骨折	用两块木板固定并衬垫，三角巾悬挂手臂于颈前，减轻负担
大腿部肱骨骨折	一人稳定骨折上下肢，一人轻牵骨折远端，放好夹板固定伤肢，用布带固定好，再固定于木板上，垫高下肢
小腿腔骨和腓骨骨折	小腿腔骨和腓骨骨折，用夹板分别置于内、外侧，突出部分加垫，自膝至踝关节固定，用绷带卷等物固定
颈椎骨折	颈椎骨折时，让伤者平躺，避免活动头部，可用颈圈或小枕固定颈部，用书籍等物堆置头部两侧，用绷带固定于木板担架上

（5）伤员的搬运。搬运伤员需保持舒适平稳，减少影响，详见表2-8。

▼表2-8　　　　　　　　　　　　伤员搬运

伤员类型	做法
一般伤员	两担架员跪下右腿，一人用手托住伤员头部和肩部，另一只手托住腰部；另一人一只手托住骨盆，另一只手托住膝下；二人同时起立，把伤员轻放于担架上
颈椎骨折伤员	对颈椎骨折伤员的搬运尤其需要注意，不小心可能导致立即死亡。搬运方法是由3~4人一起搬动，其中1人专管头部牵引固定，使头部与躯干保持直线位置，以维持颈部不动；其余3人蹲在伤员的同侧，其中2人托住躯干，1人托住下肢，一齐起立，将伤员轻放在担架上
颈椎骨折伤员	使伤员平躺在担架上，并将其腰部束在担架上，防止跌下。平地运送时，伤员头部在后；上楼、下楼、下坡时，让伤员头部在上；没有采用任何工具和保护措施的情况下运送，伤员易加重伤情甚至死亡

5. 烧伤急救措施

（1）电灼伤、火焰烧伤或高温气、水烫伤均应保持伤口清洁。伤员的衣服鞋袜用剪刀剪开后除去。伤口全部用清洁布片覆盖，防止污染。四肢烧伤时，先用清洁冷水冲洗，然后用清洁布片或消毒纱布覆盖送医院。

（2）强酸或碱灼伤应立即用大量清水彻底冲洗，迅速将被侵蚀的衣物剪去。为防止酸、碱残留在伤口内，冲洗时间一般不少于10min。

（3）未经医务人员同意，灼伤后勿擅自涂药，应冷水冲洗并尽快就医。

（4）送医院途中，可给伤员多次少量口服糖盐水。

6. 冻伤急救

（1）冻伤使肌肉僵直，严重者深及骨骼，在救护搬运过程中动作要轻柔，不要强使其肢体弯曲活动，以免加重损伤，应使用担架，将伤员平卧并抬至温暖室内救治。

（2）将伤员身上潮湿的衣服剪去后用干燥柔软的衣服覆盖，不得烤火或搓雪。

（3）全身冻伤者呼吸和心跳有时十分微弱，不应误认为死亡，应努力抢救。

7. 被动物咬伤的急救措施

（1）被毒蛇咬伤后，不要惊慌、奔跑、饮酒，以免加速蛇毒在人体内扩散。

1）咬伤大多在四肢，应迅速从伤口上端向下方反复挤出毒液，然后在伤口上方（近心端）用布带扎紧，将伤肢固定，避免活动，以减少毒液的吸收。

2）被蛇咬伤后，应急服用蛇药并立即前往医院。保持冷静，避免剧烈运动，记蛇特征，以便获得正确血清治疗。专业医疗是关键。

（2）被犬咬伤急救措施。

1）被犬咬伤后，立即用肥皂水清洗伤口并轻轻挤压排出唾液，随后用碘酒消毒。避免使用可能引起刺激的化学品，并尽快就医进行专业处理和预防狂犬病的疫苗接种。

2）少量出血时，不要急于止血，也不要包扎或缝合伤口。

3）尽量设法查明该犬是否为"疯狗"（感染"狂犬病毒"），对医院制订治疗计划有较大帮助。

8. 溺水急救措施

（1）发现有人溺水应设法迅速将其从水中救出，呼吸心跳停止者用心肺复苏法坚持抢救。曾受水中抢救训练者在水中即可抢救。

（2）口对口人工呼吸因异物阻塞发生困难，而又无法用手指除去时，可用两手相叠，置于脐部稍上正中线上（远离剑突）迅速向上猛压数次，使异物吐出，但不可用力太大。

（3）溺水死亡的主要原因是窒息缺氧。在抢救溺水者时不应"倒水"而延误抢救时间，更不应仅"倒水"而不用心肺复苏法进行抢救。

9. 高温中暑急救措施

（1）烈日直射头部、环境温度过高、饮水过少或出汗过多等容易引起中暑现象，其症状一般为恶心、呕吐、胸闷、眩晕、嗜睡、虚脱，严重时抽搐、惊厥甚至昏迷。

（2）应立即将病员从高温或日晒环境转移到阴凉通风处休息。用冷水擦浴、湿毛巾覆盖身体、电扇吹风或在头部置冰袋等方法降温，并及时给病人口服盐水。严重者情况送医院治疗。

10. 有害气体中毒急救措施

（1）气体中毒开始时有流泪、眼痛、呛咳、咽部干燥等症状，应引起警惕；稍重时头痛、气促、胸闷、眩晕；严重时会引起惊厥昏迷。

（2）若怀疑可能存在有害气体时，应即将人员撤离现场，转移到通风良好处休息。抢救人员进入险区必须戴防毒面具。

（3）对于已昏迷者应保持气道通畅，有条件时给予氧气吸入。对于呼吸心跳停止者，按心肺复苏法抢救，并联系医院救治。

（4）迅速查明有害气体的名称，供医院及早对症治疗。

2.4 高处作业

2.4.1 高处作业基本认知

输配电线路分为架空和电缆两种，其中架空输配电线路占主导地位。在架空输配电线路的施工、运行和检修中，由于其结构特点，常需要高处作业。在工程现场，利用脚扣、三脚板等登高工具或爬梯、脚钉等设施，通过攀爬到达高处作业点的行为称为登高作业或高处作业。

1. 高处作业相关基本概念

高处作业是指在坠落高度基准面2m以上（含2m）进行的作业。分为一般和特殊两种，其中特殊类别包括强风、高温、雪天、雨天、夜间、带电、悬空和抢救高处作业。坠落高度基准面是以可能坠落范围内最低处的水平面。可能坠落范围是以作业位置为中心的柱形空间。

2. 高处作业分级

高处作业分为四级，作业高度越高，可能坠落范围半径越大。直接引起坠落的客观危险因素包括六级以上阵风、Ⅱ级以上高温、低气温室外环境等。为确保安全，要求现场生产条件、安全设施符合标准，工作人员劳动防护用品合格齐备，使用的安全工器具也须合格并符合要求。

3. 对高处作业人员的基本要求

（1）高处作业人员的身体要求。经医师鉴定，无妨碍工作的病症；患有高血压、心脏病、恐高症、严重贫血以及其他不宜从事高处作业的病症人员，不得从事高处作业；高处作业人员每年进行一次体检。

（2）高处作业人员的技能要求。具备必要的电气知识和业务技能，取得政府颁发的高处作业证。

4. 高处作业人员的安全教育

（1）高处作业人员必须经过三级安全教育，并具备必要的安全生产知识，学会紧急救护法，特别要学会触电急救。三级安全教育是指新入厂（企业）职员、工人的厂级安全教育、车间级安全教育和岗位（工段、班组）安全教育，是厂矿企业安全生产教育制度的基本形式。

（2）高处作业人员必须系好安全带、穿软底鞋、戴安全帽，工作前严禁饮酒。

（3）高处作业所用的工具和材料应放在工具袋内，或用绳索绑牢；上下传递物件应用绳索拴牢传递，严禁上下抛掷。

（4）严禁利用绳索或拉线上下杆塔或顺杆下滑。

（5）在带电体附近进行高处作业时，与带电体的最小安全距离必须符合表2-9的规定。遇特殊情况达不到该要求时，必须采取可靠的安全技术措施，经总工程师批准后方可施工。

▼ 表2-9　　　　　　　　　高处作业与带电体最小安全距离

带电体的电压等级（kV）	≤ 10	35	63～110	220	330	500
工具、安装构件、导线、地线与带电体的距离（m）	2.0	3.5	4.0	5.0	6.0	7.0
作业人员的活动范围与带电体的距离（m）	1.7	2.0	2.5	4.0	5.0	6.0
整体组立杆塔与带电体的距离（m）	应大于倒杆距离					

注　倒杆距离是指自杆塔边缘到带电体的最近侧的最小安全距离。

5. 高处作业的准备工作

（1）气候条件：恶劣天气应停止杆塔作业。

（2）杆塔检查：检查基础、杆塔身和拉线。

（3）登高工具和设施检查：检查脚扣、升降板、安全带等。

（4）安全带使用：挂牢在牢固构件上，不得低挂高用。

（5）作业现场安全措施：设围栏，禁止无关人员通行或逗留。

2.4.2　高处作业常用安全防护装置及用具

为保证电力从业人员在生产中的安全和健康，除在作业中使用基本安全用具和辅助安全用具外，还应使用必要的防护安全用具，如安全带、安全帽、安全绳、护目镜等，这些防护用具是其他安全用具不能代替的。

1. 安全带

（1）作用。安全带是高处作业人员预防坠落伤亡的防护用品，广泛用于发电、供电、火（水）电建设和电力机械修造部门。在架空输配电线路杆塔上进行施工安装、检修作业时，为防止作业人员从高处坠落，必须使用安全带，安全带实物如图2-21所示。

安全带由带子、绳子和金属配件组成，根据作业性质的不同，其结构形式也不同，

图2-21　安全带

主要有围杆作业安全带、悬挂作业安全带两种，如图2-22所示。安全带适用于线路杆和建筑安装工作，质量标准为破断强度合格，使用和保管注意事项包括外观检查、高挂低用或水平拴挂、避免接触高温等有害因素，存放时用肥皂水清洗并晾干，更换新绳时加绳套，定期报废。

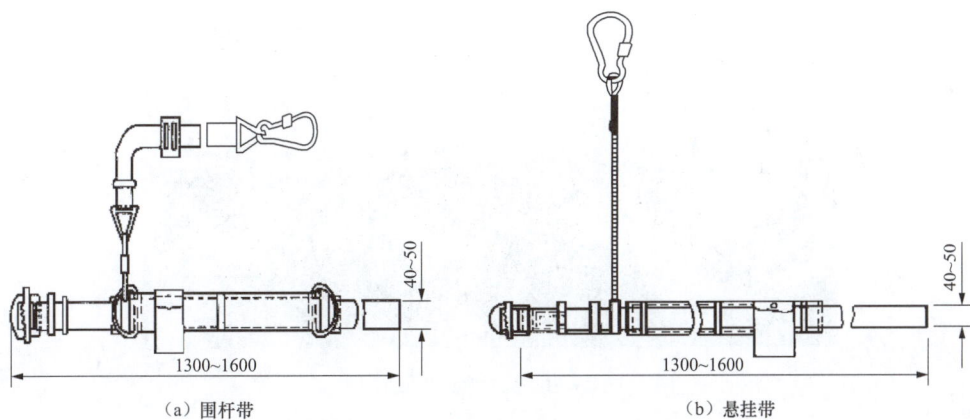

（a）围杆带　　　　　　　　　　　　　（b）悬挂带

图2-22　安全带类型（单位：mm）

（2）试验及标准。安全带的试验周期为半年，试验标准见表2-10。

▼表2-10　　　　　　　　　　　　　　安全带试验标准

名称		试验静拉力（N）	试验周期	外表检查周期	试验时间（min）
安全带	大皮带	2205	半年一次	每月一次	5
	小皮带	1470			

2. 安全帽

（1）作用。安全帽是头部防护用品，用于防止头部受伤或被物体击中。安全帽实物如图2-23所示。

图2-23　安全帽

（2）保护原理。安全帽对头颈部的保护基于两个原理：一是使冲击载荷传递分布在头盖骨的整个面积上，避免打击一点；二是使头与帽顶空间位置构成一个能量吸收系统，起到缓冲作用，从而减轻或避免伤害。

（3）结构。普通型安全帽由帽壳、帽衬组成，帽壳为圆弧形，帽衬分为单层和双层两种，安全帽的质量一般不超过400g，颜色以浅色或醒目的蓝色、白色和浅黄色为主。帽壳和帽衬之间有2～5cm的空间，帽壳呈圆弧形，其式样如图2-24所示。

图2-24　安全帽内部结构

3. 个人保安线

接地线的作用是保护工作人员免受感应电压的伤害。在接触或接近导线工作时，应使用个人保安线。保安线是个人安全工具，不得他用，使用前应检查其完好程度，损坏时严禁使用，使用年限为三年。个人保安线在作业开始前挂接，结束时拆除。装设时先接接地端，后接导线端，拆卸顺序相反。工作票应注明保安线数量及编号，工作结束后核实拆除数量及编号。个人保安线应使用软铜线，截面积不小于16mm^2，带有绝缘手柄或部件，严禁代替接地线。

4. 脚扣

脚扣是攀登电杆的一种弧形铁制工具，一般采用高强无缝管制作，外形如图2-25所示。脚扣轻便灵活、携带方便，木杆脚扣的扣环有突出的铁齿，水泥杆脚扣的扣环上装有橡胶套或橡胶垫起防滑用。同时，为适应电杆粗细的不同，脚扣也有不同的大小规格，是作业人员攀登电杆的理想工具。

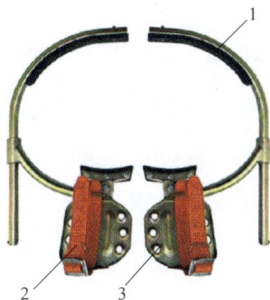

图2-25 脚扣示意图

1—防滑胶套；2—脚扣皮带；3—踏板

使用脚扣攀爬电杆是利用杠杆原理，当作业人员需要上下移动时，通过抬脚使脚上承重力减小，脚扣自动松开，从而方便作业人员的攀爬。需要注意的是：使用脚扣在杆上作业时，作业人员不能随意改变姿势，因此容易使作业人员感到疲劳，故只宜在杆上短时间作业使用。

5. 登高板

登高板又称踏板、升降板，由脚踏板、吊绳和金属挂钩组成，是高处作业中常用的一种电杆攀登用具。登高板的脚踏板为木质，一般由坚硬的木板制成，木板上刻有防滑网格纹路，常见规格为630mm×85mm×25mm，吊绳为16mm多股白棕绳或尼龙绳，吊绳顶端固定有金属挂钩，底端两头牢固绑扎在脚踏板两端的扎结槽内，如图2-26所示。

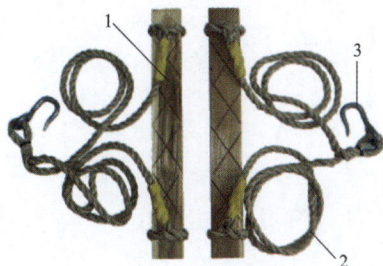

图2-26 登高板示意图

1—脚踏板；2—吊绳；3—金属挂钩

登高板的脚踏板和吊绳能承受300kg的质量，结构简单，携带方便，实用可靠，在电杆上工作时站立平稳，身体比较灵活，上身伸展幅度较大，能在电杆上长时间工作，缺点是上下杆速度比脚扣慢，也比较累。

6. 绝缘梯

绝缘梯采用不饱和树脂和玻璃纤维聚合拉挤工艺制成，材质选用环氧树脂结合销棒技术，轴类钢制件表面有防护镀层，绝缘层压类材料制件加工表面采用绝缘漆进行处理。梯撑、梯脚防滑设计不易疲劳，各部件外形无尖锐棱角，安全程度高，绝缘性能强。根据外观可分为绝缘伸缩梯、绝缘人字梯、绝缘平梯等（见图2-27）。绝缘梯良好的绝缘性防止了因为检修人员误操作而造成的意外事故，是高处、高压作业中必备的工具。

（a）绝缘伸缩梯　　　（b）绝缘人字梯　　　（c）绝缘平梯

图2-27　绝缘梯

7. 防坠器

防坠器是高处作业时防止坠落的安全工具，分为速差式、导轨式和绳索式，其中速差式在电力行业应用广泛。它利用速度差进行自控，高挂低用，拉力超过规定值时自动制动。速差式防坠器基本结构如图2-28所示。

目前，按绳索材质的不同，常见速差式防坠器有普通钢丝绳防坠器和织带防坠器，它们的区别和优缺点见表2-11。

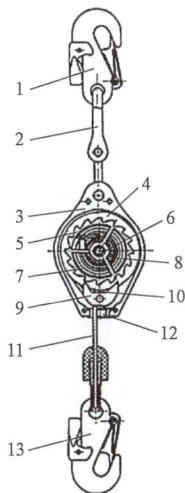

图2-28 速差式防坠器基本结构示意图

1—上挂钩；2—尼龙绳；3—壳体；4—棘轮罩；5—棘轮；6—棘轮主轴；7—钢带；8—卷簧；
9—棘爪；10—拉簧；11—钢丝绳；12—出线口保护环；13—下挂钩

▼表2-11   两种速差式防坠器的比较

名称	钢丝绳防坠器	织带防坠器
图片		
材质	壳体选用铝合金，质轻坚固不老化，以航空钢丝为安全绳，强度高，耐磨损	外壳选用高强尼龙纤维，安全织带选用高强涤纶材质，均做阻燃处理，不易变形，承载力强
优缺点	钢丝绳防坠器所用的钢丝绳既有足够的拉力强度，又能在明火、高温场合使用。但钢丝绳防坠器有个致命的缺点：没有弹性变形，这使得防坠器"拉拽"时的冲击力变得很大，可能会对高空作业人员造成一定的二次伤害	织带防坠器材质轻，强度大，便于携带。但织带防坠器使用的非金属材质不耐磨损，所以在使用时尽量悬挂点固定于垂直上方保证垂直拉出，减少横拉和斜拉时罩壳和织带之间的磨损，同时应避免与锋利尖锐以及粗糙表面的长期接触，避免高温，远离易腐蚀物质
规格（m）	3、5、7、10、15、20、30、40、50	3、5、7、10、15、20

2.5 登高作业

2.5.1 登高工具的使用方法

常见的登高工具有脚扣、登高板和绝缘梯，安全防护工具有安全带、安全帽和防坠装置等。各项工器具在使用前均需作相关的检查及试验，完好或合格后才能投入使用。

1. 脚扣

作为高处作业工具，脚扣以其轻便性和便携性受到青睐，但因使用时限制了作业人员的姿势变化，会引起疲劳，因此更适合短时间作业。使用前应检查脚扣的合格证和试验周期，确保无断裂、锈蚀，绝缘层完好，伸缩性良好，皮带牢固。损坏的皮带不可用绳索或电线替代。

使用前还需进行单脚冲击试验（见图2-29），验证脚扣的机械强度和防滑性能，确保作业安全。

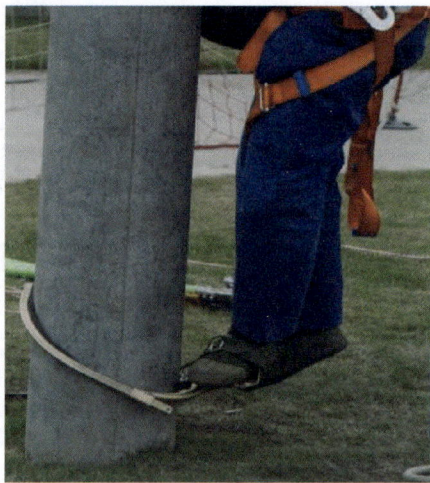

图2-29 脚扣冲击试验

2. 登高板

登高板的优点是在电杆上工作时站立平稳，身体比较灵活，上身伸展幅度较大，能在电杆上长时间工作，缺点是上下杆速度比脚扣慢，也比较累。登高板在使用前同样必须检查有无合格证，是否按规定周期进行试验，是否在检验周期内，踏板有无开裂或腐蚀，绳索有无分股、断股、霉变现象。登高板使用前必须对其进行冲击试验，方法是将登高板挂于离地高约200mm处，两脚站立于登高板上，用自身重量向下冲击，检查登高板挂钩、绳索和木踏板的机械强度是否完好可靠，如图 2-30 所示。

图 2-30　登高板冲击试验

3. 绝缘梯

高处作业时使用绝缘梯不易疲劳，梯各部件外形无尖锐棱角，安全程度高，绝缘性能强，但绝缘梯必须放于稳固、平坦、干爽的表面，携带时占用空间较大。绝缘梯的使用注意事项如下：

（1）绝对禁止超过绝缘梯的工作负荷。

（2）梯脚具有防滑效果。

（3）需要有人员用手直接扶住绝缘梯进行保护（同时防止绝缘梯侧歪），并用脚踩住绝缘梯的底脚，以防底脚发生移动。

（4）当攀登绝缘梯或工作时，总是保持身体在绝缘梯的横撑中间，身体保持正直，不能伸到外面，否则可能会失去平衡从而发生意外。

（5）防止受潮或损坏，以免降低绝缘梯的绝缘性能。

（6）始终保持绝缘梯的整洁、干净。

4. 安全带

安全带使用前必须作一次外观全面检查，如发现破损、变质及金属配件有断裂者，应禁止使用，并对安全带做冲击试验保证各连接处牢固。安全带的冲击试验方法为：将围杆带全部调整成单股，绕过电杆系好，人体往后呈弓步站立，使围杆带位于腰部上方的位置绷直，身体用力往后拉三下，检查安全带各连接处是否完好牢固，如图 2-31 所示。

图2-31　安全带冲击试验

5. 安全帽

安全帽使用前应检查其外观是否有裂纹、磨损等，检查帽衬、帽箍是否完整合格，检查合格标志是否完整，检查是否在使用有效期内。

6. 防坠器

钢丝绳防坠器以其高强度和耐高温特性适用于明火和高温环境，但因其缺乏弹性，可能导致较大的冲击力，增加高处作业的二次伤害风险。织带防坠器轻便且强度高，但其非金属材质易磨损，需避免横拉、斜拉和接触锋利、粗糙表面，并远离高温和腐蚀性物质。使用防坠器时，应确保"高挂低用"，并进行冲击试验以验证其可靠性，即缓慢拉动安全绳后猛拉应能稳定锁住。同时，避免在超过30°的倾斜面上作业，不须润滑关键部件，禁止私自改装，且应妥善保管以防潮湿和灰尘。

2.5.2　脚扣、登高板登高的使用方法

本节主要介绍登高作业中脚扣和登高板两种登杆工具的使用方法和正确登杆流程。

1. 登高作业天气及作业现场要求

（1）在工作中遇雷、雨、雪、5级以上大风或其他任何情况威胁到作业人员的安全时，工作负责人或专职监护人可根据情况，临时停止工作。

（2）进入工作现场必须正确佩戴安全帽，工作场地必须使用安全围栏，无关人员禁止入内。

（3）防止高处坠落，登杆人员不得负重登杆，必须使用防坠落装置，脚扣登杆必须使用围杆带。

（4）登杆人员不得携带与登杆无关的物品上杆，如手机、钥匙、香烟等。

（5）杆上人员作业时不得失去安全带的保护，监护人应加强监护，及时纠正作业人员可能存在的危险动作。

（6）防止高处坠物，杆上电工应避免落物，地面电工不得在吊件及作业点正下方逗留。

（7）作业人员应精神状态良好，熟悉工作中保证安全的组织措施和技术措施；严禁酒后作业和作业中玩笑嬉闹。

2. 登高作业前的准备工作

（1）危险点及其预控措施。

1）危险点：高处坠落。

预控措施：高处作业人员登高前，必须具备符合作业要求的身体状况、精神状态和技能素质；作业地点超过2m高必须使用安全带，安全带要高挂低用，必须系在牢固的构件上；监护人员应随时纠正其不规范或违章动作，重点关注作业人员在转位的过程中不得失去安全带或后备保护绳的保护，严禁安全带低挂高用。

2）危险点：高处落物伤人。

预控措施：高处作业人员的个人工具及零星材料应装入工具袋，严禁在高处浮置物件、口中含物；进入工作现场必须正确佩戴安全帽，工作场地必须使用安全围栏并挂好警示标志，无关人员禁止入内；材料和工器具应采取安全可靠的传递方法，不得抛掷；塔上电工应避免落物，地面电工不得在吊件及作业点正下方坠落半径内逗留。

（2）工器具及材料选择与检查。登高作业所需要的工器具及材料主要有安全带、安全帽、脚扣（或登高板）、防坠器、围栏、垫布、手套，如图2-32所示。登杆前，先对这些工器具进行外观、试验合格证等检查。

图2-32 登高作业所需要的工器具及材料

3. 脚扣登高方法和注意事项

使用脚扣登高的操作流程及注意事项见表2-12。

▼表2-12　　　　　　　　　　脚扣登高的操作流程及注意事项

序号	作业内容	操作流程	图例	注意事项
1	前期准备工作	（1）检查登杆现场作业情况。 （2）确认登杆杆号正确。 （3）检查登杆杆体是否牢固，有无倒杆风险		（1）遇冰霜雨雪天气，不用脚扣直接登杆，杆身覆冰、霜，严禁使用脚扣登杆。 （2）选择合适尺寸的脚扣，禁用大脚扣上"小"杆。 （3）脚扣与电杆材质相适应，禁用木杆脚扣上水泥杆
2	工器具的检查	对脚扣、安全带、防坠器进行检查或现场试验，确保工器具完好并符合相关要求		使用脚扣前需检查整体外观、部件状况，确保无损伤变形，并进行冲击试登试验，确认无问题后方可使用
3	脚扣登杆	作业人员使用脚扣攀爬电杆时，需注意双手双脚间的协调。步骤如下： （1）左脚扣上电杆时，左手应扶住电杆。 （2）右脚抬起时，右手应扶住电杆。 （3）调整脚扣扣环大小。 （4）重复上述步骤直至杆顶，但需确保脚扣扣住电杆后才能移动身体		在使用脚扣登杆的过程中，每一步必须使脚扣环完全套入并可靠地扣住电杆，才能移动身体，否则会造成事故

续表

序号	作业内容	操作流程	图例	注意事项
4	脚扣下杆	脚扣下杆步骤： （1）下杆时，右脚先扣下，右手扶住电杆，右脚扣在电杆上后重心移至右脚。 （2）左脚向下移动，左手扶住电杆，左脚扣在电杆上后重心移至左脚。 （3）重复下杆步骤直至着地		脚扣不能随意从杆上往下摔仍，作业前后应轻拿轻放，并妥善保管，存放在工具柜里，放置应整齐

4. 登高板的使用方法和注意事项

使用登高板登高的操作流程及注意事项见表2-13。

▼表2-13　　　　　　　　　登高板登高的操作流程及注意事项

序号	作业内容	操作流程	图例	注意事项
1	前期准备工作	（1）检查登杆现场作业情况。 （2）确认登杆杆号正确。 （3）检查登杆杆体是否牢固，有无倒杆风险		登杆现场如遇冰霜雨雪天气，不宜用脚扣直接登杆，尤其当电杆杆身覆冰、覆霜时，严禁进行登杆作业
2	工器具的检查	对登高板、安全带、防坠器进行检查或现场试验，确保工器具完好并符合相关要求		登杆前，检查脚踏板是否安全可靠，登高板外观是否良好，包括脚踏板、吊绳和金属挂钩的检查
3	登高板登杆	登杆时，背好一只登高板，另一只从背面绕到正面挂稳，收紧绳子并用力上升，左脚踏板绞紧左边		使用登高板登杆时，正勾挂钩，右脚顶住水泥杆，左脚踏稳左边绳，两

序号	作业内容	操作流程	图例	注意事项
3	登高板登杆	绳,站稳后挂另一只登高板,重复操作,直至登杆完成		腿前掌夹紧电杆,保持身体平稳,防止踏板摇晃
4	登高板下杆	下杆时,取下上一只踏板,钩挂到现用踏板下方,右手握住左边绳抽出左腿,下滑至适当位置蹬杆,左手握住下一只踏板挂钩,放到适当位置,双手下滑,右脚下一只踏板踩下一只踏板,交替完成下杆工作		登高板不能随意从杆上往下扔,以免摔坏。使用后应进行检查确认无异常后方可以保管或存放在工具柜内

使用升降板登杆时,登高板两绳应全部放于挂钩内系紧,必须正钩,即挂钩必须向上,严禁挂钩向下或反挂,正确和错误使用方式如图2-33所示。

(a)正确　　　　　　　　　(b)错误

图2-33　挂钩使用

2.5.3　绳结的使用流程

电力工作者必须掌握绳结技巧,如8字结、渔人结、平结等,以更高效便捷地开展电网运维检修作业。本节介绍常用绳结特点及使用流程,为后续检修作业做储备。

2.5.3.1　常用绳结用途及打法

一条绳索各个部位都有不同的名称,包括绳头(即一条绳索的两个端头,其中用于打结的那一端又称绳端)、主绳(从绳头到绳体的主要部分)、绳耳(绳索弯曲的部分)、绳环

（打结后形成的圆圈）、绳眼（一开始就是圆圈的部位）等。绳索各部位名称如图2-34所示。

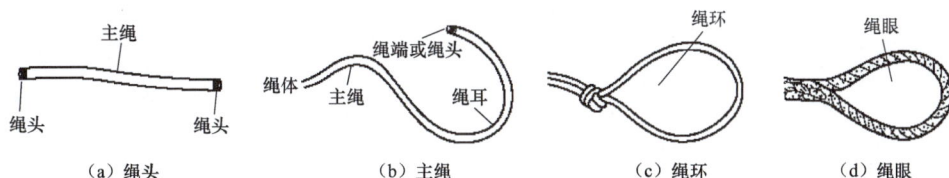

（a）绳头　　　　　　　（b）主绳　　　　　　　（c）绳环　　　　　（d）绳眼

图2-34　绳索各部位名称

1.8字结

8字结又称发财结、凤尾结，是中国结编制的基本结型，由一单线绕另一线交叉走8字形，故称8字结。8字结打法是：首先将绳端对折，并用双手握住；接着把对折部分朝箭头方向转两圈；然后将绳头穿过绳圈；最后拉紧两端打好结。整个过程如图2-35所示。

图2-35　8字结的打法

2. 接绳结

接绳结是一种简单、牢固且容易拆解的结，用于连接不同粗细和材质的绳索。打法如下：将一条绳索对折，另一条绳索从对折绳圈下方穿过，然后穿过并缠绕对折的绳索一圈，再将穿过绳头打结，最后拉紧两端绳头。整个过程如图2-36所示。

图2-36　接绳结的打法

3. 渔人结

渔人结用途：连接两条不太粗的绳索，结构简单强度高，可用不同粗细的绳子。打法：两条绳子前端交互并列，一条像卷住另一条打单结，另一边同样打结，拉紧即可。整个过程如图2-37所示。

图2-37　渔人结的打法

4. 平结

平结也是中国结的基本结，是一种古老、通俗和实用的结索。平结的打法为：首先准备两根绳索，将其两端缠绕后拉拢；接着将两根绳索交叉；然后在交叉的上方再缠绕一次，此时如果缠绕方向错误，结果会变成外行平结，请特别小心；最后握住两端绳头用力拉紧。整个过程如图2-38所示。

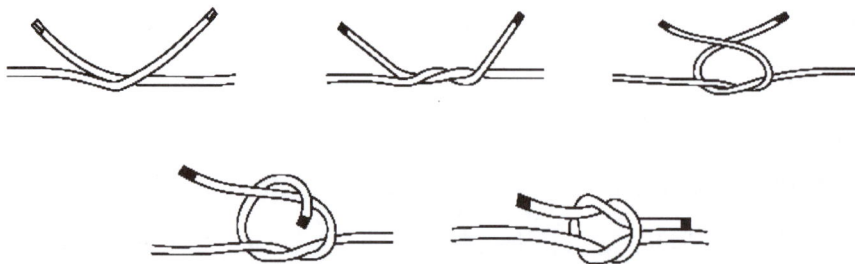

图2-38　平结的打法

另需注意，如果平结如果拉得太紧，就不太容易解开。此时应用双手握住绳头，朝头方向用力一拉，就可轻松解开，如图2-39所示。

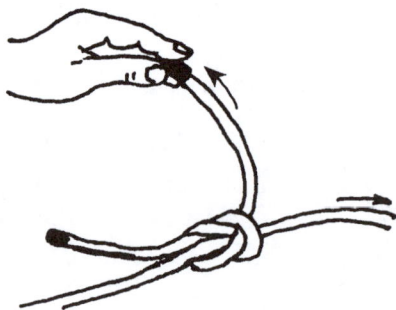

图2-39　平结的解法

5. 双套结（猪蹄扣）

双套结是一种实用且安全的绳结，通常用于绑系物体。其打法简单，可以分开使用，适用于不同情况。但需注意，施力不均可能导致结松脱。双套结通常用于两端均等施力的物品上。打法：做两个绳圈，右绳圈重叠左绳圈，直接套进物体，收紧即可。整个过程如图2-40所示。

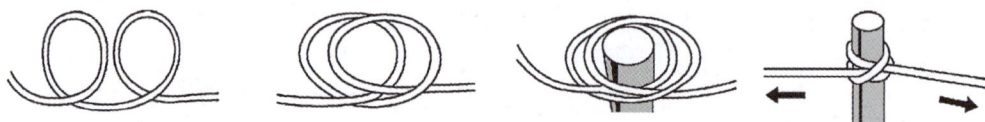

图2-40　双套结的打法

6. 称人结

称人结是一种古老且结构简单的结，常用于紧急救援。它容易拆解且牢固稳定，常用于称人称物。登山遇险时，称人结也是较好的选择。打法：在绳索中间打环，将绳头绕过主绳穿过环，再穿过环，拉紧打结处即可。整个过程如图2-41所示。

7. 普鲁士结（抓结）

普鲁士结用于绳索未到底下需中途停止或重新攀登，打法为用辅绳制作绳圈，避开连接处绳结，在主绳上缠绕3~4圈，收紧调整。整个过程如图2-42所示。

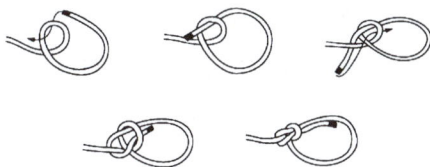

图2-41　称人结的打法　　　　图2-42　普鲁士结的打法

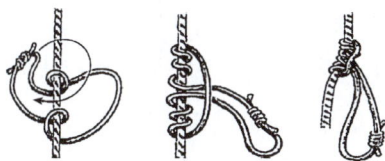

8. 系木结（拉绳结）

此结为架营帐时需要拉力的结法，通常打法为：先在把手之处打一个结，接着将剩下的绳头在绳圈上缠绕2~3圈后拉紧。整个过程如图2-43所示。

9. 系木结加半扣结

拖吊搬运细长圆柱体的东西时常用系木结加上半扣结，通常先在细长圆柱物体前端打一个半扣结，然后在稍微有段距离的地方再打系木结，组合后的结效果非常好。同时需要记住，该组合两个结之间的距离越远效果越好。打法如图2-44所示。

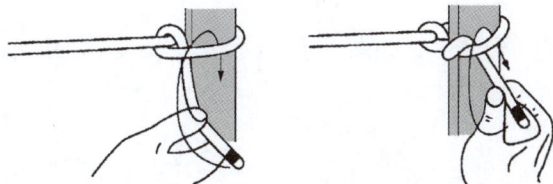

图2-43　系木结的打法　　　　图2-44　系木结加半扣结的打法

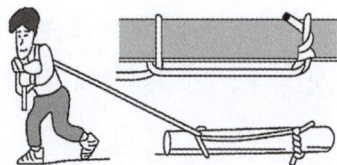

10. 双半结

双半结是一种可靠的绳结，由两个半结前后系打而成，非常牢固，即使拉到极限也不会松散。在野外露营等活动时常用，容易解开。打法：先打一个半扣结，绕过主绳再打一个半扣结，拉紧即可。整个过程如图2-45所示。

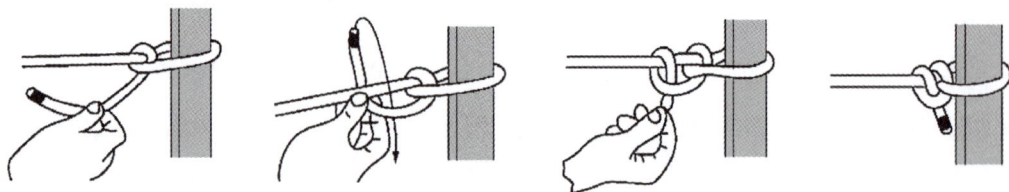

图2-45 双半结的打法

11. 抬物结

抬物结，又称抬杠结或杠棒结，适用于双人或多人组合抬举重物。打法为：将A端折成椭圆圈1，B端绕过重物后向上回绕一圈半形成圈2和圈3，在圈3与B间折成圈4并穿过圈2，最后翻上与圈1形成两个等高平齐的绳圈，穿入杠内即可。不适用于搬运圆滑物品。整个过程如图2-46所示。光滑物品不宜使用抬物结。

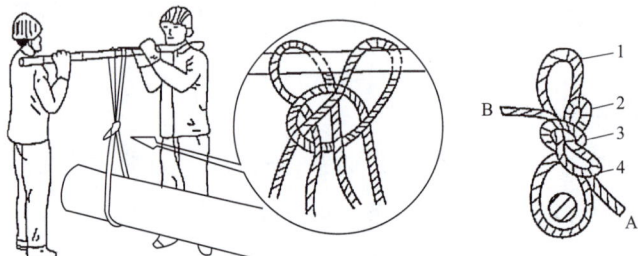

图2-46 抬物结的打法

12. 活索结

活索结是一种打在绳端的圈套结，可轻松收紧或放松，能安全固定绳索在柱状物体上。打法：将绳子一端压在主绳上形成绳环，绳头围绕主绳一圈半，穿进形成的绳圈，收紧调整。适合暂时紧固码头绳。整个过程如图2-47所示。活索结在使用时，套在物体上，通过拉主绳就可以调节绳圈的松紧。

图2-47 活索结的打法

2.5.3.2 绳索使用注意事项

在使用前后务必养成检查绳索的习惯；了解绳索的安全使用极限；不要随意踩踏绳索，尽量避免弄脏绳索；清洗绳索注意避免与油类、化学溶剂的接触，清洗后潮湿的绳索要阴干，避免在太阳下暴晒；任何绳索使用后必须将所有的绳结全部解开。

中级篇

3 电力线路施工及运维流程

❯ 3.1 架空配电线路的施工流程

❯ 3.2 电力电缆施工与运维流程

本章详细介绍了架空配电线路和电力电缆的施工程序，内容涵盖了施工前的筹备工作、基础建设、杆塔的组装与竖立、导线与避雷线的安装及电缆的敷设等步骤。通过本章的学习，读者能够掌握电力线路施工的关键流程和技术规范，为将来在实际工作进行线路施工提供重要的指导和参考。

3.1 架空配电线路的施工流程

3.1.1 电杆基础、电杆组装和立杆施工流程

包含电杆基础施工、电杆组装、电杆起立的工艺流程、技术要求及注意事项等内容。

1. 电杆基础施工

根据线路结构的划分，杆塔以下埋入土壤中的部分结构（接地体除外）统称为基础。中、低压配电线路的基础主要有底盘、拉盘和卡盘，其外形结构如图3-1所示。其中，底盘为主杆基础，卡盘是为提高电杆抗倾覆能力而设置的辅助基础，拉盘则是电杆的拉线基础。

（a）底盘　　　　　（b）卡盘　　　　　（c）拉盘

图3-1 配电线路常见基础结构示意图

（1）电杆基础坑位中心定位。电杆基础坑位开挖施工前应按设计的要求对杆坑中心进行定位。直线杆顺线路方向位移：35kV架空电力线路不应超过设计档距的1%；10kV及以下架空电力线路不应超过设计档距的5%；横线路方向偏移不应超过50mm；转角杆、分支杆横线路、顺线路方向的位移不应超过50mm。

（2）电杆基础坑的开挖。

1）电杆基础坑深的确定。电杆基础坑深应符合设计规定（见表3-1），偏差为+100、
-50mm。若无明确规定，可按杆高的1/6 ~ 1/5埋设。特殊情况需特殊处理。

▼表3-1　　　　　　　　　　　　　　　　　　电杆埋设深度

杆长（m）	8	9	10	11	12	13	15	18
埋深（m）	1.5	1.6	1.7	1.8	1.9	2.0	2.3	2.6 ~ 3.0

2）电杆基础马道应由主杆坑和马道组成，主杆坑应略大于杆根。马道坡度为45°，
呈阶梯形逐级向主坑方向开挖，以方便施工和增强电杆稳定性。

3）拉线坑的开挖。挖拉线坑时，先挖出主坑，其位置是在拉线桩的位置处再延长
一个拉线深度，拉线深度一般与电杆埋深相同。然后由中间向电杆方向挖出一条细长
马道，马道由拉棒出口处向下倾斜，高出坑底200mm。马道越窄越好，一般用钢钎操
作，以避免破坏两旁的土壤，增加拉线的抗拔力。

2. 电杆的组装

（1）排杆。配电线路的排杆工作需依据设计图进行，施工前应将混凝土电杆按要
求运至对应杆位处。混凝土电杆的装卸和运输有多种方式，在条件允许下，可使用汽
车起重机进行起吊装卸，或滚动装卸。

（2）电杆的装配。电杆装配应按设计图进行，组装前需对电杆进行外观检查。在
组装时，先将电杆调整到准备立杆的位置，再装上横担和相关部件，安装横担时，先
将电杆按顺线路方向调整到准备立杆的位置，再将横担垫铁和U形抱箍固定在电杆上，
调整好横担安装位置后拧紧螺母。

（3）立杆施工的注意事项。立杆需专人指挥，严格按指令操作，观察受力情况，
杆坑内无人，指定人员保持距离，起立平稳，回填土及时。

3.1.2　拉线选择及其安装流程

包含配电线路常用拉线的组成、种类、用途、特点、结构以及安装的基本要求等
内容。

1. 拉线的选择

拉线的选择在低压架空配电线路中非常重要，其形式和用途多种多样，如图3-2所
示。普通拉线用于平衡固定架空线的不平衡荷载；人字拉线由两根普通拉线组成，可
加强电杆防风倾倒能力；十字拉线设在耐张杆处，以提高耐张杆稳定性；水平拉线又

称高桩拉线，用于不能直接做普通拉线的地方；共用拉线多用于线路直线杆沿线路方向出现不平衡张力时；V形拉线用于电杆较高、横担较多且同杆多条线路受力不均匀的地方；弓形拉线用于受地形和周围环境限制不能直接安装普通拉线的地方。

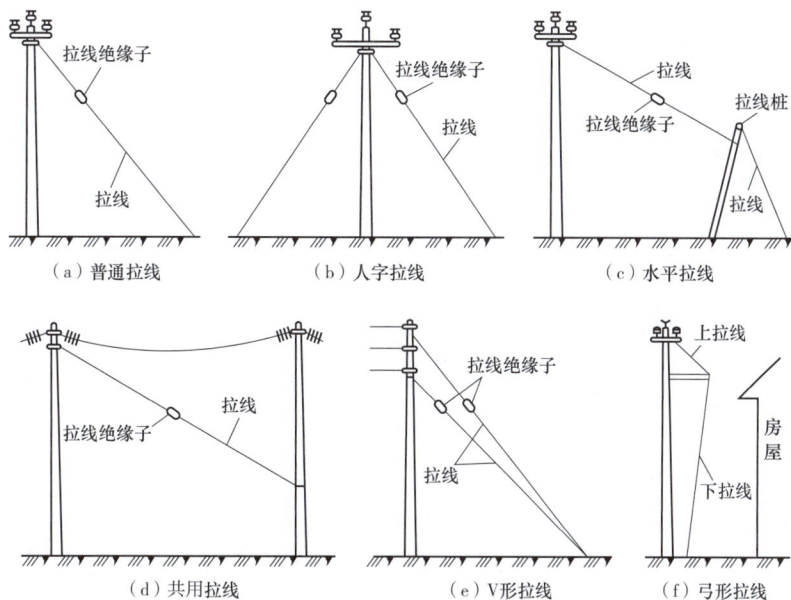

图3-2 配电线路拉线示意图

2. 拉线的安装

（1）依据的条例、标准。

1）《电力安全事故应急处置和调查处理条例》（国务院令〔2011〕第599号）。

2）《电力安全工作规程（电力线路部分）》（GB 26859—2011）。

3）《110～750kV架空送电线路施工及验收规范》（GB 50233—2014）。

4）《电力金具产品型号命名方法》（DL/T 683—2010）。

5）《架空输电线路运行规程》（DL/T 741—2019）。

6）《电力建设安全工作规程 第2部分：电力线路》（DL 5009.2—2013）。

7）《110～500kV架空送电线路设计技术规程》（DL/T 5092—1999）。

8）《110～750kV架空电力线路工程施工质量检验及评定规程》（DL/T 5168—2016）。

9）《国家电网公司架空输电线路检修管理规定》〔国网（运检/4）310–2014〕。

10）《国家电网公司生产技能人员职业能力培训规范 第41分册：送电线路架设》（Q/GDW 232.41—2015）。

（2）天气及作业现场要求。

1）在遇到雷、雨、雪、5级以上大风或其他威胁安全的天气条件时，工作负责人或专职监护人有权决定暂停工作，以确保员工安全。

2）作业人员必须保持良好的精神状态，熟悉并掌握工作中涉及的组织和技术措施，以确保安全。严禁酒后作业或在工作中嬉笑打闹。

（3）准备工作。

1）危险点及其预控措施。

a.危险点：钢绞线反弹伤人。

预控措施：①控制点距，避免人员受伤；②保持安全距离，规范制作力度。

b.危险点：高处坠落伤人。

预控措施：检查身体，使用安全带，纠正违章动作。

c.危险点：高处落物伤人。

预控措施：①佩戴安全帽，使用绳结，传递物品安全可靠；②设置围栏，禁止非工作人员进入。

2）工器具及材料选择。拉线所需要的工器具及材料见表3-2。

▼ 表3-2　　　　　　　　　　　拉线安装工器具及材料

序号	名称	规格型号	单位	数量	备注
1	电工工具		套	2	
2	断线钳	大号	把	1	
3	紧线器		套	1	
4	手锤	1.5kg	个	1	
5	铁锹		把	1	
6	镐		把	1	
7	标杆	2m	支	2	
8	皮尺	30m	把	1	
9	钢卷尺	2m	把	2	
10	吊绳	ϕ12，长15m	根	1	
11	安全带	尼龙	副	1	
12	脚扣		副	1	
13	工具袋	帆布	个	2	
14	镀锌钢绞线		m		
15	拉线抱箍		副	1	
16	拉线盘		块	1	

序号	名称	规格型号	单位	数量	备注
17	拉线棒		根	1	
18	楔形线夹		个	1	
19	可调式UT型线夹		个	1	
20	平行挂板		个	1	
21	镀锌铁线	$\phi 10$	m	4	
22	镀锌铁线	$\phi 22$	m	2	
23	润滑油		kg	0.05	
24	调和漆	黑色	kg	0.05	
25	毛笔	小号	支	1	

3）作业人员分工。根据作业要求，共需配备4名作业人员，包括1名工作负责人、1名安全监护人员、2名操作人员，作业人员分工见表3-3。

▼表3-3　　　　　　　　　　　　　拉线安装人员分工

序号	工作岗位	数量（人）	工作职责
1	工作负责人（现场总指挥）	1	负责本次工作任务的人员分工、工作前的现场查勘、现场复勘、办理作业票相关手续、召开工作班前会、落实现场安全措施、作业过程中的安全监督、工作中突发情况的处理、工作质量的监督、工作后的总结
2	专责监护人员（安全员）	1	各危险点的安全检查和监护
3	技术操作人员	1	负责拉线安装
4	辅助操作人员	4	负责辅助操作

（4）工作程序。

1）工作流程见表3-4。

▼表3-4　　　　　　　　　　　　拉线选择及其安装操作流程

序号	作业内容	作业标准	安全注意事项	责任人
1	前期准备工作	（1）进行详细的现场调查。 （2）确认拉线杆实际位置。 （3）复测拉线方向和拉线坑位置	作业人员须正确穿戴劳保用品	
2	工器具的选用及检查	工具包及工具完好，手柄、转动部位、钳口灵活可靠，安全带、吊绳未破损，整体状况良好，适合使用	逐一清点工器具、材料的数量及型号	

序号	作业内容	作业标准	安全注意事项	责任人
3	材料选用及检查	镀锌铁线无锈蚀，圈紧密；封头铁丝无锈蚀；GJ-35钢绞线镀锌层良好，无断股等缺陷；楔型线夹等无裂纹等缺陷，螺杆螺母配合良好	镀锌钢绞线的最小截面积应不小于25mm²，强度安全系数应不小于2	
4	制作上把	钢绞线楔形线夹制作步骤： （1）将钢绞线从楔形线夹小口穿入，画印标记420mm。右手捏住钢绞线线头，左脚踩线，左手控制弯度，确保画印处在弯曲位置中间不得移位，半径大于舌板。 （2）钢绞线尾主线弯成开口销样。 （3）确保钢绞线尾线在线夹凸肚侧，主、尾线平行。 （4）插入楔子，拉紧并敲打使其牢固接触。尾线绑扎铁丝，垂直均匀缠绕，涂防锈漆	线夹舌板紧密无滑动，钢绞线尾线沿线夹凸肚面穿入线夹，固定可靠。拉线弯曲不松脱，尾线头扎牢、防腐处理	
5	登杆前的检查及安全工器具冲击试验	（1）检查杆塔编号，巡视杆基牢固，检查基础下沉，无裂纹、露筋。 （2）踩板（脚扣）做冲击试验。 （3）安全带冲击试验时，要将围杆带长度调至最长，双脚成弓字步	登杆前准备工作需要检查到位，确保登杆安全	
6	登杆安装上把	上杆需在拉线挂点下方，沿同一方向上杆，肩部略高于挂点；脚扣与电杆紧密接触，安全带使用时围杆带长度适宜；吊绳不能缠绕，不能系在身上；螺栓正确安装，销钉开口朝下，线夹凸肚朝下		
7	电杆及地拉杆的检查及钢绞线画印	站在拉线垂直地面，观察电杆倾斜，确定拉线长度；向上提拉线棒；穿进螺栓，拉紧使U形螺栓与拉线受力一致，画好印记并剪断钢绞线；根据画印点量出钢绞线剪断位置，并用记号笔画好印记，将在距记号点两侧10~15mm处用封头铁丝扎紧，封头铁丝按钢绞线的绕制方向缠绕6~7圈，收好线头，然后再剪断钢绞线	电杆受力决定拉线装设，夹角45°，受地形限制时不能小于30°。拉线方向根据转角杆和线路方向设置，拉桩杆深度至少为杆长的1/6，拉线距路中心的垂直距离不低于6m	
8	下把制作：弯曲钢绞线、扎线、套把	（1）将钢绞线从NUT型线夹小口套入，校直尾线并画好印记。 （2）手拉线头，脚踩主线，左手控制弯曲，钢绞线半径应大于舌板大头处弯曲半径，确保画印处在弯曲位置中间不得移位，尾线及主线弯成开口销模样。	上、下楔形线夹及UT型线夹的凸肚和屋线方向应一致，双线夹连板尾线端方向统一。UT型线夹螺杆露扣，螺母并紧，花篮螺栓封固	

序号	作业内容	作业标准	安全注意事项	责任人
8	下把制作：弯曲钢绞线、扎线、套把	（3）凸肚与尾线同侧，放入楔子后拉紧再用木锤敲打，使其紧密牢固无缝隙。 （4）尾线出线夹口长度为310mm，扎铁丝（55±5）mm，两端铰紧并置于两钢绞线中间。凸肚朝地面，在UT型线夹螺栓丝杆部分涂刷润滑剂	上、下楔形线夹及UT型线夹的凸肚和屋线方向应一致，双线夹连板尾线端方向统一。UT型线夹螺杆露扣，螺母并紧，花篮螺栓封固	
9	调整拉线、观察电杆	（1）调整好的线夹舌板应与U形螺栓两螺杆距离相等。UT型线夹带螺母后螺杆必须露出螺纹，并应留有不小于1/2螺杆的螺纹长度，以供运行时调整。调紧拉线。再将双螺母锁紧，并注意其防水面朝上。 （2）安装拉线应由一人配合拉紧安装。调整拉线时应观察电杆是否倾斜	交通道或易接触处，须悬挂警示牌	
10	清理现场、文明施工	工作完成后及时清理现场，做到"工完、料尽、场地清"	工完料尽，场地清	

2）操作示意如图3-3所示。

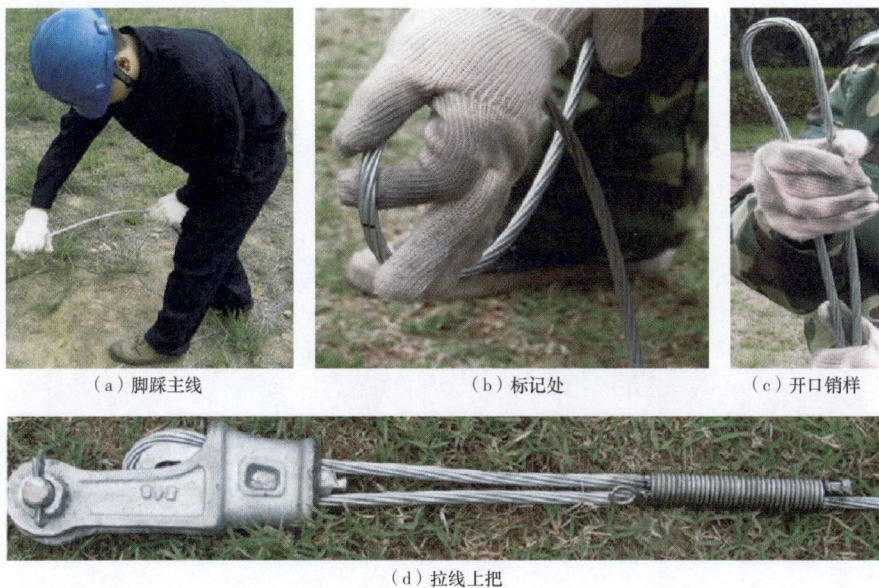

（a）脚踩主线　　　　　　　（b）标记处　　　　　　　（c）开口销样

（d）拉线上把

图3-3　拉线上把操作示意图

3.1.3 导线的连接流程

主要介绍架空导线连接方法的分类、导线连接施工的基本工艺流程、导线连接的基本技术要求等内容。

1. 导线直接连接方法

导线直接连接的方法包括小截面积单股导线的缠绕、绑扎、多股导线的插接等，主要适用于绝缘导线及截面积在50mm及以下的铝绞线、铜绞线等导线的连接。下面以绝缘导线为例，介绍导线直接连接的几种常用方法。

（1）依据的条例、标准。

1）《电力安全事故应急处置和调查处理条例》（国务院令〔2011〕第599号）。

2）《电力安全工作规程（电力线路部分）》（GB 26859—2011）。

3）《110～750kV架空送电线路施工及验收规范》（GB 50233—2014）。

4）《电力金具产品型号命名方法》（DL/T 683—2010）。

5）《架空输电线路运行规程》（DL/T 741—2019）。

6）《电力建设安全工作规程 第2部分：电力线路》（DL 5009.2—2013）。

7）《110～500kV架空送电线路设计技术规程》（DL/T 5092—1999）。

8）《110～750kV架空电力线路工程施工质量检验及评定规程》（DL/T 5168—2016）。

9）《国家电网公司架空输电线路检修管理规定》[国网（运检/4）310-2014]。

10）《国家电网公司生产技能人员职业能力培训规范 第41分册：送电线路架设》（Q/GDW 232.41—2015）。

（2）准备工作。

1）危险点及其预控措施。

危险点：线头伤人。

预控措施：保持距离，相互提示，控制线头长度。

2）工器具及材料：个人工具、断线钳、连接线、钢卷尺、汽油、凡士林油、剥线钳等。

3）作业人员分工：主要操作人员一人，辅助配合人员一人。

（3）工作程序。小截面积单股导线连接方法分为铰接法和绑接法，适用于不同直径的单股导线。不同截面积导线的连接采用绑扎方式。具体方法及流程见表3-5～表3-8和图3-4～图3-7。

▼ 表3-5　　　　　　　　　　　小截面积单股导线铰接法操作流程

序号	作业内容	作业标准	安全注意事项	责任人
1	准备工作	导线连接前，使用电工刀或剥线钳削去绝缘层。小截面积单股导线削去长度较小，大截面积多股导线削去长度较大。绝缘层剥离后，露出的导体表面需用汽油擦洗干净，长度至少为连接长度的两倍，然后涂抹中性凡士林油或电力脂		
2	芯线的绞合	先将两连接导线线芯呈X形相交，互相绞合2~3圈，如图3-4（a）所示		
3	缠绕线头	两操作人员互相配合，将每根线头分别紧贴在另一根线上顺序向两端紧密、整齐地缠绕5~6圈，如图3-4（b）所示	缠绕必须紧密、整齐	
4	完成连接	用手钳剪去余线，钳平端头，完成连接，如图3-4（c）所示，完成后如图3-4（d）所示	接头绝缘强度应达到设计和规程规定的绝缘水平	

▼ 表3-6　　　　　　　　　　　小截面积单股导线绑接法操作流程

序号	作业内容	作业标准	安全注意事项	责任人
1	准备工作	（1）导线连接前应用电工刀或剥线钳将绝缘层削掉。塑料绝缘层可用单层削法或用剥线钳剥掉绝缘层。截面积小的单股导线，剥去长度可小些；截面积大的多股导线，剥去长度应大些。 （2）在导线连接端绝缘层剥离后，应将裸露的导体表面用汽油擦洗干净，清洗的长度应不少于连接长度的2倍，然后涂抹中性凡士林油或电力脂		
2	合并线头后加辅助线	（1）将两线头并合在一起。 （2）再敷一根同样截面积、同等接头长度的辅助裸线，如图3-5（a）所示		
3	完成绑扎	用不小于2mm的铜扎线，按图3-5（b）所示方法从中间向两端顺序缠绕，至导线绝缘层端头20~30mm处，如图3-5（c）所示	缠绕必须紧密、整齐	
4	完成连接	将辅助线折起，扎线继续缠绕3~5圈后与线头拧麻花2~3r		
5	剪去余线	最后如图3-5（d）所示操作，用手钳剪去余线，拍平辅助线及线头，完成后如图3-5（e）所示	接头绝缘强度应达到设计和规程规定的绝缘水平	

▼表3-7 不同截面积导线的连接操作流程

序号	作业内容	作业标准	安全注意事项	责任人
1	准备工作	（1）导线连接前应用电工刀或剥线钳将绝缘层削掉。塑料绝缘层可用单层削法或用剥线钳剥掉绝缘层。截面积小的单股导线，剥去长度可小些；截面积大的多股导线，剥去长度应大些。 （2）在导线连接端绝缘层剥离后，应将裸露的导体表面用汽油擦洗干净，清洗的长度应不少于连接长度的2倍，然后涂抹中性凡士林油或电力脂		
2	细导线在粗导线上缠绕	将细导线线头在粗导线线头上紧密缠绕5～6圈，如图3-6（b）所示		
3	翻折粗导线线头	按图3-6（c）所示方法，翻折粗导线线头压在缠绕层上，再用细导线线头顺序缠绕3～5圈；如图3-6（c）所示	缠绕必须紧密、整齐	
4	减去余端	完成后，剪去余端，钳平接口，完成后如图3-6（d）所示		

▼表3-8 多股导线的插接操作流程

序号	作业内容	作业标准	安全注意事项	责任人
1	准备工作	（1）导线连接前，使用工具削去绝缘层。单股导线长度小，多股导线长度大。 （2）剥离后，清洗裸露导体，涂凡士林油或电力脂		
2	芯线散股插接	将铝绞线打开拉直，经过擦洗后将两端多芯线相互交叉，用手钳拍平	（1）多股导线插接，各股接茬应在同一平面上。 （2）接头处电阻小于等长导线电阻	
3	连接缠绕	用任意一股顺时针缠绕5～6圈，再换另一根把完成缠绕的一根压在里面，继续缠绕5～6圈，如图3-7所示	缠绕必须紧密、整齐	
4	处理连接线端头	（1）将线头与一股线拧3～4转，余线剪掉。 （2）同样方法再做另一端	接头绝缘强度应达到设计和规程规定的绝缘水平	
5	绝缘层的恢复	（1）室内导线接头：绝缘层上缩绕、压缠、包紧，至少两层。 （2）室外导线接头：按室内方法，底层自粘带1～2层，面层普通胶带，4～5层绝缘		

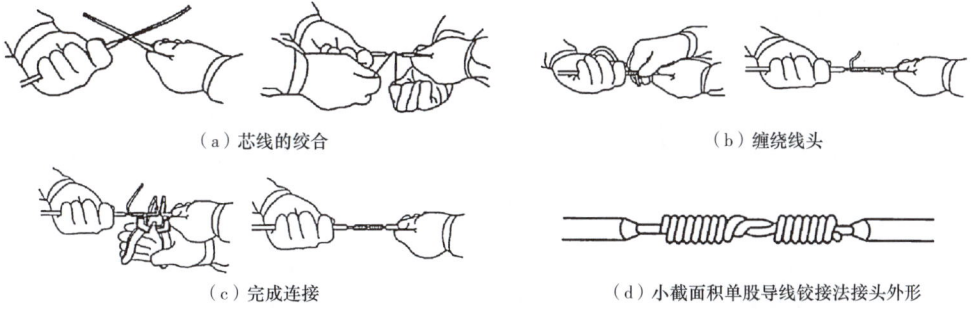

（a）芯线的绞合　　　　　　　　　　　　　（b）缠绕线头

（c）完成连接　　　　　　　（d）小截面积单股导线铰接法接头外形

图3-4　小截面积导线铰接法示意

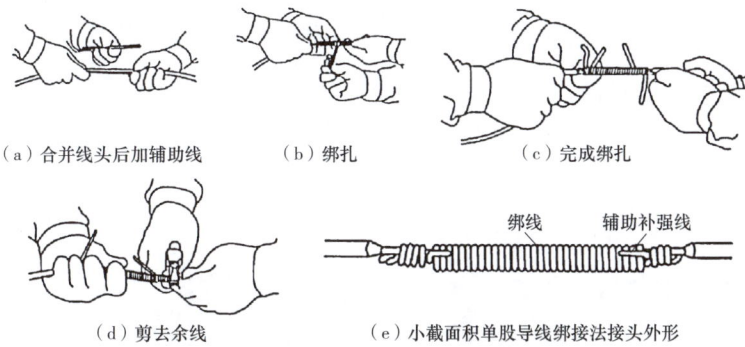

（a）合并线头后加辅助线　　　（b）绑扎　　　（c）完成绑扎

绑线　　　辅助补强线

（d）剪去余线　　　　　　（e）小截面积单股导线绑接法接头外形

图3-5　小截面积单股导线绑接法示意

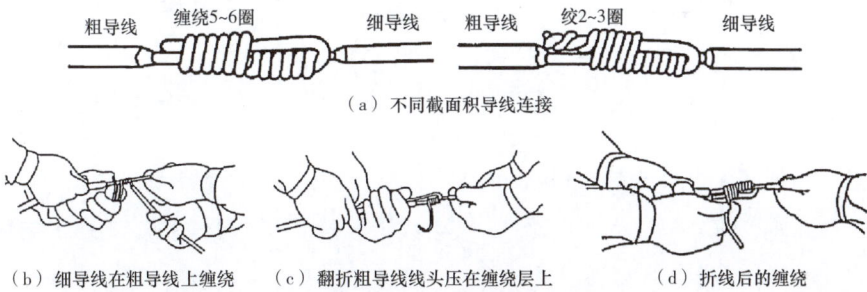

粗导线　　缠绕5~6圈　　细导线　　　粗导线　　绞2~3圈　　　细导线

（a）不同截面积导线连接

（b）细导线在粗导线上缠绕　　（c）翻折粗导线线头压在缠绕层上　　（d）折线后的缠绕

图3-6　不同截面积导线连接示意

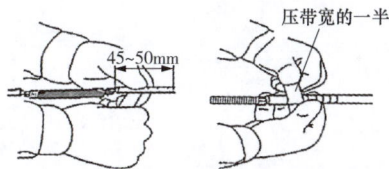

压带宽的一半

45~50mm

图3-7　多股导线的插接示意

3.1.4 导线架设

主要介绍放线、架线、紧线和绑扎导线等工序。低压架空线路导线一般采用铝绞线（LJ型）或钢芯铝绞线（LGJ型），为提高供电可靠性及安全性，目前，中、低压配电线广泛采用架空绝缘导线。

1. 放线

放线包括拖放法和展线法两种方法。拖放法是沿着电杆两侧放开导线，需清除障碍物、搭跨越架，按耐张段进行，如图3-8所示；展线法适用于导线质量轻、线路不长的场景。

2. 架线

架线是将导线架到电杆横担上，有两种方式。一是一个耐张段为单元，放完导线后用绳子吊升导线进滑轮；二是边放线边吊升导线，如图3-8所示。导线吊上杆时需多人操作、地面指挥。小截面积导线可一次吊起，大截面导线可每2根一起吊起。导线放入滑轮，避免磨伤。

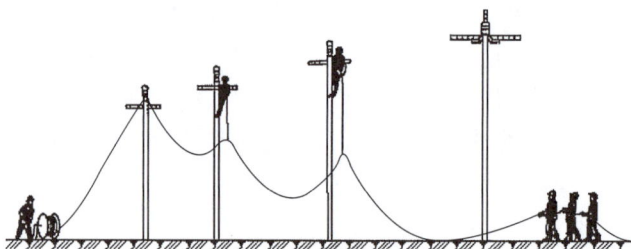

图3-8　拖放线和架线

3. 紧线

紧线工作应在全部导线都挂到电杆上后进行。先做拉线，后紧线。如图3-9所示，紧线时要观察弧垂，符合规定后停止紧线，装上线夹放松。定位紧线器要牢固，夹线口尽可能拉长，包上铝带防止夹伤导线。按耐张段一段段进行，次序是先紧中间线后紧两边线。

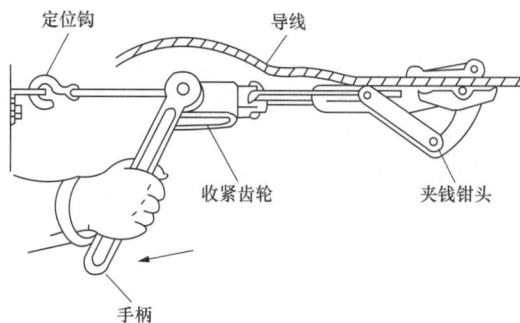

图3-9　用紧线器紧线的方法

4. 导线在绝缘子上的固定

（1）蝶式绝缘子直线支持点绑扎方法。直线段导线在蝶式绝缘子上的绑扎如图 3-10 所示。

1）将导线紧贴绝缘子颈部嵌线槽内，留出足够在嵌线槽中绕一圈和在导线上绕 10 圈的扎线长度，并使扎线与导线呈"×"状相交。

2）从导线右下侧绕嵌线槽背后至导线左边下侧，按逆时针方向围绕下面嵌线槽，从导线右边上侧绕出。

3）从贴近绝缘子处开始，将扎线在导线上紧缠 10 圈后剪除余端。

4）从导线一端围绕嵌线槽背后至导线右边下侧，同样在贴近绝缘子处开始，将扎线在导线上紧缠 10 圈后剪除余端。

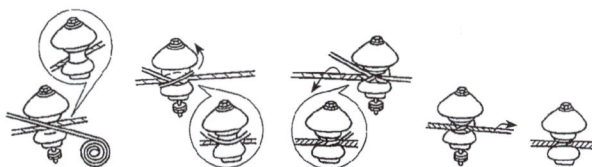

图 3-10　直线段导线在蝶式绝缘子上的绑扎

（2）始端和终端支持点在蝶式绝缘子上的绑扎。蝶式绝缘子始端、终端支持点绑扎方法如图 3-11 所示。

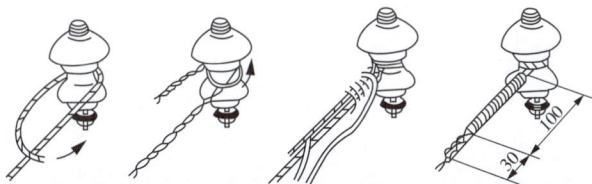

图 3-11　蝶式绝缘子始端、终端支持点绑扎方法

1）将导线末端先在绝缘子嵌线槽内围绕一圈。

2）把导线末端压着第 1 圈后再围绕第 2 圈。

3）扎线短端嵌入两导线凹缝，长端按顺时针方向缠扎。

4）扎线在三处导线紧缠 100mm 后，与短端紧绞 6 圈，剪余端并贴于夹缝。

3.1.5　弧垂观测流程

1. 弧垂的概念

设两相邻电杆 A、B，则两电杆导线悬挂点 A、B 连线的中点 C 到导线的距离称为导线的弧垂，用 f 表示。

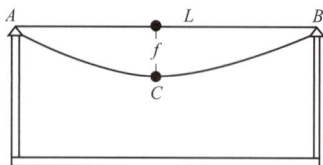

图3-12 弧垂的概念

2. 弧垂的观测方法

（1）异长法。一般在弧垂观测档内两杆塔高度不等，而弧垂最低点不低于两杆塔基部连线时，可采用异长法观测。如图3-13所示，A、B 是观测档不连耐张绝缘子串的架空导线（或地线）悬挂点，A_0、B_0 是架空导线（或地线）的一条切线，与观测档两侧杆塔的交点分别为，A_0、B_0。a、b 分别为 A 至 A_0 点、B 至 B_0 点的垂直距离，f 是观测档所要观测的弧垂计算值。

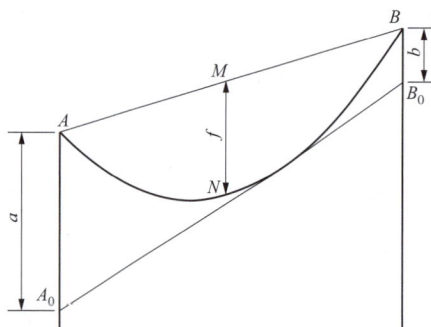

图3-13 异长法观测弧垂示意图

异长法观测弧垂等长法一样，都是不用测量仪器观测弧垂的方法，操作方法简单且容易掌握。实际观测时将两块长约2m，宽约 $10\sim15\text{cm}$ 红白相间的弧垂板水平绑扎在观测档两杆塔上，其上缘分别与 A 和 B_0 点重合。当紧线时，观测人目视（或用望远镜）两弧垂板的上部边缘，待架空导线（或地线）稳定并与视线相切时（弧垂板两点与最低点弧垂三点成一线），该点的弧垂即为观测档的待测弧垂 f 值。

观测时，根据弧垂 f 值选定 a、b 后，分别放垂板使 $AA_0=a$，$BB_0=b$，收紧架空线使之与视线 A_0B_0 相切，这时的弧垂即为设计要求的弧垂。a、b 与弧垂 f 的关系为

$$\sqrt{a}+\sqrt{b}=2\sqrt{f} \tag{3-1}$$

式中　a、b——档距两端杆塔装弧垂板位置与架空线悬点的高差值。

异长法适用于观测有高差的杆塔，但弧垂最低点不低于两杆塔基部连线的情况。

（2）档端法。当在山区及沟壑地段施工时，采用等长法、异长法无法观测弧垂的情况下，可考虑采用角度法进行弧垂观测。角度法可分为档外角度法、档内角度法和档端角度法。由于使用方便，档端角度法使用较多，故主要介绍档端角度法的使用方法。如图 3-14 所示，参考设计线路平断面图，选定弧垂观测站；如果中心桩丢失应补钉中心桩，实测导线悬挂点高差 h 和档距；实测观测时预计的仪器高 i（一般取 1.5m），计算出自导线悬挂点到仪器中心（横轴中心）的垂直距离 a，根据导线悬挂点高差情况，计算观测档的弧垂 f。

A、B 为悬点，A' 为 A 在地面上的垂直投影，a 为仪器中心至导地线挂点 A 的垂直距离，f 为观测气温下计算出的档距中点弧垂，θ 为仪器视线与导线相切的垂直角（即观测角），α 为在 A' 点瞄准 B 点时的垂直角，l 为档距，h 为高差。具体观测方法如下：

1）由线路纵断面图和杆塔组装图中查出 a、h 的值，并到现场复测核实。

2）经纬仪置于档端悬挂点 A 垂直下方 A' 点，调整观测角 θ 瞄准并使其视线与架空线最低点相切。

由图 3-14 可知，$l \tan\alpha - l \tan\theta = 4f - 4\sqrt{af} + a$，因为 $\tan\alpha = (a \pm h)/l$，$\tan\theta = \tan\alpha - \dfrac{b}{l}$ 故观测角 θ 为

$$\theta = \arctan(\frac{\pm h - 4f + 4\sqrt{af}}{l})$$

验收线路时计算弧垂 f，即

$$f = \frac{1}{4}(\sqrt{a} + \sqrt{l\tan\partial - l\tan\theta})^2$$

其中，仪器距低悬点较近时，h 取 "+"，否则取 "-"。

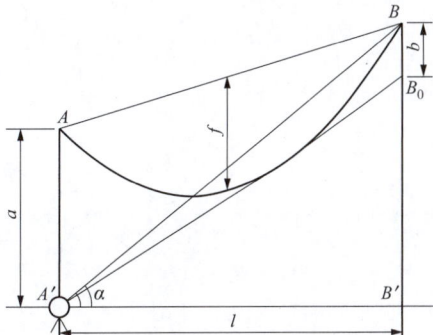

图 3-14　档端角度法观测弧垂示意图

3. 注意事项

按预计气温计算弧垂和观测角，打印不同气温的弧垂观测表。观测时，仪器对中整平，调整垂直角为观测角，待导线弧垂稳定与视线相切时测定。三相水平排列时，先测中相弧垂，其余相以第一相为准找平弧垂。多分裂导线时，其余子导线在相应正下方找平弧垂。

3.1.6 接地装置安装流程

接地装置分为接地线和接地体两大类，下面结合垂直接地体和人工接地线的安装内容，介绍接地装置的结构特点及工艺要求。

1. 相关知识

（1）接地线。接地线是电气连接通道，寿命约25～30年，分自然和人工两种。自然接地线是构筑物内部外部的天然接地线路，如金属结构、大型机械等。通常用来连接主要的接地线的接地母线应该由截面积不小于$50mm^2$的软铜线制成，或者也可以用横截面积不小于$100mm^2$的镀锌铁线制成，也可以用厚度不小于4mm以及横截面积不小于$100mm^2$的扁钢制成。

（2）接地体。接地体是与土壤接触的金属导体，分为自然和人工两种。自然接地体是构筑物内的天然接地体，如金属井管、混凝土基础、金属管道等；人工接地体以水平接地为主，采用圆钢或扁钢，截面积不小于$60mm^2$。

2. 工作程序

接地装置安装流程见表3-9。

▼表3-9 接地装置安装流程

序号	作业内容	作业标准	安全注意事项	责任人
1	前期准备工作	（1）熟悉设计图纸。 （2）进行详细的现场调查。 （3）编写施工作业指导书。 （4）及时进行技术交底	（1）安全帽、工作服、鞋、手套规范穿戴。 （2）现场调查至少2人参与	
2	工器具的检查	对进入施工现场的机具、工器具进行清点、检验或现场试验，确保施工工器具完好并符合相关要求	逐一清点工器具、材料的数量及型号	
3	垂直接地体的制作	打磨材料表面去锈蚀；矫直材料，避免弯曲；留3m长度，切割机下切，角钢尖端在角脊上，斜面120mm；钢管单边斜削，斜面120mm；最后打磨表面使平整光滑	矫直、固定、防弹开，切割、劳保、固定、控制，打磨、劳保、防止伤人	

序号	作业内容	作业标准	安全注意事项	责任人
4	垂直接地体的安装	（1）开挖地沟。地沟的深度一般为0.8~1m，沟底应留出一定的空间以便于打桩操作。 （2）使用铁榔头将接地体敲入地面，金属埋设深度在2.5m左右，接地体为角钢时，应用锤子敲打角钢的角脊线处。如为钢管时，则锤击力应集中在尖端的顶点位置，保证接地体垂直打入地面	确认无电力、燃气、水源设施再开挖沟道，发现管道立即停作业并上报；使用榔头确保环境空旷，确保准确击打受力点	
5	连接接地线	（1）将垂直接地体地面部分与接地干线焊接在一起，焊接位置应加装镶块增大焊接面，焊接点应饱满、充实，焊缝无空洞、无裂纹 （2）在焊痕外100mm范围内应涂刷沥青或其他防腐涂料，涂刷前除锈并去掉焊接时残留的焊药	（1）焊接接地体前，应检查电焊机和电源是否有漏电风险，使用电焊机过程中，严禁触碰电焊机手柄以下部位。 （2）使用电焊机时应戴上防电弧眼镜，避免电弧灼伤眼睛	
6	敷设接地线	（1）接地线的敷设。接地干线应水平和垂直敷设（也允许与建筑物的结构线条平行），在直线段不应有弯曲现象。安装的位置应便于维修，并且不妨碍电气设备的拆卸与检修。接地干线与建筑物或墙型间应留有15~20mm的间隙，水平安装时高地面的距离一般为200~600mm。 （2）在接地干线上安装接线端子，根据设计图纸指定位置，安装专用的接线端子，以便连接支线。 （3）连接接地支线与干线	（1）在敷设接地线过程中，应确认周围不存在带电设备，防止感应电伤人。 （2）安装接地支线时，应先确认支线与干线良好电气连接后方可连接设备	
7	回填土	连接工作完成后，回填并夯实接地体表面和沟道，回填土内不应夹杂有石块和杂物，不应有较强腐蚀性，回填土时应分层夯实，宜有100~300mm高度的防沉层		
8	现场清理	完成后及时清理现场，做到"工完、料尽、场地清"	清理遗留杂物，及时清理施工现场	

3. 操作示例图

安装接地装置操作流程示意如图3-15所示。

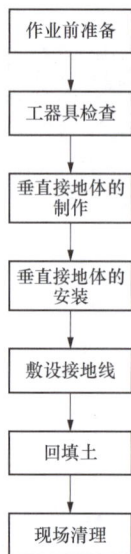

图 3-15　接地装置安装操作流程示意图

接地装置安装过程中打入接地体和焊接地线的操作如图 3-16 和图 3-17 所示。

图 3-16　打入垂直接地体

图 3-17　焊接接地线

3.2　电力电缆施工与运维流程

3.2.1　电力电缆的基本认知

交联聚乙烯电缆因其优良的机械性能、热稳定性和电气性能，成为目前生产主流。其结构包括导电线芯、绝缘层和保护层，要求导电线芯导电性能好、绝缘层绝缘性能良好且耐热、保护层具有一定的机械强度，能保护绝缘层免受外力损伤和防止水分侵入。

1. 芯线的基本结构

电缆线芯的作用是通过电流，同时能承受一定拉力，并具有一定柔软性。为具备较好的导电性能，一般由具有高电导系数的铜或铝制成。为保证线芯的柔韧性，采用多根芯线绞合而成。电缆线芯按其外形可分为圆形、扇形、卵形或椭圆形。

2. 绝缘层的基本结构

电缆中的绝缘层用来承受电压的作用，绝缘层材料必须满足下列要求：

（1）高的击穿场强与足够的耐受工频、冲击与操作过电压作用的能力。

（2）介质损耗低。

（3）耐电晕性能好。

（4）化学性质稳定。

（5）耐高温和低温性能好。

（6）加工性能好。

（7）经济性要好。

目前在500kV及以下电压等级输配电线路电缆系统中，交联聚乙烯绝缘电缆（简称交联电缆或XLPE电缆）作为主要的绝缘材料应用于生产。6kV以下的XLPE电缆结构与PVC低压电缆的结构基本相同。

3. 护层的基本结构

电缆护层保护绝缘层免遭破坏，维持稳定电气性能。金属护层防水分有害物质进入，橡塑护层和组合护层防腐蚀。材料分为金属和非金属，前者用于密封护套等，后者防水防腐蚀。

4. 电力电缆的整体结构

6～35kV交联聚乙烯三芯电缆的结构如图3-18所示，单芯电缆的结构如图3-19所示。

图3-18　6～35kV交联聚乙烯三芯电缆的结构　　图3-19　交联聚乙烯单芯电缆的结构

交联聚乙烯电缆增加内外半导电屏蔽层和铜带金属屏蔽层，体积电阻率为$10^4\Omega$，铜带引出地线。66kV 及以上电压等级交联聚乙烯电缆的两种典型结构，如图 3-20、图 3-21 所示，其代表型号除 YJLY/V 型和 YJV/Y 型以外，还有 YJQ、YJLQ 型和 YJLW、YJLLW 型等。

图 3-20　YJLY/V 型电力电缆结构　　图 3-21　YJV/Y 型电力电缆结构

与 35kV 及以下等级电缆相比，66kV 及以上等级电缆铠装层不是钢带，而是采用波纹铝（铜、铅、不锈钢）护套，同时起到很好的防水作用。电缆的外护层一般使用 PVC 材料，在其外层涂有一层导电石墨，其作用是把石墨层作为地端，便于对外护套进行耐压试验。

3.2.2　电力电缆的敷设施工流程

对于电力电缆敷设施工安装操作，下面重点介绍采用机械施工方法在电缆沟道内电缆敷设安装操作程序及电缆敷设的质量标准。

1. 相关知识

（1）电缆敷设方式。电缆敷设是沿规划路径布放、安装电缆以形成电缆线路的过程，敷设方式需根据多种因素决定，包括城市规划、建筑物密度、电缆线路长度、敷设条件及周围环境等。

常见的电缆敷设方式有以下几种：

1）直埋敷设。将电缆直接埋设在土壤中的敷设方式称为直埋敷设，如图 3-22 所示。直埋敷设不需要大量的土建工程，施工周期较短，是一种较经济的敷设方式，适用于电缆线路不太密集的城市地下走廊，如市区人行道、公共绿地、建筑物边缘地带等。

2）排管敷设。将电缆敷设于预先建好的地下排管中的安装方法，称为电缆排管敷设，如图 3-23 所示。排管敷设适用于交通比较繁忙、地下走廊比较拥挤、敷设电缆数较多的地段。敷设在排管中的电缆应有塑料外护套，不得有金属铠装层。

图3-22　直埋敷设

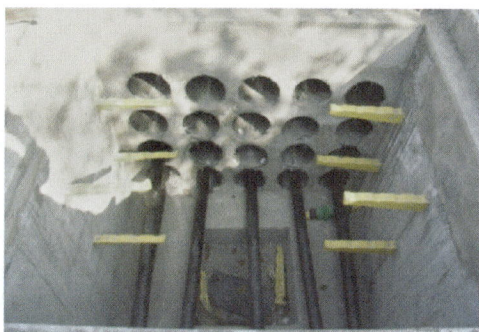

图3-23　排管敷设

3）电缆沟敷设。将电缆敷设于预先建好的电缆沟中的安装方式称为电缆沟敷设，如图3-24所示。电缆沟敷设适用于并列安装电缆较为密集的场所，如发电厂及变电站内、工厂厂区或城市人行道等。根据并列安装的电缆数量，需在沟的单侧或双侧装置电缆支架，敷设的电缆应固定在支架上。

4）电缆桥梁敷设。将电缆敷设在交道桥梁或专用电缆桥上的电缆安装方式称为电缆桥梁敷设，如图3-25所示，是在短跨距的交通桥梁上敷设电缆。电缆应敷设于电缆桥架内，并作蛇形敷设。在桥塅部位设过渡工井，以吸收过桥部分电缆的热伸缩量。

图3-24　电缆沟敷设

图3-25　电缆桥梁敷设

5）电缆竖井敷设。电缆竖井敷设节省土建投资，适用于水电站等场所，是垂直的电缆通道。

6）电缆隧道敷设。电缆隧道敷设适用于大型电厂等场所，具备照明、排水和消防设备，采用自然与机械通风相结合的通风方式，如图3-26所示。

7）水底电缆敷设。水底电缆敷设适用于跨越水域的输配电线路或向岛屿和石油平台供电，如图3-27所示。

图3-26　电缆隧道敷设

图3-27　水底电缆敷设

2. 工作程序

电缆沟电缆敷设操作流程见表3-10。

▼表3-10　　　　　　　　　　　电缆沟电缆敷设操作流程

序号	作业内容	作业标准	安全注意事项	责任人
1	前期准备工作	（1）勘察现场，确认通道无障碍。 （2）揭开电缆沟盖板。 （3）清理沟内外杂物，检查支架预埋情况并修补，将沟盖板置于不利展放电缆的一侧	至少两人勘察，协同揭板，注意避免盖板搬运过程中伤人	
2	布置敷设工器具	（1）在电缆沟底放置滑轮，保持适当间距，避免电缆接触地面。 （2）在沟口和转角处设置转角滑轮架，防止电缆受伤。 （3）将电缆和放线架安装在起点，使用千斤顶将电缆固定在放线架上。 （4）用钢丝绳或承力带将卷扬机固定在通道末端。在电缆端安装防捻器和钢丝绳，展开钢丝绳并与卷扬机固定	安装工具前检查机械情况；搭建支架注意受力方向，确保滑轮面向电缆受力弯曲方向；安装电缆注意进出方向；卷扬机固定点与电缆线路保持直线受力	
3	牵引电缆	（1）取下电缆盘上的电缆封板，拉出部分电缆。 （2）启动卷扬机，调整收线速度到6~7m/min。 （3）3名辅工进入电缆沟跟随被牵引的电缆进行过程监控，要求1名辅工在电缆前方观察牵引绳受力情况，1名辅工跟随电缆头，观察防捻器受力情况，1名辅工在后方观察电缆本体传递情况	启动卷扬机前，确认牵引绳松弛，以便调整收线速度；监护中，辅工避免站电缆受力侧；发现脱离滑车轨道，立即通知停止收线，重新安装后启动	

续表

序号	作业内容	作业标准	安全注意事项	责任人
4	安装电缆	（1）待整段电缆牵引完成后，关闭卷扬机，取下牵引绳和防捻器。 （2）将电缆分段搬运至电缆支架上，使用电缆抱箍将电缆固定在电缆支架上	电缆施放应从下层最里侧开始，依次从里到外、从下到上展放	
5	收拾工具	电缆安装完成后，收检卷扬机、电缆滑车和放线架，回收工器具		
6	现场清理	敷设完成后，恢复电缆沟盖板，及时清理现场，做到"工完、料尽、场地清"	清理杂物污垢，及时清理现场	

3. 操作示例图

电缆沟电缆敷设示意如图3-28所示。

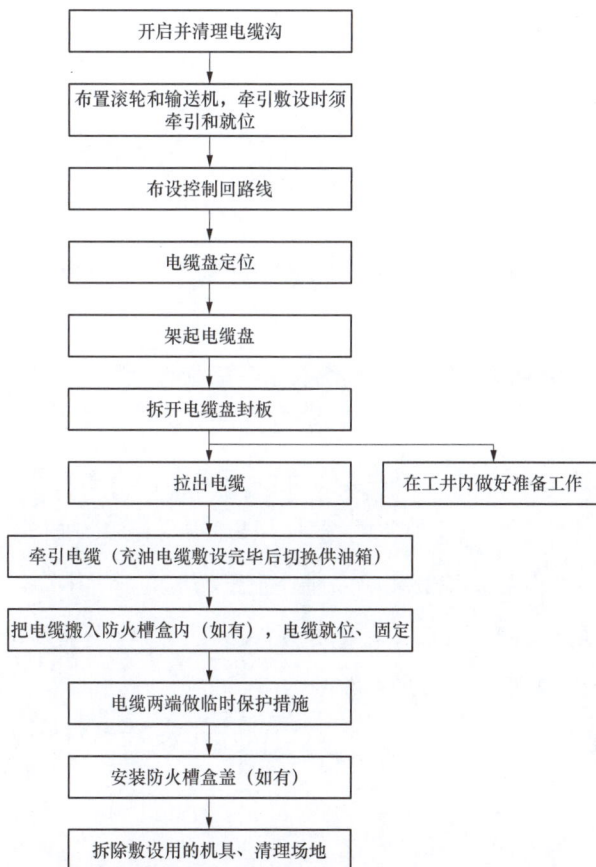

图3-28 电缆沟主要敷设流程示意图

电缆沟电缆敷设过程中如图3-29所示。

(a) 电缆通过直线滑车　　　　（b）电缆进入电缆沟　　　　（c）转角滑车的安装

图3-29　电缆沟电缆敷设过程

3.2.3　10kV电力电缆头制作流程

由于冷缩式电缆附件具备安装方便快捷、电气性能优异、安装过程中无明火操作等特性，相较于热缩式、预制式、绕包式电缆附件，其在配电网中应用最为广泛。下面介绍10kV三芯电力电缆冷缩终端头制作流程和要点。

1. 依据的标准

（1）《额定电压1kV（U_m=1.2kV）到35kV（U_m=40.5kV）挤包绝缘电力电缆及附件》（GB/T 12706—2020）。

（2）《额定电压35kV（U_m=40.5kV）及以下冷缩式电缆附件安装规程》（DL/T 5756—2017）。

（3）《电力安全工作规程（线路部分）》（Q/GDW 1799.2—2013）。

2. 作业现场要求

（1）作业人员应精神状态良好，熟悉工作中保证安全的组织措施和技术措施；严禁酒后作业和作业中玩笑嬉闹。

（2）电缆终端施工所涉及的场地［如高压室、开关站、电缆夹层、户外终端杆（塔）等］，以及电缆接头施工所涉及的场地［如工井、敞开井或沟（隧）道等］的土建工作及装修工作应在电缆附件安装前完成。施工场地应清理干净，没有积水、杂物。

（3）作业现场土建设施设计应满足电缆附件施工、运行及检修要求。

（4）电缆附件安装时应严格控制施工现场的温度、湿度与清洁度。温度宜控制在0～35℃，相对湿度应控制在70%及以下。当浮尘较多时应搭制附件工棚进行隔离，并采取适当措施净化施工环境。

3. 准备工作

（1）危险点及其预控措施。

1）危险点：碰伤划伤。

预控措施：清理工作区域、保持通道畅通、穿戴劳保防护用品、配备急救用品、定期维护保养工器具。

2）危险点：触电伤害。

预控措施：仔细阅读使用说明、按规程操作、私自改装电源或乱接电线、立即切断电源急救、确认电缆断电状态、做好安全距离保护、实施安全检查。

3）危险点：高处落物伤人。

预控措施：佩戴安全帽避免坠落伤害，采取安全传递方法，设置围栏和警示标志并加强监护。

（2）工器具及材料选择。所需要的工器具及材料见表3-11。

▼表3-11　　　　　10kV三芯电力电缆冷缩终端头制作工器具及辅助材料

序号	名称	规格型号	单位	数量	备注
1	绝缘电阻表		只	1	
2	温湿度计		只	1	
3	尖口钳		把	1	
4	平口钳		把	1	
5	钢卷尺		把	1	
6	钢直尺		把	1	
7	平头螺丝刀		把	1	
8	美工刀		把	1	
9	记号笔	白色	支	1	
10	电缆剥切器		把	1	
11	手动锯弓		把	1	
12	电锯		台	1	
13	液压钳	对应大小模具	套	1	
14	PVC带	红、绿、黄、黑	卷	4	
15	绝缘自粘带		卷	3	
16	密封胶		包	2	
17	填充胶		包	4	
18	电缆清洁纸		包	3	
19	塑料手套		双	1	
20	硅脂		支	1	
21	接地线		根	2	
22	恒力弹簧		个	2	

续表

序号	名称	规格型号	单位	数量	备注
23	砂纸	240#、400#、600#	块	6	
24	钢刷		把	1	
25	锯条		根	2	
26	线手套		双	4	
27	安全帽		双	4	
28	工作服		双	4	

（3）作业人员分工。根据作业要求，共需配备作业人员4名，包括1名工作负责人、1名安全监护人员、1名操作人员、1名辅工，作业人员分工见表3-12。

▼表3-12　　10kV三芯电力电缆冷缩终端头制作人员分工

序号	工作岗位	数量（人）	工作职责
1	工作负责人（现场总指挥）	1	负责本次工作任务的人员分工、工作前的现场查勘、现场复勘、办理作业票相关手续、召开工作班前会、落实现场安全措施、负责作业过程中的安全监督、工作中突发情况的处理、工作质量的监督、工作后的总结
2	操作人员	1	负责电力电缆附件制作安装
3	辅工	1	协助主操作人员工作

4. 工作程序

（1）工作流程见表3-13。

▼表3-13　　10kV三芯电力电缆冷缩终端头制作操作流程

序号	作业内容	作业标准	注意事项	责任人
1	准备工作	在做好安全措施后，将工具、材料分类摆放在防潮垫上，并仔细阅读安装说明书	（1）按照表3-11的要求清点工器具、材料的数量及型号，将其分类摆放。（2）对工器具、材料进行检查。（3）阅读说明书时应仔细确认关键步骤和尺寸	工作负责人
2	检查电缆	（1）对三相电缆分别进行放电。（2）检查电缆外观有无损坏、内部有无进水，并用绝缘电阻表检查电缆绝缘。（3）再次对三相电缆分别进行放电	（1）放电应使用放电棒。（2）用2500V及以上绝缘电阻表检查电缆绝缘	工作负责人

续表

序号	作业内容	作业标准	注意事项	责任人
3	校直、剥除护套	（1）在电缆断口处，按说明书要求长度使用干燥、清洁毛巾擦拭外护套。 （2）对电缆进行固定，留出擦拭区域，使用校直工具或人工对电缆进行校对直。 （3）校直后再将电缆断口处用手动锯弓锯齐。 （4）按要求量取电缆外护套剥切尺寸，进行标记，然后进行剥除。 （5）使用钢刷打磨钢带，并清洁干净金属颗粒。 （6）量取钢带预留尺寸后用恒力弹簧固定至尺寸处。 （7）使用手动锯弓环向锯切钢带，并剥离。 （8）量取内护套尺寸，进行标记，并剥除。 （9）在铜屏蔽带端部缠绕PVC带，避免铜带松散。 （10）按说明书要求，清理填充物	（1）锯齐电缆时断面应平整，垂直于电缆。 （2）电缆外护套切口应平整，断口以下100mm内用粗砂纸打毛外护套并清洁。 （3）剥除外护套时应保留部分外护套之后剥除，以固定钢带，防止钢带松散。 （4）锯切钢带切口要平齐，切后应打磨掉毛刺。 （5）清理填充物时应避免划伤铜屏蔽带。 （6）剥除上一层时不伤及下一层	工作负责人
4	安装接地线	（1）使用恒力弹簧在钢带断口处固定接地线，并在外包绕两层PVC带固定。 （2）按说明书要求在钢带接地区域包绕绝缘自粘带。 （3）在外护套缠绕防水带作防水处理。 （4）在电缆三叉根部使用恒力弹簧固定铜屏蔽层接地线，并在外包绕两层PVC带固定。 （5）在电缆三叉处包绕填充胶，绕包后，其外径略小于三指套内径。 （6）在电缆三叉处通体缠绕两层PVC带	（1）钢带接地线固定时需反折一次。 （2）接地线应位于防水带中间，形成防水口。 （3）打磨铜屏蔽后，将铜编织带尾端插入电缆三芯中间，用三角锥固定，然后绕三相铜屏蔽，再用恒力弹簧固定。 （4）两根接地线应保持绝缘不接触。 （5）填充胶、PVC带绕包采用"半搭接"方式绕包	工作负责人
5	安装三指套及直管	（1）将冷缩三指套送到电缆三叉根部，抽出支撑条，先收缩尾管，然后收缩三相指管。 （2）三相电缆分支根部套入直管直管应尽量多与三指套搭接，抽出支撑条，直管自然收缩套在三相电缆铜屏蔽带上	（1）将冷缩三指套套入电缆前应先应抽出部分支撑条，防止套入后卡住无法顺畅抽出支撑条。 （2）冷缩三指套收缩时应尽量不留空腔。	工作负责人

序号	作业内容	作业标准	注意事项	责任人
5	安装三指套及直管		（3）抽出支撑条时应逆时针旋转并向外拉拽。 （4）按照安装说明书尺寸要求切除多余直管或锯除多余线芯。 （5）冷缩管切割时，必须在环切点绕包两层PVC胶带固定，剥切时不得损伤铜屏蔽层	工作负责人
6	剥切铜屏蔽、半导电层、绝缘层	（1）根据安装说明书在规定尺寸处用PVC胶带在标记位置并加以固定，用刀划铜屏蔽带起口，然后用手将铜屏蔽带沿PVC带撕下。 （2）从铜屏蔽断口标记处，根据安装说明书量取需要保留的半导电层尺寸，剥切剩余半导电层。 （3）用刀片在外半导电层断口处倒角过渡。 （4）用直尺量接线端子孔深，按接线端子孔深+5mm的尺寸在绝缘表面做好标记。 （5）使用电缆剥切器去除多余电缆绝缘。 （6）用不同目数砂纸从粗到细对主绝缘和半导电断口处进行打磨，打磨至光滑，并清洁。 （7）将半导电带拉伸，在铜屏蔽带断口处与外半导电层之间绕包两层，搭接铜屏蔽带和外半导电层。 （8）将线芯毛刺、棱角用锉刀打磨后清洁，再按图纸尺寸要求，在冷缩直管上做好定位标记。 （9）按说明书尺寸要求在主绝缘断口处倒角45°	（1）剥铜屏蔽时，不能损伤外半导电层，且铜屏蔽端部要平整光滑，不要有毛刺棱角。 （2）半导电层的割切深度是半导电层厚度的2/3，避免伤及主绝缘。 （3）撕掉半导电层后倒角，避免尖端放电的产生，其断口应整齐。 （4）绝缘表面要干净、光滑、无损伤。 （5）对主绝缘和外半导电层清洁时清洁方向为主绝缘向外半导电层，不能来回擦拭。 （6）剥切主绝缘时，不得损伤线芯。 （7）打磨清洁完线芯后应用PVC带包绕两层防止线芯在后续步骤中划伤电缆终端内部	工作负责人
7	安装冷缩终端	（1）戴塑料手套在绝缘表面均匀地涂抹一层硅脂。 （2）小心冷缩终端，终端根部对准直管上定位标记，随后缓缓拉出支撑条收缩终端	硅脂不涂半导电层，冷缩终端防套反，抽支撑条缓慢，清洁多余硅脂，加强密封	工作负责人

序号	作业内容	作业标准	注意事项	责任人
8	压接接线端子	选择合适截面积的接线端子，套入线芯，使用液压钳压接，用锉刀锉掉毛刺并清洁，保护线芯绝缘	压接前处理线芯，方向一致选模具，围压2次向根部	工作负责人
9	安装密封管	填充间隙、涂冷缩密封管、抽出支撑条、收缩密封管	在密封管端口再次缠绕PVC带加强密封	工作负责人
10	现场清理及收尾工作	（1）及时清理现场工器具、材料及垃圾。 （2）撤除安全措施		工作负责人

（2）操作示例图

10kV三芯电力电缆冷缩终端头制作流程如图3-30所示。

10kV三芯电力电缆冷缩终端头制作材料，如图3-31所示。

环切、纵切电缆外护套，如图3-32所示。

砂纸打毛电缆外护套，如图3-33所示。

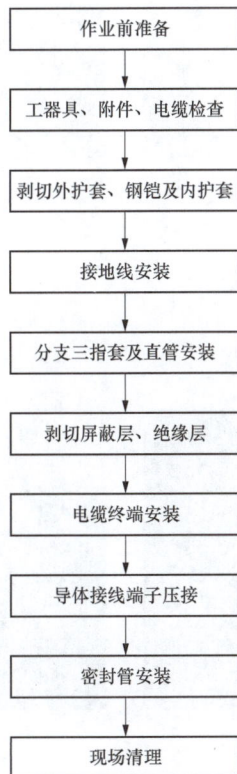

图3-30 10kV三芯电力电缆冷缩终端头制作流程

图 3-31　10kV 三芯电力电缆冷缩终端头制作材料

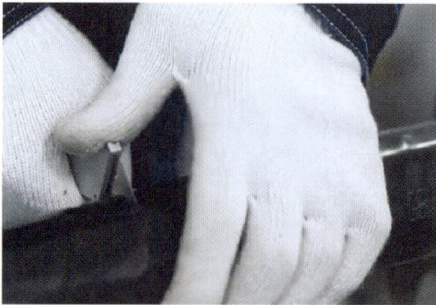

图 3-32　环切、纵切电缆外护套

图 3-33　砂纸打毛电缆外护套

环锯钢铠，如图 3-34 所示。

环切内护套，如图 3-35 所示。

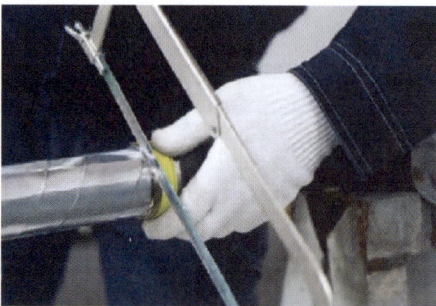

图 3-34　环锯钢铠

图 3-35　环切内护套

安装钢铠接地线，如图3-36所示。

塞入并安装铜屏蔽层接地线，如图3-37所示。

图3-36　安装钢铠接地线

图3-37　塞入并安装铜屏蔽层接地线

绕包填充胶，如图3-38所示。

安装三指套，如图3-39所示。

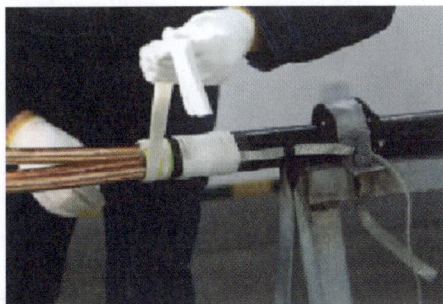

图3-38　绕包填充胶

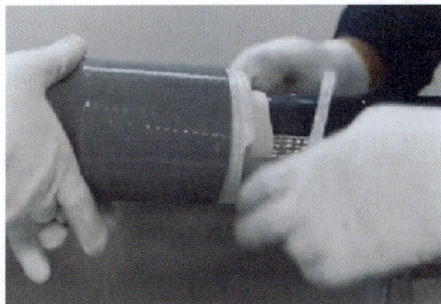

图3-39　安装三指套

使用美工刀进行半导电断口倒角过渡，如图3-40所示。

在接线端子压痕及缝隙处缠绕填充胶，如图3-41所示。

图3-40　使用美工刀进行半导电断口倒角过渡

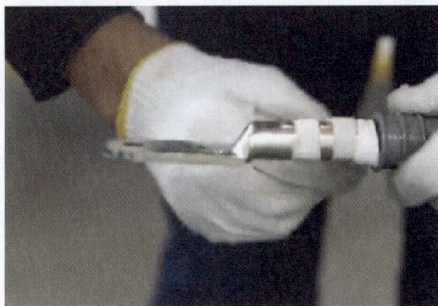

图3-41　在接线端子压痕及缝隙处缠绕填充胶

3.2.4　电力电缆线路运行与维护流程

电力电缆线路及通道的运维工作包括了验收、巡视检查、安全防护、状态评价、通道维护等工作，下面主要介绍巡视检查的要点和注意事项。而常见的电力电缆的敷设方式包括直埋、排管、电缆沟、电缆隧道、桥架、水底等，不同电压等级、不同敷设方式的电力电缆在运行过程中人工巡视的周期和要点均不相同。

1. 引用的规程规范

（1）《电缆线路状态评价导则》（Q/GDW 456—2010）。

（2）《配网设备状态检修试验规程》（Q/GDW 643—2011）。

（3）《电力电缆及通道运维规程》（Q/GDW 1512—2014）。

（4）《电力安全工作规程（线路部分）》（Q/GDW 1799.2—2013）。

2. 天气及作业现场要求

（1）电缆隧道、偏僻山区和夜间巡线应由两人进行。

（2）遇有火灾、地震、台风、冰雪、洪水、泥石流、沙尘暴等灾害发生时，如需对线路进行巡视，应制订必要的安全措施，并得到设备运维管理单位（部门）分管领导批准。巡视应至少两人一组，并与派出部门之间保持通信联络。

（3）雷雨、大风天气或事故巡线，巡视人员应穿绝缘鞋或绝缘靴；汛期、暑天、雪天等恶劣天气和山区巡线应配备必要的防护用具、自救器具和药品；夜间巡线应携带足够的照明工具。

（4）事故巡线应始终认为线路带电。即使明知该线路已停电，亦应认为线路随时有恢复送电的可能。

（5）进行配电设备巡视的人员，应熟悉设备的内部结构和接线情况。巡视检查配电设备时，不准越过遮栏或围墙。进出配电设备室（箱）应随手关门，巡视完毕应上锁。

3. 准备工作

（1）危险点及其预控措施。

1）危险点：触电伤害。

预控措施：①在电力电缆线路巡视工程中与带电设备保持安全距离，严禁直接接触带电设备；②严禁违规使用用电设备，严禁私接乱搭电源，若遇到人员触电的情况，应立即断开电源并进行触电急救。

2）危险点：碰伤划伤。

预控措施：①工作人员在巡视过程中，应注意附近障碍物，不要磕碰周围障碍物和尖锐物品；②巡视过程中应全程使用个人防护工器具，身穿全套工作服、手戴线手套、头戴安全帽。

3）危险点：高处落物伤人。

预控措施：工作人员必须正确佩戴安全帽，不站在高处设备设施坠落半径下方。

（2）工器具及材料选择。所需要的工器具及材料见表3-14。

▼表3-14　　　　　　　　　电力电缆线路巡视与维护工器具及仪器

序号	名称	规格型号	单位	数量	备注
1	温湿度计		只	1	
2	活动扳手		把	2	
3	铁榔头		把	1	
4	绝缘手套		副	1	
5	气体检测仪	氧气、可燃气、硫化氢、一氧化碳四合一复合型	台	1	
6	钳形电流表		台	1	
7	手持式红外热成像仪		台	1	
8	接地电阻测试仪		套	1	
9	头盔灯或手电	防爆型	个	3	
10	对讲机		台	3	
11	正压隔绝式逃生呼吸器		副	3	
12	照相机		台	1	
13	手持式智能巡检终端（RFID等）		台	1	
14	工具包		个	2	
15	线手套		双	3	
16	安全帽		双	3	
17	工作服		双	3	

（3）作业人员分工。本任务共需要作业人员5名，包括1名工作负责人、1名巡视人员、3名监守人，作业人员分工见表3-15。

▼ 表 3-15　　　　　　　　　　　电力电缆线路巡视与维护人员分工

序号	工作岗位	数量（人）	工作职责
1	工作负责人（现场总指挥）	1	负责本次工作任务的人员分工、工作前的现场查勘、现场复勘、办理作业票相关手续、召开工作班前会、落实现场安全措施、作业过程中的安全监督、工作中突发情况的处理、工作质量的监督、工作后的总结
2	巡视人员	1	负责电力电缆线路巡视与维护工作
3	监守人	3	监守电缆通道应急逃生口、消防系统、监控中心等

4. 工作程序

（1）工作流程见表 3-16。

▼ 表 3-16　　　　　　　　　　　电力电缆线路巡视与维护工作流程

序号	作业内容	作业标准	注意事项	责任人
1	工器具准备	准备巡视所需工具、仪器仪表并分类装在电工包中	（1）逐一清点工器具仪器仪表。（2）对工器具、仪器仪表进行检查	工作负责人
2	现场安全措施布置	（1）如有必要，派专人监守应急逃生口。（2）如有必要，派专人监守消防系统。（3）如有必要，派专人监守监控中心。（4）进入有限空间前，进行机械通风15min以上，后使用气体检测仪进行气体检测，检测结果合格才可进入	（1）注意应急逃生通道标识应明确，逃生路径应通畅。（2）注意照明、排水、消防、有毒气体监测等设备应运行正常。（3）进入有限空间，通道内应始终保持机械通风	工作负责人
3	电缆巡视检查	1.电缆本体（1）观察电缆是否存在形变、外护套是否破损。（2）使用手持式红外热成像仪测量电缆表面温度是否过高。2.电缆终端（1）观察电缆终端外表面，是否出现破损、裂纹、放电痕迹、漏油、污秽，注意异味及异常响声。（2）使用手持式红外热成像仪测量电缆终端、设备线夹与导线连接部位是否出现发热现象。	根据电缆及通道特点划分区域，结合状态评价和运行经验确定电缆及通道的巡视周期。同时依据电缆及通道区段和时间段的变化，及时对巡视周期进行必要的调整。	工作负责人

序号	作业内容	作业标准	注意事项	责任人
3	电缆巡视检查	（3）观察电缆终端固定件是否缺失、松动、锈蚀，支撑绝缘子是否出现破损、龟裂。 （4）观察电缆终端及附近是否有不满足安全距离的异物。 3.电缆接头 （1）观察电缆接头是否浸水。 （2）观察电缆接头表面是否被外力破坏、损伤、变形。 （3）观察电缆接头是否有防火阻燃措施。 4.避雷器 （1）观察避雷器是否连接松动、破损、连接引线断股、脱落、螺栓缺失、倾斜、引流线过紧。 （2）观察避雷器动作指示器是否存在图文不清、进水和表面破损、误指示等现象。 （3）观察避雷器底座金属表面是否出现锈蚀或油漆脱落现象。 （4）使用手持式红外热成像仪测量避雷器连接部位是否出现发热。 5.电缆附属设施 （1）观察在线监测硬件装置外观是否完好、数据传输是否正常。 （2）观察电缆支架是否稳固，是否存在缺件、锈蚀、破损、接地不良情况。 （3）电缆线路铭牌、接地箱铭牌、警告牌、相位标识牌是否缺失、清晰、正确。 （4）路径指示牌是否缺失、倾斜。 （5）防火槽盒、防火涂料、防火阻燃带是否存在脱落。 （6）电缆隧道出入口是否按设计要求进行防火封堵措施	（1）35kV及以下电缆通道外部及户外终端巡视：每1个月巡视一次。 （2）发电厂、变电站内电缆通道外部及户外终端巡视：每三个月巡视一次。 （3）电缆通道内部巡视：每三个月巡视一次。 （4）电缆巡视：每三个月巡视一次。 （5）35kV及以下开关柜、分支箱、环网柜内的电缆终端结合停电巡视检查一次。 （6）单电源、重要电源、重要负荷、网间联络等电缆及通道的巡视周期不应超过半个月。 （7）对通道环境恶劣的区域，如易受外力破坏区、偷盗多发区、采动影响区、易塌方区等应在相应时段加强巡视，巡视周期一般为半个月。 （8）电缆及通道巡视应结合状态评价结果，适当调整巡视周期	工作负责人
4	例行试验	1.红外测温 检测部位为电缆终端、电缆导体与外部金属连接处以及具备检测条件的电缆接头。 2.超声波局部放电检测 超声波局部放电检测一般与开关柜、环网柜设备同时进行检测。		

序号	作业内容	作业标准	注意事项	责任人
4	例行试验	3.金属屏蔽接地电流检测 （1）采用钳形电流表对电缆金属屏蔽接地电流和负荷电流进行测量。 （2）单芯电缆线路接地电流绝对值应小于100A；与负荷电流比值小于20%，与历史数据比较无明显变化；单相接地电流最大值与最小值的比值小于3。 4.接地电阻测试 电缆线路接地电阻测试结果不应大于10Ω且不大于初值的1.3倍		
5	通道巡视检查	1.直埋 （1）观察电缆相互之间，电缆与其他管线、构筑物基础等之间的间距是否满足要求。 （2）观察电缆周围是否有石块或其他硬质杂物以及酸、碱强腐蚀物等。 2.电缆沟 （1）观察电缆沟墙体是否有裂缝、附属设施是否故障或缺失。 （2）观察竖井盖板是否缺失、爬梯是否锈蚀、损坏。 （3）使用接地电阻测试仪测试电缆沟接地网接地电阻是否符合要求。 （4）观察电缆沟内防火墙、防火涂料、防火包带是否完好无缺。 3.隧道 （1）观察隧道出入口是否有障碍物，出入口门锁是否锈蚀、损坏。 （2）观察隧道内是否有易燃、易爆或腐蚀性物品，是否有引起温度持续升高的设施，地坪是否倾斜、变形及渗水，墙体是否有裂缝，附属设施是否故障或缺失。 （3）使用接地电阻测试仪测试隧道接地网接地电阻是否符合要求。 （4）观察隧道内防火墙、防火涂料、防火包带是否完好无缺，防火门是否开启正常。 （5）观察隧道内电缆固定夹具构件、支架，是否无缺损、锈蚀，牢固无松动。 （6）观察有无白蚁、老鼠咬伤电缆。 4.工作井 （1）观察接头工作井内是否长期积水。		工作负责人

序号	作业内容	作业标准	注意事项	责任人
5	通道巡视检查	（2）观察工作井是否基础下沉、墙体坍塌或破损现象。 （3）观察盖板是否存在缺失、破损、不平整、压在电缆本体、接头或者配套辅助设施上。 5.排管 （1）观察排管包封是否破损、变形。 （2）预留管孔是否封堵。 6.电缆桥架 （1）观察电缆桥架主材、盖板是否锈蚀、缺损。 （2）观察桥架是否出现倾斜、基础下沉、覆土流失等现象，桥架与过渡工作井之间是否产生裂缝和错位现象		工作负责人

（2）操作示例图。

1）电力电缆线路巡视与维护流程如图3-42所示。

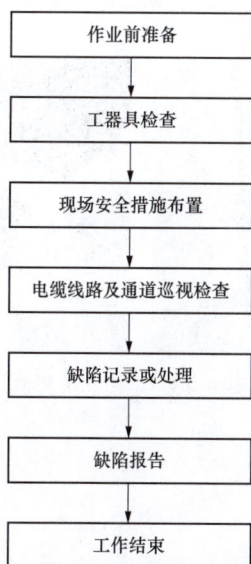

```
作业前准备
    ↓
工器具检查
    ↓
现场安全措施布置
    ↓
电缆线路及通道巡视检查
    ↓
缺陷记录或处理
    ↓
缺陷报告
    ↓
工作结束
```

图3-42 电力电缆线路巡视与维护流程图

2）使用便携式气体检测仪进行气体检测，如图3-43所示。

3）使用便携式红外热成像仪对电缆及附件进行测温，如图3-44所示。

4）电缆外护套损伤，如图3-45所示。

5）电缆防火封堵措施，如图3-46所示。

图3-43 使用便携式气体检测仪进行气体检测

图3-44 使用便携式红外热成像仪测温

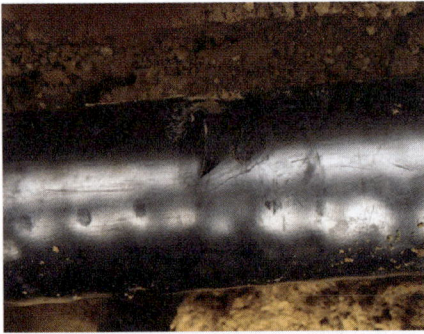

图3-45 电缆外护套损伤

图3-46 电缆防火措施

5. 相关知识

（1）电缆巡检状态评价内容。

1）依据状态评价结果，针对电缆及通道运行状况，实施状态管理工作。

2）对于自身存在缺陷和隐患的电缆及通道，应加强跟踪监视，增加带电检测频次，及时掌握隐患和缺陷的发展状况，采取有效的防范措施。有条件时可对重要电缆线路采用带电检测或在线监测等技术手段开展状态监测。

3）对自然灾害频发和外力破坏严重区域，应采取差异化巡视策略，并制定有针对性的应急措施。

4）恶劣天气和运行环境变化有可能威胁电缆及通道安全运行时，应加强巡视，并采取有效的安全防护措施，做好安全风险防控工作。

（2）电缆缺陷管理内容。缺陷主要发现途径包括巡视、检测、检修、交接验收等。缺陷管理为闭环管理体制，包括从缺陷发现、缺陷审核、缺陷处理、验收闭环的全过程。运维班组发现缺陷后，上报给检修公司专责，经过逐级审核后，安排检修班组进行消缺。

4 常用配电设备的安装流程

> 4.1 低压配电设备基本认知

> 4.2 剩余电流动作保护器的选用、安装及运维

> 4.3 配电变压器的安装流程

> 4.4 环网柜安装流程

> 4.5 电缆分支箱安装流程

> 4.6 柱上开关安装

> 4.7 低压综合配电箱安装

本章介绍低压配电设备的认知、剩余电流动作保护器的选用安装及运维、配电变压器、环网柜、电缆分支箱、柱上开关、低压综合配电箱的安装流程。这些设备是配电系统的重要组成部分，掌握其安装和运维技巧对于保障配电系统的稳定运行至关重要。

4.1　低压配电设备基本认知

4.1.1　低压配电设备认知

低压电器，通常指工作在交流1200V、直流1500V及以下电路中的起控制、保护、调节、转换和通断作用的电器。

1. 低压配电设备分类

低压配电设备是电力系统中的重要组成部分，它们根据用途、控制对象以及动作方式的不同，被细致地分类以满足多样化的电力需求和操作特性。

从用途和控制对象角度来看，低压电器主要分为两大类：配电电器和控制电器。配电电器负责在低压配电系统中接通与分断电路，以及控制动力设备，包括隔离开关、组合开关、空气断路器和熔断器等。而控制电器则用于电力拖动和自动控制系统，包括接触器、启动器和各种控制继电器等。控制电器的设计注重高操作频率和长寿命，同时具备必要的转换能力。

根据动作方式的不同，低压电器还可以被划分为自动切换电器和非自动切换电器。自动切换电器能够根据电器本身参数变化或外部信号自动执行电路的接通或分断操作，例如接触器和继电器。相对地，非自动切换电器需要通过外力，如人力，来直接操作，实现电路的接通、分断、启动、反转和停止等，例如隔离开关、转换开关和按钮。

低压配电设备的分类反映了其在电力系统中的多样化应用和操作特性。配电电器和控制电器的区分强调了电器在系统中的角色和功能，而自动切换与非自动切换电器的分类则突出了操作的自动化程度和人为干预的必要性。这种细致的分类有助于工程师根据具体的应用场景和操作需求选择合适的低压电器。

2. 低压配电设备型号表示方法

我国对各种低压电器产品型号编制方法如图4-1所示。

图4-1　低压电器产品型号编制方法

3. 常见低压电器

（1）低压隔离开关。低压隔离开关主要用于隔离电源，分为无载通断电器和短路保护两大类，常见类型包括HD、HS、HR、HG、HX、HH等系列。

（2）低压组合开关用于380V、220V电气线路，可手动接通、分断电路，控制小容量感应电机正反转和星-三角降压启动。

（3）熔断器串联于电路中，短路或过负荷时，熔体熔断自动切断故障电路，保护电气设备。

4. 低压断路器及交流接触器

低压断路器和交流接触器是电力系统中用于控制和保护电路的两种基本电器，它们各自承担着不同的功能和应用。

低压断路器是一种关键的电路保护设备，它具备正常接通和开断电路的能力。在电路发生异常情况，如过载或短路时，低压断路器能够自动切断电源，从而保护线路和连接的设备不受损害。它们是电力系统中不可或缺的第一道防线，确保了电力供应的安全性和可靠性。

交流接触器则是一种自动电磁式开关，主要用于控制电动机和各种负载的启停。根据电流的种类，交流接触器可以进一步细分为交流和直流两种类型。交流接触器通过电磁线圈的吸合和释放来控制大功率电路的通断，它们在自动化控制系统中扮演着执行器的角色，实现远程控制和自动化操作。

低压断路器和交流接触器虽然在功能上有所区别，但都是电力系统中重要的控制和保护元件。低压断路器侧重于电路的过载和短路保护，而交流接触器则侧重于实现电路的自动控制。这两种电器的正确选择和应用，对于保障电力系统的稳定运行和提高能效具有重要意义。

5. 主令电器

主令电器在电力系统中扮演着至关重要的角色，它们是用于控制电路接通或断开的开关设备，负责发出操作指令或控制动作程序。主令电器作为电力系统中的控制元件，虽然不直接参与大功率的传输，但它们对于实现精确控制和操作至关重要。主要用途是控制电路的通断，它们通常用于启动或停止设备，切换电路，或是发出特定的控制信号。这类电器包括按钮、行程开关、万能转换开关和主令控制器等多种形式。由于主令电器主要处理小电流，因此它们通常不配备灭弧装置，这与处理大电流的电器如断路器不同，后者需要灭弧装置来防止电弧造成的损害。

6. 控制继电器

控制继电器是电力系统中用于监测和控制电路的一系列电气元件，它们通过不同的工作原理来实现对电路的保护和控制功能。

（1）热继电器作为控制继电器的一种，它利用电流的热效应来实现触点的闭合或断开。这种继电器主要用于电动机的过载保护和断相保护，能够在电动机过载时自动断开电路，防止电动机损坏。热继电器由热元件、触点动作机构、复位按钮和定值装置等部分组成，通过精确的温度控制来实现其保护功能。

电磁式电流继电器和电压继电器是低压控制系统中常用的控制元件。它们结构简单、成本低廉，适用于不同的监测需求。电流继电器与负载串联，通过线圈的电流变化来反映负载电流的大小，其线圈匝数较少，导线较粗，以适应较大的电流通过。电压继电器则与负载并联，通过线圈的电压变化来监测电路的电压状态，其线圈匝数较多，导线较细，以感应较小的电压变化。中间继电器则用于增加触点的数量和提供中间放大作用，它没有调节弹簧装置，可以扩展控制电路的触点容量。

7. 时间继电器

当继电器的感受部分接受外界信号后，经过一段时间才使执行部分动作，这类继电器称为时间继电器。按其动作原理可分为电磁式、空气阻尼式、电动式与电子式；按延时方式可分为通电延时型与断电延时型两种。常用的有空气阻尼式、电子式和电动式。

4.1.2　低压成套配电装置认知

1. 低压成套配电装置概念

将一个配电单元的开关、保护、测量和必要的辅助设备等电器元件安装在标准的柜体中，就构成了单台配电柜。将配电柜按照一定的要求和接线方式组合，并在柜顶用母线将各单台柜体的电气部分连接，则构成了成套配电装置。

2. 低压成套配电装置分类

配电装置按电压等级高低分为高压成套配电装置和低压成套配电装置，按电气设备安装地点不同分为屋内配电装置和屋外配电装置，按组装方式不同分为装配式配电装置和成套式配电装置。低压配电装置按结构特征和用途的不同，分为固定式低压配电柜（又称屏）、抽屉式低压开关柜以及动力、照明配电控制箱等。

3. 低压成套配电装置主要技术参数

（1）额定电流（通常同进线开关大小相同）。

（2）额定电压/额定绝缘电压。

（3）进出线方式。

（4）额定短时耐受电流。

（5）柜体内部功能区域的划分（隔离方式）。

（6）外壳防护等级。

（7）安装地点及方式。

（8）外形尺寸（与用户现场面积有关）。

（9）颜色及表面处理。

（10）接地系统。

4. 低压成套配电装置主要组成部分

（1）柜体。开关柜的外壳骨架及内部的安装、支撑件。

（2）母线。一种可与几条电路分别连接的低阻抗导体。

（3）功能单元。完成同一功能的所有电气设备和机械部件（包括进线单元和出线单元）。

5. 常用低压成套配电装置

常用的低压成套配电装置有PGL、GGD型低压配电柜和GCK（GCL）.GCS、MNS抽屉式开关柜等。

（1）MNS低压抽出式开关柜。该开关柜采用瑞士ABB先进技术并加以改进，柜体采用高强度阻燃工程塑料组件，抽出单元与柜体具有联锁装置，提高安全性。适用于交流50Hz、额定绝缘电压和工作电压为400V、660V、额定电流至6300A及以下三相五线制电力供电系统，用于发电、输配电、电能转换及消耗设备的控制，并可进行无功补偿，如图4-2（a）所示。

（2）GCK1低压抽出式开关柜。适用于电力供电系统，用于发电、输配电、电能转换及消耗设备的控制。柜体采用自攻螺钉连接而成，可装配各种电流规格电器类产品。柜体分为三个区，顶部为母线区，前部为电器区，后部为电缆出线区，如图4-2（b）所示。

（a）MNS低压抽出式开关柜　　　　　（b）GCK1低压抽出式开关柜

图4-2　低压抽出式开关柜

4.1.3　低压设备运行与维护

1. 低压设备运行标准

（1）低压开关类控制设备的运行标准。常用低压开关类控制设备有低压隔离开关、低压熔断器组合电器、开关熔断器组、组合开关。运行标准：选用定型产品，禁用淘汰产品；技术参数满足运行要求；分路控制负荷；设备标识、编号齐全；触头接触良好；定期清扫；通道铺设绝缘垫，无杂物。

（2）低压保护设备的运行标准。低压保护设备包括低压保护设备、剩余电流动作保护器、交流接触器、启动器、热继电器、控制继电器。运行标准：选用定型产品，禁用淘汰产品；技术参数满足运行要求；符合动作选择性要求；定期传动试验，校验可靠性；定期清扫；通道铺设绝缘垫，无杂物。

2. 低压设备的维护要求

（1）低压设备维护。持证上岗，经验丰富，遵守规程。

（2）周期要求。低压配电设备巡视每月至少一次，根据天气和负荷情况可增加次数；低压设备维护根据巡视情况确定。

（3）巡视需经验人员担任，单人禁攀电杆，断线立即报告，缺陷记录。

4.2 剩余电流动作保护器的选用、安装及运维

4.2.1 剩余电流动作保护器的选用与安装流程

1. 剩余电流动作保护装置作用及原理

（1）剩余电流动作保护装置的原理。剩余电流动作保护装置是用于防止人身触电、电气火灾及电气设备损坏的保护装置，通过切断电源或报警来响应剩余电流超过规定值，其结构示意如图4-23所示。

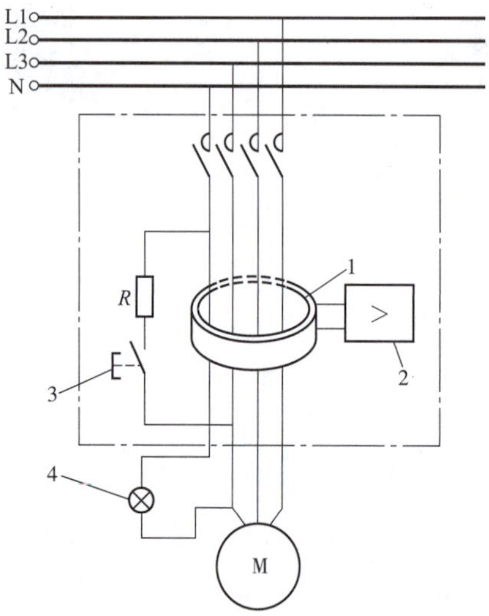

图4-3 剩余电流动作保护器结构示意图

1—检测元件；2—中间环节；3—试验按钮；4—指示灯

零序电流互感器检测漏电信号，中间环节放大处理后输出到执行机构，自动切断故障电源。试验装置模拟漏电路径检查装置正常动作。接地故障时，零序电流互感器电流相量和不为零，漏电保护动作切断故障回路。

（2）漏电开关的技术参数。

1）额定电 U_N：规程推荐优选值为220、380V。

2）额定电流 I_N：允许长期通过的负荷电流。

3）额定漏电动作电流 I_N：是制造厂规定的漏电保护器必须动作的漏电电流值。推荐采用10、15、30、50、100、300、500、1000、3000mA等。

4）额定漏电不动作电流 $I_{\Delta N}$：是指制造厂设定的漏电保护器必须保证不动作的最大漏电电流值。额定漏电不动作电流优选 $0.5I_{\Delta N}$，漏电电流小于或等于 $I_{\Delta N}$ 时必须保证不动作。

5）额定漏电动作时间：是指从突然施加额定漏电动作电流起，到保护电路被切断为止的时间。例如30mA×0.1s的保护器，从电流值达到30mA起，到主触头分离止的时间不超过0.1s。

2. 剩余电流动作保护装置的选用

选用漏电保护器的参数额定值应注意与被保护设备或线路的技术参数和安装使用的具体条件相配合，符合相关规程要求。

（1）剩余电流动作保护器（RCD）的选用应严格遵循相关国家规定和标准。根据国家发展和改革委员会以及国家电网有限公司的要求，所选用的RCD产品必须经过国家认可的低压电器检测站的检验，并被列入合格产品公告名单。

（2）剩余电流动作保护器的安装环境对其性能有显著影响。根据规定，这些保护器应在周围空气温度最高不超过+40℃，最低不低于−5～0℃的条件下使用，且安装地点的海拔应不超过2000m。在高海拔或寒冷地区安装剩余电流动作保护器时，可能会面临特殊的环境挑战，如温度变化大、空气稀薄等，这些都可能影响保护器的正常工作。

（3）剩余电流动作保护器安装场所应无爆炸危险、无腐蚀性气体，注意防潮、防尘、防振动和避免日晒。剩余电流动作保护器的安装位置，应避开强电流线和电磁器件，避免磁场干扰。

（4）在配置剩余电流动作保护器时，应考虑到电力网的正常漏电情况，选择一个适当的剩余动作电流值，以确保既能保护人身和设备安全，又不会发生误动作。总保护器的额定电流应设置为用户最大负荷电流的1.4倍，这样可以适应负荷变化，减少不必要的断电。

（5）对于末级保护器，其漏电动作电流值应设置为小于上一级保护器的动作电流值，并且根据用电设备的不同，应有不同的设定标准。对于家用、固定安装的电器、移动式电器、携带式电器以及临时用电设备，漏电动作电流值不应超过30mA。而对于手持电动工具，应进一步降低至10mA，在特别潮湿的环境中则应设为6mA，以提供更高级别的安全保护。

（6）对于中级保护器，其额定剩余电流动作电流应介于上级和下级保护器的动作电流值之间。具体的取值应根据电力网的结构和分布情况来确定，以确保整个系统的协调性和有效性。通过这样的配置，可以形成一个有效的保护层级，确保在发生漏电时能够迅速且准确地切断电源，保障用电安全。

（7）上下级保护间的动作电流级差应按下列原则确定：

1）分段保护上下级间级差为1.5倍；

2）分级保护为两条支线，上下级间级差为1.8倍；

3）分级保护为三条支线，上下级间级差为2倍；

4）分级保护为四条支线，上下级间级差为2.2倍；

5）分级保护为五条支路以上，上下级间级差为2.5倍，但是对于保护级差尚应在运行中加以总结，从而选用较为理想的级差。

（8）三相保护器的零序互感器信号线应设断线闭锁装置。

（9）选择触电、剩余电流动作保护的三条参考原则。

1）总保护的容量应按出线容量的1.5倍选择。总保护的动作电流选在该级保护范围内的不平衡电流的2~2.5倍范围内为宜。

2）总保护与用户的分级保护应合理配合。总保护的额定动作电流是用户分保护额定动作电流的2倍，动作时间0.2s为宜。

3）每户尽量不选用带重合闸功能的保护器，若选用时，应拨向单延挡，封去多延挡，防止重复触电事故的发生。

3. 剩余电流动作保护装置的安装流程

剩余电流动作保护方式应根据电网接地方式、电网结构情况确定。

（1）在采用IT系统的低压电力网中，为了确保电气安全，应当安装剩余电流动作总保护和末级保护。这些保护装置能够在发生漏电时及时切断电源，从而保护人身安全和设备完好。对于供电范围较广或者拥有重要用户的低压电力网，根据实际需要，可以适当增加剩余电流动作中级保护，以提供更加细致和分层的保护措施。通过这样的配置，可以更有效地监控和管理电力网的运行状态，确保在发生异常时能够迅速响应，降低潜在的安全风险。

（2）剩余电流动作总保护应选用如下任一方式：

1）安装在电源中性点接地线上。

2）安装在电源进线回路上。

3）安装在各出线回路上。

（3）在低压电力系统中，剩余电流动作中级保护装置应根据电力网络的布局和结构需求，恰当地安装在分支配电箱的电源线上。这样的安排有助于在电力系统发生漏电时，为系统提供更为精确的保护措施。同时，剩余电流动作末级保护装置则应安装在接户箱或动力配电箱内，或者直接安装在用户室内的进户线路上。

（4）在TT系统中，对于移动式电器、携带式电器、临时用电设备以及手持电动工具，应安装剩余电流动作末级保护，以确保使用安全。然而，对于被归类为Ⅱ类和Ⅲ

类的电器，由于它们的绝缘特性能够提供额外的安全保障，因此可以不安装末级保护。这样的区分确保了在保障安全的同时，也避免了对那些已经具备足够安全措施的电器施加不必要的保护装置。

（5）采用TN-C系统的低压电力网，通常不建议装设剩余电流动作总保护和中级保护，但为了确保最终用户的安全，可以安装剩余电流动作末级保护。末级保护的受电设备的外露可导电部分仍需用保护线与保护中性线相连接，不得直接接地改变TN-C系统的运行方式。

（6）采用IT系统的低压电力网不宜装设电流型剩余电流动作保护器。

（7）剩余电流动作保护器动作后应自动断开电源，对开断电源会造成事故或重大经济损失的用户，应由用户申请，经县供电部门批准，可采用剩余电流动作报警信号方式及时处理缺陷。

（8）农网低压网剩余电流动作保护方式由县级供电部门选定，运行中不得随意更改。

（9）剩余电流动作保护方式时也需经县级供电部门批准，当涉及改变低压电力网系统运行方式时，必须经省供电部门批准。

剩余电流保护器的安装流程见表4-1。

▼ 表4-1　　　　　　　　　　剩余电流保护器的安装流程及标准

序号	作业内容	作业标准
1	绝缘电阻测试	了解低压电网的绝缘水平和测试绝缘电阻是保障电气系统安全的重要步骤。在使用50V绝缘电阻表进行测试时： （1）应确保电网处于停电状态，并消除可能存在的感应电压。在测试低压电网的绝缘水平之前，需要断开配电变压器二次侧的接地线、所有设备的接地线以及零线的重复接地线，以确保整个电网处于非接地状态。 （2）当测量单相绝缘电阻时，应断开被测相与中性线的连接，然后使用绝缘电阻表分别连接被测相和地线，此时显示的读数即为该相的绝缘电阻值。 （3）对于三相绝缘电阻的测量，如果低压电网中没有三相负荷，可以将三根相线与一根中性线一同连接至绝缘电阻表，所得到的结果将代表整个低压电网的绝缘电阻。 （4）由于剩余电流动作保护器主要用于检测低压负荷设备的漏电情况，因此在测量配电变压器二次侧绕组的绝缘电阻时，应拉开配电变压器二次总开关以及每一相的负荷开关，分别进行绝缘电阻的测量
2	剩余电流动作保护器的安装	（1）剩余电流动作保护器标有"电源侧"和"负荷侧"时，电源侧接电源，负荷侧接负荷，不能反接。剩余电流动作保护器安装时，电源应朝上垂直于地面，安装场所应无腐蚀气体，无爆炸危险物，防潮、防尘、防震和防阳光直晒，周围温度上限不超过40℃，下限不低于-25℃。

序号	作业内容	作业标准
2	剩余电流动作保护器的安装	（2）安装组合式剩余电流动作保护器的空心式零序电流互感器时，主回路导线应并拢绞合在一起穿过互感器。并在两端保持大于15cm距离后分开，防止无故障条件下因磁通不平衡引起误动作。 （3）安装了剩余电流动作保护器装置的低压电网线路的保护接地电阻应符合要求。总保护采用电流型剩余电流动作保护器时变压器的中性点必须直接接地。在保护区范围内，电网零线不得有重复接地。 （4）剩余电流动作保护器安装后应进行如下检验： 1）带负荷拉合三次，不得有误动作。 2）用试验按钮试跳三次应正确动作。 3）分相用试验电阻接地试验各一次，应正确动作
3	安装后的检验	在进行触（漏）电电流检测元件的安装或零序电流互感器（TAO）的设置时，有以下重要的注意事项： （1）遵循"八不许"原则：不得仅穿中性线；不得在重复接地线上穿过；不得漏穿相线或中性线；不得让任何一相多圈穿过TAO，或在多回路的两相电流互感器中公用中性线；在三相四线制中，不得将照明相线接在保护装置之后；不得在各回路间形成公用相电压回路；不得混用接地保护和接零保护；不得在两相电流互感器保护区内有重复接地。 （2）在动力和照明分计时，应使照明和动力共用一套两相电流互感器，或照明专用的电流互感器，或在多回路的两相电流互感器中公用中性线。 （3）同级保护器之间应独立设置中性线回路，禁止设置"公用中性线"。 （4）剩余电流动作保护装置的保护中性线必须接到剩余电流动作保护装置前方，而工作中性线则必须穿过TAO。剩余电流动作保护装置不应穿过零序电流互感器

4.2.2 剩余电流动作保护装置的运维

1. 剩余电流动作保护器的运行管理工作

为能使剩余电流动作保护器正常工作，始终保持良好状态，从而起到应有的保护作用，必须做好下列各项运行管理工作：

（1）建立运行记录和制度，保障安全使用。

（2）每月试验，雷雨季节增加次数。

（3）为检验动作特性，应定期进行动作特性试验，试验项目为测试动作电流值、测试不动作电流值、测试分断时间。

（4）已退出运行的剩余电流动作保护器，再次使用前需要按规定的项目进行动作特性试验，并使用合格的专用测试仪器，严禁不规范试验方法。

（5）当剩余电流动作保护器触发后，如果现场检查未发现明显故障，可以尝试进行一次复位操作。如果保护器再次动作，表明存在潜在的安全隐患，此时必须进行详细的故障诊断和特性测试，以确定问题所在。重要的是，不得擅自拆除保护器或强行恢复供电，而应等待专业人员进行必要的维修和检查，确保电气系统的安全。

（6）定期分析剩余电流动作保护器的运行情况，及时更换有故障的剩余电流动作保护器；剩余电流动作保护器的维修应由专业人员进行，运行中遇有异常现象应找电工处理，以免扩大事故范围。

（7）如果在剩余电流动作保护器的保护范围内发生了电击事故，应立即对保护器的工作状态进行检查，并分析其未能提供有效保护的原因。在事故调查完成之前，应妥善保护现场，严禁擅自拆卸或移动剩余电流动作保护器，以免破坏事故现场的完整性和证据，影响事故原因的准确判断。

（8）除了对使用中的剩余电流动作保护器必须进行定期试验外，对断路器部分亦应按低压电器的有关要求进行定期检查与维护。

2. 农村电网剩余电流动作保护器的维护管理

（1）每年春季，乡电管站对保护系统进行普查，检查项目包括测试保护器动作电流、检查接地装置、测量绝缘电阻、测量中性点剩余电流、检查运行记录。

（2）一旦剩余电流动作保护器触发，首先应对可能的故障进行彻底检查。如果没有发现异常，可以尝试重新启动一次。如果保护器再次动作，表明存在问题，此时应进行详细的故障诊断和特性测试，以确定并解决问题。重要的是，不应擅自移除保护器或强行恢复供电，而应等待专业人员进行必要的维修和检查，确保电气系统的安全。

（3）保护器动作后立即检查，未发现事故可试送一次，再次动作需查明原因，严禁撤除保护器。建立运行记录，统计辖区内保护器的安装率、投运率、有效动作次数及拒动次数。

（4）在发生电击伤亡事故后，应立即检查剩余电流动作保护器的工作状况，并分析其未能有效防止事故的原因。同时，应妥善保护现场，以便进行事故调查。如果发现保护器有异常情况，应立即切断进户电源，并联系专业电工进行检查和修理。必须确保保护器能够正确响应，避免因误动作或失效而导致的安全隐患。

4.3　配电变压器的安装流程

本文主要介绍10kV配电变压器的杆架式安装方式，所涉及的安装内容，通过一个实训模块，能掌握低压配电箱的具体安装流程，并介绍杆架式配电台区的结构特点及工艺要求。

1. 引用的规程规范

（1）《电气装置安装规程　接地装置施工及验收规范》（GB 50169—2016）

（2）《农村低压电力技术规程》（DL/T 499—2001）

（3）《电力变压器运行规程》（DL/T 572—2021）

（4）《接地装置施工质量检验及评定规程》（DL/T 5161.6—2018）

（5）《国家电网有限公司电力安全工作规程（配电部分）》（Q/GDW 10799.8—2023）

2. 天气及作业现场要求

（1）在工作中遇雷、雨、雪、雾、5级以上大风或其他任何情况威胁人身安全时，工作负责人或专职监护人可根据情况，临时停止工作。

（2）作业人员应精神状态良好，具备必要的安全生产知识、电气知识和业务技能。

3. 准备工作

（1）危险点分析及预控。

1）危险点：触电伤害。

预控措施：①验电接地时，保持安全距离，使用绝缘手套；②测绝缘电阻前后，充分放电再接触待测设备。

2）危险点：高处坠落。

预控措施：①检查登高工具，脚扣登杆系安全带；②将安全带和后备绳系在不同构件上，换位时保持安全保护；③梯子防滑限高，夹角约60°，专人扶持。

3）危险点：高处落物。

预控措施：①杆上作业时，下方禁止站人；②工器具用绳索传递，禁止抛掷；③设置围栏，防止落物伤人。

4）危险点：倒断杆伤害。

预控措施：①登杆前检查杆身、杆根、杆基、拉线；②对电杆培土加固或加装临时拉线。

5）危险点：吊装伤害。

预防措施：①起重机置于平坦坚实地面，支腿全开；②专人指挥，统一信号；③除工作负责人外，其他人员远离杆高1.2倍之外；④起吊物下方禁止站人。

（2）工器具及材料选择。

1）工器具准备见表4-2。

▼ 表4-2　　　　　　　安装10kV柱上变压器台所需的工器具清单

序号	名称	型号	单位	数量	备注
1	吊车	8T	台	1	
2	脚扣（登高板）		副	4	
3	安全带		副	4	
4	安全帽		顶	7	
5	接地线	10kV	组		按现场情况而定
6	接地线	0.4kV	组		按现场情况而定
7	绝缘手套		副	2	
8	验电器	10kV	支	2	
9	验电器	0.4kV	支	2	
10	高压工频发生器	10kV	支	1	
11	安全围栏		套		按现场情况而定
12	标示牌（警示牌）		块		按现场情况而定
13	绝缘电阻表	2500V	套	1	
14	传递绳		根	2	
15	吊带	1T	副	1	
16	钢丝绳（套）		根	1	
17	剥线钳		把	2	
18	切线钳		把	1	
19	水平尺		把	1	
20	工具袋		套	6	含扳手两把、平口钳
21	木锤		把	2	
22	铁锤	8磅	把	1	
23	铁锹		把	2	
24	电焊机		台	1	含面罩、手套
25	气割焊		套	1	
26	发电机		台	1	含电源线
27	梯子		把	1	
28	油漆刷		把	2	

2）材料及设备准备见表4-3。

▼表4-3 安装10kV柱上变压器台所需的材料、设备清单

序号	名称	型号	单位	数量	备注
1	混凝土电杆	$\phi 190 \times 1500$	根	2	
2	架空绝缘线	JKLYJ-1-1-240	m	40	
3	架空绝缘线	JKLYJ-10-1-50	m	40	
4	铜绞线	TL-25	m	12	
5	铜绞线	TL-16	m	3	
6	配电变压器	S11-10□□□	台	1	
7	跌落式熔断器	R11/200A	只	3	
8	避雷器	HY5WS-17/50	只	3	
9	避雷器	HY1.5W-0.5/2.6	只	3	
10	低压刀熔开关	GWR1-0.5/600	只	3	
11	跌落式熔断器支架		套	1	
12	铜铝设备线夹	SL-1	只	11	
13	铜铝设备线夹	SL-3	只	19	
14	台架抱箍	$-100mm \times 8284mm$（$\phi \times L$）	副	2	
15	变压器台架横梁	$14mm \times 2596mm$	根	2	
16	单杆顶抱箍	$\phi 190$	副	2	
17	高压稳线横担	$\angle 63° \times 6mm \times 1600mm$	根	2	
18	高低压引线横担	$\angle 63° \times 6mm \times 2000mm$	根	1	
19	高压引线横担	$\angle 63° \times 6mm \times 2000mm$	根	1	
20	跌落式熔断器横担	$\angle 63° \times 6mm \times 2000mm$	根	1	
21	避雷器横担	$\angle 63° \times 6mm \times 2000mm$	根	1	
22	U形螺栓	M16，$\phi 190$	套	2	
23	U形螺栓	M16，$\phi 260$	套	1	
24	U形螺栓	M16，$\phi 280$（290）	套	1	
25	U形螺栓	M16，$\phi 290$（300）	套	1	
26	U形螺栓	M16，$\phi 290$（310）	套	1	

续表

序号	名称	型号	单位	数量	备注
27	低压稳线横担	∠63°×6mm×1600mm	根	1	
28	低压引线横担	∠63°×6mm×1600mm	根	2	
29	低压刀熔开关横担	∠63°×6mm×1600mm	根	2	
30	低压避雷器横担	∠63°×6mm×1600mm	根	1	
31	U形螺栓	M16，ϕ210	套	1	
32	U形螺栓	M16，ϕ230	套	1	
33	U形螺栓	M16，ϕ280（290）	套	2	
34	U形螺栓	M16，ϕ290（300）	套	2	
35	针式绝缘子	PD-1M	只	4	
36	针式绝缘子	PD-1T	只	8	
37	瓷横担	S-210	根	25	
38	单股塑胶铜线	2.5mm	m	70	
39	接地装置		套	1	
40	接地引下线	-5mm×40mm	m	6	
41	槽钢	10mm×800mm	块	2	
42	镀锌螺栓		套	30	
43	镀锌螺栓		套	8	
44	力矩节能线夹		套	11	
45	绝缘自粘带		圈	5	
46	绝缘护罩		个	7	
47	导电膏		桶	1	
48	标示牌		块	1	
49	警示牌		块	1	
50	角钢		kg		按现场情况而定
51	圆钢	8~12mm	kg		按现场情况而定
52	电焊条		kg		按现场情况而定
53	镀锌扁钢	40mm×4mm	kg		按现场情况而定
54	防锈漆		kg		按现场情况而定
55	钢扎带		根		按现场情况而定

3）作业人员分工。根据作业要求，共需配备8名操作人员，包括1名工作负责人、1名安全监护人、4名主要操作人员、2名辅工，作业人员分工见表4-4。

▼表4-4　　　　　　　　　　　安装10kV柱上变压器台人员分工

序号	职责分工	主要工作内容	签字
1	工作负责人	现场组织并指挥本次施工及作业现场安全管控	
2	安全监护人	监护×××杆、×××杆安装台区变压器安装工作，纠正和制止违章行为	
3	作业人员	负责装设接地线，及台区变压器及引线安装	
4	辅助人员	负责台区配电箱辅助工作	

4. 工作程序

10kV柱上配电变压器安装作业内容及标准见表4-5，工序流程如图4-4所示。

▼表4-5　　　　　　　　　　　10kV柱上配电变压器安装作业内容及标准

序号	作业内容	作业标准	注意事项
1	工作许可	（1）许可人可当面或电话下达许可命令，记录时间并签名。 （2）负责人得到全部许可后，方可开始工作，宜有录音记录	许可手续办理，禁止约时停送电；联系人告知负责人
2	宣读工作票	（1）到达作业现场后，全体作业人员戴好安全帽，工作负责人认真核对线路名称及杆号，列队宣读配电第一种工作票，交代停电范围，带电部位，危险点及控制措施，以及其他注意事项。 （2）经危险点告知提问无误后，作业人员逐个在工作票上签字。工作负责人方可下令布置现场安全措施	工前交底。所有人员做到"四清楚"工作班成员不清楚时要主动询问
3	布置现场安全措施		
4	停电	对应配电工作票中的安全措施已全部执行	
5	验电、挂接地	（1）在10kV××号杆进行验电，并装设高压接地线G001～G005；确定装设人和地面监护人。 （2）戴绝缘手套，逐相验电，先下后上，先低后高，专人监护。 （3）同杆塔多层线路，先下后上，先低后高，先近后远。接地线装设时，先接接地端，后接导线端，注意安全。 （4）接地棒在地面下深度不得小于0.6m。且埋设接地棒时，应防止伤及地下管线	登杆作业前，核对线路信息，装设接地线，检查杆根牢固，试验安全带和登杆工具，上下杆要匀速

序号	作业内容	作业标准	注意事项
6	悬挂标示牌和装设遮栏	（1）在××开关操作杆处挂"禁止合闸，线路有人工作"。 （2）在××环网柜9821开关操作孔处挂"禁止合闸，有人工作"。 （3）在××变压器高压跌落式熔断器处挂"禁止合闸，线路有人工作"。 （4）在10kV××杆周围装设围栏，并挂"在此工作"标识牌。 （5）在10kV××号杆装设围栏	工作场所周围装设围栏，并挂"止步，高压危险！""从此进出"标示牌
7	立杆	参照国网四川省电力公司《10kV直线混凝土杆更换（调整）标准化作业指导书》执行	专人指挥，严禁超载，应在杆高度的1.2倍距离以外
8	安装台架	（1）安装台架至少应由两人进行，台架抱箍下缘距地2700mm（台架安装好后，台架横梁上缘距地应有3000mm）。 （2）使用水平尺检验变压器台架平面是否平整、水平。 （3）倾斜不大于台架根开的1/100（参见DL/T 602—1996《架空绝缘配电线路施工及验收规程》）	
9	安装高压稳线抱箍、横担及瓷横担及绑扎导线	（1）抱箍螺栓应垂直安装，螺杆露出长度宜适中，瓷横担应按要求安装。 （2）相瓷横担螺栓从下向上穿，中相从左向右穿；顶槽绑扎法绑扎针式绝缘子，边槽绑扎法绑扎边相；铜线绑扎，绝缘自粘带缠绕	
10	安装低压稳线横担、瓷横担及针式绝缘子	（1）低压稳线横担应安装在距高压稳线横担1200mm处。 （2）横担、螺栓安装要求按相关规定执行。 （3）瓷横担安装要求按相关规定，其螺栓穿入由下向上。 （4）低压导线的绑扎（针式）应采用顶槽绑扎法，绝缘导线应按相关规定执行	
11	安装高低压引线横担、瓷横担	引线横担定位准确，跌落式熔断器设备完好，安装牢固、排列整齐，熔管角度符合规范	
12	安装高低压避雷器横担、避雷器及瓷横担	（1）低压刀熔开关横担安装在2690mm和2300mm处，相间距离不小于300mm，安装牢固，操作机构灵活，熔断器无异常。 （2）引线截面积应符合规定，铜线不小于16mm^2，铝线不小于25mm^2。 （3）避雷器横担、引线横担安装在距配电变压器台架1500mm处，避雷器与刀熔开关同侧安装，瓷横担安装整齐一致	

续表

序号	作业内容	作业标准	注意事项
13	吊装配电变压器	（1）记录变压器铭牌，检查外观确认型号无误，用钢丝绳连接变压器两侧，吊车起吊变压器，检查挂点牢靠。 （2）安装槽钢，将变压器放置在台架上，拧紧连接螺栓，拆除钢丝绳	
14	测量绝缘电阻	测量方法参照国网四川省电力公司《现场试验标准化作业指导书》绝缘电阻测量方法执行（参见 GB 50150—2016《电气装置安装工程 电气设备交接试验标准》）	
15	制作高压侧引线	（1）根据距离裁剪导线。搭头距固定点500mm，剥离绝缘层专用刀具，防切伤导线，剥离长度200mm，设备线夹端按压板长度剥离。绝缘层破口处用绝缘塑胶带紧密缠绕防水，在线芯上抹导电膏。 （2）引线规范，线夹螺母拧掉，选用同金属单股线，直径不小于2.0mm。导线绕向一致，扎紧无间隙，绑扎长度不小于150mm。三相引线在同一平面，与线路垂直。 （3）引线作业应使用适当数量的同材质线夹，绑扎要整齐并垂直于线路导线。保持引线与配电线路间150mm的净空距离，引下线与配电线路间距至少200mm的间距，确保作业安全和系统稳定	
16	制作低压侧引线	裁剪导线，距离适当，中性线与相线同径。固定点500mm，剥离绝缘层，专用刀具，防伤导线。导线端剥离400mm，设备线夹按压板长度剥离。绝缘层破口处用绝缘带缠绕防水，在线芯上抹导电膏。引线规范，线夹数量与导线同金属。绑扎一致，垂直于线路导线。净空距离不小于150mm。引下线与配电线路间距不小于200mm。引线用边槽绑扎法，单股塑胶铜线绑扎。设备线夹接触面打磨，导线紧密缠绕涂抹导电膏与设备线夹连接。低压刀熔开关下桩头侧瓷横担绑扎点与设备线夹连接点导线800mm	
17	制作安装配电变压器高压侧桩头引线及避雷器上引线	（1）净空距离符合规范，导线绝缘层剥离参照指导书。瓷横担引线制作成弧型，绑扎采用导线回头法，留出适当距离。 （2）扎线时留出自绑线头，绕3~5扣后返回，再绕主线100mm左右，翘起主线绕3~5扣后扎紧。避雷器引线垂直，无破口搭接，顺引线至跌落式熔断器下桩头与设备线夹连接。打磨接触面，使用同金属单股线紧密缠绕涂抹导电膏与设备线夹连接。 （3）设备线夹在安装时应涂导电膏，拧紧桩头螺母时必须使用两把扳手卡紧设备线夹上下螺母，使螺母与丝杆不能同时转动，并紧密连接，在设备线夹上端应使用双螺母并紧。配电变压器桩头引线应排列整齐、松紧适度	

续表

序号	作业内容	作业标准	注意事项
18	变压器低压桩头与低压配电装置进线桩头连接	（1）在处理导线时，须先根据需求准确裁切至适当长度，并参照具体操作要求，谨慎剥离导线的绝缘层，确保露出的导体无损且边缘平整，以保障电气连接的安全性和可靠性。 （2）连接线应平直，各连接点都应涂抹导电膏。 （3）拧紧配电变压器低压侧桩头和低压配电装置桩头螺母时，必须使用两把扳手卡紧设备线夹上下螺母，使螺母与丝杆不能同时转动，并紧密连接	
19	接地网制作安装及工作接地、保护接地引线安装	（1）接地网制作安装应符合 GB 50173—2014《电气装置安装工程 66kV 及以下架空电力线路施工及验收规范》、DL/T 621—1997《交流电气装置的接地》、DL/T 887—2004《电力设备接地装置施工及验收规范》、DL/T 475—1992《接地装置工频特性参数的测量导则》的规定。 （2）安装好的接地网必须进行接地电阻的测量，100kVA 以下不大于 10Ω，100kVA 及以上不大于 4Ω（参见 DL/T 5220—2021《10kV 及以下架空配电线路设计规范》、Q/GDW 519—2010）《配电网运行规程》	
20	安装配电变压器附件	安装变压器高低压端子绝缘护罩，接地引上线固定于杆身，接地扁铁标示色，安装标示牌、警示牌，名称标示牌粘贴于立面1/2处，警示牌粘贴在右侧	
21	自检验收	作业基本结束后，工作负责人对施工质量、工艺标准自检验收（参见 GB 50173—2014《电气装置安装工程 66kV 及以下架空电力线路施工及验收规范》、DL/T 602—1996《架空绝缘配电线路施工及验收规程》、DL/T 5220—2018《10kV 及以下架空配电线路设计技术规程》）	
		拆除现场安全措施	
22	拆除接地线	（1）拆除各 10kV ××号杆装设的高压接地线 G001～G005，确定拆除人和地面监护人。 （2）工作负责人检查线路，确认无遗留物品，全体人员撤离后，拆除接地线，设专人监护，按顺序拆，严禁触碰。拆除后，宣布作业结束，设置围栏	
23	拆除标示牌和装设遮栏（围栏）	（1）拆除 ×× 开关操作杆处的"禁止合闸，线路有人工作"标识牌。 （2）拆除 ×× 环网柜9821开关操作孔处的"禁止合闸，有人工作"标识牌。 （3）拆除 ×× 变压器高压跌落式熔断器处的"禁止合闸，线路有人工作"标识牌。 （4）拆除 10kV ××杆周围装设的围栏。 （5）拆除 10kV ××号杆装设的围栏	

续表

序号	作业内容	作业标准	注意事项
24	工作终结	工作负责人报告工作结束，确认无遗漏问题，所有作业人员下杆，报告内容简明扼要，包括姓名、线路名称、工作已完工、设备改动情况等。接地线拆除后，线路带电，禁止任何人登杆作业	
25	班后会		

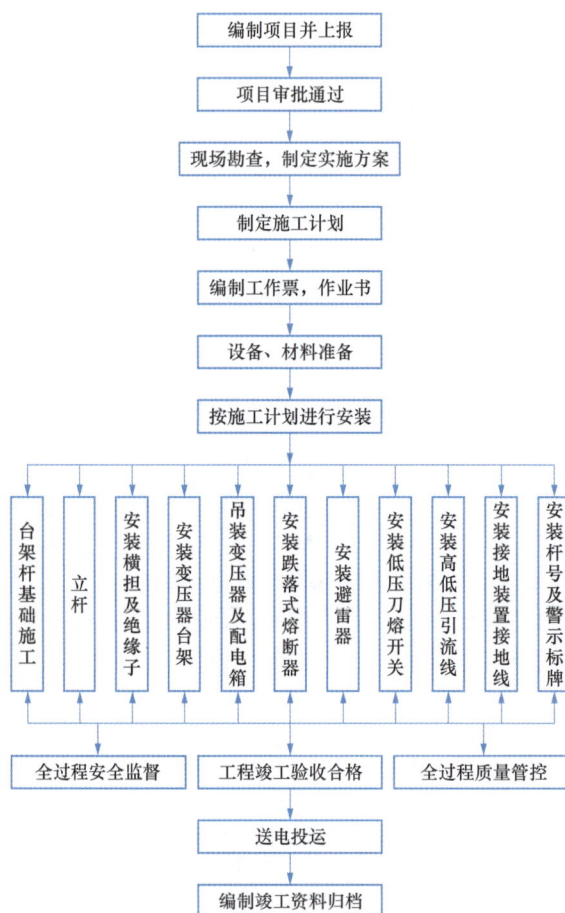

图4-4　安装10kV柱上变压器台作业工序流程示意

4.4　环网柜安装流程

环网柜安装包括施工准备、工器具材料、基础检查、环网柜安装、防雷接地、设备试验、环工作终结等工作，下面介绍环网柜安装的安装标准流程。

4.4.1 环网柜安装危险点及控制措施

1. 电弧伤人

（1）使用电焊机时，应采取防电弧伤人措施，穿戴防护面罩、护目镜、电焊手套和工作服，避免电弧伤人。

（2）穿工作服时，不得将袖口卷起，不得敞开衣领，裤子要足够长，以免小腿等裸露部分被电弧灼伤。

2. 喷灯烫伤

（1）使用喷灯应先检查喷灯本体是否漏气或堵塞；点火时先将喷嘴预热，使用喷灯时，喷嘴不准对着人体及设备。

（2）喷灯使用完毕后，应立即取下气罐，放置在安全地点。

3. 触电伤害

（1）设备试验工作不得少于2人，作业前应设置安全隔离区域，向外悬挂"止步，高压危险！"警示牌。

（2）设专责监护人，严禁非作业人员进入；在设备试验时，试验设备与相邻设备做好物理隔离措施。

（3）试验电源应从试验或检修电源箱取得，严禁使用绝缘破损电源线，用电设备与电源点超过3m时，应使用带剩余电流保护器的移动电源盘，试验设备和被试设备应可靠接地；使用电焊机过程中，严禁触碰电焊机手柄以下部位；设备通电过程中，试验人员不得离开；试验工作结束，应立即断开电源。

（4）装设或拆除试验接线应在接地保护范围内，戴绝缘手套、穿绝缘鞋；在绝缘垫上加压操作，与加压设备保持足够的安全距离。

4. 机械伤害

（1）起吊前，应对吊车或起重机械进行检查，并正确选择吊点。

（2）起重机械应安置牢固，设有制动和逆止装置，起吊过程应实时检查制动装置和调整制动绳。

（3）起重工作应由有经验的人统一指挥，统一信号。

4.4.2 环网柜安装标准流程

1. 流程图

环网柜安装流程如图4-5所示。

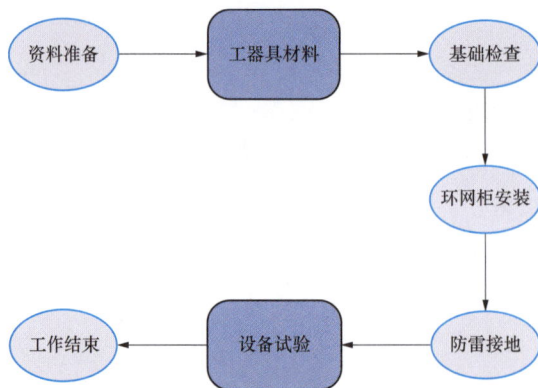

图 4-5　环网柜安装流程图

2. 安装流程

环网柜安装标准流程见表 4-6。

▼表 4-6　　　　　　　　　　　　　　环网柜安装标准流程

序号	安装流程	主要内容	备注
1	资料准备	（1）环网柜应有设计图、施工图和竣工图，图纸应加盖公章，并经相关人员审核批准。 （2）设计变更时，应在原图上修改的变更设计部分的实际施工图，并出具设计变更通知单。 （3）现场勘察应由工作负责人组织，运行单位、施工单位相关人员，特殊车辆操作人员等。 （4）编制的施工方案应经相关人员审核、批准后，方可使用	
2	工器具材料	（1）对进入施工现场的机具、工器具进行清点，并进行检验或现场试验，确保工器具完好并符合相关要求。 （2）对进入施工现场的材料进行清点，确保施工材料完好并符合相关要求	
3	基础检查	（1）环网柜基础施工图纸及技术资料齐全无误，环网柜基础的标高、尺寸、结构及预埋件焊件强度均符合设计要求。 （2）环网柜基础水平误差小于1mm，全长水平误差小于5mm；不直度误差小于1mm，全长不直度误差小于5mm；位置误差及不平行度小于5mm。 （3）环网柜基础应高出地面500mm，电缆井深度应大于1000mm，部分寒冷地区应大于1500mm，保证开挖至冻土层以下。 （4）环网柜基础两侧可埋设防小动物的通风窗，钢网密度应不大于5mm，高于0.5m的基础应加设阶梯。 （5）电缆从设备下方进入电气设备时应有足够的弯曲半径，能够垂直进入	

续表

序号	安装流程	主要内容	备注
4	环网柜安装	（1）环网柜单元型号、规格符合设计图纸要求，产品的技术规范文件齐全。 （2）包装及密封良好，设备标志、附件、备件齐全；外观应无机械损伤、变形和局部脱落。 （3）应采用专项吊具底部吊装，环网单元与基础应固定可靠，采用螺栓连接。 （4）环网柜应满足垂直度小于1.5mm/m；相邻两柜顶部水平误差小于2mm，成列柜顶部小于5mm；相邻两柜边盘面误差小于1mm，成列柜面小于5mm，柜间接缝小于1.5mm。 （5）平行排列的柜体安装应以联络母线桥两侧柜体为准，保证两面柜就位正确，其左右偏差小于2mm，其他柜依次安装。 （6）电缆接线端子压接时，线端子平面方向应与母线套管铜面平行，确保接触良好。 （7）电缆进入环网单时应有足够的弯曲半径，进入环网单元的三芯电缆用电缆固定在高压套管的正下方，至少有2处固定点，避免发生应力。 （8）环网柜各仪器显示正确，位置指示正确；门内侧应标出主回路的一次接线图，注明操作程序和注意事项；环网柜应具备运行标志、警告牌。 （9）柜门开启角度应大于90°，并设定位装置，门应有密封措施。 （10）环网柜电缆进出口应进行防火、防止小动物封堵	
5	防雷接地	（1）环网柜的接地网连接方式应符合设计要求，一般采用扁钢（5mm×50mm）与接地装置相连，接地点明显可见，不少于2处。 （2）环网柜接地电阻值应符合设计及技术原则要求，其接地电阻值小于4Ω。 （3）接地引线应按规定涂以黄绿相间的标识，接地体黄绿漆的间隔宽度一致，顺序一致；明敷接地垂直段离地面1500mm范围内，采用黄绿相间的标识	
6	设备试验	（1）进行交流耐压试验时，设备无异响，电压、电流无异常。交流耐压试验按出厂试验电压的80%进行，交流耐压试验时间为60s。 （2）断路器本体20度时绝缘电阻不小于2000MΩ，隔离开关的绝缘电阻不小于1200MΩ，控制、辅助等二次回路绝缘电阻不小于10MΩ。 （3）断路器、隔离开关、接地开关的机械或电气闭锁应准确可靠；断路器、隔离开关、接地开关应操作三次及以上，其分、合操作应灵活可靠	
7	工作结束	工作结束后，应及时清理现场，做到"工完、料尽、场地清"	

3. 标准图例

环网柜安装图例如图4-6所示。

图4-6 环网柜安装

4.5 电缆分支箱安装流程

电缆分支箱安装包括电缆分支箱基础检查、接地安装、电缆分支箱本体安装及调试等工作，下面介绍电缆分支箱安装标准流程。

4.5.1 电缆分支箱安装危险点及控制措施

1. 电弧伤人

（1）使用电焊机时，应采取防电弧伤人措施，穿戴防护面罩、护目镜、电焊手套和工作服，避免电弧伤人。

（2）穿工作服时，不得将袖口卷起，不得敞开衣领，裤子要足够长，以免小腿等裸露部分被电弧灼伤。

2. 喷灯烫伤

（1）使用喷灯应先检查喷灯本体是否漏气或堵塞；点火时先将喷嘴预热，使用喷灯时，喷嘴不准对着人体及设备。

（2）喷灯使用完毕后，应立即取下气罐，放置在安全地点。

3. 触电伤害

（1）设备试验工作不得少于2人，作业前应设置安全隔离区域，向外悬挂"止步，高压危险！"警示牌。

（2）设专责监护人，严禁非作业人员进入；在设备试验时，试验设备与相邻设备做好物理隔离措施。

（3）试验电源应从试验或检修电源箱取得，严禁使用绝缘破损电源线，用电设备与电源点超过3m时，应使用带剩余电流保护器的移动电源盘，试验设备和被试设备应可靠接地；使用电焊机过程中，严禁触碰电焊机手柄以下部位；设备通电过程中，试验人员不得离开；试验工作结束，应立即断开电源。

（4）装设或拆除试验接线应在接地保护范围内，戴绝缘手套穿绝缘鞋；在绝缘垫上加压操作，与加压设备保持足够的安全距离。

4. 机械伤害

（1）起吊前，应对吊车或起重机械进行检查，并正确选择吊点。

（2）起重机械应安置牢固，设有制动和逆止装置，起吊过程应实时检查制动装置和调整制动绳。

（3）起重工作应由有经验的人统一指挥，统一信号。

4.5.2 电缆分支箱安装标准流程

1. 流程图

分支箱安装标准流程如图4-7所示。

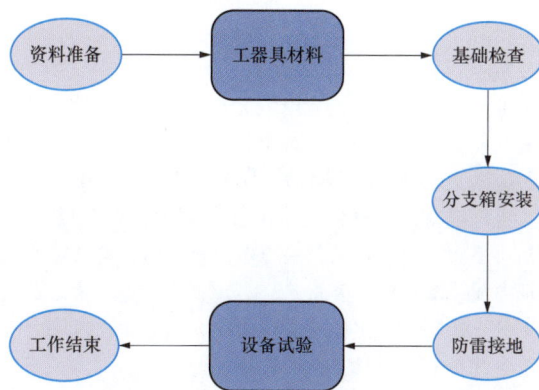

图4-7 分支箱安装流程图

2. 安装流程

电缆分支箱安装标准流程见表4-7。

▼ 表4-7　　　　　　　　　　　　　　电缆分支箱安装标准流程

序号	标准流程	主要内容	备注
1	资料准备	（1）电缆分支箱应有设计图、施工图和竣工图，图纸应加盖公章，并经相关人员审核批准。 （2）设计变更时，应在原图上修改的变更设计部分的实际施工图，并出具设计变更通知单。 （3）现场勘察应由工作负责人组织，运行单位、施工单位相关人员，特殊车辆操作人员等。 （4）编制的施工方案应经相关人员审核、批准后，方可使用	
2	工器具材料	（1）对进入施工现场的机具、工器具进行清点，并进行检验或现场试验，确保工器具完好并符合相关要求。 （2）对进入施工现场的材料进行清点，确保施工材料完好并符合相关要求	
3	基础检查	（1）分支箱基础施工图纸及技术资料齐全无误，土建工程基本施工完毕，标高、尺寸、结构及预埋件焊件强度均符合设计要求。 （2）分支箱基础水平及平整度满足设计要求，并对埋入基础的电缆导管的进出线预留孔及杆管埋件进行检查。 （3）电缆从设备下方进入电气设备时应有足够的弯曲半径，能够垂直进入。 （4）分支箱底座露出地面300mm，分支箱应垂直于地面；电缆井深度应大于1000mm，部分寒冷地区应大于1500mm，保证开挖至冻土层以下	
4	分支箱安装	（1）电缆分支箱规格、型号符合设计图纸要求，产品的技术规范文件齐全，外观应无机械损伤、变形和外观脱落，附件齐全。 （2）电缆分支箱与基础应固定可靠，采用地脚螺栓固定，螺母应齐全并拧紧牢固。 （3）电缆从设备下方进入电缆分支箱时应有足够的弯曲半径，进入电缆分支箱的三芯电缆用电缆卡箍固定在高压套管的正下方，电缆各相线芯应垂直对称，离套管垂直距离应不小于750mm。 （4）电缆终端部件符合设计要求，电缆终端与母线连接可靠，搭接面清洁、平整、无氧化层，涂有电力复合脂，符合规范要求。 （5）电缆接线端子压接时，线端子平面方向应与母线套管铜平面平行。 （6）分支箱电缆进出口应进行防火、防小动物封堵。 （7）电缆分支箱应具备运行标志、警告牌	
5	防雷接地	（1）分支箱的接地网连接方式应符合设计要求，一般采用扁钢（5mm×50mm）与接地装置相连，接地点明显可见，不少于2处。 （2）分支箱接地电阻值应符合设计及技术原则要求，其接地电阻值小于4Ω。 （3）接地引线应按规定涂以黄绿相间的标识，接地体黄绿漆的间隔宽度一致，顺序一致；明敷接地垂直段离地面1500mm范围内，采用黄绿相间的标识	

续表

序号	标准流程	主要内容	备注
6	设备试验	（1）进行交流耐压试验时，设备无异响，电压、电流无异常。交流耐压试验按出厂试验电压的80%进行，交流耐压试验时间为60s。 （2）断路器本体20度时绝缘电阻不小于2000MΩ，隔离开关的绝缘电阻不小于1200MΩ，控制、辅助等二次回路绝缘电阻不小于10MΩ。 （3）断路器、隔离开关、接地开关的机械或电气闭锁应准确可靠；断路器、隔离开关、接地开关应操作三次及以上，其分、合操作应灵活可靠	
7	工作结束	工作结束后，应及时清理现场，做到"工完、料尽、场地清"	

3. 安装图例

10kV电缆分支箱如图4-8所示。

图4-8　10kV电缆分支箱

4.6　柱上开关安装

本节主要介绍真空开关的柱上安装方式，所涉及的安装内容，设置一个实训模块，使学员掌握柱上开关的具体安装方法，同时在相关知识部分主要介绍杆架式配电台区的结构特点及工艺要求。

1. 引用的规程规范

（1）《电气装置安装规程　接地装置施工及验收规范》（GB 50169—2006）。

（2）《农村低压电力技术规程》（DL/T 499—2001）。

（3）《接地装置施工质量检验及评定规程　第6部分：接地装置施工质量检验》（DL/T 5161.6—2018）。

（4）《架空配电线路及设备运行规程》（SD 292—1988）。

（5）《国家电网有限公司电力安全工作规程（配电部分）》（Q/GDW 10799.8—2023）。

2. 天气及作业现场要求

（1）在工作中遇雷、雨、雪、雾、5级以上大风或其他任何情况威胁到作业人员的安全时，工作负责人或专职监护人可根据情况，临时停止工作。

（2）作业人员应精神状态良好，具备必要的安全生产知识、电气知识和业务技能，熟悉《国家电网有限公司电力安全工作规程（配电部分）》（Q/GDW 10799.8—2023）的相关要求。

3. 准备工作

（1）危险点及其预控措施。

1）危险点：触电伤害。

预控措施：①验电接地时，杆上人员须对线路保持0.7m以上安全距离，并正确使用绝缘手套；②使用绝缘电阻表测量绝缘电阻前后，须对测试设备充分放电，方可接触待测设备。

2）危险点：高处坠落。

预控措施：①登杆前对登高工具进行检查和冲击试验，脚扣登杆全过程系安全带；②登到工作部位时，将安全带和后备绳系在不同的牢固构件上，杆上作业换位时不得失去安全保护；③梯子登高采用防滑限高措施，与地面夹角约60°，并有专人扶持。

3）危险点：高处落物。

预控措施：在杆上作业时，下方坠落半径内不得站人，工器具需用绳索传递严禁抛掷，工作人员上杆前，须设置好安全可靠的围栏，防落物伤行人。

4）危险点：倒断杆伤害。

预控措施：登杆前对杆身、杆根、杆基、拉线进行检查，必要时对电杆进行培土加固或加装临时拉线。

5）危险点：吊装伤害。

预控措施：起重机应置于平坦、坚实的地面，支腿全开，专人指挥，统一信号，除工作负责人指定人员外，其他人员远离杆高1.2倍之外，起吊物下方禁止站人。

（2）工器具及材料选择。

1）工器具准备。所需要的工器具见表4-8。

柱上开关安装安装工器具

序号	名称	型号	单位	数量	备注
1	吊车	8T	台	1	吊车不能到达的地方可以采用链条葫芦等吊装工具
2	脚扣（升降板）		副	2	
3	安全带		副	2	
4	安全帽		顶	5	
5	接地线	10kV	组		按现场情况而定
6	接地线	0.4kV	组		按现场情况而定
7	绝缘手套		副	2	
8	验电器	10kV	支	2	
9	验电器	0.4kV	支	2	
10	高压工频发生器	10kV	支	1	
11	安全围栏		套		按现场情况而定
12	标示牌（警示牌）		块		按现场情况而定
13	绝缘电阻表		套	1	
14	传递绳		根	2	
15	吊带	1T	副	1	
16	剥线器		把	2	
17	压接钳		把	1	
18	打孔机		把	1	
19	水平尺		把	1	
20	工具袋		套	6	含扳手两把、平口钳
21	木锤		把	2	
22	铁锤	8磅	把	1	
23	铁锹		把	2	
24	焊机		台	1	含面罩、手套
25	油漆刷		把	1	

2）材料及设备准备。所需的材料及设备见表4-9。

▼表4-9　　　　　　　　　柱上开关安装材料、设备

序号	名称	型号	单位	数量	备注
1	架空绝缘线	JKLYJ-1-1-240	m	100	
2	高压引线横担	∠63×6×2000	根	10	
3	瓷棒	S-210	根	18	
4	高压隔离开关	GN10/600	组	2	
5	避雷器	HY5WS-17/50	组	2	
6	铜铝设备线夹	SL-3	只	18	
7	柱上开关	10kV	台	1	
8	铜线	TJ-25	m		按现场情况而定
9	接地扁铁	-5×50	m		按现场情况而定
10	接地棒		根		按现场情况而定

3）作业人员分工。共需要作业人员6名，包括1名工作负责人、1名安全监护人、2名主要操作人员、2名辅工，作业人员分工见表4-10。

▼表4-10　　　　　　　柱上开关安装作业人员分工

序号	姓名	职责分工	主要工作内容	签字
1		工作负责人	现场组织并指挥本次施工及作业现场安全管控	
2		安全监护人	监护×××杆、×××杆安装台区变压器安装工作，纠正和制止违章行为	
3		作业人员	负责装设接地线，及台区变压器及引线安装	
4		辅助人员	负责台区配电箱辅助工作	

4. 工作程序

根据《国网四川省电力公司杆架式配电变压器安装标准化作业指导书》的规定，作业内容及标准见表4-11，一般操作流程如图4-9所示，柱上开关安装操作流程图解示例见表4-12。

▼表4-11

柱上开关安装作业内容及标准

序号	作业内容	作业标准	注意事项
1	准备工作	在布置好停电等相关安全措施工作后，将工器具、材料的数量及型号，将其分类摆放放防潮垫上	清点工器具并分类摆放
2	安装柱上开关台架（支架）横担	（1）安装台架（支架）至少应由两人进行。 （2）台架（支架）横担下缘距地6000mm。 （3）使用水平尺检验柱上开关台架平面是否平整，水平倾斜不大于横担长度的2%	（1）登杆塔作业前，必须先核对线路名称及编号。对同塔多回线路，应认真核查双重名称和识别标记（色标、判别标示）。 （2）登杆塔前应检查根部、基础和拉线等，必须牢固可靠。 （3）登杆塔前应检查登高工器具和设施，如脚扣、升降板、安全带、脚钉、爬梯、防坠装置，必须完整牢靠。 （4）到达作业点位置，系好安全带（绳），并牢固可靠，不得低挂高用
3	安装抱箍、瓷横担及绑扎导线	（1）抱箍安装在杆顶50mm处，线路稳线横担宜安装在距抱箍300mm处，受电侧横担平整，上下，左右偏差不超20mm。 （2）螺栓连接的构件应垂直，螺头与构件间无空隙。螺栓紧固后，螺杆露出长度不少于2扣。双螺每可扣平。垫圈每端不超过2个。抱箍螺栓应由送电侧向受电侧穿入。 （3）瓷横担安装：直立时顶端顺线路歪斜不大于10mm，水平时顶端宜向上翘起50~150mm，顺线路倾斜不大于20mm。螺栓由下向上或由左向右穿入（面向受电侧），绑扎采用顶槽或边槽法，使用塑胶铜线绑扎，绝缘自粘带缠绕	（1）登杆塔作业前，必须先核对线路名称及编号。对同塔多回线路，应认真核查双重名称和识别标记（色标、判别标示）。 （2）登杆塔前应检查根部、基础和拉线等，必须牢固可靠。 （3）登杆塔前应检查登高工器具和设施，如脚扣、升降板、安全带、脚钉、爬梯、防坠装置，必须完整牢靠。 （4）到达作业点位置，系好安全带（绳），并牢固可靠，不得低挂高用
4	安装高压隔离开关	隔离开关上横担装在柱上开关台架1300mm，相间距离不小于500mm，零件完整，转轴灵活，绝缘完好，动作灵活可靠，安装牢固，排列整齐	登杆塔作业前，核对线路名称及编号，检查工器具和设施完整牢靠可靠，到达作业点系好安全带，不得低挂高用
5	安装避雷器	避雷器安装排列整齐，相间距离不小于350mm。引线短直紧密，绝缘线截面符合规定。与电气部分连接，避雷器不受外加应力	登杆塔作业前，核对线路名称及编号，检查登高工器具和设施完整牢靠可靠，到达作业点系好安全带，不得低挂高用

序号	作业内容	作业标准	注意事项
6	吊装柱上开关	（1）柱上开关应满足且目具备《电气装置安装工程 电气设备交接试验标准》（GB 50150—2006）相关要求。 （2）记录柱上开关铭牌资料（可采用拍照方式进行），对柱上开关进行外观检查，确认型号无误。 （3）用钢丝绳（套）将柱上开关两侧对角处连接牢固，吊钩钩住钢丝绳（套）后，指挥人员命令起吊，待柱上开关吊起离地10cm时应暂停起吊，检查确认各挂点是否牢靠。 （4）在起吊柱上开关过程中，防止碰撞造成开关损伤，开关到位后将其放在台架（支架）上，拧紧柱上开关与台架（支架）的连接螺栓。 （5）开关固定后，拆除吊柱上开关的钢丝绳（套）。	应设专人指挥，统一信号，并保证信号畅通；工具设备强度满足要求，满足荷重要求；检查吊环、钢丝绳无缺陷，强度满足要求；起吊时注意平衡，不可倾斜，监护人不得兼做其他工作；起重臂或吊臂件上严禁有人或浮置物；起吊速度均匀，平稳，不得突然起落；吊件不得长时间悬空停留，停留时操作人员不得离开现场；起吊工作应设专人指挥和监护，起重臂及吊件的任何部位与带电体最小距离不得小于2m
7	制作高压引线	（1）根据安装需要，截取合适长度的导线。 （2）线路导线搭头点距导线固定点的距离，宜为500mm。 （3）剥离导线绝缘层须采用专用切削刀具，不允许切伤导线，剥离长度宜在200mm，设备线夹绝缘层应根据压板长度剥离。 （4）剥离导线绝缘层后应立即在绝缘层做口处用绝缘塑胶带紧密缠绕，以防止雨水进入，并应在线芯上抹导电膏。	（1）登杆塔作业前，必须先核对线路名称及编号。对同塔多回线路，应认真核查双重名称和识别标记（色标、判别标示等）。 （2）登杆塔前应检查根部，基础和拉线等。 （3）登杆塔前应检查登高工器具和设施，如脚扣、爬梯、升降板、安全带、防坠装置、必须完整牢靠。 （4）到达作业点位置，系好安全带（绳），并牢固可靠。
8	引线的搭接	（1）同金属导线若利用绑扎线绑扎时应选用与导线同金属的单股线，其直径不应小于2.0mm；线路导线与搭接导线的导线应向要一致，每圈扎线收紧，扎线与扎线间不应有间隙，并绑扎好末端线头，绑扎长度不小于150mm。 （2）三相引线应在同一平面，并应与线路导线垂直。 （3）每相引下线与相邻导线或导线之间安装好后的净空距离不应小于300mm（绝缘导线200mm）。	（1）登杆塔作业前，必须先核对线路名称及编号。对同塔多回线路，应认真核查双重名称和识别标记（色标、判别标示等）。 （2）登杆塔前应检查根部，基础和拉线等。 （3）登杆塔前应检查登高工器具和设施，如脚扣、爬梯、升降板、安全带、防坠装置，必须完整牢靠。

续表

续表

序号	作业内容	作业标准	注意事项
8	引线的搭接	（4）1～10kV引下线与1kV以下的配电线路导线间距不小于200mm。 （5）引线宜采用边槽绑扎法，使用直径不小于2.5mm的单股塑胶铜线绑扎。 （6）制作设备线夹前应对其接触面进行打磨，截面积在50mm²及以下的导线，应使用同金属的单股线夹在线芯上紧密缠绕后涂抹导电膏并与设备线夹紧连接。 （7）连接隔离开关桩头。	（4）到达作业点位置，系好安全带（绳），并牢固可靠，不得低挂高用
9	制作安装柱上开关桩头引线及避雷器上引线	（1）桩头引线对电杆或构架净空距离不应小于200mm；每相引线与邻相引线或导线之间的净空距离不应小于300mm（绝缘导线200mm）。 （2）瓷横担绑扎点与隔离开关下桩头之间引线应制作成弧形，并保证三相一致。 （3）避雷器上引线应与避雷器上桩头连接，应顺引线引至绝缘层破口塔处，在引线上任何一处绝缘层破口塔处。 （4）制作设备线夹前应对其接触面进行打磨，截面积在50mm²及以下的导线，应使用同金属的单股线夹在线芯上紧密缠绕后涂抹导电膏并与设备线夹紧连接。 （5）设备线夹在安装设备时应对应涂导电膏并，拧紧桩头螺母时必须使用两把扳手卡紧螺母，使螺母与丝杆不能同时转动，并紧密连接，在设备线夹上端应使用双螺母并紧。柱上开关桩头引线应流畅，排列整齐，松紧适度	（1）登杆塔作业前，必须先核对线路名称及编号。对同塔多回线路，应认真核查双重名称和识别标记（色标、判别标示等）。 （2）登杆塔前应检查根部，基础和拉线等，必须牢固可靠。 （3）登杆塔前应检查登高工器具和设施，如脚扣、升降板、安全带、脚钉、爬梯、防坠装置，必须完整牢靠。 （4）到达作业点位置，系好安全带（绳），并牢固可靠，不得低挂高用

续表

序号	作业内容	作业标准	注意事项
10	接地网削工作接地、保护接地及接地引线安装	（1）安装好的接地网必须进行接地电阻的测量，柱上开关、隔离开关和熔断器防雷装置的接地电阻，不应大于10Ω。扁钢搭接长度为其宽度的2倍（且至少3个接边焊接）。 （2）下引线应采用25mm²铜绞线，三相绑扎牢固后顺电杆引至接地引上扁铁上，用镀锌螺栓螺栓紧连接，严禁利用横担直接接地，引线应顺而直	（1）登杆塔作业前，必须先核对线路名称及编号。对同塔多回线路，应认真核查双重名称和识别标记（色标、判别标示等）。 （2）登杆塔前应检查根部、基础和拉线等，必须牢固可靠。 （3）登杆塔前应检查登高工器具和设施，如脚扣、升降板、升降板、脚钉、爬梯、防坠装置，必须完整牢靠。到达作业点位置，系好安全带（绳），并牢固可靠，不得低挂高用
11	自检验收	（1）检查所有螺栓应紧固。 （2）柱上开关各部位部件齐全，外壳接地良好可靠。 （3）柱上开关分合闸位置是否正确。 （4）柱上开关上无遗留物	（1）作业完毕后，仔细检查检修设备，必须达到检修质量标准要求。 （2）完工后，应检查线路检修地段的状况，确认在电杆上、导线上、绝缘子串上及其他辅助设备上没有遗留的个人保安线、工具、材料等
12	拆除现场安全措施		

▼表4-12　柱上开关安装操作流程图解

序号	流程	操作要点	图解
1	开关检查	采用开关设备型号、规格符合设计及国家相关规定。制造厂提供的产品说明书、试验记录、合格证件及安装图纸等技术文件应齐备	

续表

序号	流程	操作要点	图解
2	隔离开关的安装	隔离开关安装工艺要求： （1）瓷件良好，排列整齐，高低一致，隔离开关水平相间距离不小于500mm。 （2）操动机构动作灵活，隔离开关合闸时接触紧密，分闸后应有不小于200mm的空气间隙。 （3）与引线连接紧密，可靠。 （4）水平安装的隔离开关，分闸时，宜使静触头不带电。 （5）三相连动隔离开关的三相隔离刀片应分合同步	 隔离开关安装
3	柱上开关的安装	（1）安装牢固可靠，水平倾斜不应大于托架长度的1/100。采用吊装方式，水平倾斜要求相同。 （2）引线连接紧密，开关桩头与导线连接宜采用有铜铝过渡的专用线夹进行连接。	 开关安装　水平测试 支架支撑固定　接头连接

续表

序号	流程	操作要点	图解
3	柱上开关的安装	（3）柱上开关外壳应可靠接地，接地电阻值应符合设计要求。 （4）柱上开关安装完毕后，应检查开关分合动作是否正确，可靠，指示是否对应准确	连接外壳接地　接地连接　检查开关
4	柱上开关地安装	（1）地网敷设方式为单线方式。 （2）接地装置敷设在排地时，接体应埋设在排作深度以下，且不宜小于0.6m。 （3）地沟底面应平整，不应有石块、杂草或其他影响接地体与土壤密接触的杂物。 （4）倾斜地形应沿等高线敷设。 （5）垂直接地体，应垂直打入，并与土壤保持良好接触。接地角钢厚度不得小于接地极长度的两倍。极间距离不应小于5.0mm，接地体的扁钢厚度5mm，宽度50mm。水平接地体的间距应符合设计规定，无设计规定时不宜小于5m	外壳接地连接（柱上开关）　接地电阻测试　接地焊接 接地体防腐处理　接地沟深度测量　接地体敷设

续表

序号	流程	操作要点	图解
5	接地装置安装与焊接	（1）接地连接可靠。连接前，清除连接部位，接地装置必须牢固。各部分作焊接前的地下部分焊接必须牢固。接地沟内在回填应设有防沉层。 （2）接地装置引下线使用扁钢，扁钢头部打孔与设备接地引下线相连，不得采用气焊、电焊开孔，采用螺栓连接，应加装防松垫片	 接地扁钢焊接　接地扁钢防腐处理 接地引下装置的固定

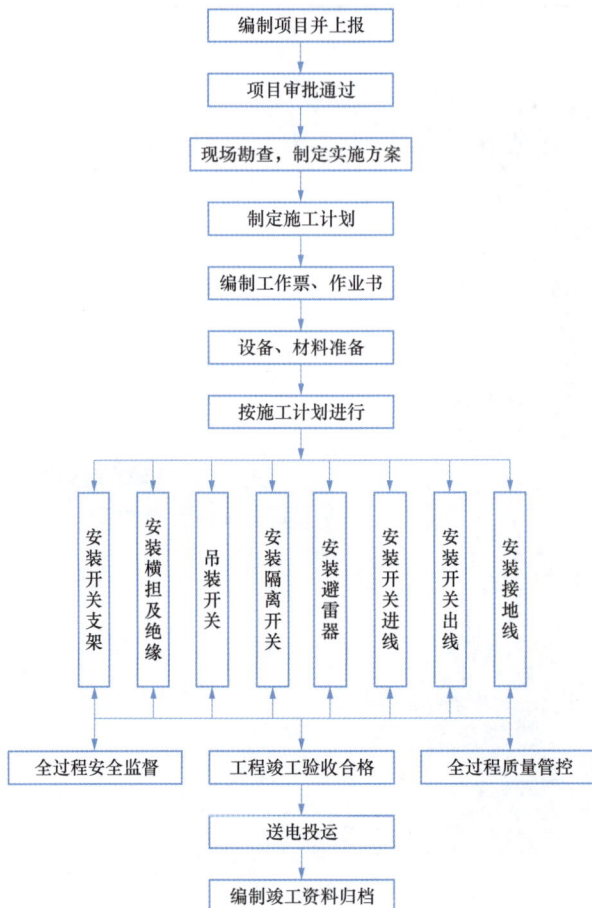

图4-9　柱上开关操作流程

4.7　低压综合配电箱安装

本节的低压配电箱安装分为台区配电箱和低压户表配电箱两大类，下面介绍低压配电箱的具体安装方法，及低压配电箱的结构特点和工艺要求。

1. 引用的规程规范

（1）《20kV及以下变电所设计规范》（GB 50053—2013）。

（2）《电气装置安装工程1kV及以下配电工程施工及验收规范》（GB 50258）。

（3）《农村低压电力技术规程》（DL/T 499—2001）。

（4）《接地装置施工质量检验及评定规程　第6部分：接地装置施工质量检验》（DL/T 5161.6—2018）。

（5）《国家电网有限公司电力安全工作规程（配电部分）》（Q/GDW 10799.8—2023）。

2. 天气及作业现场要求

（1）在工作中遇雷、雨、雪、雾、5级以上大风或其他任何情况威胁到作业人员的安全时，工作负责人或专职监护人可根据情况，临时停止工作。

（2）作业人员应精神状态良好，具备必要的安全生产知识、电气知识和业务技能，熟悉《国家电网有限公司电力安全工作规程（配电部分）》的相关要求。

3. 准备工作

（1）危险点及其预控措施。

1）危险点：触电伤害。

预控措施：①验电接地时，杆上人员须对线路保持0.7m以上安全距离，并正确使用绝缘手套；②使用绝缘电阻表测量绝缘电阻前后，须对测试设备充分放电，方可接触待测设备。

2）危险点：高处坠落。

预控措施：①登杆前对登高工具进行检查和冲击试验，脚扣登杆全过程系安全带；②登到工作部位时，将安全带和后备绳系在不同的牢固构件上，杆上作业换位时不得失去安全保护；③梯子登高采用防滑限高措施，与地面夹角约60°，并有专人扶持。

3）危险点：高处落物。

预控措施：在杆上作业时，下方坠落半径内不得站人，工器具需用绳索传递严禁抛掷，工作人员上杆前，须设置好安全可靠的围栏，防落物伤行人。

4）危险点：倒断杆伤害。

预控措施：登杆前对杆身、杆根、杆基、拉线进行检查，必要时对电杆进行培土加固或加装临时拉线。

5）危险点：吊装伤害

预控措施：起重机应置于平坦、坚实的地面，支腿全开，专人指挥，统一信号，除工作负责人指定人员外，其他人员远离杆高1.2倍之外，起吊物下方禁止站人。

（2）工器具及材料选择。

1）工器具准备。所需的工器具见表4-13。

▼表4-13　　　　　低压综合配电箱安装工器具

序号	名称	型号	单位	数量	备注
1	手动葫芦	1T	台	1	
2	脚扣（登高板）		副	4	

序号	名称	型号	单位	数量	备注
3	安全带		副	4	
4	安全帽		顶	7	
5	接地线	10kV	组		按现场情况而定
6	接地线	0.4kV	组		按现场情况而定
7	绝缘手套		副	2	
8	验电器	10kV	支	2	
9	验电器	0.4kV	支	2	
10	高压工频发生器	10kV	支	1	
11	安全围栏		套		按现场情况而定
12	标示牌（警示牌）		块		按现场情况而定
13	绝缘电阻表	2500V	套	1	
14	传递绳		根	2	
15	吊带	1T	副	1	
16	钢丝绳（套）		根	1	
17	剥线钳		把	2	
18	切线钳		把	1	
19	水平尺		把	1	
20	工具袋		套	6	含扳手两把、平口钳
21	木锤		把	2	
22	铁锤	8磅	把	1	
23	铁锹		把	2	
24	梯子		把	1	
25	油漆刷		把	2	
26	电焊机		台	1	
27	液压钳		台	1	

2）材料及设备准备。所需要的材料及设备如表4-14所示。

▼表4-14　　　　　　　　　低压综合配电箱安装材料、设备

序号	名称	型号	单位	数量	备注
1	低压电缆	VV22-4×240	m	40	
2	铜绞线	TL-25	m	12	
3	铜绞线	TL-16	m	3	

续表

序号	名称	型号	单位	数量	备注
4	低压配电装置	XCJL-6/65	套	1	
5	铜铝设备线夹	SL-3	只	8	
6	低压引线横担	∠63×6×2000	根	1	
7	U形螺栓	M16φ280（290）	套	1	
8	U形螺栓	M16φ290（300）	套	1	
9	U形螺栓	M16φ300（310）	套	1	
10	低压稳线横担	∠63×6×1600	根	1	
11	低压引线横担	∠63×6×1600	根	2	
12	针式绝缘子	PD-1M	只	4	
13	针式绝缘子	PD-1T	只	8	
14	单股塑胶铜线	2.5mm	m	70	
15	接地装置		套	1	
16	接地引下线	-5×40	m	6	
17	镀锌螺栓	M16×35	套	30	
18	镀锌螺栓	M20×300	套	8	
19	力矩节能线夹		套	11	
20	绝缘自粘带		圈	5	
21	绝缘护罩		个	7	
22	导电膏		桶	1	
23	标示牌	400×300	块	1	
24	警示牌	500×400	块	1	
25	角钢	∠50×50×5	kg		按现场情况而定
26	圆钢	8~12mm	kg		按现场情况而定
27	电焊条		kg		按现场情况而定
28	镀锌扁钢	40mm×4mm	kg		按现场情况而定
29	防锈漆		kg		按现场情况而定
30	钢扎带		根		按现场情况而定

4. 作业人员分工

根据作业要求，共需配备8名作业人员，包括1名工作负责人、1名安全监护人、4名主要操作人员、2名辅工，作业人员分工见表4-15。

▼表4-15   低压综合配电箱安装作业人员分工

序号	姓名	职责分工	主要工作内容	签字
1		工作负责人	现场组织并指挥本次施工及作业现场安全管控	
2		安全监护人	监护×××杆、×××杆安装台区配电箱安装工作，纠正和制止违章行为	
3		作业人员	负责装设接地线，及台区配电箱及引线安装	
4		辅助人员	负责台区配电箱辅助工作	

5. 工作程序

根据《国网四川省电力公司杆架式配电变压器安装标准化作业指导书》的规定编写，作业内容及标准见表4-16，一般操作流程如图4-10所示，配电箱安装操作流程图解示例见表4-17。

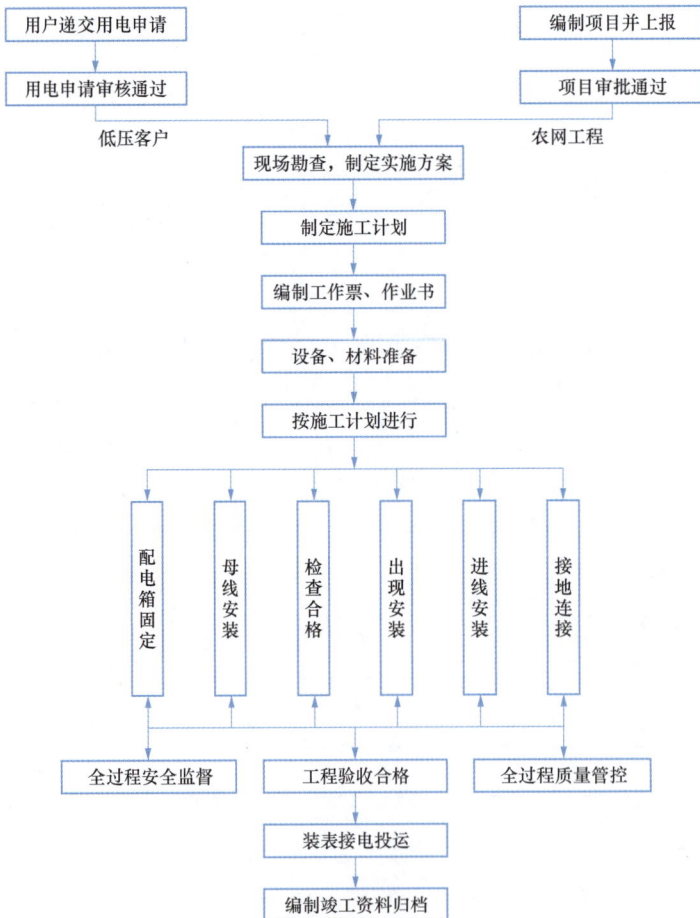

图4-10　低压配电装置安装流程图

▼ 表4-16

低压综合配电箱安装作业内容及标准

序号	作业内容	作业标准	注意事项
1	准备工作	在布置好停电等相关安全措施工作后，将工器具、材料的数量及型号、材料的数量及型号，按要求分类摆放防潮垫上	检查
2	安装低压稳线瓷抱箍、横担、绝缘子及绑扎导线	（1）横担安装应平整，偏差不应超过下列规定（参见GB 50173—2014《电气装置安装工程 66kV及以下架空电力线路施工及验收规范》）：其端部上下歪斜不应超过20mm，左右扭斜不应超过20mm。 （2）螺栓连接的构件应符合下列规定（参见GB 50173—2014《电气装置安装工程 66kV及以下架空电力线路施工及验收规范》）：螺杆应与构件面垂直，螺头平面与构件面不应有空隙。螺杆丝扣露出的长度：单螺母不应小于2扣，双螺母可扣平。必须加垫圈者，每端垫圈不应超过2个。抱箍螺栓应由送电侧向受电侧方向穿入。针式绝缘子采用顶槽绑扎法，棒式绝缘子的绑扎、直线杆中相采用顶槽绑扎法，边相（瓷横担）采用边相绑扎法；使用直径不小于2.5mm的单股塑胶绝缘铜线缠绕绑扎（参见DL/T 602—1996《架空绝缘配电线路施工及验收规程》），缠绕长度应超出绑扎部位或绝缘子接触部位两侧各30mm（参见DL/T 602—1996《架空绝缘配电线路施工及验收规程》）	仔细确认 关键步骤
3	吊装低压配电装置	（1）起重工作由专人指挥，明确分工；起重指挥信号应简明、统一、畅通。吊车应置放平稳牢固，禁止使用制动装置失灵或不灵敏的起重机械。低压配电装置起吊应绑扎牢固，棱角或特别光滑的部位应在棱角和滑面与绳索（吊带）接触处应加加以包垫。起重吊钩应挂在物件的重心线上。 （2）低压配电装置吊起离地100mm时应暂停起吊，检查确认各挂点是否牢靠。其紧靠低压侧电杆安装，待固定好后方可松钩	
4	制作安装低压配电装置出线侧电桩头引线	（1）桩头引线对电杆或构架净空距离不应小于100mm（绝缘导线50mm）；每相引线与邻相引线或导线之间安装好后的净空距离不应小于150mm（绝缘导线100mm）。 （2）制作和安装低压配电装置出线侧引线时剥离导线侧绝缘层的操作，应严格依据《低压用户配电装置规程》的8.15.3和8.15.4进行，以确保所有安装工作安全。 （3）低压配电装置出线侧电桩头引线在瓷横担头引线侧桩头上连接（低压刀熔开关上桩头距第一个弯曲点间的弯折拱应横平竖直（低压刀熔开关与桩头距离为700mm）。低压配电装置引线直接与设备线夹连接在低压刀熔开关下桩头。第一个弯曲点为300mm，第二个弯曲点第二个弯曲点采用边相绑扎法，应流畅、排列整齐、松紧适度。低压避雷器上引线与设备桩头上引线绑扎时下桩头。 （4）导线、设备线夹、低压配电装置出线侧桩头连接前都应涂抹导电膏，导线与设备线夹连接、拧紧低压配电装置桩头螺母时必须使用两把扳手卡紧设备线夹上下螺母，使螺母与丝杆不能同时转动，并紧密连接，在设备线夹上端应使用双螺母并紧	

215

续表

序号	作业内容	作业标准	注意事项
5	配电变压器低压桩头与低压配电装置进线连接头连接	（1）截取相应长度的导线，剥离导线绝缘层（参见《低压用户配电装置规程》）。 （2）连接线应平直，各连接点都应涂抹导电膏。 （3）拧紧配电变压器低压侧和低压配电装置桩头螺母时必须使用两把扳手卡紧设备夹上下螺母，使螺母与丝杆不能同时转动，并紧密连接	
6	接地网制作安装及工作接地、保护接地、接地引线安装	（1）接地网制作安装应符合 GB 50173—2014《电气装置安装工程 66kV 及以下架空线路施工及验收规范》、DL/T 1682—2016《交流变电站接地安全导则》、DL/T 887—2004《杆塔工频接地电阻测量》、DL/T 475—2017《接地装置特性参数测量导则》的规定要求。 （2）安装好的接地网必须进行接地电阻的测量，100kVA 以下不大于 10Ω，100kVA 及以上不大于 4Ω（参见 DL/T 5220—2021《10kV 及以下架空配电线路设计规范》、Q/GDW 1519—2014《配电网运维规程》）	
7	自检验收	作业基本结束后，工作负责人对施工质量、工艺标准自检验收（参见 GB 50173—2014《电气装置安装工程 66kV 及以下架空线路施工及验收规程》、DL/T 612—1996《架空绝缘配电线路施工及验收规程》、DL/T 5220—2021《10kV 及以下架空配电线路设计规范》）	
8	拆除现场安全措施	进行低压综合配电箱的安装与拆除时，必须执行严格的安全措施，包括风险评估，穿戴个人防护装备，现场警示与隔离，工具设备检查以及断电隔离。作业应按照作业指导书进行，确保先断开连接，再拆卸元件，并保持元件清洁。新设备的安装需遵循 GB 50254—2014《电气装置安装工程 66kV 及以下架空线路施工及验收规范》，完成后恢复现场安全状态，确保整个作业过程安全有序	

▼表4—17　　配电箱安装操作流程图解示例

序号	流程	操作要点	图解
1	低压综合配电箱外形设计及电气配置	（1）低压配电箱外形尺寸按照1350mm×700mm×1200mm设计，满足400kVA及以下容量配电变压器的1回进线、3回馈线、计量、无功补偿、配电智能终端等功能模块安装要求。对于选用10m等高杆的农林山区，则选用800mm×650mm×1200mm，空间满足200kVA及以下容量配电变压器的1回进线、2回馈线及其他要求。箱体外壳优先选用不锈钢材料。配电箱配置原则是以大代小，200～400kVA变压器按400kVA容量配置，无功补偿不配置或按120kvar配置，配置方式为共补（3×10＋3×20）kvar，分补（10＋20）kvar；200kVA以下变压器按200kVA容量配置，无功补偿不配置或按60kvar配置，配置方式为共补（5×2×10＋20）kvar，分补（5＋10）kvar。实现无功需量自动投切，按需配置配电智能终端。 （2）采用单母线接线，出线1～3回。进线选用熔断器式隔离开关，出线选用断路器，并按需配置带通信接口的配电智能终端和T1级电涌保护器。城镇负荷密度区，且仅供1回低压出线的情况下，取消出线断路器。TT系统剩余电流动作保护器按要求进行安装，不锈钢综合配电箱外壳单独接地	内部电气连接 配电箱正面图 低压综合配电箱无功补偿装置

序号	流程	操作要点	图解
2	低压综合配电箱安装	（1）配电箱应采取悬挂式安装，其下沿距离地面不低于2m。在有防汛需求的地区，可以适当提高安装高度。在农牧区、农村，E类供电区域，配电箱的下沿离地高度可以降低至1.8m，同时，变压器支架等安装高度也应做相应调整。此外，应在台区周围设置安全围栏，以确保安全。低压进线采用交联聚乙烯绝缘软铜导线或具有相应载流量的电缆，并通过配电箱的侧面进线；低压出线同样可采用交联聚乙烯绝缘软铜导线，同样从配电箱的侧面出线，并沿电杆外侧面敷设。当采用电缆敷设时，优先选择副杆，并使用电缆卡箍固定。当采用电缆入地敷设方式时，出线应从配电箱底部引出。 （2）配电箱箱体外观完好，标示、警示牌齐全，防水、防潮、防尘、通风措施可靠；设备容量合理，回路有编号，铭牌齐全，元件组装牢固。箱内接线正确，相位、相色排列科学美观。外壳采用TJ-25导线与接地装置可靠连接。 （3）进出线按照变压器熔丝和低压侧接线侧配置表的要求选择，使用连接金具连接，导线应打磨并涂电力复合脂，各连接部位牢固。出线与低压主干线连接时，应使用铜铝过渡配的并沟线夹，线夹数量不应少于2个，导线出头20～30mm，绑扎3圈。进出线均应穿PVC保护管，出线保护管与低压主干连接处应作滴水弯，保护管应用其支架固定在电杆上，穿管的绝缘导线总截面积（包括外护层）不应超过穿管内截面积的40%	配电箱对地距离测量 配电箱悬挂式安装 低压综合配电箱悬挂式安装 配电箱进、出线固定 配电箱进线连接 导线连接 外壳接地 PVC保护管安装（变压器低压侧） （配电箱引出线与低压主干线连接）

续表

序号	流程	操作要点	图解
3	低压户表配电箱安装	（1）表箱安装。 1）电能表箱应整洁无损伤，安装水平、满足坚固、防雨、防锈蚀的要求，有便于抄表和用电检查的观察窗。 2）电能计量箱最高观察窗中心线距安装处地面不高于1.8m，单体电能计量箱下沿距安装处地面不低于1.4m。墙面安装时，整体组合计量箱下沿距安装处地面宜不低于0.8m。 （2）智能表及采集器安装。 1）电能表安装垂直牢固，表中心线向各方向的倾斜度不大于1°。采集器在电能计量装置方式采集，接线正确，导线无接头，无裸露。对于载波通信采集器，无需采集器，由集中器通过载波通信采集电能。电能表载波模块插接可靠，外观无损伤。 2）施工结束后，电能表端钮盒盖、试验接线盒盖及计量柜（屏、箱）门等均应加封。 3）户表箱保护接地的安装。采用金属箱体时应接地，在低电阻率土壤区，若采用单极垂直接地体，其接地电阻值不大于30Ω时，可直接使用单极垂直接地体作为接地装置。方法：采用50mm×5mm×2500mm的镀锌接地角钢垂直打入地面，端头露出地面长度50～100mm，用黄绿相间截面积不小于10mm²铜芯绝缘导线穿管与电能表箱接地端相连	 各元器件连接检查 电能表附近 加封电能表 接地线穿管 表箱外观及连接检查 电能表安装 加封 安装表箱 采集器接线 接地线与接地体连接

5 电能计量装置的安装流程

> 5.1 电能计量装置概述

> 5.2 直接接入式电能计量装置的
安装流程

> 5.3 直接接入式三相四线电能计量
装置的安装

> 5.4 经 TA 接入式三相四线电能计量
装置的安装流程

> 5.5 典型错误接线案例分析

5.1　电能计量装置概述

本节介绍电能计量装置的安装流程，包括直接接入式电能计量装置、直接接入式三相四线电能计量装置、经TA接入式三相四线电能计量装置的安装流程以及典型错误接线案例分析。

5.1.1　电能计量装置的定义

电能计量技术是由电能计量装置来确定电能量值，为实现电能单位的统一及其量值的准确、可靠的一系列活动。通常将电能表、与其配合的电能计量装置包括电能表、计量用互感器及电能表到互感器的二次回路连接线统称为电能计量装置。

5.1.2　电能计量装置的组成及作用

电能计量装置的主要部件包括：①计量用电流互感器、电压互感器，作用是降低仪表绝缘强度、保证人身安全，扩大电能表的量程，减小仪表的制作规格；②电能表，电能计量装置的核心部分，起着计量负载消耗或电源发出的电能的作用；③互感器与电能表之间的二次回路，作用是通过导线将电能表和互感器连接，易于工作人员监测，但二次回路会对电能计量装置的准确度产生影响。电能计量装置的附属部件包括试验接线盒、失压断流计时仪、铅封、电能计量箱（柜）、电能计量集抄设备。

5.1.3　电能计量方式

供电局对各种用户计量方式有三种，如图5-1所示，图中，A为高压供电、高压侧计量，简称高供高计；B为高压供电、低压侧计量，简称高供低计；C为低压供电、低压侧计量，简称低供低计。

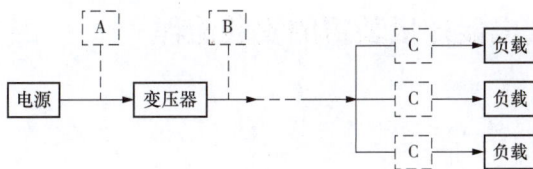

图5-1　电能计量方式

5.1.4 电能计量装置的类别

运行中的电能计量装置，按计量对象的重要性程度和管理需要分为五类：

Ⅰ类电能计量装置：220kV及以上贸易结算用计量装置，500kV及以上考核用电能计量装置；计量单机容量300MW及以上发电机发电量的电能计量装置。

Ⅱ类电能计量装置：110（66）~220kV贸易结算用电能计量装置，220~500kV考核用电能计量装置，计量单机容量100~300MW发电机发电量的电能计量装置。

Ⅲ类电能计量装置：10~110（66）kV贸易结算用电能计量装置，10~220kV考核用电能计量装置；计量100MW以下发电机发电量、发电企业厂（站）用电量的电能计量装置。

Ⅳ类电能计量装置：380V~10kV电能计量装置。

Ⅴ类电能计量装置：220V单相电能计量装置。

显然，从Ⅴ到Ⅰ类，随着贸易电量的增多及计量对象重要性的递增，所配置的电能表、互感器设备的准确度等级也随之递增，并应符合表5-1所列值。

▼表5-1　　　　　　　　　五类电能计量装置所配设备的准确度等级

电能计量装置类别	准确度等级			
	电压互感器	电流互感器	有功电能表	无功电能表
Ⅰ	0.2	0.2s	0.2s	2.0
Ⅱ	0.2	0.2s	0.5s	2.0
Ⅲ	0.5	0.5s	0.5s	2.0
Ⅳ	0.5	0.5s	1.0	2.0
Ⅴ		0.5s	2.0	

注　s表示这种电能表或互感器要求在极低负荷下的准确度比一般同等级的表计要高。如非"s"级电能表在$5\%I_b$以下没有误差要求，而带"s"级电能表在$1\%I_b$即有误差要求，周检时要求在这个负荷点校验其准确性。

5.2 直接接入式电能计量装置的安装流程

本节主要介绍直接接入式电能计量装置的安装前的准备工作、安装工艺流程和技术要求。

5.2.1　单相电能计量装置的安装流程

1. 引用的规程规范

（1）《电能计量装置技术管理规程》（DL/T 448—2016）。

（2）《电能计量装置安装接线规则》（DL/T 825—2021）。

（3）《电能计量装置通用设计规范》（Q/GDW 103447—2016）。

（4）《国家电网有限公司营销现场作业安全工作规程（试行）》。

（5）《国家电网公司业扩报装供电方案编制导则》。

2. 天气及作业现场要求

（1）户外电能计量工作中遇雷、雨、雪、5级以上大风或其他任何情况威胁到作业人员的安全时，工作负责人或专职监护人可根据情况，临时停止工作。

（2）电能表、采集终端装拆、调试时，宜断开各方面电源（含辅助电源）。若不停电进行，应做好绝缘包裹等有效隔离措施，防止误碰运行设备、误分闸。电源侧不停电更换电能表时，直接接入的电能表应将出线负荷断开，应有防止相间短路、相对地短路、电弧灼伤的措施。对于不具备电能表接插件的三相直接接入式计量箱，其三相直接接入式电能表装拆应停电进行。对可能发生误碰危险的安装位置，应对拆下的通信线进行包裹，作业人员不得直接触碰通信线导体部分。

（3）作业人员应精神状态良好，熟悉工作中保证安全的组织措施和技术措施；严禁酒后作业和作业中玩笑嬉闹。

3. 准备工作

（1）危险点及其预控措施。

1）危险点：触电伤害。

预控措施：①使用有绝缘柄的工具，必须穿长袖工作服，接电时戴好绝缘手套；②使用仪表时应注意安全，避免触电、烧表、触电伤害和电弧灼伤。

2）危险点：锐物伤人。

预控措施：①未接电时戴好线手套；②注意剥削导线时不要伤手；③配线时不让导线划脸、划手。

3）危险点：高处坠落伤人。

预控措施：①作业人员登高前，必须具备符合作业要求的身体状况、精神状态和技能素质；②正确使用梯子等高处作业工具；作业现场设置围栏并挂好警示标志；③监护人员应随时注意，纠正作业人员的不规范或违章动作。

（2）工器具及材料选择。所需要的工器具及材料见表5-2。

▼表5-2　　　　　　　　　　　　　单相电能计量装置的安装工器具及材料

序号	名称	规格型号	单位	数量	备注
1	配电柜		个	1	
2	空气断路器		只	2	
3	单相电能表	DD型	只	1	
4	螺丝刀	十字	个	1	
5	螺丝刀	一字	个	1	
6	剥线钳	0.6~2.6mm	个	1	
7	斜口钳		个	1	
8	尖嘴钳		个	1	
9	导线	10~15mm² 铜质导线	卷	2	红色、黑色各1卷
10	低压验电笔	100~500V	个	1	
11	万用表		个	1	
12	绝缘电阻表		个	1	
13	铅封		个	1	
14	"在此工作"标示牌		个	1	

（3）作业人员分工。有室内10个配电屏，共需要作业人员21名，包括1名工作负责人、10名专责监护人员、10名装（拆）电能计量装置人员，作业人员分工见表5-3。

▼表5-3　　　　　　　　　　　　　单相电能计量装置的安装人员分工

序号	工作岗位	数量（人）	工作职责
1	工作负责人	1	负责本次工作任务的人员分工、工作前的现场查勘、现场复勘、办理作业票相关手续、召开工作班前会、落实现场安全措施、负责作业过程中的安全监督、工作中突发情况的处理、工作质量的监督、工作后的总结
2	专责监护人员	10	负责每个配电柜危险点的安全检查和监护
3	装（换）电能计量装置人员	10	负责每个配电柜安装电能计量装置，并送电，保证计量准确

4. 工作程序

（1）工作流程见表5-4。

▼ 表5-4   单相电能计量装置的安装操作流程

序号	作业内容	作业标准	注意事项
1	工作前及安全措施准备	（1）正确佩戴安全帽、线手套、穿全棉长袖工作服、绝缘鞋；正确办理第二种工作票；正确悬挂"在此工作"标示牌。 （2）检查进出线开关位置；验电规范	每个配电屏调查至少2人进行
2	工器具及材料准备要求	（1）工器具及材料准备齐全，对工具金属裸露部分应采取绝缘措施。 （2）正确使用各种工器具，不发生掉落及损坏现象	逐一清点工器具、材料的数量及型号
3	外观检查	电能表、参数、铅封号等相关信息是否正确	按照DL/T 448—2016《电能计量装置技术管理规程》检查
4	检测导线质量	（1）接线前，应用绝缘电阻表检表检测导线绝缘情况。 （2）接线前，应用万用表检测导线通断	正确使用绝缘电阻表及万用表
5	接线工艺及操作要求	（1）相线、中性线接线正确。 （2）导线排列应美观、横平竖直、布局合理。 （3）按"先中性线后相线，先出后进"顺序接线，检查电压连片不松动。 （4）导线接头金属部分不得外露、导线不得刮伤，导线应压实不得压在绝缘皮上。 （5）表计安装牢固无倾斜。 （6）导线绑扎带使用应符合要求：导线应扎紧，无明显松动，捆扎间距不得超过10cm，拐角处3cm处应扎线扎	（1）电源相线接入电能表一孔、中性线接入电能表三孔；负荷相线接入电能表二孔、负荷中性线接入电能表四孔。 （2）各连接导线须做到横平竖直，合理交叉，美观，分层分色
6	封印	加装封印，做好记录	电能表不得缺封印
7	清理现场	清理现场应干净、整洁	任务结束后，应清理现场，将工具、仪表摆放整齐
8	填电能计量装置装（换）工作票	正确填写电能计量装置装（换）工作票	电能计量装置装（换）工作票模板见表5-5

▼表5-5 电能计量装置装（换）工作票模板

领料单号：　　　　退料单号：　　　　编号　　字　　　第　　　号

户号		户名				用电地址			
联系人		电话		通信地址		变台编号	线路编号	用电性质	生产班次
装见容量	原装： W（kVA）新装： kW（kVA）	增减 kW（kVA） kW（kVA）		合计 kW（kVA）		其冷备用 kW（kVA）其热备用 kW（kVA）		供电电源	单（双）回路电缆（架空）线路供电
								运行方式	
工作内容摘要				收费记录	费用类别	应收费用	实收费用	收费票据号

电能表

工作类别	电能表类别	厂名	型号	表号	相线	电压（V）	电流（A）	倍率	用电类别	等线指数	电能表示数			
											总	峰	平	谷

计量设备已加封，包括□TV开关（柜）、□二次回路接线盒（柜）、□专用计量柜、□表计、□TA（柜）　客户签章：	备注	
主管 年 月 日	账卡登记 年 月 日	装表 年 月 日	客户确认 年 月 日

（2）操作示例图。

1）单相电能计量装置安装的接线如图5-2所示。

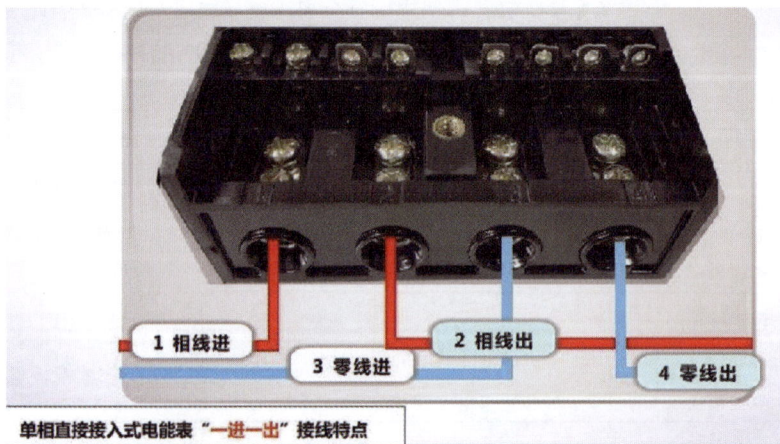

图5-2　单相电能计量装置的安装的接线图

2）单相电能计量装置的安装前、后实物如图5-3所示。

3）单相电能计量装置的安装测量、剥削实物如图5-4所示。

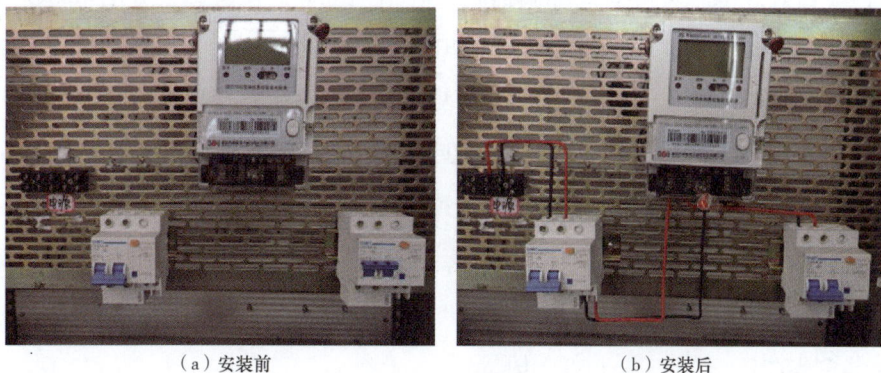

（a）安装前　　　　　　　　　　（b）安装后

图5-3　单相电能计量装置的安装前、后实物

（a）测量　　　　　　　　　　（b）剥削

图5-4　单相电能计量装置的测量实物、剥削实物图

5.2.2　直接接入式三相四线电能表的安装

1. 引用的规程规范

（1）《电能计量装置技术管理规程》（DL/T 448—2016）。

（2）《电能计量装置安装接线规则》（DL/T 825—2021）。

（3）《电能计量装置通用设计规范》（Q/GDW 103447—2016）。

（4）《国家电网有限公司营销现场作业安全工作规程（试行）》。

（5）《国家电网公司业扩报装供电方案编制导则》。

2. 天气及作业现场要求

（1）户外电能计量工作中遇雷、雨、雪、5级以上大风或其他任何情况威胁到作业人员的安全时，工作负责人或专职监护人可根据情况，临时停止工作。

（2）电能表、采集终端装拆、调试时，宜断开各方面电源（含辅助电源）。若不停电进行，应做好绝缘包裹等有效隔离措施，防止误碰运行设备、误分闸。电源侧不停电更换电能表时，直接接入的电能表应将出线负荷断开，应有防止相间短路、相对地短路、电弧灼伤的措施。对于不具备电能表接插件的三相直接接入式计量箱，其三相直接接入式电能表装拆应停电进行。对可能发生误碰危险的安装位置，应对拆下的通信线进行包裹，作业人员不得直接触碰通信线导体部分。

（3）作业人员应精神状态良好，熟悉工作中保证安全的组织措施和技术措施；严禁酒后作业和作业中玩笑嬉闹。

3. 准备工作

（1）危险点及其预控措施。

1）危险点：触电伤害。

预控措施：①使用有绝缘柄的工具，必须穿长袖工作服，接电时戴好绝缘手套；②使用仪表时应注意安全，避免触电、烧表、触电伤害和电弧灼伤。

2）危险点：锐物伤人。

预控措施：①未接电时戴好线手套；②注意剥削导线时不要伤手；③配线时不让导线划脸、划手。

3）危险点：高处坠落伤人。

预控措施：①作业人员登高前，必须具备符合作业要求的身体状况、精神状态和技能素质；②正确使用梯子等高处作业工具；作业现场设置围栏并挂好警示标志；③监护人员应随时注意，纠正作业人员的不规范或违章动作。

（2）工器具及材料选择。单个配电屏所需要的工器具及材料见表5-6。

▼表5-6　　　　直接接入式三相四线电能表的安装工器具及材料

序号	名称	规格型号	单位	数量	备注
1	配电柜		个	1	
2	空气断路器	100A	只	1	
3	三相隔离开关	100A	只	1	
4	直接接入式三相四线电能表	DT型	只	1	
5	螺丝刀	十字	个	1	

续表

序号	名称	规格型号	单位	数量	备注
6	螺丝刀	一字	个	1	
7	剥线钳	0.6～2.6mm	个	1	
8	斜口钳		个	1	
9	尖嘴钳		个	1	
10	导线	10、16、25mm² 多股塑料绝缘铜、铝芯线，2.5mm² 单股塑料绝缘铜芯线（黑色）、2.5mm² 多股塑料绝缘铜芯软线（黄绿双色）	卷	5	
11	低压验电笔	100～500V	个	1	
12	万用表		个	1	
13	绝缘电阻表		个	1	
14	铅封		个	1	
15	"在此工作"标示牌		个	1	

（3）作业人员分工。有室内10个配电屏，共需要作业人员21名，包括1名工作负责人、10名专责监护人员、10名装（拆）电能计量装置人员，作业人员分工见表5-7。

▼表5-7　　　　　直接接入式三相四线电能表的安装人员分工

序号	工作岗位	数量（人）	工作职责
1	工作负责人	1	负责本次工作任务的人员分工、工作前的现场查勘、现场复勘、办理作业票相关手续、召开工作班前会、落实现场安全措施、负责作业过程中的安全监督、工作中突发情况的处理、工作质量的监督、工作后的总结
2	专责监护人员	10	负责每个配电箱危险点的安全检查和监护
3	装（换）电能计量装置人员	10	负责每个配电箱安装电能计量装置，并送电，保证计量准确

4. 工作程序

（1）工作流程见表5-8。

▼ 表5-8　　　　　　　　**直接接入式三相四线电能表的安装操作流程**

序号	作业内容	作业标准	注意事项
1	工作前及安全措施准备	（1）正确佩戴安全帽、线手套、穿全棉长袖工作服、绝缘鞋；正确办理第二种工作票；正确悬挂"在此工作"标示牌。 （2）检查进出线开关位置；验电规范	每个配电屏调查至少2人进行
2	工器具及材料准备要求	（1）工器具及材料准备齐全，对工具金属裸露部分应采取绝缘措施。 （2）正确使用各种工器具，不发生掉落及损坏现象	逐一清点工器具、材料的数量及型号
3	外观检查	电能表、参数是否正确、铅封号等相关信息。按照DL/T 448—2016《电能计量装置技术管理规程》检查	
4	检测导线质量	（1）接线前，应用绝缘电阻表检测导线绝缘情况。 （2）接线前，应用万用表检测导线通断	正确使用表计
5	表计及附件安装	（1）正确接入各相导线、正确选择和连接零线。 （2）电能表与屏边的最小距离应大于40mm，电能表与断路器最小距离应大于80mm。 （3）电能表、断路器安装必须垂直牢固。 （4）电能表中心线向各方向的倾斜不大于5°。 （5）导线接头金属部分不得外露、导线不得刮伤，导线应压实不得压在绝缘皮上	（1）接线错误，不得分；造成短路，不合格。 （2）各连接导线需做到横平竖直，合理交叉，美观，分层分色
6	接线鼻制作	用主线制作接线鼻子，接线鼻子线圈闭合圆滑，绑扎长度满足要求（绑扎匝数为5~8匝），并做绝缘处理	线圈需合拢，接线鼻子要满足要求
7	封印	加装封印，做好记录	电能表不得缺封印
8	清理现场	清理现场应干净、整洁	任务结束后，应清理现场，将工具、仪表摆放整齐
9	填电能计量装置装（换）工作票	正确填写电能计量装置装（换）工作票	电能计量装置装（换）工作票模板见表5-9

▼表5–9   **电能计量装置装（换）工作票模板**

领料单号：   退料单号：   编号   字   第   号

户号		户名					用电地址			
联系人		电话	通信地址		变台编号		线路编号	用电性质		生产班次
装见容量	原装：W（kVA） 新装：kW（kVA）	增减	kW（kVA） kW（kVA）	合计 kW（kVA）		其冷备用 kW（kVA） 其热备用 kW（kVA）		供电电源	单（双）回路电缆（架空）线路供电	
								运行方式		

工作内容摘要 / 收费记录：费用类别 / 应收费用 / 实收费用 / 收费票据号

<table>
<tr><th colspan="13">电能表</th></tr>
<tr><th rowspan="2">工作类别</th><th rowspan="2">电能表类别</th><th rowspan="2">厂名</th><th rowspan="2">型号</th><th rowspan="2">表号</th><th rowspan="2">相线</th><th rowspan="2">电压（V）</th><th rowspan="2">电流（A）</th><th rowspan="2">倍率</th><th rowspan="2">用电类别</th><th rowspan="2">等线指数</th><th colspan="4">电能表示数</th></tr>
<tr><th>总</th><th>峰</th><th>平</th><th>谷</th></tr>
<tr><td></td><td></td><td></td><td></td><td></td><td></td><td></td><td></td><td></td><td></td><td></td><td></td><td></td><td></td><td></td></tr>
</table>

计量设备已加封，包括□TV开关（柜）、□二次回路接线盒（柜）、□专用计量柜、□表计、□TA（柜）

客户签章：   备注

主管	年 月 日	账卡登记	年 月 日	装表	年 月 日	客户确认	年 月 日

（2）操作示例图。

1）直接接入式三相四线电能表的接线如图5-5所示。

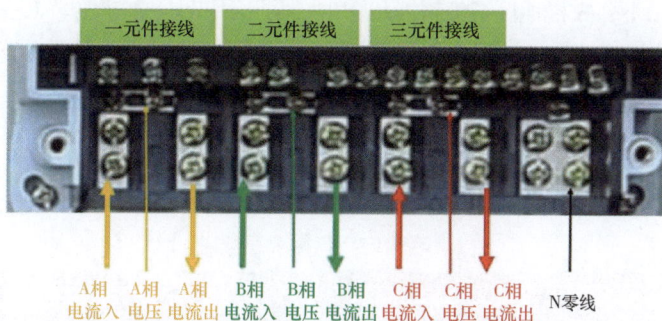

图5-5 直接接入式三相四线电能表的接线图

2）直接接入式三相四线电能表安装前、后示意如图5-6所示。

3）直接接入式三相四线电能表安装原理如图5-7所示。

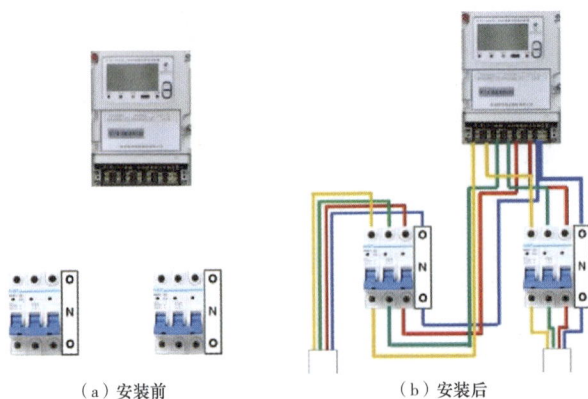

（a）安装前   （b）安装后

图5-6　直接接入式三相四线电能表安装前、后示意

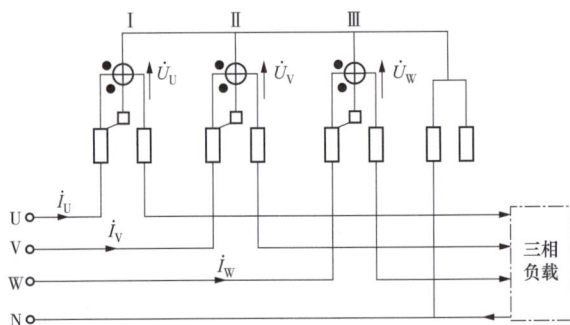

图5-7　直接接入式三相四线电能表安装原理图

5. 相关知识

（1）低压客户。若城市地区客户单相用电负荷在16kW及以下、农村地区客户单相用电负荷在10kW及以下时，可采用低压220V供电（单相供电方式）；若城市地区客户三相用电负荷在160kW及以下、农村地区100kW及以下时，可采用低压380V供电（三相供电方式）。

（2）整体组合电能计量箱内低压电器和导线等设备应按照箱内实际表计位数和每户用电容量计算、选配。住宅用电负荷计算宜采用需要系数法，需要系数按GB 51348—2019《民用建筑电气设计标准》的规定执行，见表5-10。

▼表5-10　　　　　　　　　　住宅用电负荷需要系数

按单相配电计算时所连接的基本户数	按三相配电计算时所连接的基本户数	需要系数	
		通用值	推荐值
3	9	1	1
4	12	0.95	0.95

按单相配电计算时所连接的基本户数	按三相配电计算时所连接的基本户数	需要系数	
		通用值	推荐值
6	18	0.75	0.80
8	24	0.66	0.70
10	30	0.58	0.65
12	36	0.50	0.60
14	42	0.48	0.55
16	48	0.47	0.55
18	54	0.45	0.50
21	63	0.43	0.50
24	72	0.41	0.45
25 ~ 100	75 ~ 100	0.40	0.45
125 ~ 200	375 ~ 600	0.33	0.35
260 ~ 300	780 ~ 900	0.26	0.30

注　1. 表中通用值系数为目前采用的住宅需用系数值，推荐值是为计算方便而提出的。
　　2. 住宅的公用照明及公用电力负荷的需要系数，一般可按0.8选取。

5.3　直接接入式三相四线电能计量装置的安装

本节介绍直接式三相四线电能计量装置的安装。

1. 引用的规程规范

（1）《电能计量装置技术管理规程》（DL/T 448—2016）。

（2）《电能计量装置安装接线规则》（DL/T 825—2021）。

（3）《低压电能计量箱技术条件》（DL/T 1745—2017）。

（4）《国家电网有限公司安全工作规程　第8部分：配电部分》（Q/GDW 10799.8—2023）。

2. 作业现场要求

（1）在工作中遇到威胁作业人员的安全等情况时，工作负责人或专职监护人可根据情况，临时停止工作。

（2）作业人员应熟悉工作中保证安全的组织措施和技术措施；严禁酒后作业和作

业中玩笑嬉闹。

3. 准备工作

（1）危险点分析与控制措施

1）危险点：工器具伤人。

预控措施：①使用榔头时应握牢手柄，确保榔头准确击打在受力点上；②剥削导线时，应戴劳保手套，使用电工刀时刀口应向外，要紧贴导线呈45°角左右切削。

2）危险点：触电伤害。

预控措施：①穿长袖工作服，使用有绝缘柄的工具，接电时戴好绝缘手套；②使用仪表时应注意安全距离和方法，避免触电、损坏仪表、触电伤害和电弧伤害；③临时接入的工作电源必须用专用导线，并装有剩余电流动作保护器。

3）危险点：高处坠落、物体打击伤害。

预控措施：①正确使用梯子等高处作业工具，梯脚与地面应接触牢固，梯身稳定可靠，单梯子与地面夹角60°~70°为宜；②使用梯子作业必须专人扶梯，梯子上有人时严禁移动梯子；③进入工作现场戴安全帽，工具、材料使用专用传递袋。

（2）工器具及材料选择。所需要的工器具及材料见表5-11。

▼表5-11　　　直接接入式三相四线电能计量装置的安装的工器具及材料

序号	名称	规格型号	单位	数量	备注
1	旋转型手动螺丝刀	十字	把	1	
2	旋转型手动螺丝刀	一字	把	1	
3	铁榔头		把	1	
4	尖嘴钳		把	1	
5	平口钳		把	1	
6	活络扳手		把	1	
7	护目镜		个	1	
8	压接钳		把	1	
9	万用表		个	1	
10	卷尺		个	1	
11	剥线钳		把	1	

续表

序号	名称	规格型号	单位	数量	备注
12	验电笔	低压	只	1	
13	工具袋		个	1	
14	三线四线智能表	直接接入式	只	1	根据负载选取
15	低压计量箱	三相四线	个	1	
16	进线刀开关	三相	把	1	
17	出线刀开关	三相	把	1	
18	出线侧负荷开关	三相	只	1	
19	铜芯线	黄、绿、红、淡蓝色（黑色）	m	若干	根据负载选取
20	接线铜端子		个	16	与铜芯线配套
21	尼龙扎带	5mm×150mm	根	若干	
22	绝缘胶带	黄、绿、红、淡蓝色（黑色）	圈	4	
23	螺栓、螺杆		对	若干	

（3）作业人员分工。根据作业要求，共需配备3名作业人员，包括1名工作负责人、1名主要操作人员、1名辅工，作业人员分工见表5–12。

▼表5–12　　　直接接入式三相四线电能计量装置的安装人员分工

序号	工作岗位	数量（人）	工作职责
1	工作负责人（现场总指挥）	1	负责召开工作班前会、落实现场安全措施、作业过程中的安全监督、工作中突发情况的处理、工作质量的监督、工作后的总结
2	主要操作人员	1	安装直接接入式三相四线电能计量装置
3	辅工	1	负责地面扶梯、传递工具材料等辅助工作

4. 工作程序

（1）工作流程见表5–13。

▼表5–13　　　直接接入式三相四线电能计量装置的安装操作流程

序号	作业内容	作业标准	安全注意事项	责任人
1	前期准备工作	（1）装接作业票的填写。 （2）接线图识读。 （3）进行详细的现场勘察。 （4）编写施工作业指导书。 （5）及时进行技术交底	（1）现场作业人员正确戴安全帽，穿工作服、工作鞋，戴劳保手套。 （2）现场勘察至少2人进行。 （3）施工作业指导书应编写规范	
2	工器具、材料的检查	对进入作业现场的工器具、进行清点、检验或现场试验，确保工器具完好并符合相关要求	逐一清点工器具、材料的数量及型号	
3	计量箱安装	（1）电能计量箱（柜）运输到现场后，安装人员对电能计量箱（柜）进行检查。 （2）电能计量箱（柜）安装在干燥、清洁、明亮、不易受损、没有明显振动、无腐蚀气体、不受强磁影响、便于运行维护场所，箱体必须安装在牢固的墙体上。 （3）电能计量箱（柜）安装满足相关规程要求。 （4）电能计量箱（柜）贴墙安装时，箱体固定必须使用金属膨胀螺栓，胀管部分埋入墙内，金属膨胀螺栓数应与箱休安装孔数相同。 （5）电能计量箱（柜）接地应牢固可靠，标识应明显	（1）采用电锤打孔安装时，工作电源必须用专用导线，并装有剩余电流动作保护器，防止触电伤害。 （2）使用梯子作业必须专人扶梯，专人监护，梯子上有人时严禁移动梯子，防止高处坠落伤害。 （3）工具、材料使用专用传递袋，防止物体打击伤害	
4	三线四线智能表安装	（1）电能表与壳体之间的距离不应小于60mm。 （2）电能表安装在固定的夹具上，安装必须垂直牢固，表中心线向各方向的倾斜不大于1°	（1）正确使用工具，防止旋转型手动螺丝刀打滑造成伤害。 （2）固定电能表时注意防止掉落造成伤害	
5	电源刀开关与电能表间接线	（1）测量电源刀开关下桩头与电能表表尾之间的导线长度。按U、V、W、N三根相线和一根中性线，分别选用黄、绿、红、淡蓝（黑）四色塑料绝缘铜芯导线，按量取的长度截取。 （2）电源刀开关端线头制作。按照所需长度分别剥去每根导线线头的绝缘层，主导线接线铜端子采用液压钳压接，并打磨压接点使表面平整光滑。	（1）剥削导线时，应戴上劳保手套，使用电工刀时刀口应向外，要紧贴导线呈45°角左右切削。防止划伤手指。 （2）打磨过程中，应使用劳保手套，防止锉刀伤人。	

序号	作业内容	作业标准	安全注意事项	责任人
5	电源刀开关与电能表间接线	（3）电源刀开关端线头绝缘恢复。绝缘胶带由导线根部距铜接头端部两个绝缘带宽度处开始起绕，以斜向45°、1/2带宽交叠，来回缠绕不少于两层。 （4）导线的走线方位，依据"横平竖直"的原则进行布置。 （5）电源刀开关端线头连接。导线线头接线端子采用螺栓平压式与电源刀开关的下桩头连接紧固	（3）电源刀开关端线头连接时。螺栓应使用平垫圈和弹簧垫圈，防止连接点松动	
6	电能表与负荷刀开关间接线	（1）测量电能表表尾与负荷刀开关上桩头之间的导线长度。按U、V、W、N三根相线和一根中性线，分别选用黄、绿、红、淡蓝（黑）四色塑料绝缘铜芯导线，按量取的长度截取。 （2）负荷刀开关端线头制作。按照所需长度分别剥去每根导线线头的绝缘层，主导线接线铜端子采用液压钳压接，并打磨使表面平整光滑。 （3）负荷刀开关端线头绝缘恢复。绝缘胶带由导线根部距铜接头端部两个绝缘带宽度处开始起绕，以斜向45°、1/2带宽交叠，来回缠绕不少于两层。 （4）导线走线。导线的走线方位，依据"横平竖直"的原则进行布置。 （5）负荷刀开关端线头连接。导线线头接线端子采用螺栓平压式与电源刀开关的下桩头连接紧固	（1）剥削导线时，应戴上劳保手套，使用电工刀时刀口应向外，要紧贴导线呈45°角左右切削。防止划伤手指。 （2）打磨过程中，应使用劳保手套，防止锉刀伤人。 （3）负荷刀开关端线头连接时。螺栓应使用平垫圈和弹簧垫圈，防止连接点松动	
7	检查及加封	（1）对整个计量箱工艺接线进行最后检查，确认接线正确。 （2）停电接线检查。使用万用表对接线进行一次全面检查，确认接线正确。 （3）通电检查。对电能表通电，并用万用表检查各回路的通断情况，听电能表声音是否正常。 （4）电能表封印。用封印钳将计量箱、电能表加装封印	（1）使用万用表测量时，应注意万用表的量程，防止烧毁万用表。 （2）对电能表通电，并用万用表检查各回路的通断情况时，注意保持安全距离，防止短路及触电伤害	
8	现场清理	完成后及时清理现场，做到"工完、料尽、场地清"	清理遗留杂物，及时清理施工现场	

（2）操作示例图。

安装直接接入式三相四线电能计量装置操作流程示意如图5-8所示。

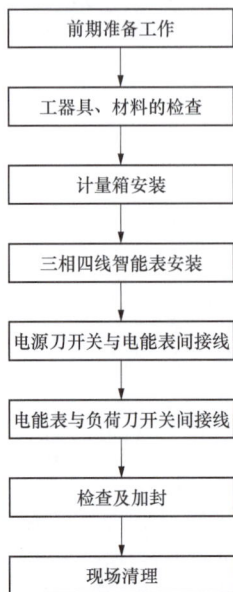

图5-8　直接接入式三相四线电能计量装置安装流程示意

直接接入式三相四线电能表，如图5-9所示，绝缘铜芯线，如图5-10所示。

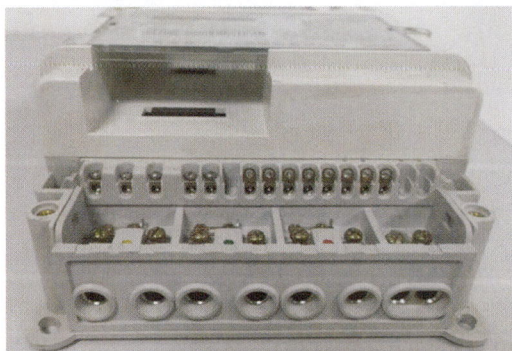

图5-9　直接接入式三相四线电能表

图5-10　绝缘铜芯线

直接接入式三相四线电能表安装后总体工艺要求及效果，如图5-11所示。

5. 相关知识

（1）接线图识读。直接接入式三相四线有功电能计量装置的接线原理，如图5-12所示，三相四线有功电能计量装置直接接入式表尾接线，如图5-13所示。

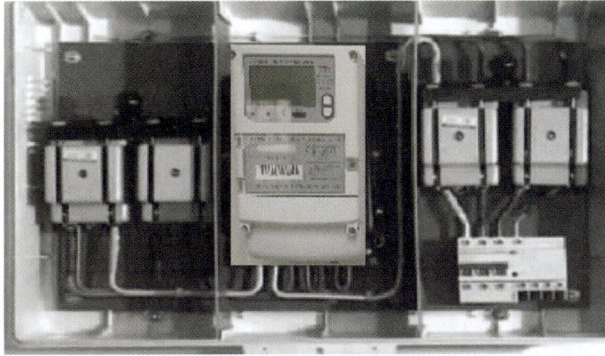

图5-11　直接接入式三相四线电能表安装后总体工艺要求及效果

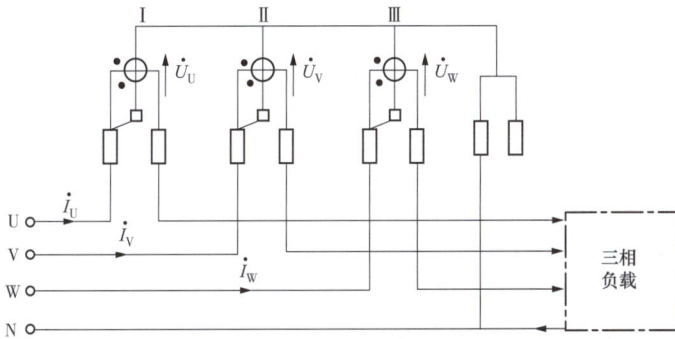

图5-12　直接接入式三相四线有功电能计量装置的接线原理

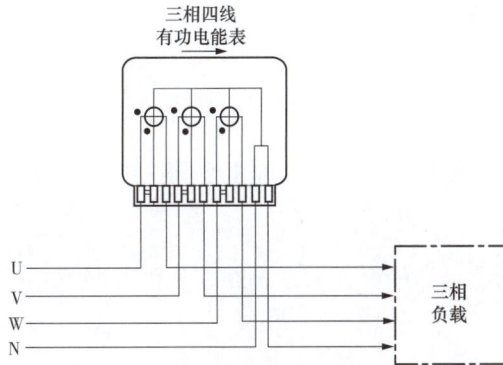

图5-13　三相四线有功电能计量装置直接接入式表尾接线图

电能表内部三个计量元件分别加上对应相的相电流和相电压，计量的总功率为

$$P' = 3U_{ph}I_{ph}\cos\varphi$$

式中　U_{ph}——相电压；

　　　I_{ph}——相电流有效值；

　　　$\cos\varphi$——每相负载的阻抗角。

这种接线一般用于低压380/220V的供电系统中，计量不对称生活照明用电的总表，负荷电流小于或等于60A的情况。

（2）其他注意事项。安装的注意事项：安装过程中应注意导线绝缘层不要损伤，每个接线孔只能接一根导线线头，接线处铜芯不应外露，不应有压皮，表尾针式接头应压紧2个螺钉；导线弯角曲率半径不小于导线外径的3倍，导线绑扎均匀、位置合理，导线应腾空，尽量不贴盘面；导线直角拐弯时不出现硬弯；安装完成后，总体效果如图5-11所示，注意图中电源线、负荷侧出线未连接。

5.4 经TA接入式三相四线电能计量装置的安装流程

低压三相四线制系统的有功电能计量，应安装三相四线有功电能计量装置，主要有直接接入式和经互感器接入式两种。本节介绍经互感器接入式三相四线电能计量装置的安装。

1. 引用的规程规范

（1）《电能计量装置技术管理规程》（DL/T 448—2016）。

（2）《电能计量装置安装接线规则》（DL/T 825—2021）。

（3）《低压电能计量箱技术条件》（DL/T 1745—2017）。

（4）《国家电网有限公司安全工作规程　第8部分：配电部分》（Q/GDW 10799.8—2023）。

2. 作业现场要求

（1）在工作中遇到威胁作业人员的安全等情况时，工作负责人或专职监护人可根据情况，临时停止工作。

（2）作业人员应熟悉工作中保证安全的组织措施和技术措施；严禁酒后作业和作业中玩笑嬉闹。

3. 准备工作

（1）危险点分析与控制措施。

1）危险点：工器具伤人。

预控措施：①使用榔头时应握牢手柄，确保榔头准确击打在受力点上；②剥削导线时，应戴劳保手套，使用电工刀时刀口应向外，要紧贴导线呈45°角左右切削。

2）危险点：触电伤害。

预控措施：①穿长袖工作服，使用有绝缘柄的工具，接电时戴好绝缘手套；②使用仪表时应注意安全距离和方法，避免触电、损坏仪表、触电伤害和电弧伤害；③临时接入的工作电源必须用专用导线，并装有剩余电流动作保护器。

3）危险点：高处坠落、物体打击伤害。

预控措施：①正确使用梯子等高处作业工具，梯脚与地面应接触牢固，梯身稳定可靠，单梯子与地面夹角60°～70°为宜；②使用梯子作业必须专人扶梯，梯子上有人时严禁移动梯子；③进入工作现场戴安全帽，工具、材料使用专用传递袋。

（2）工器具及材料选择。所需要的工器具及材料见表5-14。

▼ 表5-14　　经TA接入式三相四线电能计量装置的安装的工器具及材料

序号	名称	规格型号	单位	数量	备注
1	旋转型手动螺丝刀	十字	把	1	
2	旋转型手动螺丝刀	一字	把	1	
3	铁榔头		把	1	
4	尖嘴钳		把	1	
5	平口钳		把	1	
6	活络扳手		把	1	
7	护目镜		个	1	
8	万用表		个	1	
9	钢卷尺		个	1	
10	剥线钳		把	1	
11	验电笔	低压	只	1	
12	工具袋		个	1	
13	三线四线智能表	经互感器接入式	只	1	根据负载选取
14	低压计量箱	三相四线	个	1	
15	进线刀开关	三相	把	1	
16	出线刀开关	三相	把	1	
17	出线侧负荷开关	三相	只	1	
18	铜芯线	黄、绿、红、淡蓝色（黑色）	m	若干	根据负载选取

续表

序号	名称	规格型号	单位	数量	备注
19	铜芯线	4mm², 2.5mm², 黄、绿、红、淡蓝色（黑色）	m	若干	
20	接线铜端子		个	16	与铜芯线配套
21	尼龙扎带	5mm×150mm	根	若干	
22	绝缘胶带	黄、绿、红、淡蓝色（黑色）	圈	4	
23	螺栓、螺杆		对	若干	

（3）作业人员分工。根据工作要求，共需配备3名作业人员，包括1名工作负责人、1名主要操作人员、1名辅工，作业人员分工见表5-15。

▼表5-15　经TA接入式三相四线电能计量装置的安装人员分工

序号	工作岗位	数量（人）	工作职责
1	工作负责人（现场总指挥）	1	负责召开工作班前会、落实现场安全措施、作业过程中的安全监督、工作中突发情况的处理、工作质量的监督、工作后的总结
2	主要操作人员	1	安装经TA接入式三相四线电能计量装置
3	辅工	1	负责地面扶梯、传递工具材料等辅助工作

4. 工作程序

（1）工作流程见表5-16。

▼表5-16　经TA接入式三相四线电能计量装置的安装操作流程

序号	作业内容	作业标准	安全注意事项	责任人
1	前期准备工作	（1）装接作业票的填写。（2）接线图识读。（3）进行详细的现场勘察。（4）编写施工作业指导书。（5）及时进行技术交底	（1）现场作业人员正确戴安全帽，穿工作服、工作鞋，戴劳保手套。（2）现场调查至少2人进行。（3）施工作业指导书应编写规范	
2	工器具、材料的检查	对进入作业现场的工器具、进行清点、检验或现场试验，确保工器具完好并符合相关要求	逐一清点工器具、材料的数量及型号	

续表

序号	作业内容	作业标准	安全注意事项	责任人
3	计量箱安装	（1）电能计量箱（柜）运输到现场后，安装人员对电能计量箱（柜）进行检查。 （2）电能计量箱（柜）安装在干燥、清洁、明亮、不易受损、没有明显振动、无腐蚀气体、不受强磁影响、便于运行维护场所，箱体必须安装在牢固的墙体上。 （3）电能计量箱（柜）安装高度满足相关规程要求。 （4）电能计量箱（柜）贴墙安装时，箱体固定必须使用金属膨胀螺栓，胀管部分埋入墙内，金属膨胀螺栓数应与箱体安装孔数相同。 （5）电能计量箱（柜）接地应牢固可靠，标识应明显	（1）采用电锤打孔安装时，工作电源必须用专用导线，并装有剩余电流动作保护器，防止触电伤害。 （2）使用梯子作业必须专人扶梯，专人监护，梯子上有人时严禁移动梯子，防止高处坠落伤害。 （3）工具、材料使用专用传递袋，防止物体打击伤害	
4	三线四线智能表、电流互感器、电能计量接线盒安装	（1）电能表与壳体之间的距离不应小于60mm。 （2）电能表安装在固定的夹具上，安装必须垂直牢固，表中心线向各方向的倾斜不大于1°。 （3）电流互感器的安装必须牢固，互感器的金属外露部分应可靠接地。 （4）同一组电流互感器应按同一方向安装，以保证电流互感器一次及二次回路电流的正方向均一致。 （5）电能计量接线盒安装应牢固，与电能表、互感器的间距满足相关规程要求	（1）正确使用工具，防止旋转型手动螺丝刀打滑造成伤害。 （2）固定电能表、电流互感器时注意防止掉落造成伤害	
5	一次回路的安装接线	（1）测量电源刀开关下桩头与出线开关之间距离。按U、V、W、N三根相线和一根中性线，分别选用黄、绿、红、淡蓝（黑）四色塑料绝缘铜芯导线，按量取的长度截取。 （2）按照所需长度分别剥去每根导线线头的绝缘层，主导线接线铜端子采用液压钳压接，并打磨使表面平整光滑。 （3）接线铜端子绝缘恢复。绝缘胶带由导线根部距铜接头端部两个绝缘带宽度处开始起绕，以斜向45°、1/2带宽交叠，来回缠绕不少于两层。 （4）导线走线。导线的走线方位，依据"横平竖直"的原则进行布置	（1）剥削导线时，应戴上劳保手套，使用电工刀时刀口应向外，要紧贴导线呈45°角左右切削。防止划伤手指。 （2）打磨过程中应使用劳保手套，防止锉刀伤人。 （3）电源刀开关端线头连接时。螺栓应使用平垫圈和弹簧垫圈，防止连接点松动	

序号	作业内容	作业标准	安全注意事项	责任人
6	二次回路的安装接线	（1）按U、V、W、N三根相线和一根中性线，分别选用黄、绿、红、淡蓝（黑）四色塑料绝缘铜芯导线，选取电压线和电流线。 （2）二次回路接线时，电流回路的导线截面积不小于4mm²，电压回路不小于2.5mm²，导线应采用500V的单芯铜质绝缘导线。带接线盒的电能计量装置接线时应先接负荷端，后接电源端。 （3）电能表、电能计量接线盒满足"一孔一线"接线要求。 （4）电流、电压二次回路导线均应加装与图纸相符端子编号，导线排列顺序按正相序（黄、绿、红自左向右或自上向下）排列。 （5）二次回路连接正确可靠、接触良好，导线应连接牢固，金属裸露部分全部插入接线端钮内，不得有外露、压绝缘层	（1）剥削导线时，应戴上劳保手套，使用电工刀时刀口应向外，要紧贴导线呈45°角左右切削。防止划伤手指。 （2）配线时注意线头方向，防止导线划脸、划手。 （3）工作时头部与计量箱（柜）保持距离，防止碰伤头部	
7	检查及加封	（1）对整个计量箱工艺接线进行最后检查，确认接线正确。 （2）停电接线检查。使用万用表对接线进行一次全面检查，确认接线正确。 （3）通电检查。对电能表通电，并用万用表检查各回路的通断情况。 （4）电能表封印。用封印钳将计量箱、电能表加装封印	（1）使用万用表测量时，应注意万用表的量程，防止烧毁万用表。 （2）对电能表通电，并用万用表检查各回路的通断情况时，注意保持安全距离，防止短路及触电伤害	
8	现场清理	完成后及时清理现场，做到"工完料尽、场地清"	清理遗留杂物，及时清理施工现场	

（2）操作示例图。

1）安装经TA接入式三相四线电能计量装置操作流程示意，如图5-14所示。

2）安装工具及材料，如图5-15所示；电流互感器、经TA接入式电能表如图5-16所示。

5. 相关知识

（1）接线图识读。经TA接入式三相四线电能计量装置接线方式一般宜采用电压电流分线接入式，原理如图5-17所示。

（2）安装要求。

1）低压供电负荷电流大于60A时，须经电流互感器接入。电能表的规格主要有电压3×380/220V、电流3×1.5（6）A。

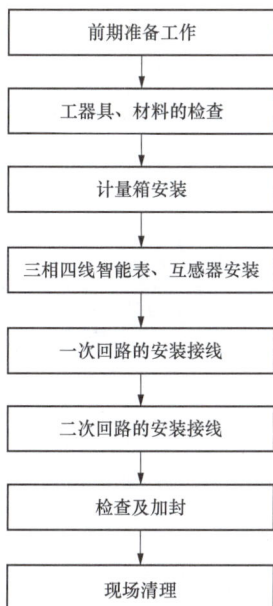

图5-14 经TA接入式三相四线电能计量装置安装流程示意图

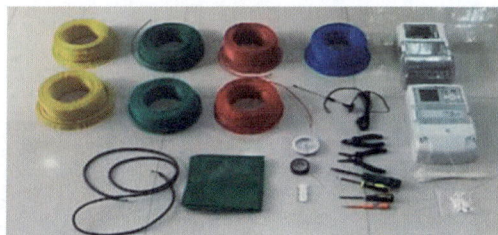

图5-15 安装工具及材料

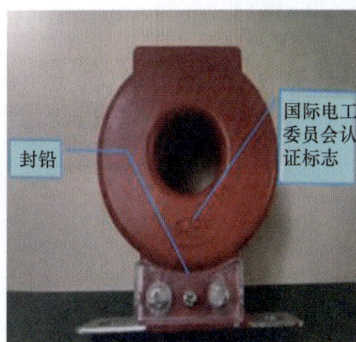

图5-16 电流互感器、经TA接入式电能表

2）电流互感器安装时应使主回路电流从P1流入，P2流出；S1与电能表电流接线端子电流进线端子相接，S2与电能表电流接线端子电流出线端子相接。二次回路接线时，电流回路的导线截面积不小于4mm²，电压回路不小于2.5mm²，导线应采用

500V的单芯铜质绝缘导线。带接线盒的电能计量装置接线时应先接负荷端，后接电源端。

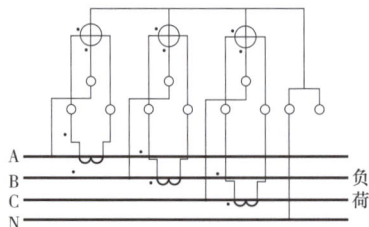

图5-17　三相四线有功电能表经TA接入式电压、电流线分线接法原理图

3）导线线头与表尾接线孔连接时，要分清相色、分清电压、电流端子，分清接线端子，按标号依次接入，即表尾1、3、4、6、7、9号接线孔，依次插进黄、绿、红色三种颜色的电流导线，表尾2、5、8依次插进黄、绿、红色三种颜色的电压导线，10号插进黑色的中性线导线。如图5-18所示。

4）三相四线制接线的电能计量装置，其三台电流互感器二次绕组与电能表之间采用六线连接，如图5-19所示。

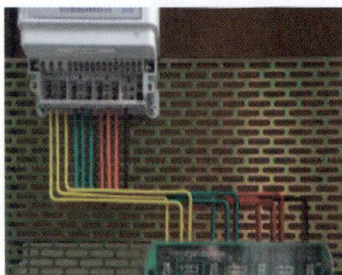

图5-18　接线盒与电能表端子接线图

图5-19　电流互感器与接线盒连接图

5）经TA接入式三相四线电能表安装后总体工艺要求及效果如图5-20所示。

图5-20　经TA接入式三相四线电能表安装后总体工艺要求及效果

5.5　典型错误接线案例分析

本节包含计量装置安装常见的错误接线方式，利用错误接线进行窃电的分析、防窃电常用技术措施等内容。

【例5-1】中性线与相线接反。

错误接线如图5-21所示，实际接线图如5-22所示。错接线形式下的计量结果表达式为$P= UI\cos\varphi$，错接线的后果是正常用电情况下电能表仍正常转动。存在的主要问题是用户易利用"一相一地"方式窃电，易触电，且不安全。

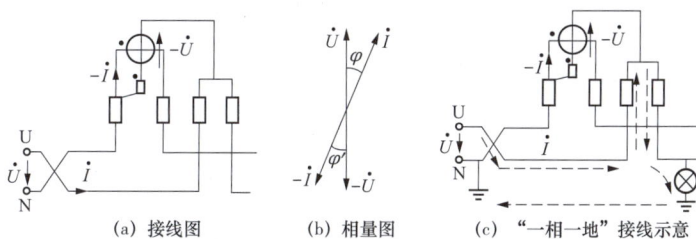

(a) 接线图　　　　　(b) 相量图　　　　　(c) "一相一地"接线示意

图5-21　错误接线

图5-22　相线与中性线接反

检查方法：不断开电源，用万用表分别测量电能表进线的1号接线端子的对地电压，如读数为220V，表明接线正确，如读数接近0，表明接线错误，该线为电源中性线。

【例5-2】电源线与负载线在电能表端子接反。

错误接线如图5-23所示。错接线的计量结果表达式为$P=- UI \cos\varphi$，后果是电流反相进表，电能表反转，读数可取反转读数的绝对值，但有一定的误差。

检查方法：观察电能表运行情况，判断电能表是否反转。打开电能表接线盒，将电能表1、2号线对换，观察电能表转向，如正转，表明原接线错误。

【例5-3】利用电能表内部或外部用导线将电流线圈短接窃电。

较常见的做法是通常是在电能表内部或外部用导线将电流线圈短接，起到分流作

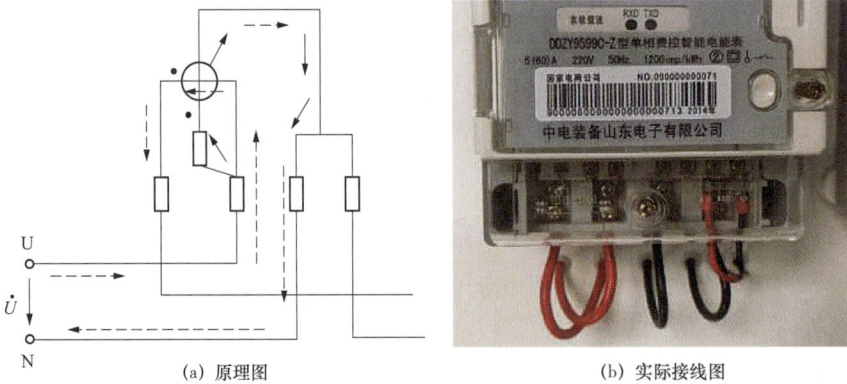

(a) 原理图　　　　　　　　　　　(b) 实际接线图

图 5-23　错误接线

用。用导线短接，短接导线电阻几乎等于零，绝大部分电流将从短接导线通过，电能表的电流线圈几乎没有电流，致使电能表慢转或停转；若并接小于电流线圈电阻值的电阻时，电流线圈跟并接电阻形成并联电路，根据并联电路的分流原理，大部分电流将从并接电阻通过，电流线圈只有小电流通过，致使电能表按一定比例慢转。短接电源线与负载线如图 5-24 所示。

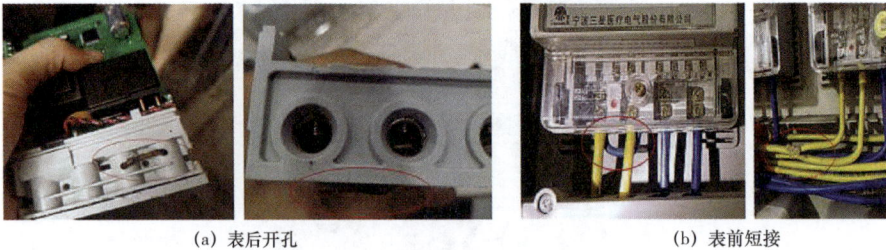

(a) 表后开孔　　　　　　　　　　(b) 表前短接

图 5-24　短接电源线与负载线

检查方法：观察电能表运行情况，通过采集系统进行重点监测和分析，判断电能表进出线电流是否一致。如果不一致进行现场检查，判定是否有窃电行为。

【例 5-4】绕过计量装置窃电。

绕过计量装置窃电主要体现为私接公线（见图 5-25），这种窃电方法最大的特点是容易操作且较易破坏窃电现场，当窃电户得知有现场检查用电时，及时将窃电电线扯开，让现场检查人员无从取证。

【例 5-5】电流或电压断线。

（1）一相二次电流短接或一相电压断开。假设 V 相二次电流短接或电压断线。计量结果为 $P'=2UI\cos\varphi$，正确接线时的计量结果为 $P=3UI\cos\varphi$，少计量了 1/3 的电量。如图 5-26 所示。

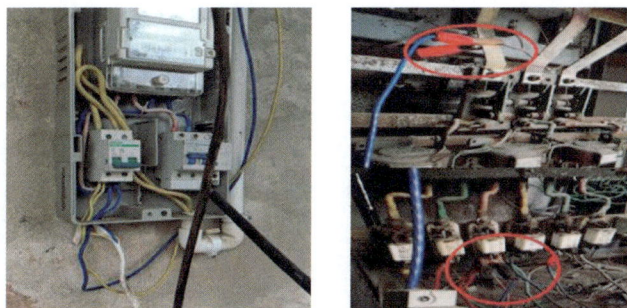

图5-25　绕过计量装置窃电

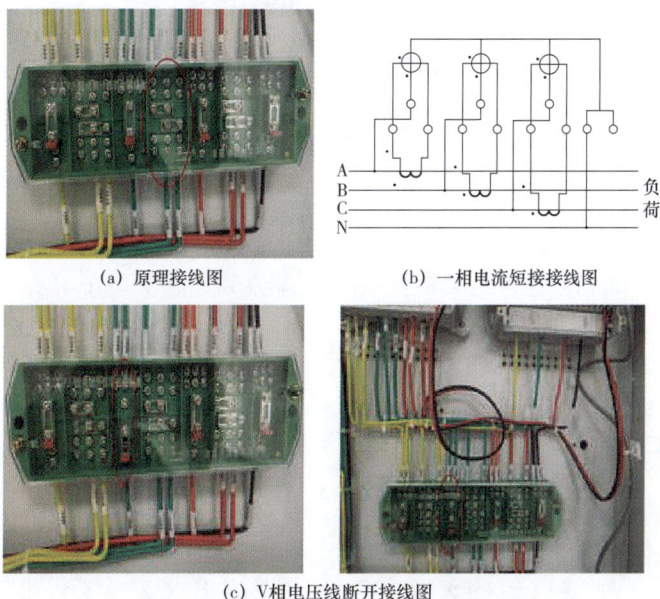

(a) 原理接线图　　　　　　　(b) 一相电流短接接线图

(c) V相电压线断开接线图

图5-26　一相二次电源短接或一相电压断开

（2）二相二次电流短接或二相电压断线，假设U、V两相电流或电压断线。计量结果为 $P'=UI\cos\varphi$，少计量了2/3的电量。

（3）三相二次电流短接或三相电压断线。计量结果为 $P=0$，电能表不转。

断电压检查方法：断开电路，用万用表逐相测量电压进线接线端子与表尾的直流电阻，如万用表显示导通，则电能表该相无电压断线错误；如万用表显示断线，则电能表该相存在电压断线错误。

短接电流检查方法：在不断开电路的情况下，逐相使用钳形电流表测量进出线电流值，如电流值相差过大，则存在电流短接错误；如电流值相等，则该相电流正常。

【例5-6】电流进线接反。

（1）一相电流接反，计量结果为 $P'=UI\cos\varphi$，只计了1/3电量，如图5-27所示。

（2）两相电流接反，计量结果为$P'=-UI\cos\varphi$，倒走1/3电量。

（3）三相电流接反，计量结果为$P=-3UI\cos\varphi$，电能表反向计量一倍电量。

图5-27　一相电流进线接反接线图

检查方法：不断开电路的情况下，用伏安相位表测量各相电流相位，如夹角为$180°-\varphi$，则表明电流接反。

【例5-7】电压线与电流线不同相。

电压和电流不同相，计量结果为$P'=UI\cos\varphi+UI\cos（120°+\varphi）+UI\cos（120°-\varphi）=0$，电能表不转，如图5-28所示。

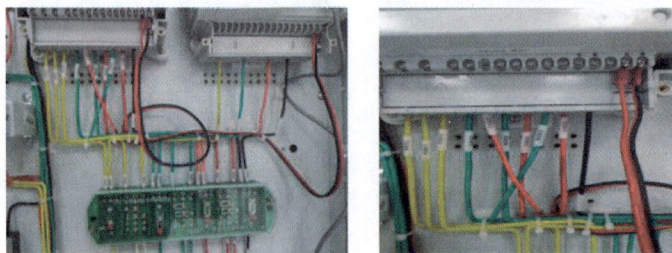

图5-28　B、C相电压线接反接线图

电流检查方法：不断开电路的情况下，用伏安相位表测量各相电流相位，如夹角为$120°+\varphi$或$120°-\varphi$，则表明电压与电流不同相。

6 无功补偿装置的安装流程及调试

❯ 6.1 无功补偿装置的基本原理

❯ 6.2 配电网无功补偿装置的容量选择

原则及电气元件配置

❯ 6.3 无功补偿的安装与调试流程

6.1　无功补偿装置的基本原理

本节介绍无功补偿装置的原理、安装及调试流程。无功补偿装置对于提高电力系统的功率因数、降低能耗具有重要作用。

6.1.1　无功补偿的作用

随着农村经济的快速发展，农业和生活用电需求显著增长，农电体制的改革实现了城乡电力同网同价，进一步促进了用电量的快速上升。然而，由于一些地区负荷的功率因数较低，加之负荷分散和低压线路供电半径过长，以及配电变压器布局不合理等问题，导致农网的电压质量不佳，线路损耗严重。在抄表到户政策实施后，高低压线路损耗的责任落在了供电部门身上，使得供电部门对线损率的要求变得更加严格，同时用户对电压质量的期望也在不断提升。

在这种背景下采用无功补偿技术成为解决上述问题的有效途径之一。通过并联电容器等手段，可以有效提高供电的功率因数，减少线路损耗，改善电压质量。针对农村电网的具体情况，可以灵活采用集中补偿、分散补偿、杆上补偿、随器补偿、随机补偿等多种补偿方式。这些无功补偿技术的运用在确保电网安全、提升供电质量、降低运行成本等方面发挥了关键作用，对于促进农村经济的可持续发展具有重要意义。

补偿无功提高功率因数对电网的作用如下：

（1）降低电网中的有功功率损耗和电能损失。当线路或变压器输送的有功功率和电压不变时，线损与功率因数的平方成反比。功率因数越低，线损就越大。因此，在受电端安装无功补偿装置，可以减少负荷与电源间的功率传输，减小系统中无功功率的比例份额，可提高功本因数，降低线路损耗。

（2）改善电压质量。

（3）提高设备的供电能力。当设备的视在功率一定时，如果功率因数提高，传输的有功功率也随之增大。反之，对于电网来说，当功率因数较高时，传输一定的有功功率时，设备的容量可以选择得相对小些，这样可节省设备投资，降低造价。

（4）减少用户电费开支，降低生产成本。电力企业应采用功率因数调节电费政策，对功率因数达到一定标准及超过标准的用户给予电费优惠减免。而对于功率因数低的达不到标准的用户，会增加一定比例的附加电费，具体参见《功率因数调整电费办法》。

6.1.2　无功补偿的原理

常用电力电容器并联进行无功补偿。无功补偿的原理接线图和相量图如图6-1所示，可知未并电容时，为自然负载，功率因数低，功率因数角较大，供电线路电流（总电流）$\dot{I} = \dot{I}_i$，因电流 $\dot{I}_i$ 较大，所以线路损耗和压降比较大。并入电容 C 后，由于电容电流 $\dot{I}_C$ 的补偿作用，功率因数角由原来较大的 ψ_1 变为较小的值，线路电流（总电流）减小。说明并入电容后，电路总的功率因数提高了，从而降低了线路损耗和压降，提高了供电的经济效益，也改善了电压质量。

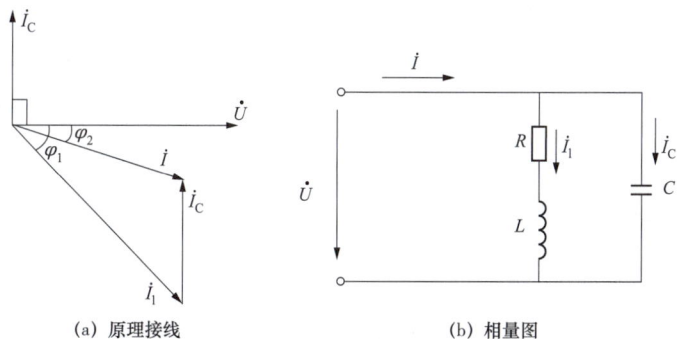

(a) 原理接线　　　　　　　(b) 相量图

图6-1　无功补偿原理接线路图与相量图

注意：

（1）通过在感性负载两端并联电容器可以有效地提升整个电路的功率因数。这种补偿方式并不改变感性负载本身的电流和功率因数，而是通过减少并联点之前的电流，降低线路的总无功功率，进而提高线路的总功率因数。

（2）电容器在电网中表现为负载，它从电网吸收的无功功率是由于电流的超前相位引起的；而电感电路则是由于电流的滞后相位而吸收无功功率。电容性负载和电感性负载的无功功率之间存在互补关系，即电容器的超前无功功率可以补偿电感负载的滞后无功功率。因此，在电网中并联电容器可以减少电网对无功功率的需求，实现无功功率的就地补偿。

（3）电容性负载的无功功率与电感性负载的无功功率可以相互补偿。当感性负载的功率因数较低时，通过在负载两端并联电容器可以提高整个系统的功率因数。同样地，如果负载本身是电容性的且功率因数较低，通过在负载两端并联电感也能达到提高功率因数的效果。这种补偿策略有助于优化电网的功率因数，减少无功功率的传输，降低线路损耗，提高电能利用效率。

6.1.3　配电网无功补偿方式

配电网无功补偿方式主要有以下方式：

（1）变电站高压无功集中补偿。即在变电站10～35kV母线上集中接入多组高压电容器、电抗器等，属于集中补偿方式。变电站高压集中补偿是在变电站10kV/6kV母线上集中装设高压并联电容器组，用以补偿主变压器的空载无功损耗和线路漏补的无功功率。目前，在农网系统，除了大容量客户外，县级电力网基本上采用这种补偿。变电站集中补偿装置包括并联电容器、同步调相机、静止补偿器等，主要目的是平衡输电网的无功功率，改善输电网的功率因数，提高系统终端变电站的母线电压，补偿变电站主变压器和高压输电线路的无功损耗。补偿装置一般集中接在变电站10kV或35kV母线上，因此具有管理容易、维护方便等优点，但对10kV配电网的降损作用不大。

（2）当采用的交流接触器具有限制涌流功能和电容器柜有谐波超值保护时，可不装设相应的限流线圈和热继电器。对于大型工业企业，跟踪补偿相较于随机补偿或随器补偿，能够提供更为精准的无功补偿效果，避免了过度补偿的问题，并有助于延长电容器的使用寿命。虽然跟踪补偿所需的自动投切装置在初期投资上较高，但其长期效益是显而易见的。这种补偿方式主要针对变压器本身和上游输电线路的无功损耗进行补偿，但对于配电线路上的损耗则没有直接的减少作用。因此，在实施补偿时，需要合理规划，避免在变压器轻载或空载时发生过度补偿，以确保电网的稳定和电能质量的优化。

（3）线路补偿，作为一种有效的无功功率管理策略，通过在线路杆塔安装电容器来实现，尤其适用于未配备低压补偿装置的公用配电变压器。它能显著减少无功功率的长距离传输，降低网损，提升配电网效率。然而，实施时需面对保护配置复杂、设备成本高、维护工作量大等挑战，故应谨慎选择实施点，简化控制方式，并适度确定补偿容量。为简化保护，可使用熔断器和避雷器来防范过电流和过电压。线路补偿的关键在于合理选择补偿地点和容量，虽然固定补偿方式在重载时可能补偿不足，但其投资少、见效快、管理维护简便，非常适合低功率因数、重负荷的线路，能显著改善配电网性能并降低运营成本。综上所述，线路补偿是一种经济高效的解决方案，适用于提升配电网的整体性能和运营效率。

（4）随机补偿，也称为分散补偿，是一种在客户终端用电设备上进行的无功功率补偿方式，特别适用于电动机等用电设备。通过将电容器直接并联在电动机上，随机补偿能有效补偿电动机的无功消耗。在县级农网中，电动机消耗的无功功率约占总量的60%，因此，通过就地平衡电动机的无功消耗，不仅可以减少配电线路的损耗，还能提升电动机的工作效率。在10kV及以下的电网中，变压器的无功消耗大约占总量的30%，而低压用电设备的消耗则超过65%。这表明，在低压用电设备上实施无功补偿具有显著的经济和性能优势，是一种值得推荐的节能措施。特别是对于油田抽油机、矿山提升机、港口卸船机等大型电动机，实施随机补偿尤为重要。

随机补偿具有以下显著优点：

1）能够减少线损率约20%；

2）改善电压质量，减少电压损失，从而优化用电设备的启动和运行条件；

3）释放系统能量，增强线路的供电能力。

然而，由于随机补偿的投资成本较高，确定合适的补偿容量需要精确计算。目前，随机补偿的应用并不普遍，部分原因包括管理体制的制约、对节能重视不足以及应用上的不便等。为了提高随机补偿的应用效果，需要加强宣传教育，提升节能意识，并针对不同用电设备的特性，开发出体积小、成本低、易于安装和免维护的智能型无功补偿装置。这样的措施将有助于推广随机补偿技术，实现更广泛的节能效果。

（5）随器补偿，是一种常见的分散式无功功率补偿方法。该方法通过在变压器低压侧并联电容器来实现，主要目的是补偿变压器的空载无功和漏磁无功，从而提升电能质量和系统效率。这种补偿方式因其广泛的适用性和显著的效益而被普遍采用。随着用户负荷的波动，采用微机控制系统能够自动调整电容器的投切，以适应负荷变化，确保无功功率的及时补偿。补偿容量根据实际需求设计，通常在几十至几百千乏之间。通过这种方式，可以有效提高用户的功率因数，实现无功功率的就地平衡，减少配电网的损耗，并改善电压质量。尽管配电变压器数量众多且分布广泛，导致补偿工程的初期投资和后期运维成本较高，但通过采用成本效益高的补偿设备和提高设备的可靠性，可以在一定程度上降低这些成本。因此，设备制造商被鼓励研发更经济、更可靠的补偿装置，以促进这一补偿技术的发展和普及。

6.2 配电网无功补偿装置的容量选择原则及电气元件配置

6.2.1 .配电网无功补偿的基本原则及要求

1.配电网无功补偿的基本原则

配电网规划需要保证有功和无功的协调，电力系统配置的无功补偿装置应在系统有功负荷高峰和负荷低谷运行方式下，保证分（电压）层和分（供电）区的无功平衡。

变电站、线路和配电台区的无功设备应协调配合，按以下原则进行无功补偿配置：

（1）无功补偿装置的合理配置对于提升电力系统性能和优化电能质量至关重要。通过实施分层分区、就地平衡的原则，并结合集中与分散的补偿方式，可以有效地管理无功功率，减少线路损耗，提高功率因数。分散补供装置，靠近用电端，能够及时响应负荷变化，为用户提供必要的无功支持，降低损耗，稳定电压。而变电站的集中补偿装置则侧重于电压控制和系统稳定性，增强电网的调控能力和抗干扰性，确保供电的可靠性。这种多级结合的补偿策略，有助于实现电网的高效运行和供电质量的整体提升。

（2）应从系统角度优化无功补偿装置的配置，以利于全网无功补偿装置的优化投切。变电站无功补偿配置应与变压器分接头的选择相配合，以保证电压质量和系统无功平衡。

（3）对于电缆化率较高的地区，应配置适当容量的感性无功补偿装置。

（4）接入中压及以上配电网的用户应按照电力系统有关电力用户功率因数的要求配置无功补供装置，并不得向系统倒送无功。

（5）在配置无功补偿装置时应考虑谐波治理措施。

（6）分布式电源接入电网后，原则上不应从电网吸收无功，否则需配置合理的无功补偿装置。

2. 配电网无功补偿配置要求

（1）35～110kV电网应根据网络结构、电缆所占比例、主变压器负载率、负荷侧功率因数等条件，经计算确定无功配置方案。有条件的地区，可开展无功优化计算，寻求满足一定目标条件（无功设备费用最小、网损最小等）的最优配置方案。

（2）35～110kV变电站一般宜在变压器低压侧配置自动投切或动态连续调节无功补偿装置，使变压器高压侧的功率因数在高峰负荷时不低于0.95，在低谷负荷时功率因数不应高于0.95且不低于0.92，无功补偿装置总容量应经计算确定，对于分组投切的电容器，可根据低谷负荷确定电容器的单组容量，以避免投切振荡。

（3）配电变压器的无功补偿装置容量应依据变压器最大负载率、负荷自然功率因数等进行配置。

（4）在电能质量要求高、电缆化率高的区域，配电室低压侧无功补偿方式可采用静止无功发生器（SVG）。

（5）在供电距离远、功率因数低的10kV架空线路上可适当安装无功补供装置，其容量应经过计算确定，且不宜在低谷负荷时向系统倒送无功。

（6）提倡380/220V用户改善功率因数。

3. 确定无功补偿容量的方法

确定补偿容量的方法多种多样，但目的都是提高配电网的运行指标。确定补偿容量的计算方法有从功率因数的提高数值确定补偿容量、从降低线损需要来确定补偿容量和从提高运行电压需要来确定补偿容量等。

6.2.2 无功补偿电气元件的配置

1. 接线方式

并联电容器无功补偿装置的接线方式有以下几种典型接线供选用。

（1）高压电容器组一次接线方式。高压电容器的一次接线方法较多，目前采用的有单星形接线、星形接线、单三角形接线和双三角形接线。电容器电压的规范也有多种，为适用于3.2、6.6、10kV电压等级的系统，需要采用不同接线。高压电容器接线方法多样，包括单星形、双星形、单三角形和双三角形等。其电压规范也各不相同，以适应不同电压等级的系统。在6.6kV系统中，6.6kV额定电压的电容器通常采用单星形或双星形接线，而3.15kV额定电压的电容器则可能需要串联后采用三角形接线。在10kV系统中，10kV和6.3kV额定电压的电容器分别采用三角形和星形接线。

（2）低压电容器组一次接线方式。采用分散补偿时，额定电压为400V的电容器接线有两种：

1）单独补偿时电容器直接连接至用电设备。

2）带有放电电阻经过单独开关和熔断器。

2. 各类电气元件配置

（1）高压补偿电气元件配置。高压并联电容器装置的分组回路，可采用高压电容器组与配套设备连接的方式，并装设下列配套设备：

1）隔离开关、断路器或跌落式熔断器等设备。

2）串联电抗器。

3）操作过电压保护用避雷器。

4）单台电容器保护用熔断器。

5）放电器和接地开关。

6）继电保护、控制、信号和电测量用一次设备及二次设备。

（2）低压补偿电气元件配置。低压并联电容器装置接线，宜装设下列配套元件：

1）总回路刀开关和分回路交流接触器或功能相同的其他元件。

2）操作过电压保护用避雷器。

3）短路保护用熔断器。

4）过载保护用热继电器。

5）限制涌流的限流线圈。

6）放电器件。

7）谐波含量超限保护、自动投切控制器、保护元件、信号和测量表计等配套器件。

（3）注意事项。

1）交流接触器具有限制涌流功能，而电容器柜有谐波超值保护时，可以省去限流线圈。但热继电器作为监测电容器过电流、过热的重要保护设备，仍建议装设，确保电容器在各种情况下均得到保护。因此，是否装设热继电器需根据具体设计和运行要求决定。

2）串联电抗器宜装设于电容器组的中性点侧。当装设于电容器组的电源侧时，应校验动稳定电流和热稳定电流。

3）当电容器配置熔断器时，每台电容器配一只跌落式熔断器，严禁多台电容器共用一只跌落式熔断器。

4）当电容器的外壳直接接地时，熔断器应接在电容器的电源侧。

5）当电容器装设于绝缘框（台）架上且串联段数为两段及以上时，至少应有一个串联段的熔断器接在电容器的电源侧。

6）电容器组应装设放电器或放电元件。

7）放电器宜采用与电容器组直接并联的接线方式。当放电器采用星形接线时，中性点不应接地。

8）低压电容器组装设的外部放电器件，可采用三角形接线或不接地的星形接线，并直接与电容器连接。

9）高压电容器组的电源侧和中性点侧，宜设置检修接地开关。

10）高压并联电容器装置的操作过电压保护和避雷器接线方式，应符合相关规定。

11）高压并联电容器装置的分组回路，宜设置操作过电压保护。

12）当断路器仅发生单相重击穿时，可采用中性点避雷器接线方式，或采用相对地避雷器接线方式。断路器出现两相重击穿的概率极低时，可不设置两相重击穿故障保护。当需要限制电容器极间和电源侧对地过电压时，其保护方式应符合下列规定：

a.电抗率大于或等于12%时，可采用避雷器与电抗器并联连接和中性点避雷器接线的方式。

b.电抗率不大于1%时，可采用避雷器与电容器组并联连接和中性点避雷器接线的方式。

c.电抗率为4.5%～6%时，避雷器接线方式宜经模拟计算研究确定。

3. 控制方式

无功补偿的控制方式指电容器的投切方式，高压并联电容器装置可根据其在电网中的作用、设备情况和运行经验选择自动投切或手动投切方式，并应符合下列规定：

（1）兼作电网调压的并联电容器装置，可采用按电压、无功功率及时间等组合条件自动投切。

（2）变电站的主变压器若装备有载调压装置，则电容器组可通过与变压器分接头的联动调节，实现自动投切。这种综合调节能有效优化电网的电压质量，提高系统稳定性。这种自动投切策略在现代电力系统中得到了广泛应用。

（3）变电站的并联电容器组可根据电压、无功功率（电流）、功率因数或时间等参数进行自动投切。这种多控制量的自动投切方式，能有效提高电力系统的电压稳定性、功率因数及运行效率，满足电力系统的不同运行需求。

（4）高压并联电容器装置，当日投切不超过3次时，宜采用手动投切。

（5）低压并联电容器装置应采用自动投切。自动投切的控制量可选用无功功率、电压、时间、功率因数。

（6）自动投切装置应具有防止保护跳闸时误合电容器组的闭锁功能，并应根据运行需要具有控制、调节、闭锁、联络和保护功能，应设置改变投切方式的选择开关。

（7）并联电容器装置，严禁设置自动重合闸。

6.3 无功补偿的安装与调试流程

本节介绍无功补偿装置的安装与调试流程。

1. 作业内容

作业内容主要是以电容器为核心的无功补偿装置的安装与调试，包括无功补偿装置的接线和主要元件安装调试方法、注意事项等。

2. 危险点分析与控制措施

电力电容器是充油设备，安装、运行或操作不当可能着火甚至发生爆炸，电容器的残留电荷还可能对人身安全构成直接威胁。

（1）电容器及其附件的试验调整和电容器器身检查结果，必须符合相关规范要求。

（2）电容器器身不得有损坏及渗油，瓷件无裂纹，瓷釉无损伤。

（3）登高作业，严格执行登高作业规范。

（4）安装前或者送电试验后电力电容器有剩余电荷时，必须可靠放电。

3. 作业前准备

（1）材料准备。并联补偿电力电容器安装施工时，首先要做好设备材料的准备和开箱验收等。其中除检验电容器主设备外，对电容器安装材料、接线材料等也应逐一检查，内容如下：

1）电容器应装有铭牌，注明制造厂名、额定容量、接线方式、电压等级等技术数据。备件应齐全，并有产品合格证及技术文件。

2）容量规格及型号必须符合设计要求。

3）电容器及其他电气元件外表无锈蚀及损坏现象；套管芯线棒应无弯曲及滑扣现象，引出线端附件齐全，压接紧密；外壳无缺陷及渗油现象。

4）安装用的型钢支架应符合设计要求，并无明显锈蚀，螺栓均应采用镀锌螺栓。

5）材料均应符合设计要求，并有产品合格证。

（2）主要机具和工作准备。

1）安装机具：手推车、电话、砂轮、电焊机、气焊工具、压线相子、扳手等。

2）测试工具：钢卷尺、钢板尺、直尺、绝缘电阻表、万用表、卡钳电流表。

3）施工图纸及技术资料齐全。

4）土建工程基本施工完毕，地面、墙面全部完工，标高、尺寸、结构及预埋件均符合设计要求。

5）屋顶无漏水现象，门窗及玻璃安装完整，门加锁，场地清扫干净，道路畅通。

4. 操作步骤及质量标准

（1）基础制作安装或框架制作安装。

1）在进行成套电容器框组安装前，必须严格按照设计要求构建型钢基础，确保其稳固可靠。对于组装式电容器，应根据图纸细致打造框架，电容器可分层安装，但一般不建议超过三层，以确保安全。

2）每层之间不需设置隔板，但每层构架必须使用非可燃材料，并确保构架间水平距离不小于0.5m。安装时，下层电容器底部距地高度不得低于0.3m，母线与上层构架之间的距离应至少为20cm。

3）电容器之间的间距应依据说明书和设计要求来确定，如无可参考要求，则至少应保持50mm的距离。最后，基础型钢及构架均需按标准涂漆并确保接地，以确保整体安装的安全与稳定。

（2）电容器二次搬运。

1）电容器搬运时应轻拿轻放。

2）注意保护瓷绝缘子和壳体不受任何机械损伤。

（3）电容器安装。

1）电容器应专室安装，远离潮湿、多尘、高温、易燃易爆及腐蚀气体场所，确保运行环境的安全。

2）其额定电压应与电网电压相匹配，通常采用三角形接法，保持三相电流平衡，不平衡度控制在5%以内。

3）电容器必须配置放电装置，便于停电后迅速释放电能。

4）安装时，应使电容器铭牌朝向通道，并确保其金属外壳接地牢靠，以确保整体安装的安全与稳定。

（4）连线。

1）电容器连接线应使用软导线，确保接线对称、整齐美观，线端应加装线鼻子，压接必须牢固。

2）采用母线连接时，应避免电容器套管承受机械应力，确保压接紧密、母线排列有序并刷上相应相色。

3）控制导线的连接需符合盘柜和二次回路配线标准。

（5）送电前的检查。

1）绝缘测量。1kV以下电容器应用1000V绝缘电阻表测量，3～10kV电容器应用2500V绝缘电阻表测量，并做好记录。测量时应注意方法，以防电容放电烧坏绝缘电阻表，测量完后要进行放电。

2）耐压试验。电力电容器送电前应做交接试验。

3）电容器外观检查。无损坏及漏油、渗油现象。

4）连线正确可靠。

5）各种保护装置正确可靠。

6）放电系统完好无损。

7）控制设备完好无损，动作正常，各种仪表校对合格。

8）自动功率因数补偿装置调整好（用移相器事先调整好）。

（6）竣工验收、送电运行验收。

1）冲击合闸试验：对电力电容器组进行3次冲击合闸试验，无异常情况，方可投入运行。

2）正常运行24h后，应办理验收手续，移交甲方验收。

3）验收时应移交以下技术资料：设计图纸及设备附带的技术资料、设计变更记录、设备开箱检查记录、设备绝缘测量及耐压试验记录、安装记录及调试记录。

（7）应具备的质量记录。包括设备材料检验记录、产品合格证、绝缘测量报告、交接试验报告、设计变更记录及分项工程质量评定记录。

5. 无功补偿装置的调试及注意事项

部分较大的乡镇用户变配电站，集中装设补偿电容器柜，补偿电容装置的调试与维护需注意以下几点：

（1）系统供电电压对电容器的影响。电容器的无功功率与供电电压的平方成正比，若供电电压低于电容器的额定值，将增加其损耗，缩短使用寿命。因此，相关国家标准规定，电容器长时间允许的运行电压不得超过其额定电压的1.1倍。超过此值，电容器应停止运行。ABB功率因数调节器安装在电容柜上，具备过电压保护功能。为确保其正常运行，应经常监测其过电压保护动作值，并根据需要进行适当调整。

（2）监视电容器组的运行电流。每台电容器铭牌上都标有额定电压值，当系统供电电压与此相符时，电容器运行电流也应达到额定值。若电流值与额定值偏离较大或三相不平衡，需进行深入检查，电流偏小可能由于供电电压偏低或电容器组中存在故障；电流偏大则可能是供电电压偏高或受系统中高次谐波影响。三相电流不平衡通常源于电容器组中部分电容的故障，可通过钳形电流表进行检查。若电流远超额定值且指针不规则摆动，可能是电容器与系统中的高次谐波产生并联谐振，导致严重过负荷。对于这些异常，须及时采取措施，避免事态恶化。

（3）减少投切振荡概率。投切振荡是电容器组在不稳定状态下反复投入和切除，导致元器件加速老化和寿命缩短。该现象通常由两种原因引起：一是系统过补偿，通过选择合适的无功功率自动补偿器或调整电容器分组方式，可有效降低投切概率；二是过电压导致的投切振荡，可通过核对运行电压与过电压保护整定值和回差电压值，确保其适应性。为了减少投切振荡，应在实际运行中采取相应的措施，确保电容器组的稳定运行，以延长其使用寿命并提高系统效率。

（4）应具备可靠的放电回路。为确保电容柜的安全运行，每台电容器必须配备可靠的放电回路。若电容器组脱离电源后缺乏放电回路，再次投入可能导致电容器承受过高的叠加电压而受损，并产生巨大的合闸冲击电流，对电气设备构成威胁。手动投切时，难以确保电荷安全释放，同时难以检查内部电阻状态。因此，建议在每台电容器上并联3只信号灯，以指示放电回路及投切状态。

（5）掌握正确的操作方法。

1）当采用手动操作时，投切速度不能太快，要保证有足够的放电时间。

2）副柜同样有选择自动和手动两种运行方式的切换开关。要求副柜随主柜同步自动投切，在主柜投运前（或在主柜电容器组大部分切除），将副柜转换开关预先操作在自动工作的位置上，在尽可能避免主柜电容器组大部分投入的情况下，将副柜切换开关由手动或停止转向自动，以避免较大的电流对系统造成冲击，损坏设备。

（6）防止高次谐波对电容器的危害。电网中的高次谐波主要源自非线性负荷，如晶闸管整流装置、变压器铁芯饱和及电弧炉变频器等。这些谐波对电容器造成巨大威胁，会导致过电流、发热、损耗增加，绝缘性能下降，甚至内部击穿。此外，还可能引发电流谐振，造成电容器过电流、熔断器熔断或爆炸事故。为防范谐波对电容器的损害，我们提出两项有效措施。首先，串联电抗器到电容器中，根据系统中的谐波成分和负载特性，选择适当的电抗器，其基波电抗值建议为电容器基波容抗值的6%~59%。其次，提高电容器组的额定工作电压，以增加其绝缘介质强度。例如，将额定电压为500V的电容器用于400V电源，以增强其抵抗谐波的能力。这些措施能有效保护电容器，确保其稳定可靠运行。

（7）监视电容器的温升。电容器正常运行时的温升不会很高，一般不超过20K。如果手摸其外壳，感到微温，是正常的；如果外壳很烫手，则肯定内部存在故障，应停电退出运行。

（8）加强日常维护。

1）定期对设备进行停电清扫，并紧固一、二次回路螺钉。

2）定期检查仪表指示是否正常，回路连接部分和主要元器件是否有过热的现象，是否有不正常的噪声，放电回路是否完好，如发现问题应及时处理。

7

室内配电线路的安装、检修与维护流程

❯ 7.1 照明部分的安装与检修流程

❯ 7.2 接户线 / 进户线的安装与维护流程

7.1 照明部分的安装与检修流程

本节介绍室内配电线路的安装、检修与维护流程，包括照明的方式与种类、照明光源的选择、照明设备的安装流程、照明故障的检修流程等内容。

7.1.1 照明方式与种类

照明方式是指照明设备按其安装部位或光的分布而构成的基本制式。就安装部位而言，有一般照明（包括分区一般照明）、局部照明和混合照明等。选择合理的照明方式，对改善照明质量、提高经济效益和节约能源等有重要作用。

1. 照明方式

（1）一般照明。即在室内外，保证场所明晰视觉的基本照明，可满足场所一般工作照度要求，照度比较均匀，如图7-1所示。一般照明可采用较大功率的灯泡，达到照明装置数量少、覆盖面大的效果。

图7-1 一般照明

（2）局部照明。即局限于工作部位的固定或移动的照明。对于局部地点需要高照度并对照射方向有要求时，采用局部照明。

（3）混合照明。由一般照明和局部照明组成（见图7-2），优点是可提高照度、改善光色、降低功率和费用，不应只装局部照明而无一般照明。

2. 适用原则

（1）当不适合装设局部照明或采用混合照明不合理时，宜采用一般照明。

（2）当需要高于一般照明照度时，可采用分区一般照明。

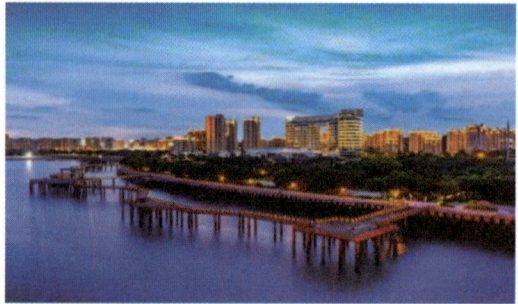

图7-2　混合照明

（3）对于照度要求高，工作位置密度不大，且单独装设一般照明不合理的场所，宜采用混合照明。

（4）在一个工作场所内不应只装设局部照明。

一般照明适用不宜局部或混合时，照度不足分区一般照明。高照度、密度不大单独一般不合理时，宜采用混合照明。工作场所不应只装局部照明。

3. 照明种类

照明类型包括正常照明、应急照明、值班照明、警卫照明和障碍照明。正常照明用于室内工作场所，应急照明用于确保正常工作或人员安全，值班照明和警卫照明用于夜间值守或巡视，障碍照明用于航行安全。

7.1.2　照明光源的选择

照明光源指用于建筑物内外照明的人工光源。近代照明光源主要采用电光源（即将电能转换为光能的光源），一般分为热辐射光源、气体放电光源。

1. 照明光源种类

照明光源种类如图7-3所示。

2. 常用照明电光源工作原理

（1）白炽灯和卤钨灯。靠电流加热灯丝至白炽状态而发光，如图7-4（a）所示。

（2）荧光灯。靠汞蒸气放电时辐射的紫外线去激发灯管内壁的荧光物质使之发出可见光，如图7-4（b）所示。

（3）高压汞灯。分为荧光高压汞灯、反射型荧光高压汞灯和自镇流高压汞灯三种。高压汞灯外玻壳内壁涂有荧光粉，能将汞蒸气放电时辐射的紫外线转变为可见光，改善光色，提高光效。自镇流高压汞灯是利用钨丝作镇流器，由汞蒸气放电、白炽体和荧光材料三种发光物质同时发光的复合光源，如图7-5（a）所示。

（4）高压钠灯。利用高压钠蒸气放电，其辐射光的波长集中在人眼感受较灵敏的范围内，紫外线辐射少，光效高，寿命长，透雾性好，如图7-5（b）所示。

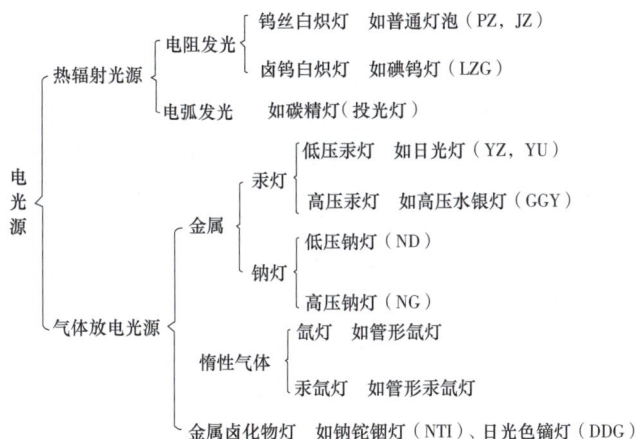

图7-3　照明光源种类

（a）白炽灯

（b）荧光灯

图7-4　白炽灯和荧光灯

（a）高压汞灯

（b）高压钠灯

图7-5　高压汞灯和高压钠灯

（5）金属卤化物灯。即在高压汞灯内添加某些金属卤化物，从而改善光色。不同金属卤化物可制成不同光色的灯。

（6）高压氙灯。氙气放电时可产生很强的白光，与太阳光十分相似。饱和的氙气放电具有上升的伏安特性，因此正常工作时可不用镇流器，但为提高电弧稳定和改善启动性能，1500W管仍用镇流器。

3. 照明器具的选用

（1）根据场所条件选光源灯具。高光效光源高效率灯具适用于多种室内和室外场所，开关频繁时采用白炽灯卤钨灯，高大空间采用高光强灯，仓库采用防燃灯具，应急照明应瞬时启动。

（2）根据配光特性选择灯具。建筑内照明采用半直射、漫射、荧光灯具，厂房使用直射灯具，室外照明用漫射灯具。

（3）根据环境条件选择灯具。干燥房间开灯，潮湿场所采用瓷质防水灯，大量尘埃场所采用防尘灯，易爆场所采用防爆灯，有机械碰撞时采用带防护罩的灯具。

7.1.3 照明设备的安装流程

一般室内照明线路主要由电源、用电设备、导线和开关控制设备组成。室内照明配线包括进行电路与墙体或建筑构件的固定，电路的接续，电路的转弯及分支，电路与电气设备、开关、插座的连接，电路与其他设施的交叉跨越等内容。

1. 引用的规程规范

（1）《低压成套开关设备和控制设备　第1部分：总则》（GB/T 7251.1—2023）。

（2）《建筑照明设计标准》（GB 50034—2013）。

（3）《供配电系统设计规范》（GB 50052—2009）。

（4）《建筑电气工程施工质量验收规范》（GB 50303—2015）。

（5）《民用建筑电气设计标准》（GB 51348—2019）。

2. 作业现场要求

（1）工作现场的墙体或建筑构件平整牢固，符合安装要求。

（2）在工作中遇威胁到作业人员的安全等情况时，工作负责人或专职监护人可根据情况，临时停止工作。

（3）作业人员应熟悉工作中保证安全的组织措施和技术措施；严禁酒后作业和作业中玩笑嬉闹。

3. 准备工作

（1）危险点分析与控制措施。

1）危险点：工器具伤人。

预控措施：①使用榔头时应握牢手柄，施工过程中应保证榔头准确击打在受力点上；②剥削导线时，应戴劳保手套，使用电工刀时刀口应向外，要紧贴导线呈45°角左右切削或使用专用剥线钳。

2）危险点：触电伤害。

预控措施：①穿长袖工作服，使用有绝缘柄的工具，接电时戴好绝缘手套；②使用仪表时应注意安全距离和方法，避免触电伤害和电弧伤害；③临时接入的工作电源必须用专用导线，并装有剩余电流动作保护器。

3）危险点：高处坠落、物体打击伤害。

预控措施：①正确使用梯子等高处作业工具，梯脚与地面应接触牢固，梯身稳定可靠，单梯子与地面夹角60°~70°为宜；②使用梯子作业必须专人扶梯，梯子上有人时严禁移动梯子；③进入工作现场戴安全帽，工具、材料使用专用传递袋。

（2）工器具及材料选择。所需要的工器具及材料见表7-1。

▼表7-1　　　　　　　　　　照明设备安装的工器具及材料

序号	名称	规格型号	单位	数量	备注
1	旋转型手动螺丝刀	十字	把	1	
2	旋转型手动螺丝刀	一字	把	1	
3	铁榔头		把	1	
4	尖嘴钳		把	1	
5	平口钳		把	1	
6	活络扳手		把	1	
7	电锤		把	1	
8	绝缘电阻表		把	1	
9	万用表		个	1	
10	卷尺		个	1	
11	剥线钳		把	1	
12	验电笔	低压	只	1	
13	工具袋		个	1	
14	PVC线管		m	若干	
15	铜芯线	黄、绿、红、淡蓝色（黑色）、黄绿双色线	m	若干	
16	绝缘胶带	黄、绿、红、淡蓝色（黑色）	圈	若干	

序号	名称	规格型号	单位	数量	备注
17	金属胀管		套	若干	
18	塑料胀管		把	若干	
19	开关		只	若干	
20	插座		只	若干	
21	开关盒		只	若干	与开关插座配套
22	灯座		只	若干	
23	灯泡、灯具		只	若干	

（3）作业人员分工。根据作业要求，共需配备3名作业人员，包括1名工作负责人、1名主要操作人员、1名辅工，作业人员分工见表7-2。

▼表7-2　　　　　　　　　　照明设备安装的安装人员分工

序号	工作岗位	数量（人）	工作职责
1	工作负责人（现场总指挥）	1	负责召开工作班前会、落实现场安全措施、作业过程中的安全监督、工作中突发情况的处理、工作质量的监督、工作后的总结
2	主要操作人员	1	安装线管及照明设备
3	辅工	1	负责地面扶梯、传递工具材料等辅助工作

4. 工作程序

（1）工作流程见表7-3。

▼表7-3　　　　　　　　　　照明设备的安装流程

序号	作业内容	作业标准	安全注意事项	责任人
1	前期准备工作	填写低压工作票，识读现场安装接线图，编写施工作业指导书，进行技术交底	戴安全帽、穿工作服，编写规范施工作业指导书	
2	工器具、材料的检查	对进入作业现场的工器具、进行清点、检验或现场试验，确保工器具完好并符合相关要求	逐一清点工器具、材料的数量及型号	
3	确定线路走向及附件位置	（1）按照设计图纸要求对安装现场进行检查。（2）确定线管走向。（3）确定配电箱、开关、灯具安装位置	作业要做好安全防护，防止坠落伤害	

续表

序号	作业内容	作业标准	安全注意事项	责任人
4	安装线管、配电箱、开关盒	（1）线管埋入建构筑物，距离表面15mm，砖墙剔槽需水泥砂浆保护。 （2）线管固定于线槽，与开关盒链接需锁母。 （3）弯管用弹簧弯，不使用90°弯头及三通。 （4）配电箱、开关盒固定平整清洁，管口接头保证一致	开槽用切割机，专用导线保护防触电。弯管用弹簧，防反弹伤害注意点	
5	管内配线	（1）穿线前应清理管内积水杂物，清理管口毛刺刃口，防止损坏导线绝缘层。 （2）导线穿入线管时，剥出线芯，用钢丝做引线与电线缠绕，逐渐送入管中直到另一端露出。 （3）防止因穿线磨损绝缘，低压线路应使用不低于500V的绝缘导线。 （4）使用各种颜色绝缘线以便于识别和接线	剥导线时戴手套，刀口向外45°切削，防止划伤手套。使用钢丝引线需2人配合完成，防止脱落划伤	
6	照明器具的安装	（1）灯具安装高度：室内不低于2.5m，室外不低于3.0m；室内开关距地面1.3m，距门框150~200mm。 （2）明插座安装高度不低于1.3m，幼儿园等处不低于1.8m。固定灯具需用接线盒等。螺口灯座相线接中心弹片，中性线接螺旋部分	用电锤开孔，使用专用导线并装保器防触电。剥线时戴手套，刀口向外45°切削防划伤。正确使用工具，防止旋转型手动螺丝刀打滑伤害	
7	检查	（1）对整个安装工艺、接线进行最后检查，确认接线正确。 （2）停电接线检查。使用万用表对接线进行一次全面检查，确认接线正确。 （3）使用绝缘电阻表检测照明回路绝缘电阻。 （4）通电检查。并用万用表检查各回路的电压情况，观察开关、插座、灯具是否正常	（1）使用万用表测量，应注意万用表的量程，防止烧毁万用表。 （2）使用万用表检查各回路的通断情况时，注意保持安全距离，防止短路及触电伤害。 （3）使用绝缘电阻表检测绝缘电阻时应防止误碰线路	
8	现场清理	完成后及时清理现场，做到"工完料尽、场地清"	清理遗留杂物，及时清理施工现场	

（2）操作示例图。安装照明设备操作流程示意如图7-6所示。

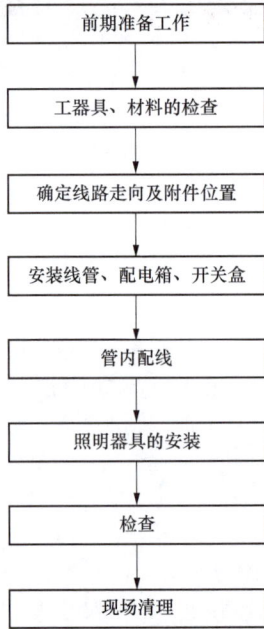

```
┌─────────────────────┐
│     前期准备工作      │
└─────────────────────┘
          ↓
┌─────────────────────┐
│   工器具、材料的检查   │
└─────────────────────┘
          ↓
┌─────────────────────┐
│  确定线路走向及附件位置 │
└─────────────────────┘
          ↓
┌─────────────────────┐
│ 安装线管、配电箱、开关盒 │
└─────────────────────┘
          ↓
┌─────────────────────┐
│       管内配线        │
└─────────────────────┘
          ↓
┌─────────────────────┐
│     照明器具的安装     │
└─────────────────────┘
          ↓
┌─────────────────────┐
│        检查          │
└─────────────────────┘
          ↓
┌─────────────────────┐
│       现场清理        │
└─────────────────────┘
```

图7-6 照明设备安装流程示意图

7.1.4 照明故障的检修流程

照明电路故障是由引入电源线连通电能表、总开关、导线、分路出线发生故障，发生故障时应逐步依次从每个组成部分开始检查。一般顺序是从电源开始检查，一直到用电设备。

照明电路的常见故障主要有断路、短路和漏电三种。

1. 引用的规程规范

（1）《低压成套开关设备和控制设备 第1部分：总则》（GB/T 7251.1—2023）。

（2）《建筑照明设计标准》（GB 50034—2013）。

（3）《供配电系统设计规范》（GB 50052—2009）。

（4）《建筑电气工程施工质量验收规范》（GB 50303—2015）。

（5）《民用建筑电气设计标准》（GB 51348—2019）。

2. 作业现场要求

（1）工作现场的墙体或建筑构件平整牢固，符合安装要求。

（2）在工作中遇威胁到作业人员的安全等情况时，工作负责人或专职监护人可根据情况，临时停止工作。

（3）作业人员应熟悉工作中保证安全的组织措施和技术措施；严禁酒后作业和作业中玩笑嬉闹。

3. 准备工作

（1）危险点分析与控制措施。

1）危险点：工器具伤人。

预控措施：①使用榔头时应握牢手柄，施工过程中应保证榔头准确击打在受力点上；②剥削导线时，应戴劳保手套，使用电工刀时刀口应向外，要紧贴导线呈45°角左右切削或使用专用剥线钳。

2）危险点：触电伤害。

预控措施：①穿长袖工作服，使用有绝缘柄的工具，接电时戴好绝缘手套；②使用仪表时应注意安全距离和方法，避免触电伤害和电弧伤害；③临时接入的工作电源必须用专用导线，并装有剩余电流动作保护器。

3）危险点：高处坠落、物体打击伤害。

预控措施：①正确使用梯子等高处作业工具，梯脚与地面应接触牢固，梯身稳定可靠，单梯子与地面夹角60°～70°为宜；②使用梯子作业必须专人扶梯，梯子上有人时严禁移动梯子；③进入工作现场戴安全帽，工具、材料使用专用传递袋。

（2）工器具及材料选择。所需要的工器具及材料见表7-4。

▼表7-4　　　　　　　　　　照明故障检修的工器具及材料

序号	名称	规格型号	单位	数量	备注
1	旋转型手动螺丝刀	十字	把	1	
2	旋转型手动螺丝刀	一字	把	1	
3	铁榔头		把	1	
4	尖嘴钳		把	1	
5	平口钳		把	1	
6	活络扳手		把	1	
7	绝缘电阻表		把	1	
8	万用表		个	1	
9	卷尺		个	1	
10	剥线钳		把	1	

续表

序号	名称	规格型号	单位	数量	备注
11	验电笔	低压	只	1	
12	工具袋		个	1	
13	铜芯线	黄、绿、红、淡蓝色（黑色）、黄绿双色线	m	若干	
14	绝缘胶带	黄、绿、红、淡蓝色（黑色）	圈	若干	
15	开关		只	若干	
16	插座		只	若干	
17	开关盒		只	若干	与开关插座配套
18	灯座		只	若干	
19	灯泡、灯具		只	若干	

（3）作业人员分工。根据作业要求，共需配备3名作业人员，包括1名工作负责人、1名主要操作人员、1名辅工，作业人员分工见表7-5。

▼表7-5　　　　　　　　　　　照明故障检修人员分工

序号	工作岗位	数量（人）	工作职责
1	工作负责人（现场总指挥）	1	负责召开工作班前会、落实现场安全措施、作业过程中的安全监督、工作中突发情况的处理、工作质量的监督、工作后的总结
2	主要操作人员	1	照明故障检修
3	辅工	1	负责地面扶梯、传递工具材料等辅助工作

4. 工作程序

（1）工作流程见表7-6。

▼表7-6　　　　　　　　　　　照明故障检修流程

序号	作业内容	作业标准	安全注意事项	责任人
1	前期准备工作	填写低压工作票，识读照明回路图，编写作业指导书，进行技术交底	穿戴安全装备，规范编写	
2	工器具、材料的检查	对进入作业现场的工器具、进行清点、检验或现场试验，确保检修工器具完好并符合相关要求	逐一清点工器具、材料的数量及型号	

序号	作业内容	作业标准	安全注意事项	责任人
3	确定故障类型	断路导致电路无电，照明不亮，电器无法工作；短路使熔丝爆断，有烧痕、绝缘碳化，严重时引发火灾；漏电致相线、中性线损坏接地，设备内部绝缘损坏使外壳带电	观察故障现象应保持足够的安全距离，防止触电及电弧伤害	
4	检查步骤	（1）断路故障会导致负载无法正常工作，检修包括检查熔丝、触头、导线、灯泡等。 （2）短路故障会导致熔丝爆断、短路点有烧痕和绝缘碳化，检修步骤包括检查用电器具接线、螺口灯头和导线绝缘层等。 （3）漏电故障会导致外壳带电，检修步骤包括分段测量绝缘电阻值确定漏电范围，检查导线、接头和用电设备绝缘等	进行检修前，应确保断开电源并采取安全措施。使用万用表时注意量程，防止烧毁。使用绝缘电阻表检测绝缘电阻要避免误碰线路。使用工具要得当，防止旋转型手动螺丝刀打滑造成伤害	
5	处理步骤	断路故障，应更换熔丝、拆除大功率用电器具、更换断线处导线、更换损坏的灯泡或灯具；短路故障，应紧固用电器具接线、更换合格的灯座和导线、设置滴水湾防止雨水进入设备、更换受损的电气设备；漏电故障，应更改导线安装位置或加装绝缘保护导管、更换受损导线、恢复接头处绝缘、加强通风和绝缘防护	进行导线剥削时，需佩戴劳保手套，使用电工刀时需与导线呈45°角左右切削，防止划伤手指。更换灯泡灯具时，需注意防止玻璃划伤。使用工具时，需正确操作，防止旋转型手动螺丝刀打滑造成伤害	
6	检查	更换导线、设备、熔丝后，进行最后检查，确认接线正确；停电时用万用表检查接线情况，确认无误；用绝缘电阻表测照回路绝缘电阻，大于0.5MΩ；通电后检查开关、插座、灯具工作情况，确保正常	使用万用表注意量程防止烧毁，保持安全距离，绝缘电阻表检测绝缘防止误碰线路	
7	现场清理	完成后及时清理现场，做到"工完料尽、场地清"	清理遗留杂物，及时清理施工现场	

（2）操作示例图。检修照明故障操作流程示意如图7-7所示。

7.2　接户线/进户线的安装与维护流程

7.2.1　接户线/进户线的基本认知

主要介绍户线、进户线的介绍、安装流程、技术要求、安全事项等内容。

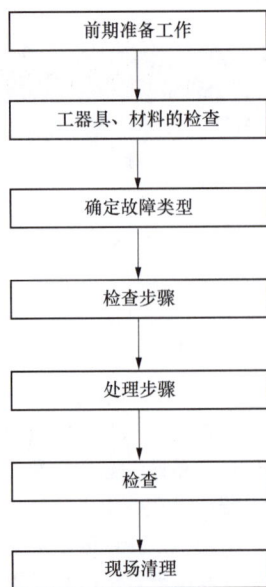

图7-7　照明故障检修流程示意图

1. 接户线安装的一般要求

接户线通常指的是从架空配电线路到用户建筑物外第一个支持点之间的那段线路，它是连接室外配电网络与用户室内电气系统的通道。简而言之，接户线是从户外引入室内的电力传输线路，可确保电能从公共配电网络安全、可靠地传输到用户端。

（1）一般规定。

1）用户计量装置在室内时，从低压电力线路到用户室外第一支持物为接户线，从用户室外第一支持物至用户室内计量装置为进户线。高压接户线指电压等级在1kV及以上高压配电线路由跌落式熔断器或柱上式开关引到建筑物上的线路。

2）低压接户线指从0.4kV及以下低压电力线路到用户第一支持物的一段线路，使用绝缘线连接，根据导线拉力大小选择固定方式。进户线应靠近供电线路、明显可见、紧固不漏水，采用绝缘导线，按允许载流量选择截面积。

（2）接户线和进户线的基本要求。

1）低压接户线应从同一基电杆引下，档距不宜超过25m，总长不超过50m。沿墙敷设的接户线及进户线两支持点间距离不应大于6m。铜线与铝线连接应加装过渡接头。接户线与进户线宜采用绝缘导线，进户端对地面垂直距离不宜小于2.5m，不应跨越铁路。档内不允许接头，不同规格金属导线不应在同一档距内使用。

2）在安装接户线时，选择合适的路径和接户点至关重要。对于同一个用电单位，应只设置一个进户点，该点应尽量靠近供电线路，并且位置显眼、易于识别，以便施工和日后的维护工作。当进户线穿越墙体时，应使用绝缘套管进行保护。在室外部分，应制作滴水弯，确保两端露出的长度不少于10mm。此外，如果滴水弯距离地面的高度小于2m，还应加上绝缘护套，以增强安全性。

3）导线的选择。为明确农村用户用电的安全、可靠，农村低压接户线和室外导线应采用耐气候型的绝缘导线，其导线截面积应按用户实际负荷需要，结合导线的允许载流量进行选择，但所选出的绝缘导线的最小截面积必须满足表7-7的规定。

▼表7-7　　　　　　　　接户线和室外进户线最小允许截面积

架设方式	档距（m）	铜线（mm²）	铝线（mm²）
自电杆引下	≤ 10	2.5	6.0
	10 ~ 25	4	10.0
沿墙敷设	≤ 6	2.5	6.0

4）接户线两端应选用合适绝缘子和支架，按导线截面积大小分别采用针式或蝶式绝缘子，支架采用扁钢、角钢或方木。沿墙敷设的接户线及进户线两支持点间距离不应大于6m，最小间距不小于100mm和150mm。进户端对地面垂直距离不宜小于2.5m。

2. 接户线导线固定要求

（1）接户线应固定在绝缘子上，绑扎方式与蝶式绝缘子终端绑扎相同。用户墙上使用挂线钩、悬挂线夹等固定。接户线两端应设置绝缘子固定，导线在两端绝缘子上的绑扎长度应符合表7-8的规定。采用蝶式绝缘子时应防止瓷裙积水。

▼表7-8　　　　　　　　绝缘导线在绝缘子上的绑扎长度

导线截面积（mm²）	绑扎长度（mm）	导线截面积（mm²）	绑扎长度（mm）
10及以下	≥ 50	25 ~ 50	≥ 120
16及以上	≥ 80	70 ~ 120	≥ 200

（2）下杆线与低压绝缘导线间的连接应符合有关规定的要求且应做好绝缘、防水处理。绝缘线与绝缘子接触部分应用绝缘自黏胶带缠绕，缠绕长度应超出绑扎部位或与绝缘子接触部位两侧各30mm。绝缘胶带在缠绕时，每圈应压叠带宽的1/2。

（3）若导线连接采用绑扎连接时，绑扎连接应接触紧密、均匀、无硬弯，绑扎长度应符合表7-9的规定。

▼表7-9 导线绑扎长度

导线截面积（mm²）	绑扎长度（mm）
35及以下	≥150
50	≥200
70	≥250

3. 常用接户线装置方式

（1）380V分列导线架空接户方式，如图7-8（a）所示。

（2）220V分列导线架空接户方式，如图7-8（b）所示。

（3）杆上计量接户方式及沿墙敷设接户方式，如图7-8（c）、（d）所示。

（a）380V分列导线架空接户方式

（b）220V分列导线架空接户方式

（c）杆上计量接户方式

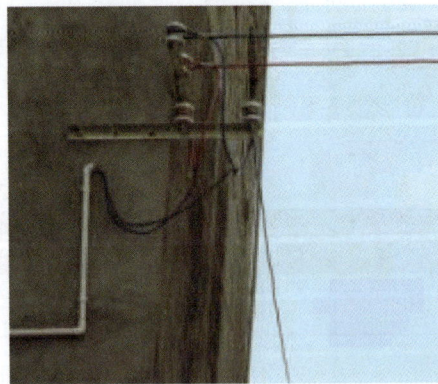

（d）沿墙敷设接户方式

图7-8 常用接户线装置方式

4. 进户线的安装

进户线的安装如图7-9所示，进户线常用角钢支架加装绝缘子来支持进户线的安装。进户线应采用护套线或硬管布线，长度6～10m，选用绝缘良好的导线，截面积需满足安全载流量且不小于最大负荷电流或电能表载流量。穿墙时套瓷管、钢管或塑料管，进户线两端

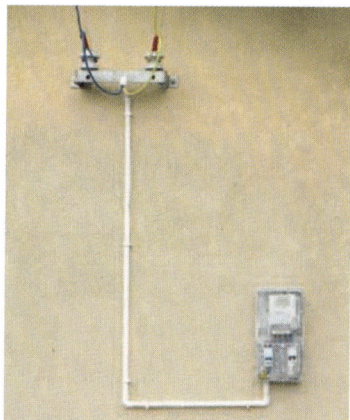

图7-9　进户线的安装

接总熔断器或总开关箱，户外端与接户线连接后保持200mm弛度，一般不少于800mm。

接户线及进户线的安装注意事项：

（1）接户线安装的注意事项。当接户线档距超过规定要求或进户线端低于2.5m及因其他安全需要时，需加装接户杆（也称下户杆）来支撑接户线进户（见图7-10）。

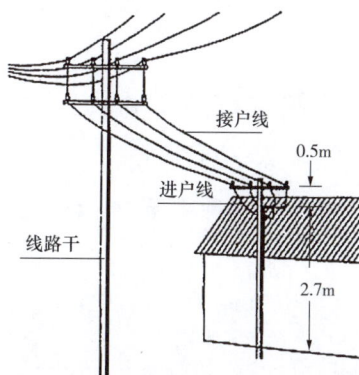

图7-10　接户线通过进户杆进户的示意图

进户杆杆顶应安装镀锌铁横担，横担上安装低压绝缘子，用来支撑单相两线的，一般规定角钢规格不应小于40mm×40mm×5mm；用来支撑三相四线的，一般角钢规格不应小于50mm×50mm×6mm，两绝缘子在角钢上的距离不应小于150mm。

（2）进户线安装的注意事项。接户线安装时，管口与第一支持点的垂直距离应控制在0.5m以内。室外进线应采用防水弯头，确保弯头和管口朝下，以防雨水倒灌。硬管或PVC管穿墙应内高外低，露出墙外的部分不少于30cm。钢管穿墙时，同回路导线须同管敷设，两端需装护口圈。管内导线不得有接头。同时，进户线应与通信线、闭路线、IT线等分开穿管，以防干扰。

7.2.2　接户线/进户线的安装流程与维护

1. 引用的规程规范

（1）《电气装置安装工程　66kV及以下架空电力线路施工及验收规范》（GB 50173—2014）。

（2）《国家电网公司电力安全工作规程（配电部分）》（试行）。

2. 天气及作业现场要求

（1）在工作中遇雷、雨、雪、5级以上大风或其他任何情况威胁到作业人员的安全时，工作负责人或专职监护人可根据情况，临时停止工作。

（2）接户线安装过程必须设置工作负责人统一指挥。开工前，应交代现场工作范围、施工工艺要求、作业现场的危险点、保留的带电部位，所采取的安全控制措施及技术措施，作业人员应明确分工、密切配合、服从指挥。

（3）人员在梯上作业时，应有专人进行扶持，梯子与地面夹角应在60°左右，并应有防滑措施及限高标志。

（4）使用手持电动工具作业，应先确认电线是否完好，用专用的线缆进行电源连接，不得手提导线或转动部分。

（5）杆塔上作业必须全过程使用安全带，物品上下传递须使用绳索，临近带电线路工作应保持足够安全距离，并有专人进行监护。

（6）作业人员应精神状态良好，熟悉工作中保证安全的组织措施和技术措施；严禁酒后作业和作业中玩笑嬉闹。

3. 准备工作

（1）危险点及其预控措施。

1）危险点：触电伤害。

预控措施：①杆塔上临近带电线路作业时，应保持0.7m以上安全距，作业过程应正确佩戴绝缘安全帽，杆塔下方应设专人监护；②使用手持电锤作业时，应先确认连接的线缆是否完好，不得手提线缆或转动部分，接入电源处应使用剩余电流保护器。

2）危险点：高处坠落伤人。

预控措施：①高处作业人员登高前，必须具备符合作业要求的身体状况、精神状态和技能素质；②作业人员超过2m高必须使用安全带，安全带要高挂低用，必须系在牢固的主干或构件上；③监护人员应随时纠正其不规范或违章动作，重点关注作业人员在转位的过程中不得失去安全带或后备保护绳的保护，严禁低挂高用。

3）危险点：高处落物伤人。

预控措施：①高处作业时，工具和材料需收入工具袋，严禁在高处放置悬浮物品或口中含物；②作业人员须规范佩戴安全帽，正确使用绳索，确保作业点下方的安全距离至少等于坠落半径；③传递材料和工具应安全可靠，禁止抛掷；④现场应设围栏和警示标志；⑤监护人员须密切监督，及时纠正不规范或违规行为，严禁非作业人员和车辆进入作业区。

（2）工器具及材料选择。所需要的工器具及材料见表7-10。

▼表7-10　　　　　　　　　220V接户线安装所需工器具及材料

序号	名称	规格型号	单位	数量	备注
1	手持电锤		把	1	
2	脚扣	300mm	副	1	
3	安全带		根	2	
4	白棕绳	$\phi 16 \times 120$m	根	2	
5	绝缘梯	4m	把	1	
6	安全围栏		m	12	
7	个人工具包		个	3	
8	活动扳手	10寸	把	4	
9	钢丝钳	8寸	把	3	
10	尖嘴钳	6寸	把	3	
11	铝塑线	BLV-16mm^2	圈	2	
12	横担	$\angle 6 \times 63 \times 800$ 或 $\angle 6 \times 63 \times 1500$	根	1	
13	U形抱箍	$\phi 16 \times 200$mm	根	1	
14	M垫铁	200mm	根	1	
15	蝴蝶绝缘子	ED-2	个	8	
16	镀锌螺栓	$\phi 14 \times 120$mm	根	8	
17	金属膨胀螺栓	$\phi 12 \times 100$mm	根	2	
18	门形铁	$\angle 5 \times 50 \times 400$ 或 $\angle 5 \times 50 \times 800$	根	1	
19	铜塑线	BV-2.5	m	20	
20	PVC阻燃管	$\phi 32 \sim 40$	根	2	
21	PVC弯头	$\phi 32 \sim 40$	个	5	
22	PVC直接	$\phi 32 \sim 40$	个	1	
23	PVC管卡	$\phi 32 \sim 40$	个	10	
24	绝缘带	红、绿、黄、蓝	圈	各1	
25	异形并沟线夹	B-2	个	4	

（3）作业人员分工。根据作业要求，共需配备6名作业人员，包括1名工作负责人、1名安全监护人员、4名操作人员，作业人员分工见表7-11。

▼表7-11　　　　　　　　　　　接户线安装人员分工

序号	工作岗位	数量（人）	工作职责
1	工作负责人（现场总指挥）	1	负责本次工作任务的人员分工、工作前的现场查勘、现场复勘、办理作业票相关手续、召开工作班前会、落实现场安全措施、作业过程中的安全监督、工作中突发情况的处理、工作质量的监督、工作后的总结
2	专责监护人员（安全员）	1	各危险点的安全检查和监护
3	杆上作业人员	1	负责杆塔上横担安装、导线绑扎及连接
4	杆下工作人员	1	负责杆上物品传递、设置围栏及对杆上人员安全监护
5	建筑物处梯上作业人员	1	负责支架安装、导线绑扎、PVC管敷设
6	建筑物处梯下作业人员	1	负责扶持梯子及安全监护

4. 工作程序

（1）工作流程见表7-12。

▼表7-12　　　　　　　　　　　接户线安装流程

序号	作业内容	作业标准	安全注意事项	责任人
1	前期准备工作	接受工作任务，进行现场查勘，编写工作票及施工标准化作业指导书，召开班前会，告知危险点，进行安全措施及技术交底	戴安全帽、工作服、手套，查勘至少2人进行，工作票及作业书规范编写、审核批准	
2	工器具的准备及检查	对进入施工现场的施工工器具、安全工器具进行清点、检验或现场试验，确保施工工器具完好并符合相关要求	清点工器具数量及型号无误，安全工器具外观完好、在有效期内，现场试验低压验电器及绝缘手套合格	
3	材料的准备	准备工作所需的各种材料，如横担、导线、绝缘子、PVC管等，外观检查合格，确保数量满足要求，质量满足相关规程的要求	检查U形螺栓、M垫铁、横担、绝缘子、支架、铝塑线，无缺陷、无气泡鼓肚、合格证齐全	

序号	作业内容	作业标准	安全注意事项	责任人
4	现场平面布置	设置标准化作业区，材料、工器具定置摆放。现场设置围栏，防止行人车辆进入工作区	作业区设置材料、工具、安全、回收区域，工作杆塔设置安全围栏和警示标志	
5	杆上横担、绝缘子安装	横担安装方向正确，U形螺栓垂直电杆，绝缘子清除涂料后螺栓由下向上，加平垫固定	杆上作业须确认工器具完好，冲击试验进行。全程使用安全带，不得失去保护。上下传递物品用绳索，禁止抛掷。杆下人员监护	
6	门形支架及绝缘子安装	安装前应进行外观检查，确保支架无缺陷、牢固平整。支架安装高度不小于2.7m，且应保持垂直不倾斜。绝缘子的瓷釉应光滑无缺陷	梯子完好，冲击试验进行。夹角保持60°，专人扶持梯下。作业人员使用安全带，线缆完好，剩余电流保护器使用	
7	导线架设	接户线应采用绝缘导线，档距不宜过大。导线应进行绝缘处理，档距内不应有接头。绑扎点距绝缘子3倍直径或120～150mm处扎线。线路弧垂应一致，误差不大于50mm	杆上梯上作业，物品传递须用绳索，禁止抛掷。监护人员监护，安全带保护，后备保护绳使用。梯子有人工作，专人扶持	
8	导线连接	不同金属、规格、绞向接户线禁档距连接，跨越街道接户线无接头。导线采用并沟线夹，铜铝过渡措施，匹配型号。核对相线、中性线，接触紧密均匀，加绝缘罩保护。绑扎长度符合规定，接触紧密均匀无硬弯	杆上作业需用绳索传递物品，监护人员监护，安全带保护，后备保护绳使用	
9	PVC管敷设	管径选择导线占40%，管口接户线距离小于0.5m，室外电线做滴水弯，穿墙管内高外低，露出部分不小于10mm，滴水弯距地面小于2m加绝缘护套。同一回路导线穿同一钢管，穿线管插入电表箱距离不小于20mm并固定	梯子下有人扶持，防滑措施要有。工作人员需用安全带，构件牢固要系好。手持电锤作业时，线缆确认完好，不得手提转动，剩余电流保护器要使用	
10	现场清理及工作终结	（1）工作完成后及时清理现场，做到"工完、料尽、场地清"。 （2）召开班后会，总结本次工作存在问题，提出改进措施	清理作业现场遗留杂物，及时清理施工现场。召开班后会，对本次工作进行总结	

（2）接户线的安装流程操作示例见表7-13。

接户线的安装流程

▼表7-13

序号	流程	操作要点	图解
1	安装前的准备	进行接户线安装前的准备工作，内容主要有选择路径、导线，制定施工方案和办理相应的工作手续等	 接户线安装所准备的材料及设备
2	接户线横担安装	（1）对U形螺栓、M垫铁、横担安装前应进行外观检查：表面光洁、无裂纹、毛刺、飞边、锌皮剥落及锈蚀等缺陷。 （2）横担安装方向正确，应平正，横担端部上下歪斜不应大于20mm。横担端部左右担斜不应大于20mm，距上层横担500mm。 （3）U形螺栓垂直于电杆安装，与横担垂直，两端必须加平垫但每端不得超过2个。U形螺栓、M垫铁与电杆接触紧密，横担固定牢固可靠	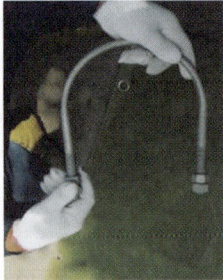 U型螺栓外观检查　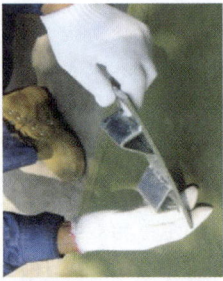 M垫铁外观检查　 横担外观检查  地面横担组装　 接户线横担安装位置确定　 接户线横担安装

续表

序号	流程	操作要点	图解
3	蝶式绝缘子安装	（1）安装前应进行外观检查，瓷釉光滑，无裂纹、缺釉、斑点、瓷泡或瓷釉烧坏等缺陷、烧痕。 （2）安装时应清除表面灰坭、附着物及不应有的涂料。 （3）螺栓穿向由下向上，并在蝶式绝缘子与螺杆之间加平垫	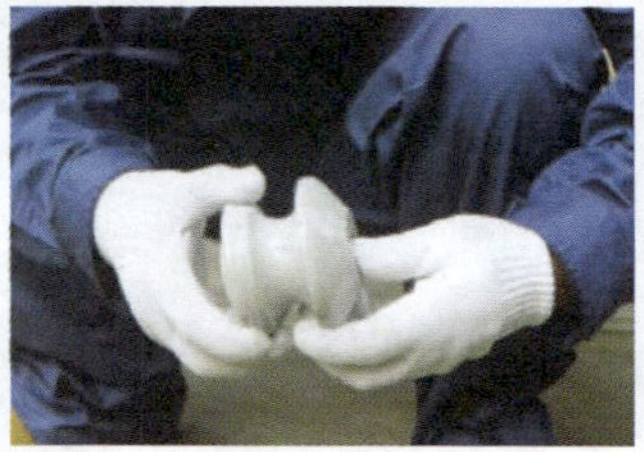 绝缘子外观检查 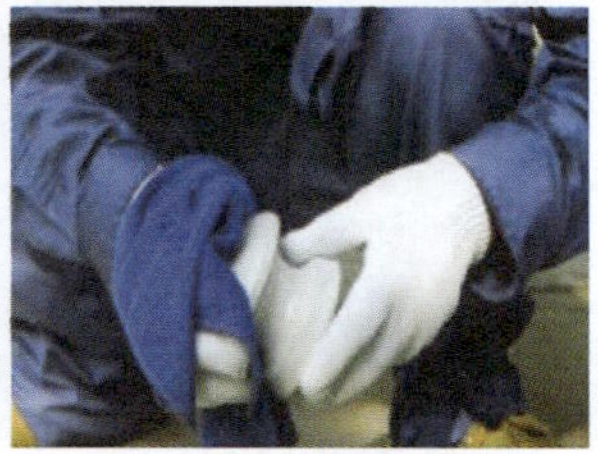　蝶式绝缘子表面清除 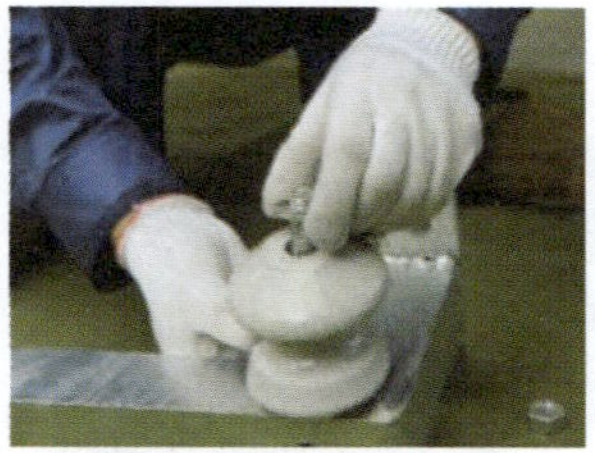 穿螺栓 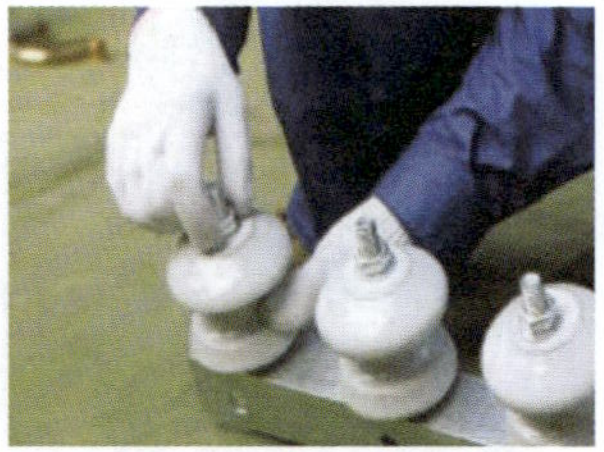 在蝶式绝缘子与螺杆之间加平垫
4	支架的安装	（1）安装前应进行外观检查，表面光洁，无裂纹、毛刺、飞边、锌皮剥落及锈蚀等缺陷，焊接牢固。 （2）距离地面高度不小于2.7m，安装牢固	 检查支架 　安装高度测量 　支架安装打孔

285

续表

序号	流程	操作要点	图解
5	接户线架设	注意档距、沿墙敷设的接户线两支持点间以及距地面的距离等相关要求，如不能满足，应采取相应措施	
6	导线固定	常用绝缘线终端结扎方法： （1）绑扎点距蝶式绝缘子距离为3倍绝缘子直径或120～150mm处扎线。"8"字圈起头后，紧密缠绕5圈，将扎线端头伸直置于主线与副线之间；用扎线对导线的结合处按顺时针方向进行缠绕，缠绕长度100～150mm，扎圈紧密，不得重叠、歪斜、鼓包。 （2）收尾时，将副线与主线并拢，用扎线端头对主线和扎线端头进行缠绕6圈，然后与绑线端头拧一小辫（3个麻花），剪断后用钳距压平，要求小辫麻花均匀，辫头平行于导线侧。扎线过程中不得损伤导线及导线绝缘层	绑扎点选择　绑扎点开始扎线 导线结合处缠线　收尾

续表

序号	流程	操作要点	图解
7	导线连接	（1）不同金属、规格、绞向的接户线，严禁在档距内连接。跨越通车街道的接户线，不应有接头。 （2）导线连接宜采用匹配型号的并沟线夹。接户线与线路导线若为铜铝连接，应有可靠的铜铝过渡措施。 （3）导线连接前要核对相线、中性线。 （4）连接面应平整、光洁。导线及并沟线夹槽内需用汽油或砂纸洗刷光亮、清除氧化膜、涂电力复合脂。 （5）导线接触应紧密、均匀、无硬弯、搭接处应做好滴水弯，引流线应呈均匀弧度；安装后的裸露带电部位须加绝缘罩或覆绝缘带保护。 （6）并沟线夹螺栓应拧紧，线夹出头20～30mm。 （7）若导线连接应采用绑扎连接时，绑扎连接应接触紧密、均匀、无硬弯，绑扎长度应符合要求。	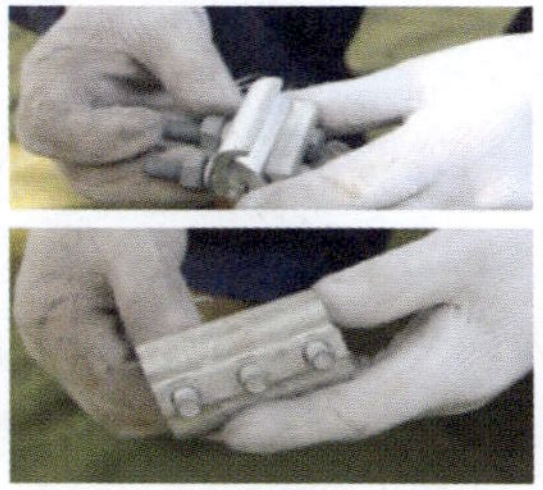    并沟线夹安装准备  并沟线夹外观检查 导线表面处理后涂抹导电膏  做好滴水弯 接户线在主线路上的连接 并沟线夹搭接

287

续表

序号	流程	操作要点	图解
8	穿管固定	（1）穿管的管径选择，宜使用导线截面积之和占截面积的40%。 （2）管口与接户线第一支持点的垂直距离在0.5m以内，电线在室外应做滴水弯，穿墙绝缘管应内高外低，露出墙壁部分的两端不应小于10mm；滴水弯应加装绝缘地面小于2m时进户线应加装绝缘护套。 （3）用钢管穿管时，同一交流回路的所有导线必须穿在同一根钢管内，且管口的两端应套护圈。 （4）导线在穿管内严禁有接头，管道沿墙敷设时要求横平竖直，穿线管插入电表箱内距离不小于20mm，并可靠固定	线管固定 滴水弯 220V及380V接户线线杆上固定 220V及380V接户线建筑物上固定 接户线在主线路上的连接

高级篇

8

配电设备常规电气试验流程

> 8.1 配电设备电气试验的基本知识

> 8.2 配电设备常规电气试验项目流程

　　　 及方法

> 8.3 配电设备预防性试验标准

本章介绍配电设备常规电气试验流程，包括试验前准备、试验过程记录、数据分析及结论等。

8.1 配电设备电气试验的基本知识

本节介绍电气绝缘试验、直流电阻试验、接地电阻试验、绝缘子试验等配电设备常规试验项目的周期、要求、方法等内容。

电气设备试验按试验目的可分为绝缘性能试验、电气设备特性试验、电气设备性能试验以及继电保护特性试验。在电力系统中，上述诸多试验由专业试验部门做。但因工作需要，供电企业的工作人员要对各种试验的技术、知识有所了解和掌握，对一些试验项目能够会做，并且对试验结果做出正确分析，得出正确结论。

8.1.1 电气绝缘试验

绝缘性能试验是设备运行部门比较侧重的试验项目，因为良好的绝缘状态才能保证电气设备正常运行。绝缘水平是保障电气设备正常工作的决定性因素，对设备绝缘必须心中有数，才能防患于未然。绝缘性能试验包括绝缘电阻和吸收比试验、介质损耗角正切值测试、直流耐压和泄漏电流以及交流电压试验等。

1. 绝缘电阻与吸收比试验

进行绝缘电阻和吸收比试验，是用绝缘电阻表产生的直流电压加在被试验设备的绝缘材料上，在直流电压的作用下，产生充电电容电流、夹层极化吸收电流和离子形成的泄漏电流。其中，电容电流、吸收电流随着直流电压的增大逐渐趋于稳定，都趋向于零，这时，由介质正负离子向两极移动形成的泄漏电流成为一个恒定电流。加在被试材料上的直流电压与流过被试材料的泄漏电流之比为绝缘电阻，即

$$R = U/I_3$$

式中　U——加在被试材料两端的电压，V；

$\quad\quad I_3$——对应于电压 U，被试材料中的泄漏电流，μA；

$\quad\quad R$——被试材料的绝缘电阻，Ω。

绝缘材料 60s 的绝缘电阻与 15s 的绝缘电阻之比，称为绝缘测量吸收比，即

$$K=R_{60s}/R_{15s}=i_{15s}/i_{60s}=(U/i_{60s})/(U/i_{15s})$$

当被 K 较小接近 1.0 时，说明材料受潮较严重。 K 值越小，受潮越重，泄漏电流随受潮程度的增大而增大。

实践证明，对高电压大容量电气设备进行吸收比试验时，易发生误判断，即其设备吸收比的大小不能说明其绝缘电阻值的高低。

为了克服这种测量吸收比可能发生的误判断，常采用对吸收比小于 1.3 的被试材料，测量其 10min 与 1min 的绝缘电阻之比，即用测量极化指数 p 的方法来判断绝缘优劣。

DL/T 596—2021《电力设备预防性试验规程》规定：电力变压器极化指数不低于 1.5；沥青胶及烘卷云母绝缘吸收比应不小于 1.3，或极化指数应不小于 1.5；环氧粉云母绝缘吸收比应不小于 1.6，或极化指数应不小于 2.0。通常，温度 10~30℃ 时，吸收比 $R_{60s}/R_{15s} \geqslant 1.3$，即认为绝缘良好；吸收比接近于 2.0 时，较为理想。影响绝缘电阻的因素如下：

（1）一般情况下，绝缘电阻随温度升高而降低。

（2）不同绝缘介质的绝缘电阻随温度变化不同，记录温度可避免换算误差。环境温度、表面脏污、残余电荷、感应电压等因素都会影响测量结果。应采取相应措施克服影响因素，如电场屏蔽等。

2. 直流耐压与直流泄漏电流试验

为了更容易发现绝缘材料整体的贯通性绝缘缺陷，如绝缘子裂纹、绝缘油劣化、绝缘沿面炭化等。采用直流耐压和直流泄漏电流试验方法是比较有效的。与绝缘电阻测量相比，直流耐压试验可随意调节较高电压，通过高压器输入整流器得到预期的直流电压；与直流泄漏电流同步进行，原理相同，用微安表监测泄漏电流灵敏度高，可多次重复比较，换算出绝缘电阻值。可通过正常良好绝缘的泄漏电流与加压时间的关系曲线判断绝缘情况。

3. 影响测量泄漏电流的因素

（1）高压引线的影响。由于高压引线及高压输出端均暴露在空气中，会产生以下杂散电流或泄漏电流：

1）高压硅堆及硅堆至微安表高压引线对地杂散电流 I_1。

2）屏蔽线对地杂散电流 I_2。

3）高压引线及高压端通过空气对地杂散电流 I_3。

4）高压引线输出端及加压端对邻近设备的杂散电流 I_4。

5）被试设备高压端通过外壳表面对地的泄漏电流I_5。

如果上述杂散电流、泄漏电流都流经微安表，它们必定都为微安表的负荷，必然会影响测量的精确度。因此，在选择微安表安装位置，尤其确定其接线时，应使上述杂散电流、泄漏电流不经微安表，把微安表串接在被测设备后边的电路中，只使被试内部的体积泄漏电流I_0流经微安表，通过增加屏蔽或对地距离等方式，使$I_1 \sim I_5$不流经微安表。

（2）温度的影响。被试设备绝缘材料不同、结构不同，温度对泄漏电流的影响也不同。一般情况下，温度升高，绝缘电阻下降，泄漏电流增大。经验证明，B级绝缘材料温度每升高10℃，泄漏电流增加0.6倍。

（3）电源电压波形的影响。如果系统中有冲击负荷存在，电源中存在非正弦波，如方波、平顶波、尖峰波，致使输入整流器的综合波最大值小于或大于基波的最大值，造成整流后输出的直流电压偏大或偏小，泄漏电流也偏大或偏小，应选择综合波为正弦波的电源。

（4）加压速度对泄漏电流测量结果的影响。由于设备的泄漏电流存在吸收过程，尤其对容量较大设备进行试验时，1min时的泄漏电流不一定是真实的泄漏电流。但是，DL/T 596—2021《电力设备预防性试验规程》规定：泄漏电流是指加压1min时的泄漏电流值，因此，加压速度对试验结果肯定有影响。

为得到较准确的试验数据，应采取逐级加压的方式，并规定相应的升压速度和电压稳定时间。比如，DL/T 596—2021《电力设备预防性试验规程》规定电缆直流耐压及泄漏电流测量的稳定时间为5min。

（5）残余电荷的影响。当被试设备电荷对地未放尽时，残余电荷会影响泄漏电流的测量结果。当残余电荷极性与直流输出电压电荷相同时，泄漏电流偏小；极性相反时，泄漏电流偏大。因此，试验或重复试验前，应使被试设备充分放电。

（6）直流输出电压极性对泄漏电流的影响。测量时，一般采用负极性输出。如测量电缆受潮，电缆芯线加正极性试验电压，绝缘中水分带正电，两者相斥，水分被排斥移向铅包，造成泄漏电流减小；当加负极性试验电压时，两者相吸，水分集中在电缆中缺陷处，泄漏电流增大。因此，加负极性能更严格地判断受潮程度，并易于发现缺陷。

4. 介质损耗与介质损耗角正切值的测定

介质损耗正切值可用于表示介质损耗的大小，通过测量$\tan\delta$，可以发现绝缘受潮、绝缘老化、绝缘气隙放电等一系列缺陷，是判定绝缘好坏的一项重要数据。QS1型交流电桥是测量tanδ的专用仪器，适用于变压器、电机、电缆等高压设备tanδ的测量。

（1）QS1型交流电桥。采用"平衡比较"原理，当被试设备接入测试电路后，调整输入和输出桥臂的电压、电流乃至阻抗达到平衡，使电桥中检流计G的电流。$I_g=0$这时，可调电容C_4的值就等于被试设备的介质损耗正切tanδ值（其电流值以对应的tanδ值标在标度尺上，检流计G的电流值在电桥平衡时为0）。

QS1型交流电桥有正接线、反接线、侧接线和低压接线4种接线方法。其中，正接线是使被试设备两端对地绝缘；反接线是使被试设备一端接地。正接线时，电桥处于低电位，试验电不受电桥绝缘水平限制，易于排除高压端对地杂散电流对实际测量结果的影响，抗干扰性强；反接线时，电桥处于高电位，试验电压受电桥绝缘水平限制，高压端对地杂散电流不易消除，抗扰性差。反接线时，应注意电桥外壳必须妥善接地，桥体引出的C_X、C_N及E线均处于高电位，必须保证绝缘，要与体外壳保持至少100～150mm的距离。

对比之下，正接线的试验电压直接加到被试设备和标准电容上，加在电桥上的电压很低，容易屏蔽，试验电压范围广，被广泛使用。

（2）QS1型电桥的测量操作。tanδ测量是一项高压作业，加压时间长，操作较复杂。但各种接线方式的操作步骤相同，步骤如下：

1）根据现场试验条件、试品类型选择试验接线，合理安排试验设备、仪器仪表及操作人员位置和安全措施。接好线后，应认真检查其正确性。标准电容CN和试验变压器QS1电桥距离应不小于0.5m。

2）将桥臂电阻R_3、桥臂电容C_4及灵敏度等各旋钮均置于"零"位，极性开关置于"断开"位置，根据被试设备容量大小，按表8-1确定分流位置。

▼表8-1　　　　　　　　　　　QS1分流位置

分流位置	0.01	0.25	0.06	0.15	1.25
分流电阻（Ω）	100+R_3	60	25	10	4
可测最大电容值（pF）	3000	8000	19400	48000	40000

3）接通电源，合上光源开关，旋转"调零"旋钮，使光带位于中间位置，加试验电压，并将"tanδ"转至"接通"位置。

4）增加检流计灵敏度，旋转调谐旋钮，找到谐振点，使光带展至最大宽度，然后调R_3，使光带缩窄。

5）增灵敏度按R_3、C_4、ρ顺序反复调节，使光带缩至最窄（一般不超过4mm），这时电桥达到平衡。

6）将灵敏度退回零，记下试验电压、R_3、C_4、ρ 值及分流位置。

7）记录数据后，再将极性开关旋至 $\tan\delta$ "接通 Ⅱ" 位置，增加灵敏度至最高，调节 R_3、C_4、ρ 使光带至最窄。随手退回灵敏度旋钮置零位，极性转换开关至 "断开" 位置，把试验电压降零后，再切断电源、高压引线及临时接地。

8）如上述两次测得的结果基本一致，试验可结束；否则，应检查是否有外部电磁干扰等因素影响。

（3）影响 R_3、C_4、ρ 的因素。

1）磁场干扰。当试验现场有运行的高压电气设备，尤其有漏磁通较大的电抗器、阻波器时，测试将受到它们形成的磁场干扰。当 QS1 型电桥检流器的极性转换开关放在 "断开" 位置时，显示光带自行展宽延展开来。试验证明磁场干扰将造成 $\tan\delta$ 值增大或减小。

2）电场干扰。电桥接线完成后，假如关闭试验电源前，先投入检流计，逐渐增加灵敏度，如果检流计光带明显扩宽，说明存在电场干扰，光带越宽干扰越强。电场干扰造成 $\tan\delta$ 偏大或偏小，严重时造成 "$-\tan\delta$" 测量结果。

3）温度影响。温度对 $\tan\delta$ 测量结果影响很大。绝大多数情况下，对同一被试设备，其 $\tan\delta$ 随温度的升高而增高。

温度之所以影响 $\tan\delta$ 的测量，是由被测设备绝缘结构和绝缘状况决定的。由试验可知，不同的绝缘结构和绝缘状态都有其对应的绝缘状况系数，温度不同时，该系数也不同。尤其当试验温度小于 0℃ 或天气潮湿（相对湿度大于 85%）条件下测得的 $\tan\delta$ 值，更不能反映设备的实际绝缘状况。对容易测得的变压器油上层温度只能作为参考测试温度。综上所述，得知：

a.测量时，设备温度不同，所测得的 $\tan\delta$ 值不同。如果按某一常数进行 $\tan\delta$ 温度换算是不准确的，不能用一个典型的温度换算系数进行 $\tan\delta$ 的温度换算。

b.一般不能用低温下的 $\tan\delta$ 值来估算实际绝缘状况。

c.对设备不同部位的组合部件要按其实测温度，并按以下经验公式确定

$$\tan\delta = \tan\delta_0 d\,(t-t_0)$$

式中　$\tan\delta$ ——温度为 t 时的介质损失角正切值；

　　　$\tan\delta_0$ ——温度为 t_0 时的介质损失角正切值（一般取 $t_0=20℃$）；

　　　d ——取决于绝缘结构的绝缘状况系数（实验可得）。

d.为分析绝缘状况，应尽量在与历次试验相近的温度条件下进行绝缘 $\tan\delta$ 试验。

e.对于高压电力设备的绝缘，其在不同温度下的tanδ测量表明，在温度10～30℃时进行换算比较准确。

4）电压的影响。正常良好的绝缘，在一定的试验电压范围内，流过介质中电流的有功分量I_R和无功分量I_C随着电压的增加呈比例增加。在其工作电压下无局部放电，当电压高于工作电压U_W后，介质才产生游离。加压后，tanδ一般不变或略有变化（上升或下降）。

如果绝缘有缺陷，如绝缘中有少量气泡、大量气泡、绝缘严重老化、有较大气隙或严重受潮，在工作电压范围内，tanδ明显增加，在tanδ=f（U）关系曲线上，tanδ变化异常缺陷的不同呈现出不同形状的曲线。

5）频率的影响。在一定频率范围内，随着频率的增加，tanδ值增加。当超过某一频率f_0时，tanδ值随频率的增加而下降。这是由介质内极化分子"转向"能否跟上频率变化所决定的。

6）局部缺陷的影响。局部缺陷对整体tanδ测量结果有影响，这种影响既与局部缺陷占整体的体积的大小有关，又与局部缺陷本身绝缘状况有关。当局部缺陷部分的体积很小时，整体的tanδ随局部缺陷部分$\tan\delta_1$的增加而增加，到试验后期，$\tan\delta_1$对tanδ的影响不太灵敏。因此，现场一般对被试设备采取分解试验。

（4）排除干扰和影响的措施。在tanδ测量过程中，容易受到电场、磁场的干扰，或产生"–tanδ"现象，应采取一定的技术措施，加以排除。

1）现场采用排除电场干扰的方法有以下几种：

a.提高试验电压。试验电压提高，通过被试设备的电容电流增大，信噪比提高，干扰电流对δ角的影响相对减小。适用于消除若干信号。

b.尽量采用正接线，其抗干扰能力较强。

c.在被试设备上加装屏蔽罩，使干扰电流经屏蔽罩流走，不经过电桥桥臂。

d.采用"选相"法或"倒相"法，排除干扰源对电源相位的干扰。如抗干扰的西林电桥，其内部装有"移相电路"。

2）现场采用排除磁场干扰的方法。

a.把电桥移到磁场外测量。

b.使检流计极性转换开关处于两种不同位置，调节电桥平衡，求得每次平衡时的tanδ正切值和电容值，取两次的平均值为tanδ值。

3）"–tanδ"值。

a.QS1型电桥多采用BR–16型标准电容，内部为CKB50/13型的真空电容器，由于内装的吸潮硅胶失效，使真容电容器壳内空气潮湿，表面泄漏电流增大，其 $\tan\delta$ 值大于被试设备的 $\tan\delta$ 值。这时，标准电容电流 I_N 于被测设备中流经的介质损耗电流，故出现 $-\tan\delta$ 测量结果，则需经常更换标准电容器中的硅胶，保证其壳内空气干燥。

b.强电场干扰，当干扰信号 I^-_g 叠加于测量信号 I_X 时，造成叠加信号，即流过电桥第三臂 R_3 的电流 I_x 相位超前于 I_N，造成 $-\tan\delta$，需把切换开关置于"$-\tan\delta$"时，电桥切换后，电容 C_4 改为与 R_3 并联，电桥才能平衡。

c.测量有取电装置的电容式套管时，套管表面脏污造成电流 I_R，使得 I_x 超前于 I_N，造成 $-\tan\delta$ 测量结果，则需在测试前将脏污表面擦净后，再进行测量。

d.测量中接线错误也会出现 $-\tan\delta$ 测量结果，一般情况下，当转换开关在"$+\tan\delta$"位置，电桥不能平衡时，可切换于"$-\tan\delta$"位置测量。$-\tan\delta$ 没有物理意义，仅仅是一个测量结果，出现 $-\tan\delta$ 时，说明流过电桥 R_3 的电流 I_x 超前于流过电桥 Z4 臂的电流 I_N。

5. 交流耐压试验

（1）作用与方法。绝缘电阻与吸收比试验、直流耐压与泄漏电流试验、介质损耗与 $\tan\delta$ 值试验，能够检查试验出设备的一部分缺陷；但因其试验电压较低，无法检查出某些局部缺陷，从而给运行留下严重隐患。

为了检查出某些隐患，对设备进行交流耐压试验是最有效的手段。但交流耐压试验可能会使存在的绝缘缺陷进一步发展；即使不击穿，也可能设备绝缘内部形成积累效应和创伤效应，应避免这种情况的发生。因此，只有在绝缘电阻与吸收比试验、直流耐压与泄漏电流试验、介质损耗与 $\tan\delta$ 值试验合格的前提下，才能进行交流耐压试验。对交流耐压试验，依照 GB/T 311.1～311.4《绝缘配合》系列标准和 GB/T 311.6—2005《高电压测量标准空气间隙》的规定，根据各种设备的绝缘材料可能承受的过电压倍数确定相应的试验电压标准，即确保设备安全运行的绝缘的击穿电压临界值。

实验证明：绝缘的击穿电压与试验电压幅值和加压时间有关。工频耐压试验通过升压后的工频电压考验设备绝缘承受能力，感应试验通过加压二次侧得到预期的感应高压考验主绝缘强度。冲击电压试验分为操作波和雷电冲击电压，考验设备在操作过电压和雷电过电压下的绝缘承受能力。

交流耐压试验对鉴定设备绝缘承受能力十分重要，但试验是在高电压条件下进行的，技术性很强，要求很严，一旦出错会造成设备损坏等事故，一般由专业人员进行。

（2）交流耐压试验的主要要求。试验前应了解被试设备的试验电压和其他试验项目结果，确保消除设备缺陷或异常。试验现场应设安全围栏、挂标示牌，保持足够安全距离或加设绝缘挡板，并派专人监护。被试设备表面应擦拭干净，接地可靠；新充油设备应按规定时间静止后才可试验。接好线路后核对无误后升压，调整保护球隙，使其放电电压为试验电压的110%~120%并检查过电流保护可靠性。加压前检查调压器是否在零位，升压时监视电压表、电流表变化，均匀升压至规定试验电压后，计算时间，并缓慢降压。若试验异常，立即降压，挂接地线，查明原因。

（3）试验异常现象分析。交流耐压试验时，应严密监视仪表的指示，同时注意声音的变化及异常，以便根据仪表指示、放电声音及被试设备的绝缘结构及实践经验综合分析判断被试设备是否合格。

仪表指示异常、电压表有指示、电流表异常读数、调节调压器电压表指示变化、试验变压器或调压器容量不够时，电压电流变化、容抗与感抗之比影响电流表指示通常包括两大类，分别是仪表指示异常和放电或击穿时声音异常，试验过程中若电流表指示突然上升或下降，说明被试设备被击穿。

（4）放电或击穿时声音的分析。升压或耐压时，金属碰撞的响亮声音、放电电压下降不明显，说明间隙距离不足或电流畸变；放电声音小、仪表摆动不大，重复试验时放电现象消失，说明绝缘油中有气泡。若电流表指示超过最大偏转指示，可能是因为固体绝缘的爬电。加压时，被试设备内有炒豆般响声，电流表指示稳定，说明悬浮金属件对地放电。表面脏污引起放电时，应先擦拭并烘干，然后再进行试验。

8.1.2 直流电阻试验

在配电装置的日常维护中进行直流电阻试验，可以发现配电变压器分接开关三相是否同期、配电变压器三相绕组是否因少量匝间短路而导致三相直流电阻不平衡等缺陷。采用电桥等专门测量直流电阻的仪器，被测电阻在10Ω以上时，用单臂电桥；被测电阻在10Ω以下时，采用双臂电桥。单臂电桥用4.5V及以上的干电池作为电源，直接测量绕组的直流电阻；但其用干电池作电源，测量容量较大设备时充电时间很长。目前均采用全压恒流电源作测量电源，用电桥测量变压器绕组电阻时：

（1）充电电流稳定后，再合上检流计开关。

（2）测取读数后，先断开检流计，后拉开电源开关。

（3）测取读数，三相对比是否平衡，可以检查出变压器绕组内部导线、分接开关引线及三相动静触头的接触及焊接情况是否良好。发现接头松动、接触不良、挡位错误等缺陷时，应及时检修。

测试时的注意事项如下：

（1）测量仪表精确度不低于0.5级。

（2）仪表和被测绕组端子连接导线必须连接良好。用单臂电桥测量时，要减去导线电阻；用双臂电桥测量时，C1、C2引线应接被测绕组外侧，P1、P2应接在被测绕组内侧，以避免将C1、C2与绕组连接处的接触电阻测量在内。

（3）准确记录被试绕组的温度，按相关规程规定的方法、要求及换算计算方法确定其在被测时的温度下的电阻值。

（4）测量大型高压变压器绕组直流电阻时，被测绕组、非被测绕组均应与其他设备断开，且不能接地以防产生较高的感应电压和较大的测量误差。

8.1.3 接地电阻试验

在配电装置的日常维护中进行接地电阻测量试验，可以判定在三相四线制系统中由于接地不良或接地电阻过高导致三相电压不平衡等缺陷。

降低接地电阻，保证设备安装处以及电网的接地电阻值在规定的范围内，实施保护接地、工作接地、防雷接地并起到预期技术效果的有力措施。为确保设备安装处以及电网的接地电阻值保持在规定的范围内，采取措施降低接地电阻，并实施保护接地、工作接地以及防雷接地，从而达到预期的技术效果。接地电阻指电通过接地装置流向大地受到的阻碍作用，所谓接地电阻就是电气设备的接地体对接地体无穷远处的电压与接地电流之比，即

$$R_e = U_i / I_e$$

式中　R ——接地电阻，Ω；

　　　U ——接地体对接地体无穷远处的电压，V；

　　　I ——接地电流，A。

影响接地电阻的主要因素有土壤电阻率、接地体的尺寸形状及埋入深度、接地线与接地体的连接等。以 1m × 1m × 1m 的正方体的土壤电阻表示的数值称为土壤电阻率 ρ（单位是 $\Omega \cdot m$），土壤电阻率与土壤本身的性质、含水量、化学成分、季节等有关。一般情况下，我国南方地区的土壤潮湿，土壤电阻率低一些；北方地区尤其是土壤干燥地区，土壤电阻率高一些。表8-2列出了1kV以上电气设备接地电阻允许值。

　　　　　　　　　1kV 以上电气设备接地电阻允许值

序号	设备名称		接地电阻允许值（Ω）
1	大接地短路电流系统的电力设备		$R \leqslant 1/2000$ $I > 4000A$，$R < 0.5$
2	小接地短路电流系统的电力设备		$R \leqslant 1/250$
3	小接地短路电流系统中无避雷线路杆塔		30
4	有避雷线的线路杆塔	$\rho \leqslant 100 \Omega \cdot m$	10
		$\rho = 100 \sim 500 \Omega \cdot m$	15
		$\rho = 500 \sim 1000 \Omega \cdot m$	20
		$\rho = 1000 \sim 2000 \Omega \cdot m$	25
		$\rho \geqslant 2000 \Omega \cdot m$	30
5	配电变压器	100kV 及以上	4
		100kV 及以下	10
6	阀型避雷器		10
7	独立避雷针		10
8	装于线路交叉点、绝缘弱点的管形避雷器		10 ~ 20
9	装于线路上的火花间隙		10 ~ 20
10	变电站的进线段设备装管形避雷器处		10
11	发电厂的进线段设备装管形避雷器处		5
12	发电厂的进线段设备装阀形避雷器处		3
13	人身安全接地设备		4
14	接户线的第一根杆塔		30
15	带电作业的临时接地装置		5 ~ 10
16	高土壤电阻率地区	小接地短路电流系统	15
		大接地短路电流系统	5

　　测量接地电阻是接地装置试验的主要内容，现场运行部门一般采用电压、电流表法或专用接地缘电阻表进行测量。

　　测量接地电阻时一般采用直接法，用接地绝缘电阻表测试，如用间接的电压、电流法测试，其接电阻为

$$R_e = U/I$$

式中　R_e——接地电阻，Ω；

　　　U——电压表测得被测接地电极与电压辅助电极间电压，V；

　　　I ——被测接地电极的电流，A。

一般低压220V由一相线构成，若没有隔离变压器，则相线端接到被测接地装置上可能造成调压器短路，被测试验电流很大。

接地绝缘电阻表的使用方法和原理与双臂电桥类似，使用时，L端接电流极C引线，P端接电压极P引线，E端接被测接地体E。当绝缘电阻表离被测接地体较远时，为排除引线电阻影响，与双臂电桥测量一样，将E端子端接片打开，分别用两根线C2、P2接被测接地体。

8.1.4　绝缘子试验

在配电装置的日常维护中，由于高压10kV配电线路绝缘子的绝缘能力降低，导致线路泄漏电流增大，呈现高阻抗接地状态，且随着天气的湿度变化而变化，阴雨潮湿时呈现接地状态，晴朗干燥天气时，接地不明显，近于消失状态。高阻抗接地导致线路损耗增大，且难以确定故障点，此情况可能与绝缘子和避雷器瓷体的绝缘测试有关。

1. 试验方法

绝缘子的试验项目有绝缘电阻、交流耐压试验、带电测试零值绝缘子。

测量绝缘子电阻可以发现绝缘子裂纹或瓷质受潮等缺陷。良好的绝缘子，其绝缘电阻一般很高，绝缘子劣化，绝缘电阻明显下降，仅为数十兆欧或数百兆欧，可用绝缘电阻表测试。

DL/T 596—2021《电力设备预防性试验规程》规定：用2500V绝缘电阻表测量绝缘子，其绝缘电阻不得低于300Ω。用绝缘电阻表测量线路绝缘子工作量太大，只有带电测试绝缘子零值时，简便快捷，不影响正常供电，但只能通过带电测试零值绝缘子，带电情况下，试验人员须登杆高处作业，要求试验人员必须具有高处带电作业的身体素质和熟练的操作技能，且必须有人监护，至少两人进行。

火花间隙法是用一个适当间隔搭在绝缘子两侧，绝缘子良好时，两端有相当的电位差，测试时在可调的、很小的间隙上发出击穿放电声；绝缘子不良好时，两端电位差很小，甚至没有电位差，火花间隙没有被击穿的放电声。

火花间隙法适用于绝缘子串中个别绝缘子的零值测试。悬式绝缘子串电压分布不均，良好绝缘子组成的悬式子串上的电压分布也不均匀。悬式绝缘子串的电压分布存在不均匀现象，即使是由良好绝缘子组成的悬式子串，其上的电压分布也呈现出不均匀的特点。

用火花间隙法检测绝缘子时要注意由于绝缘子串电压分布不均匀可能造成的误判

断。如火花间隙较大时，对于正常情况下分布电压较小的绝缘子火花间隙不会放电击穿，造成误判断；对于检测出的靠近横担侧的零值绝缘子，更换前应用2500V绝缘电阻表摇测绝缘电阻。

2. 整串绝缘子劣化

实测中发现，运行年代较久的变电站和线路绝缘子串上，整串绝缘子劣化时（绝缘电阻小于300MΩ），其电压分布仍很正常。因此，对于运行15年以上的悬式绝缘子，必要时应停电抽查部分绝缘子的绝缘电阻，以了解其绝缘状况。

3. 放电间隙的大小

放电间隙的大小决定放电电压的大小。放电间隙应适当，既不能太大，也不能太小，放电间隙的大小与放电电压的关系应预先在试验室调整好并做好标记，便于现场调整。

4. 带电检测绝缘子的注意事项

（1）当用火花间隙法检测零值绝缘子时，发现每串绝缘子中零值绝缘子片数达到表8-3规定的片数时，不允许再继续检测。

▼表8-3　　　　　　　　　　　　不允许继续检测的零值绝缘子片数

电压等级（kV）	35	63	110	220	330	500
绝缘子串片数	3	5	7	13	19	28
零值片数	1	2	3	5	4	6

（2）针式绝缘子及少于3片的悬式绝缘子不得使用火花间隙法进行检测，应采用电子法测量电压分布。

（3）测量应在晴好的天气进行。火花间隙测量的绝缘杆长度及绝缘水平应足够。带电检测设施应专用，并保存在专用房间，按带电作业工具进行电气试验，必要时每次现场检测前应用2500V绝缘电阻表分段测量绝缘电阻杆的绝缘电阻，其阻值2cm不低于700MΩ为合格。

当被测绝缘子串中零值绝缘子超过被测绝缘子总数7%时，应当更换全部绝缘子。

8.2 配电设备常规电气试验项目流程及方法

8.2.1 配电变压器

如图8-1所示，配电变压器的试验项目包含：绝缘油试验或SF$_6$气体试验；测量绕组连同套管的直流电阻；检查所有分接的电压比；检查变压器的三相接线组别和单相变压器引出线的极性；测量铁芯及夹件的绝缘电阻；非纯瓷套管的试验；有载调压切换装置的检查和试验；测量绕组连同套管的绝缘电阻、吸收比或极化指数；绕组连同套管的交流耐压试验；额定电压下的冲击合闸试验；检查相位。具体试验方法参见 GB 50150—2016《电气装置安装工程　电气设备交接试验标准》。

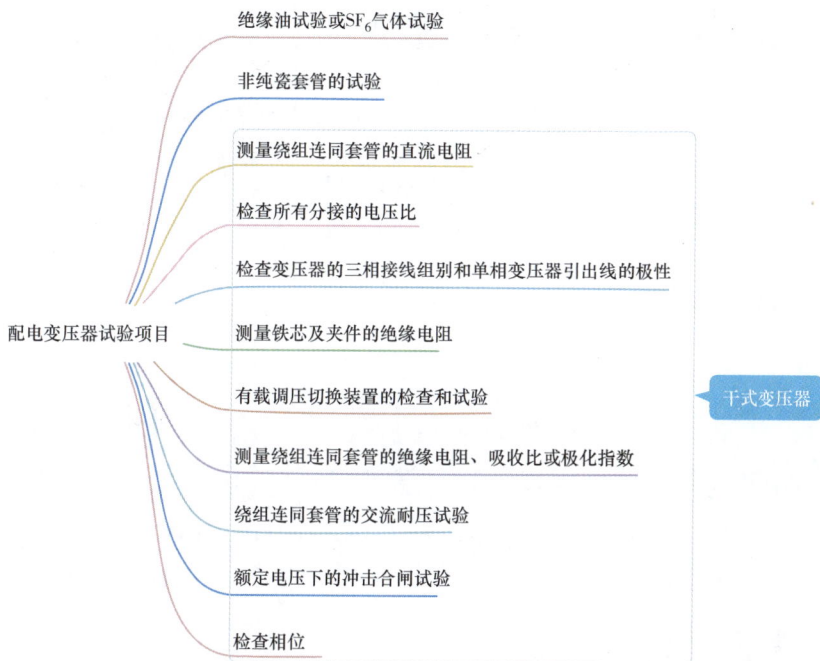

图 8-1　配电变压器试验项目

8.2.2　配电电缆

　　配电电缆交接试验可以有效检测电缆线路在生产、运输、敷设过程中产生的缺陷，严把设备入网关。配电电缆交接试验项目应包括电缆主绝缘及外护套绝缘电阻测量、主绝缘交流耐压试验、电缆两端的相位检查、金属屏蔽（金属套）电阻与导体电阻比测量、局部放电检测和介质损耗检测。电缆线路的状态评价应基于交接试验、预防性试验、诊断性试验、家族缺陷、运行信息等获取的状态信息，包括其现象、量值大小以及发展趋势，结合同类设备的比较，做出综合判断。一般依据预防性试验与诊断性试验中状态结论中最严重状态进行认定。配电电缆交接试验要求见表 8-4。

▼ 表8-4　　　　　　　　　　　配电电缆交接试验要求

序号	试验项目	检测对象	试验要求
1	主绝缘绝缘电阻检测	电缆主绝缘	检测用高压绝缘电阻表，电阻变化正常
2	外护套绝缘电阻检测	电缆外护套	电缆外护套绝缘电阻大于0.5MΩ·km
3	主绝缘交流耐压试验	电缆主绝缘	详见Q/GDW 11838—2018《配电电缆线路试验规程》表1
4	电缆两端的相位检查	电缆相位	配电电缆两端的相位应与电网的相位一致
5	金属屏蔽（金属套）电阻与导体电阻比测量	金属屏蔽和线芯导体	测量金属屏蔽和导体电阻，求取比值
6	局部放电检测	电缆主绝缘	详见Q/GDW 11838—2018《配电电缆线路试验规程》表2
7	介质损耗检测	电缆主绝缘	详见Q/GDW 11838—2018《配电电缆线路试验规程》表3

8.2.3　避雷器

配电金属氧化物避雷器的试验项目应包括测量金属氧化物避雷器及基座绝缘电阻、测量避雷器的工频参考电压和持续电流、测量避雷器直流参考电压和0.75倍直流参考电压下的泄漏电流、检查放电计数器动作情况及监视电流表指示、工频放电电压试验等项目，试验项目及注意事项见图8-2。

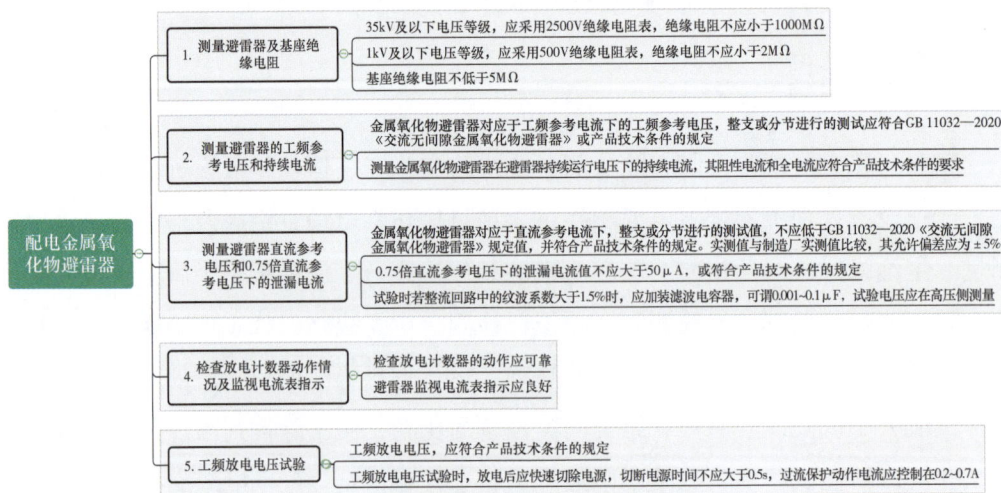

图8-2　配电金属氧化物避雷器交接试验

8.3　配电设备预防性试验标准

配电设备预防性试验是为了发现运行中设备的隐患，预防发生事故或设备损坏，对配电设备进行的检测、试验或监测。预防性试验包括停电试验、带电检测和在线监测，如图8-3所示。

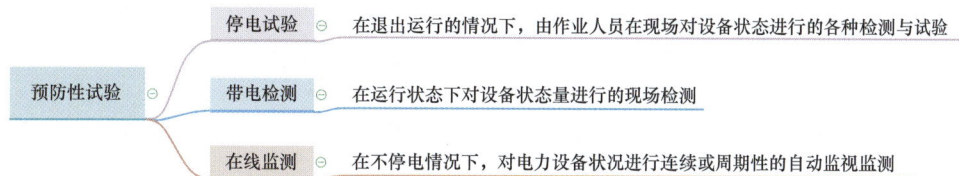

图8-3　预防性试验

配电设备的预防性试验能够及时发现设备缺陷，预防事故的发生，确保设备安全运行。本节介绍配电变压器、配电电缆和配电避雷器三种典型配电设备的预防性试验标准进行介绍。

8.3.1　配电变压器

常用的10kV配电变压器有油浸式变压器和干式变压器两种，两者的预防性试验如图8-4所示，具体试验方法、判据和周期可参见DL/T 596电力设备预防性试验规程。

8.3.2　配电电缆

配电电缆预防性试验可以及时发现运行电缆劣化、老化、受潮、过热等状况。配电电缆预防性试验主要包括红外测温、超声波局部放电检测、暂态地电压局部放电检测、金属屏蔽接地电流检测、接地电阻检测和主绝缘及外护套绝缘电阻检测，详见表8-5。

注意：配电电缆主绝缘停电试验应分别在每一相上进行，对一相进行试验或测量时，金属屏蔽和其他两相导体一起接地。被测电缆的两端应与电网的其他设备断开连接，避雷器、电压互感器等附件需要拆除，对金属屏蔽一端接地，另一端装有护层电压限制器的单芯电缆主绝缘停电试验时，应将护层电压限制器短接，使这一端的电缆金属屏蔽临时接地，电缆终端处的三相间需留有足够的安全距离。配电电缆试验应保证足够的安全作业空间，满足相关试验操作及设备安全要求，主绝缘停电试验中每一相试验前后应对被试电缆进行充分放电。

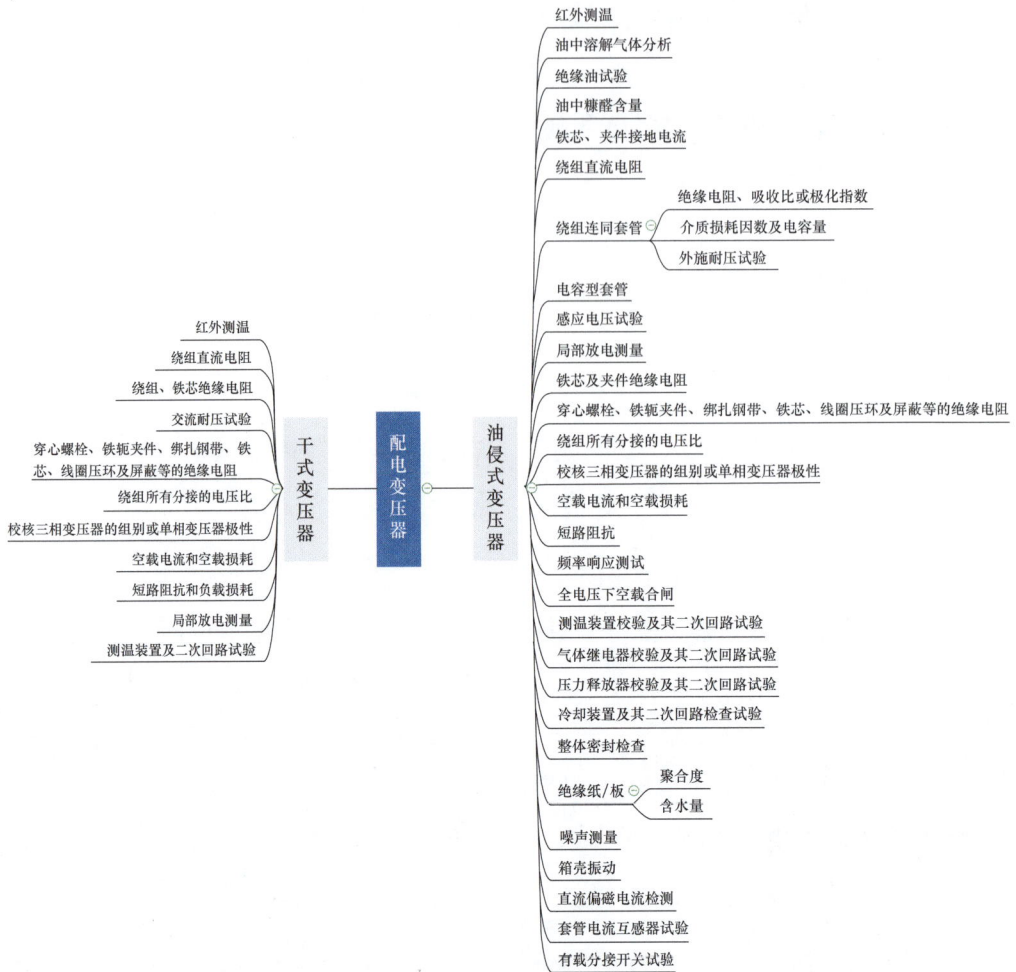

图8-4 变压器预防性试验项目

▼表8-5 电力电缆主要预防性试验

序号	试验项目	试验周期	检测对象	试验要求
1	红外测温	每年不少于2次	电缆终端、电缆导体与外部金属连接处、具备检测条件的电缆接头	（1）电缆导体或金属屏蔽与外部金属连接的同部位相间温度差不大于6K时，评价结论为正常。（2）终端本体同部位相间温度差不大于2K时，评价结论为正常
2	超声波局部放电检测	每年不少于1次	电缆终端	＜0dBmV，没有声音信号时，评价结论为正常
3	暂态地电压局部放电检测	每年不少于1次	电缆终端	（1）若开关柜检测结果与环境背景值的差值不大于20dBmV，评价结论为正常。（2）若开关柜检测结果与历史数据的差值不大于20dBmV，评价结论为正常。

续表

序号	试验项目	试验周期	检测对象	试验要求
3	暂态地电压局部放电检测	每年不少于1次	电缆终端	（3）若本开关柜检测结果与邻近开关柜检测结果的差值不大于20dBmV，评价结论为正常
4	单芯电缆金属屏蔽接地电流检测	每年不少于1次	电缆金属屏蔽接地引下线	同时满足以下要求，评价结论为正常： （1）金属屏蔽接地电流绝对值小于100A。 （2）与负荷电流比值小于20%，与历史数据比较无明显变化。 （3）单相接地电流最大值与最小值的比值小于3
5	接地电阻检测	投运后3年内开展一次；后期每5年开展一次或大修后开展	电缆线路接地装置	若电缆线路接地电阻测试结果不应大于10Ω且不大于初值的1.3倍时，评价结论为合格
6	主绝缘绝缘电阻检测	特别重要电缆线路6年1次；重要电缆线路10年1次；必要时	电缆主绝缘	（1）检测应采用2500V及以上电压的绝缘电阻表。 （2）耐压试验前后主绝缘电阻应无明显变化时，评价结论为正常
7	外护套绝缘电阻检测	必要时	电缆外护套	（1）检测宜采用1000V绝缘电阻表。 （2）电缆外护套绝缘电阻不低于0.5MΩ·km

8.3.3 配电避雷器

配电系统中用的较多的避雷器为无间隙金属氧化物避雷器和带串联间隙金属氧化物避雷器，如图8-5所示，配电无间隙金属氧化物避雷器的试验项目见表8-6，配电带串联间隙金属氧化物避雷器的试验项目见表8-7。

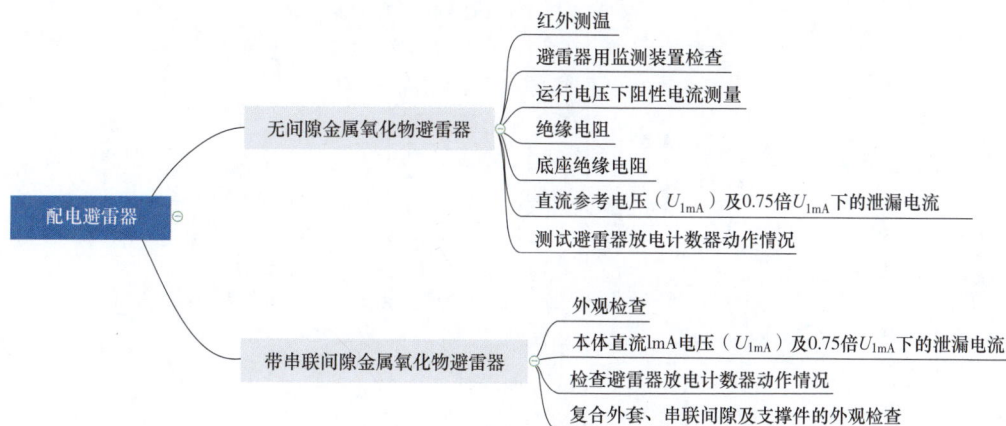

配电避雷器
　　无间隙金属氧化物避雷器
　　　　红外测温
　　　　避雷器用监测装置检查
　　　　运行电压下阻性电流测量
　　　　绝缘电阻
　　　　底座绝缘电阻
　　　　直流参考电压（U_{1mA}）及0.75倍U_{1mA}下的泄漏电流
　　　　测试避雷器放电计数器动作情况
　　带串联间隙金属氧化物避雷器
　　　　外观检查
　　　　本体直流1mA电压（U_{1mA}）及0.75倍U_{1mA}下的泄漏电流
　　　　检查避雷器放电计数器动作情况
　　　　复合外套、串联间隙及支撑件的外观检查

图8-5　配电避雷器预防性试验项目

▼ 表8-6　　　　　　配电无间隙金属氧化物避雷器的试验项目

序号	项目	周期	判据	方法及说明
1	红外测温	（1）6个月；（2）必要时	红外热像图显示无异常温升、温差和相对温差，符合DL/T 664—2016《带电设备红外诊断应用规范》要求	检测温升应选择与被测设备类似的参照体，安全距离外选取合适位置进行拍摄，并确定最佳检测位置做标记，输入补偿参数和选择测温范围
2	避雷器用监测装置检查	巡视检查时	（1）记录放电计数器指示数。（2）避雷器用监测装置指示应良好、量程范围恰当	（1）电流值无异常。（2）电流值明显增加时应进行带电测量
3	运行电压下阻性电流测量	（1）1年；（2）必要时	初值差不明显。当阻性电流增加50%时，应适当缩短监测周期，当阻性电流增加1倍时，应停电检查	（1）宜采用带电测量方法，注意瓷套表面状态、相间干扰的影响。（2）应记录测量时的环境温度、相对湿度和运行电压
4	绝缘电阻	（1）A、B级检修后；（2）小于或等于6年；（3）必要时	自行规定	
5	底座绝缘电阻	（1）A、B级检修后；（2）小于或等于6年；（3）必要时	自行规定	
6	直流参考电压（U_{1mA}）及0.75倍U_{1mA}下的泄漏电流	（1）A级检修后；（2）小于或等于6年；（2）必要时	（1）不得低于GB/T 11032—2020《交流无间隙金属氧化物避雷器》中的规定值。（2）将直流参考电压实测值与初值或产品技术文件要求值比较，变化应不超过±5%。（3）0.75倍U_{1mA}下的泄漏电流初值差不大于30%或不大于50μA（注意值）	（1）应记录试验时的环境温度和相对湿度。（2）应使用屏蔽线作为测量电流的导线

序号	项目	周期	判据	方法及说明
7	测试避雷器放电计数器动作情况	（1）A级检修后。 （2）每年雷雨季节前检查1次。 （3）必要时	测试3~5次，均应正常动作，测试后记录放电计数器的指示数	

▼表8-7　　　　配电带串联间隙金属氧化物避雷器的试验项目

序号	项目	周期	判据	方法及说明
1	外观检查	（1）结合线路巡线进行。 （2）必要时	外观无异常	线路避雷器状态良好，无异物附着，各部件无腐蚀、移位或电蚀痕迹，本体及支撑绝缘子无弯曲变形
2	本体直流1mA电压（U_{1mA}）及0.75倍U_{1mA}下的泄漏电流	必要时	直流参考电压实测值与初值或产品技术文件要求值比较，变化不应大于±5%；0.75倍U_{1mA}下的泄漏电流初值差不大于30%或不大于50μA	应记录试验时的环境温度、相对湿度和运行电压，测量宜在瓷套表面干燥时进行，应注意相间干扰的影响
3	检查避雷器放电计数器动作情况	必要时	测试3~5次，均应正常动作	
4	复合外套、串联间隙及支撑件的外观检查	必要时	复合外套和支撑件表面无破损、开裂等缺陷，串联间隙无明显变形	

9 配电线路验收流程

❯ 9.1 配电线路验收流程及标准

❯ 9.2 配电设备验收流程及标准

本章主要介绍配电线路与设备验收流程及标准，使读者掌握关键验收知识，确保配电网安全高效运行。

9.1 配电线路验收流程及标准

9.1.1 概述

配电线路验收包括10kV及以下架空配电线路（含同杆架设线路）的水泥电杆（钢管杆）、导线架设、横担安装、拉线安装等验收工作。

9.1.2 配电线路验收条件

（1）配电线路经施工单位工程建设，项目已全部竣工。

（2）配电线路应按设计图纸进行施工，设计变更应经相关单位、部门审批，并出具设计变更通知单。

（3）配电线路的施工资料应齐全完备，档案真实准确、系统规范。

9.1.3 配电线路验收人员

配电线路验收应由建设单位组织，验收人员应包含建设单位、监理单位、施工单位和生产运维班组相关人员。

9.1.4 配电线路验收标准流程

1. 流程图

配电线路验收流程如图9-1所示。

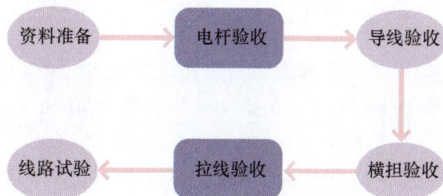

图9-1 配电线路验收流程图

2.标准流程

配电线路验收标准流程见表9-1。

▼表9-1 配电线路验收标准流程

序号	标准流程	验收内容	备注
1	资料准备	配电线路应有批准的设计图、施工图和竣工图,变更应修改原图并出具变更通知。明细表记录电杆材料、档距、跨越等。导线弧垂、交叉跨越有专门记录,详细注明施工情况	
2	电杆验收	(1)电杆应表面光洁平整,无裂纹和掉块等现象,杆身纵向裂纹宽度不超过0.1mm,长度不超过1/3周长,弯曲度不超过2‰。钢管杆及附件应热镀锌,锌层均匀,无漏锌、锌渣、锌刺,弯曲度不超过其长度的2/1000。电杆基础深度应符合规定,允许偏差为+100mm、-50mm。 (2)电杆回填土层上部面积应大于坑口面积,回填后设防沉土台,培土高度超地面300mm。定位符合要求,杆梢向外角倾斜,不能向内角偏移。位移要求:直线杆横向位移不大于50mm,转角杆横向位移不大于50mm,终端杆向拉线侧预偏。双杆迈步不大于30mm,根开不超过±30mm,双杆直线杆和转角杆的位移不超过50mm	
3	导线验收	导线应符合设计标准,无松股、交叉、折叠等缺陷;绝缘层紧密挤包,无尖角、颗粒和烧焦痕迹;导线固定可靠,绑线绑扎符合工艺标准;同一档距内同一根导线上的接头不得超过1个,接头位置与固定处距离大于0.5m。导线应固定在转角外侧或第一裙内,跨越杆导线应双固定。裸铝导线应缠绕铝包带,绝缘导线应缠绕粘布带。接续管连接应用专用工具,跨径线夹不少于2个。连接面应平整、光洁,涂电力复合脂。导线接头宜采用铜铝过渡线夹或搪锡插接。导线架设后,对地及交叉跨越距离应符合要求。不同电压等级的导线与拉线、电杆或构架之间的净空距离不同。导线弧垂误差不应超过设计弧垂的±5%,水平排列的导线弧垂相差不应大于50mm	
4	横担验收	(1)架空线路的铁横担和附件应热镀锌,腐蚀、变形需更换。横担安装平整,偏差符合DL/T 601或设计要求。直线杆单横担装于受电侧,90°转角杆及终端杆装于拉线侧,转角杆装于合力位置方向。导线水平排列时,上层横担距杆顶距离不宜小于200mm。瓷横担绝缘子直立或水平安装时,顶端顺线路歪斜有要求。转角杆处瓷横担支架安装在转角内角侧。双杆横担与电杆连接处的高差、左右扭斜有规定。 (2)带叉梁的双杆组立后,不应有鼓肚现象,叉梁铁板、抱箍与主杆的连接牢固,局部间隙不应大于50mm。同杆架设线路横担间的最小垂直距离:10kV与10kV线路直线杆800mm、分支杆450mm、转角杆600mm;10kV与0.4kV线路直线杆1200mm、分支杆和转角杆1000mm	

续表

序号	标准流程	验收内容	备注
5	拉线验收	拉线应使用专用抱箍，距离横担中心线100mm处。采用楔形线夹、UT线夹或钢卡时，尾线留取300~500mm。UT线夹螺杆应露扣，应有不小于1/2螺杆丝扣长度可供调整，采用双螺母。钢绞线在舌板回转部分留缝隙，绑扎长度50~80mm。拉线上把和抱箍采用延长环连接。拉线装设绝缘子时，断拉线情况下绝缘子距离地面不小于2500mm。拉线棒采用热镀锌，直径不小于16mm；拉线加装警示标识。拉线盘埋设深度和方向应符合设计要求，拉线棒与拉线盘垂直，连接处用双螺母，外露500~700mm	
6	线路试验	配电线路绝缘电阻测试合格，中压线路不低于1000MΩ，低压线路不低于0.5MΩ。新投线路应与原有线路相序一致。冲击合闸3次，无异常	

3.配电线路图例

10kV架空线路图例如图9-2（a）所示，10kV直线杆图例如图9-2（b）所示，10kV耐张杆图例如图9-2（c）所示。

(a) 10kV架空线路　　　　(b) 10kV直线杆　　　　(c) 10kV耐张杆

图9-2　配电线路图例

9.2　配电设备验收流程及标准

配电设备验收包括10kV架空配电线路的柱上变压器、箱式变压器、柱上断路器、柱上隔离开关等验收工作。

9.2.1　配电设备验收条件

（1）配电设备经施工单位工程建设，项目已全部竣工。

（2）配电设备应按设计图纸进行施工，设计变更应经相关单位、部门审批，并出具设计变更通知单。

（3）配电设备的施工资料应齐全完备，档案真实准确、系统规范。

（4）配电设备的试验报告应齐全完备。

9.2.2　配电设备验收人员

配电设备验收应由建设单位组织，验收人员应包含建设单位、监理单位、施工单位和生产运维班组相关人员。

9.2.3　配电设备验收标准流程

1. 流程图

配电设备验收流程如图9-3所示。

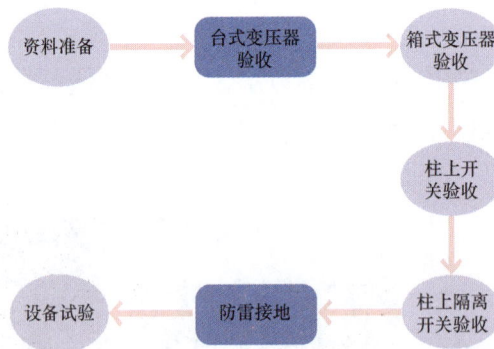

图9-3　配电设备验收流程

2. 标准流程

配电设备验收标准流程见表9-2。

▼表9-2　　　　　　　　　　　　　　配电设备验收标准流程

序号	标准流程	主要内容	备注
1	资料准备	（1）新建、大修、技改的配电线路应有设计图、施工图和竣工图，设计图、施工图、竣工图应经审核批准，并加盖公章。 （2）设计变更时，应在原图上修改变更设计部分的实际施工图，并出具设计变更通知单。 （3）接地记录，记录中应有接地电阻值、测试时间、测验人姓名	
2	台式变压器验收	（1）变压器应符合设计要求，附件、备件应齐全。 （2）本体及附件外观检查无损坏及变形，油漆完好；变压器油箱封闭良好，无漏油、渗油现象，油标处油面正常。	

序号	标准流程	主要内容	备注
2	台式变压器验收	（3）引线横担、跌落式熔断器横担、避雷器横担使用单横担。 （4）跌落式熔断器、避雷器、变压器接线柱应加装与相序同色的绝缘罩。 （5）验电接地环安装在跌落式熔断器、避雷器之间的高压引线上，挂接地线时，跌落式熔断器下端接线点不应受力。 （6）双杆变压器台架宜采用槽钢，槽钢厚度应不小于14mm，并用热镀锌处理；水平倾斜不大于台架根开的1/100。 （7）变压器台梁对地距离：10m电杆不低于3.2m，12m及以上电杆不低于3.4m。 （8）低压侧总配电箱采取悬挂式安装，利用双头螺栓和M垫铁固定在变压器托架上，对地距离不小于1.9m。 （9）台架接地网为环闭合环形，长度和宽度不小于5000mm，坑深应不小于800mm，坑宽400mm，回填后沟面应设有防沉土层，其高度为100～300mm	
3	箱式变压器验收	（1）变压器应符合设计要求，附件、备件应齐全。 （2）本体及附件外观检查无损坏及变形，油漆完好；油箱封闭良好，无漏油、渗油现象，油标处油面正常。 （3）箱式变压器基础的土建标高、尺寸、结构及预埋件焊件强度均符合设计要求；基础材料应符合设计要求，有出厂合格证。 （4）箱式变压器基础两侧可埋设防小动物的通风窗，尺寸为300mm×200mm；箱式变压器底座与基础之间的缝隙用水泥砂浆封堵；低压电缆应通过高低压配电室底封板接入，电缆与穿管之间的缝隙应密封防水。 （5）箱式变压器底座槽钢上的两个主接地端子、变压器中性点及外壳、避雷器下桩头均应分别接地。 （6）箱式变压器高压电气设备部分应按（GB 50510—2006）《电气装置安装工程　电气设备交接试验标准》的规定交接试验合格。 （7）所有接地均应共用一组接地装置，在基础四角打接地桩，然后连成一体，其接地电阻小于4Ω，从接地网引至箱式变压器的接地引下线不少于两条	
4	柱上断路器验收	（1）设备技术性能、参数应符合设计要求。 （2）瓷件（复合套管）外观检查应良好，SF$_6$压力值或真空度应符合产品要求。 （3）柱上断路器安装在支架上并固定可靠，水平倾斜不大于托架长度的1/100。 （4）引线连接紧密，引线相间距离不小于300mm，对杆塔及构件距离不小于200mm。 （5）带保护开关应注意安装方向，TV应安装电源侧。 （6）接线端子与引线的连接应采用线夹，如有铜铝连接时应有过渡措施。 （7）断路器或负荷开关外壳应可靠接地，接地电阻值符合规定。	

序号	标准流程	主要内容	备注
4	柱上断路器验收	（8）分合试验操作时机构灵活，经分合操作三次以上，分合动作指示正常。 （9）各项电气试验及防误装置试验合格	
5	柱上隔离开关验收	（1）设备技术性能、参数应符合设计要求。 （2）瓷件（复合套管）外观检查应良好，气压指示正常。 （3）柱上隔离开关安装在支架上并固定可靠，支架的安装符合相关规定。 （4）接线端子与引线的连接应采用线夹，如有铜铝连接时应有过渡措施。 （5）引线连接紧密，引线相间距离不小于300mm，对杆塔及构件距离不小于200mm。 （6）隔离开关合闸时接触紧密，分闸后应有不小于200mm的空气间隙；隔离开关动静触头宜涂抹导电膏。 （7）静触头安装在电源侧，动触头安装在负荷侧。 （8）分合试验操作时机构灵活，经分合操作三次以上，分合动作指示正常。 （9）各项电气试验及防误装置试验合格	
6	防雷接地	（1）每个电气设备的接地应以单独的接地引下线与接地网相连，不得在一个接地引上线串接多个电气设备。 （2）接地体规格、埋设深度应符合设计规定；当无设计规定时，不应小于600mm。 （3）钢接地体的搭接应使用搭接焊，扁钢的搭接长度应为其宽度的2倍，四面施焊；圆钢的搭接长度应为其直径的6倍，双面施焊；圆钢与扁钢连接时，其搭接长度应为圆钢直径的6倍。 （4）引上接地体与设备连接采用螺栓搭接，搭接面要求紧密，不得留有缝隙。接地引上线与设备的接地点不少于2个。 （5）接地引下线与接地体连接，应便于解开测量接地电阻。接地引下线应紧靠杆身，每隔一定距离与杆身固定一次。 （6）接地引线应按规定涂以黄绿相间的标识，接地体黄绿漆的间隔宽度一致，顺序一致；明敷接地垂直段离地面1500mm范围内，采用黄绿相间的标识。 （7）接地沟的回填宜选取无石块及其他杂物的泥土夯实，接地沟的防沉层高度宜为100～300mm。 （8）箱式变压器、环网柜、分支箱等主设备外壳应至少两点接地，两根引上接地体应与不同网格的接地网或接地干线相连。 （9）10kV中性点小电阻接地系统，开关站主体接地网工频电阻值小于0.5Ω；100kVA及以上配电变压器的接地电阻值应小于4Ω；100kVA以下配电变压器的接地电阻值应小于10Ω。10kV中性点绝缘系统，配电室主体接地网工频电阻值小于4Ω	

序号	标准流程	主要内容	备注
7	设备试验	（1）进行交流耐压试验时，设备无异响，电压、电流无异常；交流耐压试验按出厂试验电压的80%进行，交流耐压试验时间为60s。	
7	设备试验	（2）变压器、避雷器的绝缘电阻不小于2500MΩ，断路器本体20℃时绝缘电阻不小于2000MΩ，隔离开关的绝缘电阻不小于1200MΩ，控制、辅助等二次回路绝缘电阻不小于10MΩ。 （3）低压成套配电柜相间和相对地间的绝缘电阻值不小于0.5MΩ；交流工频耐压试验电压应1kV，当绝缘电阻大于10MΩ时，可用2500V绝缘电阻测试仪替代，试验持续时间1min，无闪络击穿现象。 （4）断路器、隔离开关、接地开关的机械或电气闭锁应准确可靠；断路器、隔离开关、接地开关应操作三次及以上，其分、合操作应灵活可靠。 （5）新投配电设备的相序应与原有供电线路相序一致。 （6）在额定电压下，对配电设备冲击合闸不少于3次	

3. 配电设备图例

10kV台架式变压器和10kV柱上断路器如图9-4所示。

（a）10kV台架式变压器　　　　　　（b）10kV柱上断路器

图9-4　配电设备图例

10 配电线路及设备缺陷管理及事故处理流程

> 10.1　配电线路及设备运维要求

> 10.2　配电线路及设备缺陷管理流程

> 10.3　配电线路及设备故障处理流程

本章介绍配电线路及设备缺陷管理及事故处理流程，包括缺陷分类、缺陷处理流程、事故处理原则和方法等。通过学习，读者可以掌握配电线路及设备缺陷管理和事故处理的技能，确保配电系统安全稳定运行。

10.1 配电线路及设备运维要求

10.1.1 配电线路运行和维护要求

1. 配电线路运行要求

配电线路的安全运行需满足以下要求：

（1）杆塔位置应准确，偏离线路中心线不得超过0.1m。木杆和混凝土杆的倾斜度（包括挠度）对于转角杆和直线杆应不超过15/1000，转角杆不得向内侧倾斜，终端杆不得向导线侧倾斜，且向拉线方向的倾斜不得超过200mm。

（2）铁塔的倾斜度要求为：高度50m以下的塔不超过10/1000，超过50m的塔不超过5/1000。混凝土杆应无严重裂纹和锈蚀，木杆不得严重腐朽，铁塔不得严重锈蚀，且主材弯曲度不超过5/1000。所有杆塔应有统一的标志牌。

（3）横担和金属部分不得有严重锈蚀、变形或腐朽，锈蚀面积不得超过总面积的一半，木横担的腐朽深度不得超过宽度的1/3。

（4）导线接头应无变色和严重腐蚀，连接线夹螺栓必须牢固，导线负荷电流不得超过允许值。导线不得断股，损伤深度不得超过允许范围。导线间的净空距离应符合规定。

（5）绝缘子和瓷横担应无裂纹，釉面剥落面积控制在规定范围内，铁件无严重锈蚀。绝缘子的选择应基于地区污秽等级和泄漏比距。

（6）拉线应无断股、松弛或严重锈蚀，对通车路面的升起距离不得小于6m。拉线基础应牢固，周边土壤应稳定。

（7）接户线的绝缘层应完好，无剥落或开裂，接头不得超过1个，且应使用同型号导线连接。接户线的支架应牢固，导线的限距和交叉跨越距离应符合相关规程要求。

（8）配电线路通过林区时，应保持安全距离。1~10kV线路通过林区应砍伐出至少5m宽的通道，或采取绝缘导线措施。通过公园、绿化区等，导线与树木的净空距离应在最大风偏情况下不小于3m。通过果林、经济作物区和城市灌木林，导线与树梢的距离不得小于1.5m。

配电线路的导线与街道人行道树之间的最小距离应符合表10-1的规定。

▼表10-1　　　　配电线路的导线与街道人行道树之间的最小距离　　　　单位：m

最大弧垂情况的垂直距离		最大风偏情况下的水平距离	
1～10kV	1kV以下	1～10kV	1kV以下
15（0.8）	1.0（0.2）	2.0（1.0）	1.0（05）

注　括号内为绝缘导线数值。

（9）根据GB 50016—2014《建筑设计防火规范》，配电线路与甲类厂房、库房，易燃材料堆场，甲、乙类液体储罐，液化石油气储罐，以及可燃、助燃气体储罐的最近水平距离，应符合以下要求：对于甲、乙类液体储罐，液化石油气储罐，可燃、助燃气体储罐，该距离不应小于杆塔高度的1.5倍；对于丙类液体储罐，该距离不应小于杆塔高度的1.2倍。这些规定旨在确保安全距离，以降低火灾风险。

（10）跨越道路的拉线对地距离。跨越道路的水平拉线，对路边缘的垂直距离不应小于6m。拉线柱的倾斜角宜采用10°～20°。

（11）接户线的限距应符合表10-2和表10-3的规定。

▼表10-2　　　　　　　接户线受电端的对地面垂直距离

电压等级	1～10kV	1kV以下
对地面垂直距离	4.0m	2.5m

▼表10-3　　　跨越道路的1kV以下接户线至路面中心的垂直距离

最大弧垂距离		最大弧垂距离	
1kV以下	具体条件	1kV以下	具体条件
6.0m	有汽车通过的道路	3.0m	胡同（里、弄、巷）
3.5m	汽车通过困难的道路	2.5m	沿墙敷设

2. 配电线路维护要求

为了保证配电线路安全、可靠、经济运行，采取正确的维护方法管理非常重要。一要加强配电线路的巡视，掌握配电线路运行状态及相关缺陷，根据缺陷情况制订相应的消缺计划；二要采取正确的处理方法，对各种缺陷或隐患进行整改处理，达到运行标准；三要做好技术统计，分析并掌握线路运行情况。

（1）电杆移位。电杆移位可采用机械（吊车或紧线器等）和人工两种方法。无论哪种，首先都要对电杆加装4个相对方向的拉线进行固定保护，然后拉动绳索将杆根校正垂直，基础填土、夯实，恢复并紧固导线。

（2）电杆扶正。电杆扶正可采用机械（吊车或紧线器等）和人工两种方法。无论哪种，都要在正杆侧杆根处垂直挖深1m左右，避杆身受力过大而折断。直线杆顺线路方向倾斜时，要松开导线进行正杆，垂直线路倾斜时可在不停电的情况下进行。转角杆、终端杆与直线杆基本相同，要注意调整拉线受力和导线弧垂。

（3）拉线调整。由于杆倾斜扶正后的拉线要先正杆，再进行调整或重做，由于拉线断股或锈蚀严重更换拉线时要先做好临时拉线，地锚上拔时要用UT线夹进行调整，螺母紧固在UT线夹螺纹中心为宜，并加双帽固定。

（4）导线接头若出现过度发热现象，应采取适当的处理措施。针对普通导线的连接接头，可以拆卸并清除接触面上的氧化物，随后涂抹适量的中性凡士林油，再重新进行连接。而对于使用线夹固定的导线接头，若发现过热，同样需要拆解并重新制作接头，以确保连接的可靠性和导线的安全运行。这些措施有助于减少接触电阻，防止接头处的热积累，从而避免潜在的安全风险。

（5）砍树。在电力线路带电状态下进行树木砍剪作业前，工作负责人必须明确告知所有工作人员保持与导线至少1m的安全距离。作业时，要注意防止昆虫或动物造成伤害，上树作业者应避免攀附不牢固或枯死的树枝，并正确使用安全带，安全带的系挂位置应远离待砍剪的树枝。严禁攀登已部分锯断但未完全断裂的树枝。

砍剪作业须有专人监督，确保下方无人，预防意外伤害。树木砍剪时，应将其拉向远离导线的方向，绳索需足够长，防止操作人员受伤。山坡砍剪时，应采取措施避免树木向导线弹跳。如树枝与高压带电导线接触或接近，应先切断电源或使用绝缘工具，严禁人员接触树木，确保安全距离。

在大风天气下，禁止进行可能影响到导线的树木砍剪作业。使用油锯和电锯等机械进行作业的人员应熟悉其性能和操作方法，并在作业前检查锯切范围内是否有金属物品，以防金属碎片飞溅造成伤害。

10.1.2 低压设备运行和维护要求

1. 低压设备的运行与维护

（1）低压设备运行要求。见表10-4。

▼表10-4 低压设备运行要求

设备	具体种类	低压设备运行要求
低压开关类控制设备	（1）低压隔离开关。 （2）低压熔断器组合电器，熔丝熔断器式刀开关、刀熔开关。 （3）开关熔断器组。 （4）组合开关，也称转换开关	（1）选用低压保护设备须为国家认定的定型产品，严禁使用淘汰产品。 （2）各项技术参数须满足运行要求。其所控制的负荷必须分路，避免多路负荷共用一个开关设备。 （3）各设备应有相应标识，并统一编号。 （4）各种仪表、信号灯应齐全完好。 （5）动触头与固定触头的接触应良好。 （6）低压开关是控制设备应定期进行清扫。 （7）操作通道、维护通道均应铺设绝缘垫，通道上不准堆放杂物
低压保护设备	（1）低压保护设备。 （2）剩余电流动作保护器。 （3）交流接触器。 （4）启动器。 （5）热继电器。 （6）控制继电器	（1）选用低压保护设备须为国家认定的定型产品，严禁使用淘汰产品。 （2）低压保护设备各项技术参数须满足运行要求。 （3）低压保护设备的选择和整定，均应符合动作选择性的要求。 （4）低压保护设备应定期进行传动试验，校验其动作的可靠性。 （5）低压保护设备应定期进行清扫。 （6）操作通道、维护通道均应铺设绝缘垫，通道上不准堆放杂物

（2）低压设备的维护要求。

1）人员要求：

a.低压设备维护人员应持证上岗。

b.低压设备维护人员应由工作经验的人员担任。

c.低压设备维护人员维护过程中严格执行相关标准的规定。

2）周期要求：

a.低压配电设备巡视周期宜每月进行一次，最多不超过两个月进行一次。根据天气和负荷情况，可适当增加巡视次数。

b.低压设备维护工作可根据巡视情况确定。

3）巡视要求：

a.巡视工作须由具备电力线路工作经验的人员承担，新人员不得独自巡线，暑天、大雪天建议双人巡线以确保安全。

b.单人巡线时不得攀登电杆和铁塔。

c.巡线人员发现导线断落地面或悬吊空中，应设法防止行人靠近断线地点8m以内，并迅速上报，等候处理。

d.巡线发现缺陷及时记录，确定缺陷类别，及时上报管理部门。

（3）危险点预控及安全注意事项见表10–5。

▼表10–5　　　　　　　　　**危险点预控及安全注意事项**

危险点	控制措施
误入带电设备	维护设备与相邻运行设备必须用围栏明显隔离，并悬挂"止步，高压危险"标示牌，标示牌应面对检修设备
	中断维护工作，每次重新开始工作前，应认清工作地点、设备名称和编号，严禁无监护单人工作
高处作业	正确使用安全带，戴好安全帽
零部件跌落打击	应使用传递绳和工具袋传递零部件，严禁抛掷
	不准在开关等设备构架上存放物件或工器具

10.1.3　10kV配电设备运行和维护要求

1.10kV配电设备巡视检查项目及技术要求

为了掌握设备的运行情况及周围环境变化，需要对配电设备进行巡视，以及时发现和消除设备缺陷，预防事故发生，确保设备安全运行。

（1）设备巡视的基本方法和要求。

1）巡视的基本方法。设备巡视可以使用智能巡检系统、巡视卡或巡视记录。巡视人员在巡视中一般通过看、听、摸、嗅、测的方法对设备进行检查。

a.看：主要用于对设备外观、位置、压力、颜色、信号指示等肉眼看得见的检查项目的分析判断。如充油设备的油位、油色的变化、渗漏，设备绝缘的破损裂纹、污秽等。

b.听：主要通过声音判断设备运行是否正常。如变压器正常运行时其声音是均匀的嗡嗡声，内部放电时会有噼啪声等。

c.摸：通过以手触试不带电的设备外壳，判断设备的温度、振动等是否存在异常。如触摸变压器外壳，检查温度是否正常。但是必须分清可触摸的界限和部位。

d.嗅：通过气味判断设备有无过热、放电等异常。如通过嗅觉判断配电室有无绝缘焦糊味等异常气味。

e.测：通过工具检查设备运行情况是否发生变化。如用红外线测温仪测试设备连接点温度是否异常。

2）设备巡视周期。配电设备的巡视应与配电线路的巡视同期进行，正常巡视周期为：

a.市区一般每月进行一次。

b.郊区及农村每季至少一次。

c.特殊巡视、夜间巡视、故障性巡视应根据实际情况进行。

3）设备巡视的分类。配电设备巡视一般分为定期巡视、特殊性巡视、夜间巡视、故障性巡视和检查性巡视等。

a.定期巡视。由专职巡线员进行，掌握线路的运行状况，沿线环境变化情况，并做好护线宣传工作。

b.特殊性巡视。在气候恶劣（如台风、暴雨、覆冰等）、河水泛滥、火灾和其他特殊情况下，对线路的全部或部分进行巡视或检查。

c.夜间巡视。在线路高峰负荷或阴雾天气时进行，检查导线连接有无发热打火现象、绝缘表面有无闪络、木横担有无燃烧现象等。

d.故障性巡视。查明线路发生故障的地点和原因。

e.检查性巡视。由管理人员或线路专责技术人员进行，目的是了解线路及设备状况并检查、指导巡线员的工作。

4）巡视的要求和注意事项。

a.设备巡视时，必须严格遵守《电业安全工作规程》关于设备巡视的有关规定，确保巡视人员安全，巡视前要进行危险点分析，危险点分析见表10-6。

▼表10-6　　　　　　　　　　　　　　　　危险点分析

序号	危险点	控制措施
1	狗、蛇咬伤	巡线时应持棒，防止被狗等动物伤害
2	摔伤	应穿工作鞋，路滑、过沟崖和墙时防止摔伤
3	车辆伤人	应乘坐安全的交通工具，穿行公路时应注意交通安全
4	误触断落带电导线	夜间巡视应沿线路外侧进行，大风天气应沿线路上风侧进行
5	迷失方向	偏僻山区和夜间巡视应由两人进行，并熟悉现场设备状况及周边环境
6	冻伤及中暑	暑天、大雪天必要时由两人进行

b.巡视人员要求：巡视工作应由有电力线路工作经验的人员担任；新人员不得单独进行巡视；偏僻山区和夜间巡视应由两人进行；巡视人员应熟悉设备运行情况、相关技术参数和周围自然情况及风土人情；暑天、大雪天必要时由两人进行；单独巡线人员应考试合格并经工区（公司、所）主管生产领导批准；单人巡视时，禁止攀登电

杆及铁塔；巡视人员应能对发现的缺陷进行准确分类。

c.故障巡视时应始终认为线路带电，即使线路已停电，也应认为线路随时有恢复送电的可能性。

d.巡视人员要根据不同地域、天气情况，穿合适的服装、鞋；巡线时应持棒，防止被狗等动物伤害；夜间巡视应沿线路外侧进行，大风天气应沿线路上风侧进行，以免万一触及断落的导线。

e.巡视人员如果发现危及安全的紧急情况，应立即采取防止行人触电的安全措施，并报告相关部门及领导组织处理。

f.对于发现的缺陷，应及时记录在巡视手册上，要记录详细、准确、字迹工整。

g.巡视结束后，应及时把发现的缺陷统计分类，传递给检修班组编排检修计划。

（2）设备巡视的流程。配电设备巡视的流程包括安排巡视任务、巡视准备、设备检查、巡视总结、上报巡视结果等部分内容，巡视流程及要求见表10-7。

▼表10-7　　　　　　　　　　配电设备巡视流程及要求

序号	巡视流程	具体要求
1	安视任务	设备管理人员对巡线人员安排巡视任务，安排时必须明确本次巡视任务的性质（定期巡视、特殊性巡视、夜间巡视、故障性巡视），并根据现场情况提出安全注意事项。特殊巡视还应明确巡视的重点及对象
2	巡视准备	准备好巡视工器具和必备用品： （1）巡视前检查望远镜等工、器具是否好用。 （2）巡视前应带好巡视手册和记录笔。 （3）如果夜间巡视应带好照明设施。 （4）根据实际需要，携带必要的食品及饮用水
3	设备检查	巡视人员应对所分配巡视任务内的设备不遗漏地进行巡视，对于发现的设备缺陷应及时做好记录，如巡视中发现紧急缺陷时，应立即终止其他设备巡视，在做好防止行人触电的安全措施后，立即上报相关部门进行处理。巡视检查项目包括： （1）配电变压器的巡视检查。 （2）跌落式熔断器的巡视检查。 （3）柱上断路器巡视检查。 （4）电容器巡视检查。 （5）避雷器巡视检查。 （6）接地装置巡视检查
4	巡视总结	巡视结束后，对巡视中发现的异常情况进行分类整理、汇总，如有设备变动应及时通知相关部门修改图纸
5	上报巡视结果	巡视人员将巡视结果总结后上报相关设备管理人员，设备管理人员填写缺陷记录，编排检修计划

2.10kV配电设备运行维护

（1）配电变压器的运行维护。变压器是用来变换电压的电气设备，配电线路中装设的变压器称为配电变压器。配电变压器主要由铁芯、绕组、油箱、冷却装置、绝缘套管、调压装置及防爆管等构成。

（2）配电变压器的运行维护。

1）正常巡视周期及内容。装于室内的和市区的配电变压器一般每月至少巡视一次，户外（包括郊区及农村的）一般每季至少巡视一次。巡视内容：套管是否清洁，有无裂纹、损伤、放电痕迹；油温、油色、油面是否正常，有无异声、异味；呼吸器中是否正常，有无堵塞现象；各个电气连接点有无锈蚀、过热和烧损现象；分接开关指示位置是否正确，换接是否良好；外壳有无脱漆、锈蚀；焊口有无裂纹、渗油；接地是否良好；各部密封垫有无老化、开裂、缝隙，有无渗漏油现象；各部螺栓是否完整、有无松动；铭牌及其他标志是否完好；一、二次熔断器是否齐备，熔丝大小是否合适；一、二次引线是否松弛，绝缘是否良好，相间或对构件的距离是否符合规定，对工作人员上下电杆有无触电危险；变压器台架高度是否符合规定，有无锈蚀、倾斜、下沉；木构件有无腐朽；砖、石结构台架有无裂缝和倒塌的可能；地面安装的变压器、围栏是否完好；变压器台上的其他设备（如表箱、开关等）是否完好；台架周围有无杂草丛生、杂物堆积，有无生长较高的农作物、树、竹、藤蔓类植物接近带电体。

2）下列情况应对变压器增加巡视检查次数：

a.新设备或经过检修、改造的变压器在投运72h内。

b.有严重缺陷时。

c.气象突变（如大风、大雾、大雪、冰雹、寒潮等）时。

d.雷雨季节特别是雷雨后。

e.高温季节、高峰负载期间。

3）变压器的投运和停运。

a.新的或大修后的变压器投运前，除外观检查合格外，应有出厂试验合格证和供电企业试验部门的试验合格证，试验项目应有变压器性能参数（额定电压、额定电流、空载损耗、空载电流及阻抗电压）、工频耐压、绝缘电阻和吸收比测定、直流电阻测量、绝缘油简化试验。

b.停运满1个月的变压器，在恢复送电前应测量绝缘电阻，合格后方可投运。

c.搁置或停运6个月以上的变压器，投运前应做绝缘电阻和绝缘油耐压试验。

d.干燥、寒冷地区的排灌专用变压器，停运期可适当延长，但不宜超过8个月。

4）变压器分接开关的运行维护。

a.无励磁调压变压器在变换分接时，应作多次转动，以便消除触头上的氧化膜和油污。在确认变换分接正确并锁紧后，测量绕组的直流电阻。分接变换情况应作记录。

b.变压器有载分接开关的操作，应遵守如下规定：应逐级调压，同时监视分接位置及电压、电流的变化；有载调压变压器并联运行时，其调压操作应轮流逐级或同步进行；有载调压变压器与无励磁调压变压器并联运行时，其分接电压应尽量靠近无励磁调压变压器的分接位置。

（3）跌落式熔断器的运行维护。跌落式熔断器主要由绝缘子、静触头、支架、熔丝管等部件组成。

1）正常巡视周期及内容。市区跌落式熔断器每月至少巡视一次，郊区及农村则每季至少巡视一次。巡视要点包括：检查瓷件有无裂纹、闪络、破损和脏污；熔丝管是否起层、炭化、弯曲或变形；触头接触情况，有无过热、烧损、熔化现象；部件组装情况，有无松动、脱落现象；引线接点连接与间距是否合适；安装牢固度、相间距离和倾斜角是否符合规定；操动机构是否灵活，有无锈蚀。确保设备正常运行，保障电力供应安全。

检查发现以下缺陷时，应及时处理：

a.熔断器的消弧管内径扩大或受潮膨胀而失效。

b.触头接触不良，有麻点、过热、烧损现象。

c.触头弹簧片的弹力不足，有退火、断裂等情况。

d.机构操作不灵活。

e.熔断器熔丝管易跌落，上下触头不在一条直线上；熔丝容量不合适。

f.相间距离不足0.5m，跌落熔断器安装倾斜角超出150°～300°范围。

2）跌落式熔断器的运行维护要求。熔断器具额定电流与熔体及负荷电流值是否匹配合适，若配合不当必须进行调整；熔断器的操作须认真，特别是合闸操作，用力应适当，并使动、静触头接触良好；熔管内必须使用标准熔体，禁止用铜丝铝丝代替熔体，更不准用铜丝、铝丝等将触头绑扎住使用；新安装或更换的熔断器，必须满足相关规程的要求，熔管安装角度在15°～30°范围内；熔体熔断后应更换新的同规格熔体，不可将熔断后的熔体连接起来再装入熔管继续使用；对熔断器进行巡视时，如发现放电声，要尽早安排处理。

（4）柱上断路器的运行维护。柱上断路器是一种集控制与保护于一体的开关设备。它在正常工作时可以切断或接通线路，当线路发生短路时，能够手动或自动切断故障线路。柱上断路器广泛应用于架空配电线路，尤其在较大容量的配电网中常用于线路开断，而在较小容量的配电网中则同时承担线路开断和保护的功能。按灭弧介质，柱上断路器有油断路器、真空断路器和SF$_6$断路器等类型。

1）正常巡视周期。装于市区的一般每月至少巡视一次，郊区及农村的一般每季至少巡视一次。

2）柱上断路器的巡视内容。

a.外壳有无渗、漏油和锈蚀现象。

b.套管有无破损、裂纹、严重脏污和闪络放电的痕迹。

c.断路器的固定是否牢固；引线接点和接地是否良好；线间和对地距离是否足够。

d.油位是否正常。

e.断路器分、合位置指示是否正确、清晰。

（5）避雷器的运行维护及检修。避雷器是用于限制过电压，保护电气设备免受高压损坏的装置。当电压超过避雷器的动作电压时，避雷器会导通，将电流引入大地，保护并联设备。避雷器有阀式避雷器、磁吹阀式避雷器、金属氧化物避雷器等类型，目前配电线路普遍采用的是金属氧化物避雷器，由氧化锌电阻片、绝缘外套等组成。运行中，避雷器应与配电装置共同巡查，确保正常工作。

1）避雷器的正常使用条件：适合于户内外运行；环境温度为−40～+40℃；可经受阳光的辐射；海拔不超过其设计高度；电源的频率不小于48Hz且不超过62Hz；长期施加于避雷器的工频电压不超过避雷器持续运行电压的允许值；地震烈度7度及以下地区。

2）避雷器维护检查项目：检查瓷质部分是否有破损、裂纹及放电现象；接地引线有无烧伤痕迹和断股现象；10kV避雷器上帽引线处密封是否严密，有无进水现象；瓷套表面有无严重污秽；检查放电记录器是否动作；检查引线接头是否牢固；检查避雷器内部是否有异常声响；检查避雷器是否齐全，有无漏投。

（6）电容器的运行维护及检修。电力电容器是关键的无功补偿设备，用于向电力系统提供无功功率，提升功率因数。其通过串联或并联在电力线路中，不仅优化电力系统的电压质量，还增强了输电线路的输电能力。在电力系统中占据重要地位。对于安装在室内和市区的电容器，建议每月至少巡视一次；而位于户外（包括郊区及农村）的电容器，则建议每季至少巡视一次。这样的定期维护确保了电容器的稳定运行，从而保障了电力系统的整体安全和效率。

1）电容器正常巡视检查涉及多个方面。首先，要检查瓷件有无闪络、裂纹、破损和脏污现象。其次，要检查电容器是否出现渗、漏油情况，外壳是否鼓肚、锈蚀，接地是否牢固。此外，放电回路及其各引线接点的状态也需仔细检查，确保带电导体与各部件之间的间距适中。同时，检查断路器、熔断器是否正常工作，并联电容器的单台熔丝是否熔断。对于串联补偿电容器，需特别关注保护间隙是否变形、异常或有放电痕迹。在巡视过程中，还需留意装置是否有异常振动、声响或放电声，并确保环境温度、电容器芯子温度和外壳温度在规定范围内。最后，确认自动投切装置动作是否准确。这些检查确保了电容器的安全稳定运行。

2）电容器的操作。

a.电容器组的投入或退出应根据系统无功负荷、功率因数和电压情况确定。停电时，先断开电容器开关，再断开出线开关。恢复送电时，则先合出线开关，后合电容器开关。这些操作确保电容器安全、有效地为系统提供无功补偿，同时保护设备免受潜在的电气冲击。

b.在异常情况下的操作。

发生下列情况之一时，应立即拉开电容器组开关，使其退出运行：

①当长期运行的电容器母线电压超过电容器额定的1.1倍，或者电流超过额定电流的1.3倍以及电容器油箱外壳最热点温度电容器室的环境温度超过40℃时。

②装有功率因数自动控制器的电容器，当自动装置发生故障时，应立即退出运行，并将电容器组的自动投切改为手动，避免电容器组因自动装置故障频繁投切。

③电容器连接线接点严重过热或熔化。

④电容器内部或放电装置有严重异常响声。

⑤电容器外壳有较明显异形膨胀时。

⑥电容器瓷套管发生严重放电闪络。

⑦电容器喷油起火或油箱爆炸时。

发生下列情况之一时，不查明原因不得将电容器组合闸送电：

①配电室事故跳闸后，必须将电容器组的开关拉开。

②电容器组开关跳闸后，不准强送电。

③熔断器熔丝熔断后，不查明原因，不准更换熔丝送电。

（7）接地装置的运行维护及检修。接地是确保电气设备正常工作和安全防护的重要措施，电气设备接地通过接地装置实施接地。接地装置是接地体和接地线的总称。接地装置运行中，接地线和接地体会因外力破坏或腐蚀而损伤或断裂，接地电阻也会随土壤变化而发生变化，因此，必须对接地装置定期进行检查和试验。

a.检查周期：变（配）电站的接地装置一般每年检查一次；根据车间或建筑物的具体情况，对接地线的运行情况一般每年检查1~2次；各种防雷装置的接地装置每年在雷雨季前检查一次；对有腐蚀性土壤的接地装置，应根据运行情况一般每3~5年对地面下接地体检查一次；手持式、移动式电气设备的接地线应在每次使用前进行检查；接地装置的接地电阻一般1~3年测量一次。

b.检查项目：接地引线有无破损及腐蚀现象；接地体与接地引线连接线夹或螺栓是否完好、紧固；接地保护管是否完整；接地体的接地圆钢、扁钢有无露出、被盗、浅埋等现象；在土壤电阻率最大时测量接地装置的接地电阻，并对测量结果进行分析比较；电气设备检修后，应检查接地线连接情况是否牢固可靠。

10.1.4 10kV开关站运行维护

1.运行维护管理制度

为确保开关站的稳定运行，应构建健全的运行值班、交接班、设备巡检、防误闭锁、岗位责任、设备验收及培训等制度，并严格执行。这些制度的实施，为开关站的日常运行和维护提供了坚实保障。

2.巡视和检查

电力设备的巡视和检查工作应由经验丰富的两人团队共同执行，以确保安全和效率。在巡视过程中，运行人员还需留意安全保卫设施的状况。根据当地气候条件和设备实际情况，运行人员需制定适当的防高温和防寒措施，确保设备在极端天气下的正常运行。

在雨季到来之前，应全面检查并清理可能积水区域如地下室、电缆沟和电缆隧道的排水系统，确保排水畅通，防止水分侵入。降雨期间，应检查建筑物的渗漏情况及下水管的排水效率。雨后，及时检查前述区域的积水情况并进行排水，若室内湿度过高，应进行适当通风。

在用电高峰季节来临前，应对电气柜内的连接部分进行红外测温检查，以便及时发现并处理过热问题。各运行单位应明确巡视的时间、次数和内容，并严格执行。巡视应注重质量，及时发现并报告异常情况和缺陷，防止事故发生。

每月至少进行一次全面巡视，内容包括设备的外部检查、缺陷发展情况的评估、设备薄弱环节的检查、防火和防小动物措施的有效性、防误闭锁装置的完整性，以及接地网和引线的完好性。每季度至少进行一次夜间巡视，重点检查设备是否存在电晕、放电现象，接头是否有过热迹象，并做好详细记录。通过这些措施，可以确保电力设备的安全稳定运行，提高电力系统的可靠性。

（1）下列情况之一，应做特殊巡视检查：

1）10kV开关站设备新投入运行、设备经过检修或改造、长期停运后重新投入系统运行。

2）遇台风、暴雨、大雪等特殊天气。

3）与10kV开关站相关的线路跳闸后的故障巡视。

4）10kV开关站设备变动后的巡视。

5）异常情况下的巡视，主要是指设备发热、跳闸、有接地故障情况等，应加强巡视。

（2）10kV开关站一般检查项目及标准。

1）设备表面应清洁，无裂纹及缺损，无放电现象和放电痕迹，无异声、异味，设备运行正常。

2）各电气连接部分无松动发热。

3）各连接螺栓无松动脱落现象。

4）电气设备应清晰标识各相位的颜色，以便于识别和操作。

5）防护装置完好，带电显示装置配置齐全，功能完善。

6）照明电源及开关操作电源供电正常。

7）表计指示正常，信号灯显示正确，设备无超限额值。

8）开关柜无锈蚀，电缆进出孔封堵完好。

（3）除上述检查项目外，10kV开关站还应进行如下分项检查：

1）10kV开关。真空泡表面无裂纹，SR开关气压指示正常；分、合闸位置正确，控制开关与指示灯位置对应；操动机构已储能、外罩及间隔门关闭良好；端子排接线无松动。

2）隔离开关。隔离开关的触头接触良好，合闸到位，无发热现象；操作把手到位，轴、销位置正常；隔离开关的辅助开关接触良好。

3）避雷器。避雷器外壳无损；避雷器的接地可靠。

4）互感器。互感器整体无发热现象；表面无裂纹；无异常电磁声；电流回路无开路，电压回路无短路；高、低压熔丝接触良好，无跳火现象。

5）母线。母线无严重积尘，无弯曲变形，无悬挂物；支持绝缘子无裂缝；各金具牢固，无变位；绝缘子法兰无锈蚀。

6）电力电缆的终端头三叉口应无裂缝，固定用的抱箍应稳固且电缆无受力现象，接地必须牢固，接地线不得有断股情况，以确保电缆的安全运行和可靠接地。

7）10kV开关站的结构完整性和防护措施应符合以下标准：门窗应保持完好，门锁功能正常；建筑结构整体稳固，地基无异常下沉，墙面应保持清洁且无剥落现象；防鼠挡板应正确安装，确保无缝密封，电缆层及门窗的铁丝网应保持完好无损；室内外的电缆盖板应无断裂或缺失。电缆孔洞的防火处理需保持有效，电缆沟内不得有积水，进出洞口的封堵需牢固，排水和排风系统应运行正常；接地部分应无锈蚀，隐蔽区域不得外露；室内及电气柜内的照明系统应工作正常，确保充足的照明。这些措施共同维护开关站的安全运行和良好状态。

3. 缺陷管理

缺陷处理的一般流程为发现缺陷→登记缺陷记录→填写缺陷单→审核并上报→缺陷汇总→列入工作计划→检修（运行人员处理）→消缺反馈→资料保存。

4. 危险点分析

设备有发生接地故障的可能时，进行巡线应防止触电伤害，具体控制措施如下：

（1）事故巡线应始终认为线路带电。即使明知该线路已停电，也应认为线路有随时恢复送电的可能。

（2）当高压设备出现接地故障时，安全距离的保持至关重要。室内人员应保持至少4m远，室外人员则至少8m，以避免接近故障点。如需进入上述安全范围进行操作，人员必须穿戴绝缘靴，并在触摸设备外壳或构架时戴上绝缘手套，确保必要的个人防护措施得到有效执行。

10.1.5　10kV箱式变电站运行维护

为确保箱式变电站的安全高效运行，必须建立并遵循一系列管理制度。这包括制定运行值班和交接班规程、设备定期巡查规定、闭锁与防误操作措施、运行人员岗位职责、设备验收流程以及员工培训计划。所有运行人员需严格遵守这些制度，以保障变电站的稳定运行和人员安全。

1. 箱式变电站的巡视及检查

箱式变电站的巡视、检查、试验周期见表10-8。

▼表10-8　　　　　　　箱式变电站的巡视、检查、试验周期

序号	项目	周期	备注
1	巡视检查	每月1次	重要箱式变电站适当增加巡视次数
2	电流电压测量	半年至少1次	

续表

序号	项目	周期	备注
3	开关检查小修理	每年1次	
4	开关整定试验	2年1次	
5	设备及各部件清扫检查	每年至少1次	重要箱式变电站适当增加巡视次数
6	变压器绝缘电阻测量	4年1次	
7	接地装置测试	2年1次	
8	保护装置、仪表测试	2年1次	

（1）箱式变电站的巡视检查内容。

1）箱式变电站的外壳是否有锈蚀和破损现象。

2）箱式变电站的围栏是否完好。

3）各种仪表、信号装置指示是否正常。

4）检查设备是否运行正常，连接点是否过热，电器元件如空气断路器、互感器是否有异常声响和焦味。

5）各种充油设备的油色、油温是否正常，有无渗、漏油现象。

6）各种设备的瓷件是否清洁，有无裂纹、损坏、放电痕迹等异常现象。

7）断路器的分、合位置是否正确。

8）箱体有无渗、漏水现象，基础有无下沉。

9）各种标志是否齐全、清晰。

10）低压母线的绝缘护套是否良好，有无过热现象。

11）箱式变电站内是否有正确的低压网络图。

12）周围有无威胁安全、影响工作和阻塞检修车辆通行的堆积物。

13）防小动物设施是否完好。

14）接地装置是否可靠，防雷装置是否完好。

（2）箱式变电站的特殊巡视规定。

1）特殊巡视。有对箱式变电站产生破坏性的自然现象和气候（如大风、雷雨、地震等）及其他异常情况（如电缆线路有可能被施工、运输、爆破等原因破坏）时进行的巡视。

2）夜间巡视。高峰负荷时间，检查设备各部接点发热情况，有雾和小雨加雪天检查电缆终端头、绝缘子、避雷器等放电情况，应由箱式变电站负责人根据具体情况确定巡视次数。

3）故障巡视。为巡查事故情况进行的巡视，巡视时应视设备是带电的，与其保持足够的安全距离。

4）检查性巡视。运行单位的领导、专责技术人员为了了解设备运行情况和检查维护人员工作，每半年至少进行一次巡视。

（3）箱式变电站巡视时的安全注意事项。

1）雷雨天气需要巡视时，应穿绝缘靴。

2）巡视时不得进行其他工作，要严格遵守相关安全工作规程的有关规定。

2. 箱式变电站的维护

（4）变压器的维护。

1）套管是否清洁，有无裂纹、损伤、放电痕迹。

2）油温、油色、油面是否正常，有无异声、异味。

3）呼吸器是否正常，有无堵塞现象。

4）各个电气连接点有无锈蚀、过热和烧损现象。

5）分接开关位置是否正确、换接是否良好。

6）外壳有无脱漆、锈蚀；焊口有无裂纹、渗油，接地是否良好。

7）各部密封垫有无老化、开裂，缝隙有无渗漏油现象。

8）各部分螺栓是否完整、有无松动。

9）铭牌及其他标志是否完好。

10）一、二次引线是否松弛，绝缘是否良好，相间或对构件的距离是否符合规定，对工作人员有无触电危险。

（5）高压负荷开关、隔离开关、熔断器和自动空气断路器的维护。

1）运行中的高压负荷开关设备经规定次数开断后，应检查触头接触情况和灭弧装置的消耗程度，发现有异变应及时检修或调换。高压负荷开关进线电缆有接在开关上口和下口的，应具体标明，在检修和维护过程中要特别注意。

2）隔离开关、熔断器的维护。瓷件无裂纹、闪络破损及脏污；熔断管无弯曲、变形；触头间接触良好，无过热、烧损、熔化现象；引线接点连接牢固可靠，各部件间距合适；操动机构灵活、无锈蚀现象。

3）DW型空气断路器的维护。断路器在使用过程中各个转动部分应定期或定次数注入润滑油；定期维护、清扫灰尘，以保持断路器的绝缘水平；当断路器遇到短路电流后，除必须检查触头外，还要清理灭弧罩两壁烟痕，如灭弧栅片烧损严重或灭弧罩碎裂，不允许再使用，必须更换灭弧罩。

4）DZ型断路器的维护。断路器断开短路电流后，应立即打开盖子，检查触头接触是否良好，螺钉、螺母是否松动；清除断路器内灭弧罩栅片上的金属粒子；检查操动机构是否正常；触头磨损1/2厚度的应更换新开关。

（6）高、低压盘的维护。

1）盘面应平整，不应有明显的凹凸不平现象。

2）表面均应涂漆，并应有良好的附着力，不应有明显的不均匀、透出底漆现象。

3）构架应有足够的机械强度，操作一次设备不应使二次设备误动作，构架应有接地装置。

4）底脚平稳，不应有显著的前后倾斜、左右偏歪及晃动等现象，多面屏排列应整齐，屏间不应有明显的缝隙。

5）焊接应牢固，无焊穿、裂缝等缺陷。

6）金属零件的镀层应牢固，无变质、脱落及生锈现象。

7）操作机械把手应灵活可靠，分、合指示正确。

（7）母线的维护。母线应连接严密，应有绝缘护套，接触良好，配置整齐美观，用黄、绿、红三色标示出相位关系，不同金属连接时，应采取防电化腐蚀的措施。母线在允许载流量下，长期运行时允许发热温度为70℃短时最高温升为铜母线排250℃、铝母线排150℃。

（8）箱式变电站的防雷设备与接地装置。

1）防雷装置应在雷雨季之前投入运行。

2）防雷装置的巡视周期与箱式变电站的巡视周期相同。

3）防雷装置检查、试验周期为一年一次，避雷器绝缘电阻试验一年一次，避雷器工频放电试验3年一次。

4）箱式变电站所辖的电气设备的接地电阻测量每两年一次，测量接地电阻应在干燥天气进行。

5）箱式变电站的接地装置的接地电阻不应大于4Ω。

6）箱式变电站内各部件接地应良好，引下线各接头应良好，接地卡子和引线连接处不应有锈蚀。

3. 缺陷管理

缺陷处理的一般流程为发现缺陷→登记缺陷记录→填写缺陷单→审核并上报→缺陷汇总→列入工作计划→检修（运行人员处理）→消缺反馈→资料保存。缺陷分为一般、重大和紧急三大类，运行人员应将发现的缺陷详细记入缺陷记录内，并提出处理意见，紧急缺陷应立即上报，及时处理。

4. 危险点分析

在面对设备可能发生接地故障的情况时，巡线工作必须采取严格的安全措施以防止触电。

（1）无论线路是否已明确停电，巡线人员都应始终假设线路处于带电状态，警惕可能的突然恢复供电。

（2）当高压设备发生接地故障时，室内人员应保持至少4米的距离，室外则至少8m，避免接近危险区域。

（3）任何需要进入上述安全距离内的人员都应穿戴适当的个人防护装备，包括绝缘靴和绝缘手套，以确保在接触设备外壳或构架时的人身安全。这些措施的严格执行对于保障巡线人员的安全至关重要。

10.2　配电线路及设备缺陷管理流程

本节主要介绍10kV及以下配电线路及设备缺陷的分类、标准及其管理流程等。

根据缺陷对安全运行的影响，可将缺陷分为紧急（危急）、重大（严重）和一般三个等级。紧急（危急）缺陷指那些可能导致重大安全事故的严重缺陷，必须立即处理或采取安全措施。重大（严重）缺陷虽不立即威胁安全，但存在潜在风险，应尽快修复，并在修复前加强监控。一般缺陷则指对运行影响较小的问题，可按计划维修时解决。

10.2.1　配电线路缺陷分类、标准及管理

1. 配电线路缺陷分类及标准

配电缺陷标准见表10-9。

▼表10-9　　　　　　　　　　配电设备缺陷标准

设备	缺陷类型		
	紧急（危急）缺陷	重大（严重）缺陷	一般缺陷
导线	导线断股超25%，铝线损伤超50%，钢芯损伤，严重烧变色	导线断股超17%、铝线损伤超25%、悬挂杂物、交叉跨越距离不足	导线断股、铝线损伤超标、松股、多种导线混用、接头烧伤、接头长度不足等现象、绑线损伤、距离不足、弧垂不合格、无过渡措施、无铝包带、松弛、绝缘线老化破皮

设备	缺陷类型		
	紧急（危急）缺陷	重大（严重）缺陷	一般缺陷
杆塔	水泥杆倾斜超150，杆根断裂，错位变形露筋超1/3周长，铁塔主材弯曲严重有倒塔危险	水泥杆倾斜超100mm，木杆截面积缩减，水泥杆露筋超1/4周长且严重腐蚀酥松	杆塔基础缺土、水泥杆倾斜超15°、露筋、流铁水、保护层脱落、酥松、法兰盘锈蚀、纵向裂纹超1.5m、横向裂纹超2/3周长、木杆腐朽、水泥杆脚钉松动、铁塔保护帽酥松、缺少塔材、锈蚀等
拉线	受外力作用，接线松脱对人身和设备安全构成严重威胁	张力拉线松弛或地把抽出	拉线锈蚀超20%、拉力不足、松弛、距离不足、UT型线夹装反缺件、无绝缘措施、地锚坑缺土
绝缘子	绝缘子击穿接地，悬式销针脱落	绝缘电阻为零，瓷裙破损1/4以上，有裂纹	瓷裙缺口、铁件弯曲、螺母松脱、电压等级不符
横担、金具及变压器台区		横担变形导致短路，木横担腐朽断面超1/2，变压器台区无围栏	铁横担歪斜超15/1000，木横担腐朽超1/3、金具、横担严重锈蚀，横担缺件
线路防护		导线对地（公路、铁路、河流等）距离不符合相关规程要求，与建筑物的水平距离小于0.5m、垂直距离小于1m。导线距树很近，使树木烧焦	（1）导线与建筑物、树木等的水平或垂直距离不足。 （2）在线路防护区内存在堆放、修筑、开挖、架线等威胁线路安全的现象

2. 配电线路缺陷管理

紧急缺陷必须尽快消除（一般不超过24h）或采取必要的安全技术措施临时处理；重大缺陷应在短期（1个月）内消除，消除前应加强巡视；一般缺陷列入年、季、月作计划消除。重大及以上缺陷消除率为100%，一般缺陷年消除率不能低于95%。

缺陷处理流程如图10-1所示。

（1）巡视人员发现缺陷后登记在缺陷记录上，并上报运行管理单位技术负责人。

（2）技术员审核后交运行管理单位主管人员决定处理意见。重大及以上缺陷应上报县级。农电公司主管领导，共同研究处理意见。巡视人员发现紧急缺陷时应立即向有关领导汇报，管理人员组织作业人员迅速处理，消缺后登记在缺陷记录上。

```
┌─────────────────────┐
│    缺陷发现与记录     │
└─────────────────────┘
          │
          ▼
┌─────────────────────┐
│     上报管理部门      │
└─────────────────────┘
          │
          ▼
┌─────────────────────┐
│      检修计划        │
└─────────────────────┘
          │
          ▼
┌─────────────────────┐
│      缺陷处理        │
└─────────────────────┘
          │
          ▼
┌─────────────────────┐
│   缺陷跟进、质量检查  │
└─────────────────────┘
          │
          ▼
┌─────────────────────┐
│      归档记录        │
└─────────────────────┘
          │
          ▼
┌─────────────────────┐
│      数据分析        │
└─────────────────────┘
          │
          ▼
┌─────────────────────┐
│      预防措施        │
└─────────────────────┘
```

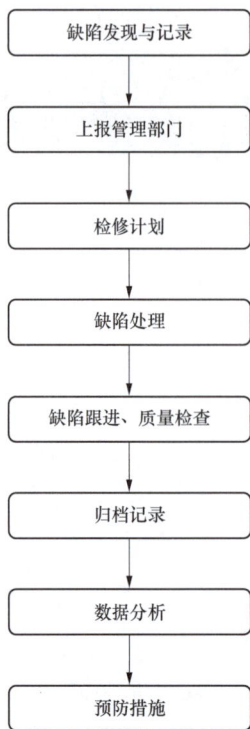

图10-1　配电线路缺陷处理流程

（3）缺陷处理完毕后，由技术员现场验收并签字，消除的缺陷必须保证质量，确保一年内不再出现问题，不合格时重新按缺陷处理程序办理。

（4）缺陷处理完毕后，应登记在检修记录中，相关处理人员和验收人员签字存档。

（5）春、秋检中发现并已处理的缺陷不再执行缺陷处理程序，应统计在当月的总消除中，发现未处理的缺陷应执行缺陷处理程序。

（6）登记的缺陷应注明高压、低压、设备等项目类别。缺陷管理流程结束后，需要对整个过程进行归档记录。归档内容包括缺陷发现、分类、处理、作业许可、质量检查等相关信息，这些信息将为今后的缺陷管理提供参考和依据，并有助于对现有线路进行改造和升级。

（7）为进一步提高配电线路缺陷管理水平，需要对缺陷数据进行深入分析。通过数据监控和指标分析，可以及时发现潜在问题并采取相应措施进行预防。例如，分析故障高发区域和高危时段，以便加强对这些区域的巡检和维护。

（8）在缺陷管理过程中，应注重采取预防措施，以降低缺陷发生的频率和影响程度。预防措施包括优化设计、提高设备健康水平和加强巡检维护等。优化设计可以从源头上减少设备故障，提高配电线路的性能和可靠性。提高设备健康水平可以通过定期维护、更换破损部件等手段，确保设备正常运行。加强巡检维护可以及时发现潜在问题并采取措施进行处理，避免缺陷扩大和发生事故。

总之，配电线路缺陷管理流程应涵盖缺陷发现、分类、处理、作业许可、质量检查、归档记录、数据分析和预防措施等方面，旨在提高配电线路运行的安全性和可靠性。通过对缺陷管理流程的不断优化和改进，可以更好地满足用户需求，提高供电服务质量。

10.2.2 配电设备的检修

配电设备检修见表10-10。

▼表10-10 配电设备检修

设备类型	检修周期、常见缺陷及检修内容	危险点及控制措施
配电变压器	变压器检修周期为5～10年一次大修，每年一次小修。大修项目包括吊开钟罩检修器身、绕组、引线、铁芯、油箱及附件等检修，全部密封胶垫更换和组件试漏，必要时对器身绝缘进行干燥处理，变压器油处理或换油，安全保护装置检修；小修项目包括处理已发现的缺陷、调整油位、检查安全保护装置等	吊车作业需专人指挥监护，防止误触带电体和砸撞伤人；检查电动工器具，防止触电；戴安全帽、使用安全带，防止高处坠落；使用合格起重工器具，防止脱落碰砸伤人
跌落式熔断器	跌落式熔断器发现缺陷时，一般整支或整组进行更换	高处作业需戴安全帽，使用安全带，传递重物用绳，禁止抛扔
柱上断路器	以真空断路器为例：操作检测正常，主触头弹簧状态良好，外部总体紧固件紧固，清扫绝缘材料和绝缘体；检查操动机构及控制部件，确保电路紧固、螺栓螺母不松脱，轴锁连接加机油；检查辅助开关动作及接触情况，异常找出原因修理或更换	戴安全帽、使用安全带，避免高处坠落；使用传递绳，禁止抛扔物件；检查起重设备，避免重物砸伤
避雷器	避雷器问题：瓷件破损、受潮、爆炸、严重脏污。检修方法：修补或更换瓷件、烘烤或晾晒受潮部分、更换爆炸部分、清扫严重污染部分。部件更换：严重烧伤电极、闪络阀片、受潮云母垫片和阀片、老化电阻、龟裂或失去弹性的橡胶密封件、破损绝缘外套	拆装时，作业人员须戴安全帽、使用传递绳，禁止抛扔物件，防止高处坠落和重物砸伤
电容器	电容器存在内部故障或严重渗漏油时，需进行检修。准备工作包括人员组织、检查项目和质量标准制定、试验项目及标准确定、技术措施和现场防火措施规划、工具设备和材料列表准备	放电后退出运行，高处作业佩戴安全帽、使用安全带，检修过程佩戴安全帽，传递使用传递绳

续表

设备类型	检修周期、常见缺陷及检修内容	危险点及控制措施
接地装置	接地装置常见缺陷包括锈蚀、外力破坏、假焊和地网外露，以及接地电阻超标。针对这些问题，需要及时处理，如除锈、涂红丹或黄油、更换严重锈蚀的接地体，以及矫形复位、补焊并重新测量接地电阻、覆土等。同时，可利用杆塔金属基础等自然接地体或化学处理方法降低接地电阻	拆装接地装置引下线时戴绝缘手套，防止人身感电；登高作业戴安全帽、使用安全带，防止坠落；检修过程戴安全帽，传递使用传递绳，防止重物打击

10.3　配电线路及设备故障处理流程

10.3.1　配电线路故障处理流程

配电线路故障主要分为短路和断路两类。短路故障进一步细分为接地短路和相间短路。接地短路可以是永久性的或瞬间性的，通常由诸如倒断杆、接点过热、绝缘子损坏、雷击、树枝触碰导线或外界物理破坏等原因引起。相间短路则涉及两条或三条导线之间未经预期的直接连接，这类故障同样可能由上述原因引起，但不涉及接地。与短路不同，断路故障是由于导线断裂而不形成闭合回路，这可能是由于倒断杆、接点过热、雷击或外力破坏等原因导致，从而中断了正常的电力供应。无论是短路还是断路，都需及时检测和修复，以确保电力系统的安全和可靠性。

1. 配电线路故障处理流程

配电线路故障处理遵循"缩短停电时间，缩小停电面积，迅速排除故障，尽快恢复送电"的原则。配电线路事故报修要制定事故抢修预案，建立健全抢修机制，明确启动条件，明确人员分工，做好事故抢修准备工作，保证抢修质量和时间，做好现场危险点分析和安全控制措施，抢修结束后做好事故分析。配电线路事故抢修流程如图10-2所示。

2. 配电线路常见故障及处理方法

（1）倒杆故障。电杆作为电力线路的重要支撑结构，其稳定性对电力系统的安全运行至关重要。电杆倾斜或倒杆事故可能由多种因素引起，如基础未夯实、埋深不足、积水冲刷、外力碰撞或线路受力不均等。一旦发生倒杆事故，应立即采取以下措施：

1）事故发生后，应迅速派遣人员进行巡线检查，并在事故地点设置警戒，防止无关人员靠近，确保人身安全。

```
┌─────────────────┐
│    事故发生      │
└─────────────────┘
        │
┌─────────────────┐
│   接收故障信息   │
└─────────────────┘
        │
┌─────────────────┐
│   查找故障分析   │
│   防止事故扩大   │
└─────────────────┘
        │
┌─────────────────┐
│   启动抢修预案   │
│ 人员分工，制定抢修措施 │
└─────────────────┘
        │
┌─────────────────┐
│    现场抢修      │
│ 做好安全措施，抢修结束 │
└─────────────────┘
        │
┌─────────────────┐
│    恢复送电      │
└─────────────────┘
        │
┌─────────────────┐
│    总结分析      │
└─────────────────┘
        │
┌─────────────────┐
│    预防措施      │
└─────────────────┘
```

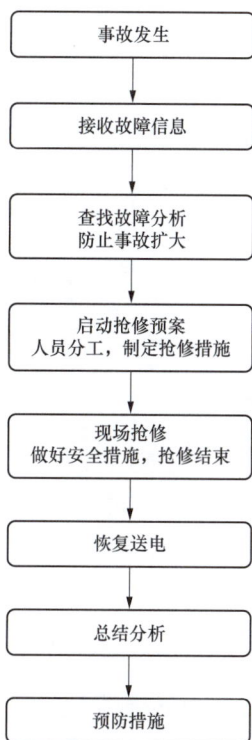

图10-2　配电线路故障处理流程

2）及时向上级领导报告事故现场情况和可能的事故原因。如果是由于自然灾害引起的事故，应在领导批准后通知保险公司等相关机构，以便进行索赔。

3）在确认线路已经停电并采取了必要的安全措施后，方可开始抢修工作。确保所有操作符合安全规程。

4）组织抢修人员，准备必要的工具和材料。对于损坏的金具和绝缘子进行更换，对于倾斜或倒下的电杆进行扶正或更换，并确保电杆的基础得到有效夯实。

5）在电杆组立或扶正过程中，要特别注意电杆的埋深，确保底盘和卡盘的安装牢固可靠，以防止未来的倾斜或倒杆事故。通过这些措施，可以有效恢复电力线路的正常运行，并提高线路的安全性和稳定性。

（2）断线故障。电力线路在遭受雷击、大风或外力破坏等恶劣天气和条件的影响下，容易发生断线事故，尤其在绝缘子与导线连接处更为常见。面对此类事故，应立即采取以下应急措施：

1）事故发生后，迅速组织人员巡查线路，并在事故地点设置警戒区，确保行人远离接地点至少8m，以防触电危险。

2）及时向管理层报告事故详情和原因。若事故由不可抗力造成，应在管理层批准后联系保险公司等相关部门进行索赔。

3）在确保线路已停电并采取必要的安全措施后，方可开展抢修工作。确保所有操作符合安全规程。

4）准备必要的工具和材料，更换损坏的金具和绝缘子，并进行导线修复和连接。

5）对于导线断裂，应在断点1m以外剪断并重新连接，使用同型号导线进行连接或压接。连接后的导线应放置于横担上方，并在横担两侧使用紧线器进行紧线，调整至合适的弧垂后进行固定。

6）对于导线损伤，根据损伤程度采取不同的处理措施。轻微损伤可通过缠绕处理，缠绕长度应超过损伤部位两端至少100mm。对于损伤面积较大或导线出现永久性变形的情况，应剪断并重新连接，确保线路的安全和稳定。

通过这些措施，可以有效地应对断线事故，保障电力系统的安全运行和供电的连续性。

（3）绝缘子故障处理。受雷击、污闪、电晕、自然老化因素等影响，绝缘子的绝缘能力下降，从而引起线路故障。

1）绝缘子因脏污造成绝缘水平下降，应定期进行巡视、清扫和测量，发现不合格的及时更换。

2）在污染严重地区可在绝缘子表面涂防污涂料，也可使用防污绝缘子。

3）由于绝缘子老化造成的绝缘下降，应及时更换，

4）在高电压作用下，因导线周围电场强度超过空气击穿强度，会对绝缘子造成电晕伤害，应采用加大导线半径的方法来处理。

【案例10-1】断杆处理。

（1）事故现象。某10kV线路出线开关跳闸，重合闸未成功。

（2）事故原因。经故障巡视发现，该线路处于交通事故多发地段，电杆被汽车撞坏，导致导线相间短路，是事故发生的主要原因。

（3）事故处理。

1）切除事故线路，保护现场，向领导汇报，组织人力、物力，启动事故抢修预案。

2）抢修步骤：

a.巡视人员在现场看守，防止行人进入导线落地点8m以内，并立即向所长汇报。

b.所长向调度汇报事故情况后，启动事故应急预案。

c.立即组织人员填写事故应急抢修单，准备抢修材料和工具。

d.做好故障线路两端的安全措施后，进行抢修。

e.抢修工作结束后，完全拆除安全措施，所有人员撤离现场，恢复送电。

f.危险点分析及控制措施。

倒杆：在进行倒杆、立杆和撤杆工作时，必须安排专人负责统一指挥，确保施工过程有序且安全。开工前，务必明确施工方法，特别是在居民区和交通道路附近施工时，需设置专人看守。使用的起吊设备必须合格，并严禁超载。当电杆离地后，应对所有受力点进行全面检查，确保无误后再继续操作。起立至60°后，应减速并注意各侧拉力，特别要控制好后侧头部拉绳，以防过度牵引。引吊车起吊时，钢丝绳扣子应绑在杆的适当位置，以防止电杆突然倾斜。

高处坠落及物体打击伤人：在进行杆塔作业前，务必确保脚钉牢固可靠，以防止高处坠落事故。作业人员在杆塔上移动时，始终要有安全带的保护。同时，当有人在杆塔上工作时，不得进行拉线的调整或拆除。所有现场人员必须正确佩戴安全帽，杆塔上的作业人员应妥善保管工具和材料，避免物品坠落。工具和材料应放入工具袋，并使用传递绳进行传递。此外，杆塔下方应设立警戒区域，禁止行人进入，以确保作业安全。

砸伤：吊车作业时，吊臂下方严禁人员停留，确保作业区域内无闲杂人员。立杆过程中，坑内不得有人，除了指挥人员和指定作业人员外，其他人员应保持在电杆高度1.2倍的距离之外。修坑时，必须采取有效措施防止杆身滚动或倾斜。使用钢钎作为地锚时，应持续监控钢钎的受力状况，避免因过牵引导致钢钎拔出。对于已经立起的电杆，只有在杆基回填土夯实，并筑起至少300mm高的防沉台后，方可移除叉杆和拉绳，确保电杆的稳定性和安全性。

（4）事故分析及防范措施。电杆组立在路旁，缺少提醒标志，行车较多，对电杆安全造成隐患。可采取以下防范措施：

1）在电杆下部刷上红白相间的荧光粉条，提醒汽车司机注意道路旁的电线杆。

2）与交通管理部门联系，在道路旁安置交通安全提示牌，提醒汽车司机注意交通安全。

3）探讨电杆迁移的可能性。

4）对电杆加护桩或砌墩。

10.3.2 配电设备故障及处理流程

运行中的配电设备常见故障有设备绝缘故障、设备内部相间短路、设备接地等，电网中一些典型设备的常见故障及处理方法见表10-11。

▼表10-11　　　　　　　　　　配电设备故障及处理流程

设备类型		现象	原因	处理
变压器	绕组故障	短路、接地、断线等故障导致爆炸、过热、声响异常	局部绝缘受损、过载引起绝缘老化、绝缘油受潮或过低、绕组压制不紧导致短路冲击损坏	准确判断故障类型，及时停电检修，确保变压器安全运行
	绝缘套管故障	常见的有炸毁、闪络、漏油、套管间放电等现象	（1）密封不良、绝缘受潮裂化。（2）外力损伤。（3）变压器箱盖上落异物	大雾或小雨污闪时清理脏污并涂涂料，套管裂纹时清扫或更换，套管间放电时检查并清扫杂物
	分接开关故障	常见的有表面熔化与灼伤、相间触头放电或各接头放电	（1）连接螺栓松动。（2）分接头绝缘板绝缘不良，接头接触不良，弹簧压力不足等	停电检修
	变压器着火	变压器着火或变压器发生爆炸	套管破损闪烙，变压器油燃烧；内部故障导致外壳或散热器破裂，油燃烧溢出	切断电源后，采用绝缘气体、干粉灭火器或砂土进行灭火
	喷油爆炸	变压器喷油爆炸	变压器内部短路或断线故障产生电弧	退出运行，并检修
跌落式熔断器	烧熔丝管	熔丝管烧损	熔丝熔断后不能自动跌落，形成连续电弧烧坏熔丝管；转动轴安装不正、杂物阻塞、粗糙导致阻力大，熔丝管不灵活，灭弧时间延长而烧管	跌落式熔断器由于价格较低，在出现本体故障时，一般整只或整组进行更换
	熔丝管误跌落	熔丝管不正常跌落	部分开关熔丝管尺寸与上下静触头不匹配易松动，大风易吹落；上静触头弹簧压力小，直角突起磨损，卡不住熔丝管子	调整熔丝管尺寸与上下静触头接触部分尺寸，或调整上静触头的弹簧压力，或整只、整组进行更换
	熔丝误断	熔丝管熔丝熔断	（1）熔断器额定断开容量小，其下限值小于被保护系统的三相短路容量，熔丝误熔断。（2）熔丝质量不良，其焊接处受到温度及机械力的作用后脱开，误断	将熔断器熔丝与被保护设备的参数容量进行核对，如果发现熔丝选用不当或质量不合格时，及时更换熔丝
真空断路器	真空灭弧室真空度降低	真空断路器开断过电流的能力下降，断路器的使用寿命急剧下降，严重时会引起断路器爆炸	（1）真空断路器出厂后，经过多次运输颠簸、安装振动、意外碰撞等，可能产生玻璃或陶瓷封接的渗漏。（2）真空灭弧室材质或制作工艺存在问题，多次操作后出现漏点	更换真空灭弧室，并做好行程、周期、弹跳等特性试验

设备类型	现象		原因	处理
真空断路器	真空断路器操动机构故障	断路器拒动,即给断路器发出操作信号而不合闸或分闸;合不上闸或合上后即分断;事故时继电保护动作,断路器分不下来;烧坏合闸线圈等现象	断路器拒动可能由电压波动、回路中断、线圈断裂或辅助开关故障引起。合闸困难或合后自动分断,可能是因为电源电压过低、接触杆接触不良、辅助开关触点故障或机械结构调整不当。在事故情况下,断路器拒分可能是由于铁芯内部异物、半轴卡阻、铜撬安装不当、扣接过紧或顶杆变形。线圈烧坏通常是因为接触器无法正常断开电流或分闸操作延迟。为确保断路器正常工作,应定期检查和维护,确保所有组件功能正常,及时排除故障	真空断路器出现操动机构故障时,应及时将开关退出运行,交检修部门进行检修处理
避雷器	氧化锌避雷器	避雷器损坏	雷击	将避雷器退出运行,更换合格的避雷器
	阀型避雷器	避雷器损坏、异常运行、炸裂、指示器烧毁	老化、雷击、外力破坏	将避雷器退出运行,更换合格的避雷器
电容器	渗漏油、外壳膨胀、温度过高、套管闪络、异常响声		(1)产品质量不良、运行维护不当、长期缺乏维修致外皮生锈腐蚀。 (2)外壳膨胀。原因可总结为电场破坏,外壳变形。 (3)温度过高。过电流和通风条件差致温度过高,影响寿命或损坏。 (4)套管闪络。套管表面污秽可能引起闪络放电,导致损坏和跳闸。 (5)异常响声运行中发出"滋滋"声或"咕咕"声,说明有局部放电现象	发现电容器异常时,应立即切断电源,检查送电回路和电容器本身有无故障。若因外部原因造成跳闸,可处理后试投;否则应对电容器逐台检查试验,未查明原因前不得投运。处理故障时,应先断开断路器和隔离开关,充分放电
接地装置	设备无法正常运行,相电压不平衡		(1)接地体与接地引线连接线夹或螺栓丢失。 (2)接地保护管遭外力破坏,如撞击等。 (3)接地体接地圆钢、扁钢等被盗	应立即进行补修,修复后重新测量接地,并做好记录

11 配电工作票、操作票填写流程

> 11.1 基本知识

> 11.2 配电工作票填写流程及应用

> 11.3 配电操作票填写流程及应用

本章介绍配电工作票和操作票的填写流程，包括工作票和操作票的适用范围、填写规范、审核及执行等环节。

11.1 基本知识

配电工作票是准许在20kV及以下配电线路和设备上工作的书面命令，也是明确安全职责，向工作班人员进行安全交底，履行工作许可、监护、间断、转移和终结手续及实施保证安全技术措施的书面依据和记录载体。

配电设备倒闸操作票（简称操作票）是配电运维人员进行倒闸操作的书面依据，是防止误操作，保障人身、电网和设备安全的重要措施。

11.1.1 配电工作票基础知识

凡是配电施工作业范围与运用中的线路、设备的水平或垂直距离小于或等于1.2倍杆塔高度的作业区域，运行中的配电设备、电缆设备及通道2m范围内，均应视为配电生产区域。配电生产区域内的施工作业使用本章的工作票，区域外的电网建设使用DL 5009.2—2013《电力建设安全工作规程 第2部分：电力线路》的安全施工作业票。

在配电线路和设备上工作，应按下列方式进行：

（1）填用配电第一种工作票（见附录A）。

（2）填用配电第二种工作票（见附录B）。

（3）填用配电带电作业工作票（见附录C）。

（4）填用低压工作票（见附录D）。

（5）填用配电故障紧急抢修单（见附录E）。

（6）使用其他书面记录、电子信息或按口头、电话命令执行。

1. 工作票的使用

（1）配电第一种工作票的使用范围。

1）配电工作，需要将高压线路、设备停电或做安全措施者。

2）若一张工作票下设多个小组工作，工作负责人应指定每个小组的小组负责人，并使用配电工作任务单。工作负责人不得兼任小组负责人。

（2）配电第二种工作票的使用范围。高压配电（含相关场所及二次系统）工作，工作人员在工作中正常活动范围与邻近带电高压线路或设备带电部分的距离大于《国家电网有限公司电力安全工作规程 第8部分：配电部分》规定，不需要将高压线路、设备停电或做安全措施者。

（3）配电带电作业工作票的使用范围。

1）高压配电带电作业。

2）与邻近带电高压线路或设备的距离小于《国家电网有限公司电力安全工作规程 第8部分：配电部分》规定的不停电作业。

（4）低压工作票的使用范围。低压配电工作，不需要将高压线路、设备停电或做安全措施者。

（5）配电故障紧急抢修单的使用范围。

1）配电线路、设备故障紧急抢修（配电线路、设备故障紧急抢修，指配电线路、设备发生故障被迫紧急停止运行，需短时间恢复供电或排除故障的、连续进行的故障修复工作），填用工作票或配电故障紧急抢修单。

2）非连续进行的故障修复工作，应使用工作票。未造成线路、设备被迫停运的缺陷处理工作不得使用故障紧急抢修单，应使用工作票。

（6）可使用其他书面记录（书面记录包括派工单、任务单、工作记录等）、电子信息（电子信息包括使用电子邮件、短信、即时通信等方式传递的数字化的文字、图像、音频、视频等信息）或按口头、电话命令执行的工作。

1）测量接地电阻。

2）修剪树枝或在线路下方且与带电导线的最小净距离大于《国家电网有限公司电力安全工作规程 第8部分：配电部分》规定的砍剪树竹。

3）杆塔底部和基础等地面检查、消缺。

4）涂写杆塔号、安装标志牌等工作地点在杆塔最下层导线以下，并能保持《国家电网有限公司电力安全工作规程 第8部分：配电部分》规定的安全距离的工作。

5）不涉及高处作业的接户、进户计量装置的不停电工作。

6）不涉及高处作业的单一电源低压分支线的停电工作。

7）不需要高压线路、设备停电或做安全措施的配电不需要高压线路、设备停电或做安全措施的配电运维一体工作。

（7）以下情况可使用配电第一种工作票：

1）一条配电线路（含线路上的设备及其分支线，下同），或同一个电气连接部分的几条配电线路，或同（联）杆塔架设、同沟（槽）敷设且同时停送电的几条配电线路。

2）不同配电线路经改造形成同一电气连接部分，且同时停送电者。

3）同一高压配电站、开闭站内，全部停电或属于同一电压等级、同时停送电、工作中不会触及带电导体的多个电气连接部分上的工作。

4）配电变压器及与其连接的高低压配电线路、设备上同时停送电的工作。

5）同一天在几处同类型高压配电站、开闭站、箱式变电站、柱上变压器等配电设备上依次进行的同类型停电工作。

（8）以下情况可使用配电第二种工作票：

1）同一电压等级、同类型、相同安全措施且依次进行的不同配电线路或不同地点的不停电工作。

2）同一高压配电站、开闭站内，在多个电气连接部分上依次进行的同类型不停电工作。

（9）对同一电压等级、同类型、相同安全措施且依次进行的多条配电线路上的带电作业，可使用一张配电带电作业工作票。

（10）对同一个工作日、相同安全措施的多条低压配电线路或设备上的工作，可使用一张低压工作票。

（11）配电人员进入发、变电站工作的工作票使用要求。

1）在发、变电站内配电架空线路上工作，以门型架耐张线夹为分界点，耐张线夹及外侧线路的工作应使用配电工作票，内侧的工作使用变电工作票。

2）在发、变电站内配电电缆线路上工作，以站内开关柜内电缆终端为分界点，电缆终端（含连接螺栓）及电缆上的工作，应使用配电工作票；电缆终端前端变电设备上的工作，应使用变电工作票。

3）需要进入变电站或发电厂升压站工作，应增填工作票份数（按许可单位确定数量），分别经变电站或发电厂等设备运维管理单位的工作许可人许可，并留存。

（12）工作负责人应提前知晓工作票内容，并做好工作准备。

（13）工作许可时，工作票一份由工作负责人收执，其余留存于工作票签发人或工作许可人处。工作期间，工作负责人应始终持有工作票。

2. 现场勘察

（1）所有纳入配网生产业务风险管控表的Ⅳ、Ⅴ级及以上检修作业（不含使用派工单的Ⅴ级检修作业），都应开展现场勘查。可使用派工单的Ⅴ级检修作业，工作负责人认为有必要时，应开展现场勘察并填写现场勘察记录。

（2）现场勘察应由工作负责人或签发人组织，工作负责人、设备运维单位（用户单位）和检修（施工）单位相关人员参加。对涉及配网多专业、多部门、多单位的作业项目，应由项目主管部门、单位组织相关人员共同参与。工作负责人应全程参与勘察，小组负责人全程参与对应作业内容的勘察。需要进入发、变电站进行架空线路、电缆等工作，发、变电站或设备运维管理单位应参与现场勘察，共同确定应完成的安全措施。

（3）现场勘察主要内容。

1）工作地点需要停电的范围：作业过程中需要直接接触的线路、设备；作业过程中人员、机具、材料可能触及或接近，导致安全距离不满足要求的线路、设备。

2）保留的带电部位：停电范围与电源的断开点设备的电源侧部位。

3）作业现场的条件、环境及其他危险点：

a.作业现场存在邻近、交叉、跨越等不需要停电的线路、设备；用户多路电源，并网小水（火）电及分布式电源、自备电源等存在可能反送电的分支线路。

b.作业现场所处的地形、地貌、环境条件。

c.跨越铁路、公路、航道、电力、通信，穿越森林、草原等线路状况。

d.作业过程对交通、通信、构筑物、绿化、人员、易燃易爆区域等影响状况。

e.人员、机械、材料、车辆等进出通道与摆放位置。

f.地下管沟、工作井、隧道等有限空间状况。

g.是否涉及动火、有限空间、水下等特殊环境。

h.需要落实的"反措计划"及设备遗留缺陷。

i.是否具备带电作业条件，应采用的作业方案、方法、工序、材料、施工机具等。

4）应采取的安全措施：

a.应合隔离开关、应装设接地线作业位置。

b.应悬挂标示牌、安放绝缘隔板、加锁的环网柜或分支箱作业位置。

c.需要装设遮栏（围栏）的作业地点。

d.防止二次回路短路、误碰等相关安全措施要求。

e.现场施工特殊环境作业等方面应采取的其他安全措施。

（4）附图与说明：勘察附图中至少应体现拉开的断路器、隔离开关，接地线装设位置，穿越、跨越情况等。用虚线框出停电范围、实线框出工作范围，并在框选区域内标注"停电范围"或"工作范围"。附图中电气元件应采用规范的图元符号。

（5）现场勘察后，现场勘察记录应送交工作票签发人、工作负责人及相关各方，作为填写、签发工作票等的依据。对危险性、复杂性和困难程度较大的作业项目，应制订有针对性的施工方案。

（6）开工前，工作负责人或工作票签发人应重新核对现场勘察情况，发现与原勘察情况有变化时，应修正、完善相应的安全措施。

（7）现场勘察记录应与对应工作票一起保留在工作现场，工作结束后一并装订保存。

3. 工作票填写与签发

（1）公司系统工作票签发人、工作负责人、工作许可人应具备相应资格并发文公布。检修（施工）单位的工作票签发人、工作负责人名单应事先送设备运维管理单位、调度控制中心备案。

（2）一张工作票中，工作票签发人、工作许可人和工作负责人不应为同一人。工作许可人中只有现场工作许可人可与工作负责人相互兼任。若相互兼任，应具备相应的资格，并履行相应的安全责任。

（3）工作票由工作负责人填写，也可由工作票签发人填写。工作票应由工作票签发人审核，手工或电子签发后方可执行。

（4）配电工作票可采用系统制票（包括PMS和移动作业终端制票），也可采用微机制票和人工制票。通过移动作业终端开具的工作票，现场工作时可直接使用电子工作票，也可打印成纸质使用。工作票至少一式两份，由工作负责人和工作许可人分别持有保存。

（5）系统制票按权限电子签名，纸质票应亲笔签名，并及时回填相关信息，回填信息必须与现场填写的纸质工作票内容一致。

（6）工作票应使用规范统一的调度术语和操作术语。

（7）工作票上的日期、时间、设备编号、接地线编号、人员数等采用阿拉伯数字（国标要求的特殊写法除外）；母线、母线TV、保护屏（段）号与现场保持一致；接地线编号与现场实物编号保持一致；填写日期时，年用4位数字，月、日用两位数字；时间用24h制，时、分用两位数字；人员数量用两位数字；接地线组数等使用简化汉字（零、一、二、三…十）；计量单位按国标执行；一次设备相别使用英文字母大写（A、B、C…），二次设备相别使用英文字母小写（a、b、c…）。

（8）人工制票应使用黑色或蓝色的钢（水）笔或圆珠笔填写、签发，内容应正确，填写应清楚，不得任意涂改；如有个别错、漏字需要修改，应使用规范的符号，字迹应清楚。工作票改错规定如下：

1）工作票票面上的时间、工作地点、线路名称、设备双重名称（即设备名称和编号）、接地线组数编号、动词等关键字不得涂改。其他的错字应以"×"划掉，在后（上）面另写，漏字写在增补处上方，并在下方作"∧"记号。

2）一份工作票上改动最多不得超过3处。

3）工作许可后，工作票不可擅自改动。

（9）工作任务单应一式两份，由工作票签发人或工作负责人签发，由工作负责人和小组负责人分别持有。

（10）工作票上所列安全措施应包括所有工作任务单上所列的安全措施。几个小组同时工作，使用工作任务单时，工作票的工作班成员栏目内只填写小组负责人姓名；工作任务单的工作班成员栏目内填写本工作小组所有工作人员姓名。

（11）由工作班组现场操作时，若不填用操作票，应将设备的双重名称，线路的名称、杆号、位置、停电等按操作顺序填写在工作票上。

（12）工作票由设备运维管理单位签发，也可由经设备运维管理单位审核合格且经批准的检修及基建单位签发。

（13）供电单位或施工单位到用户工程或设备上检修（施工）时，工作票应由有权签发的用户单位、施工单位或供电单位签发。

（14）工作票"双签发"。

1）承、发包工程，如工作票实行"双签发"，签发工作票时，双方工作票签发人在工作票上分别签名，各自承担相应的安全责任。

2）第一签发人应是设备运维单位人员，控制整个票面，对工作必要性、安全性和工作票所列安全措施的正确完备负责。第二签发人为承包方（施工方）签发人，对其所派工作负责人和工作班人员是否适当和充足负责。

4. 工作票送达

（1）配电第一种工作票应至少在工作前一日送达（包括信息系统送达）工作许可人。经批准的临时工作，或事故抢修转正常检修填用配电第一种工作票时，可在工作前预先交给工作许可人，但相关原因应在工作票"备注"栏内予以说明。

（2）需要运维人员操作设备的配电带电作业工作票和需要办理工作许可手续的配电第二种工作票、低压工作票，应至少在工作前一天送达设备运维管理单位（包括信息系统送达）。

（3）工作许可人收到工作票后，应认真进行审核，如工作票不正确，应立即退回

并告知工作负责人

5. **工作许可和交底**

（1）配电作业可能存在多级许可或多方许可，每个许可人完成由其负责的安全措施。各工作许可人在发出许可下一步工作的命令前，应完成工作票所列由其负责的停电和装设接地线等安全措施，并向工作负责人逐项交代。

（2）值班调控人员、运维人员在向工作负责人发出许可工作的命令前，应记录工作班组名称、工作负责人姓名、工作地点和工作任务。

（3）现场办理工作许可手续前，工作许可人应与工作负责人核对线路名称、设备双重名称，检查核对现场安全措施，指明保留带电部位。许可工作的时间不得早于计划工作时间。

（4）工作许可后，工作负责人应向工作班成员交代工作内容、人员分工、带电部位、现场安全措施和其他注意事项，告知危险点，工作班成员应履行签字确认手续。

（5）工作负责人发出开始工作的命令前，应得到全部工作许可人的许可，再完成由其负责的安全措施，并确认工作票所列安全措施已全部完成。工作负责人发出开始工作的命令后，在工作票上记录开始工作时间。

（6）带电作业需要停用重合闸（含已处于停用状态的重合闸），应向值班调控人员或运维人员申请并履行工作许可手续。

（7）许可开始工作的命令，应通知工作负责人，其方法可采用。

1）当面许可。工作许可人和工作负责人应在工作票上记录许可时间，并分别签名。

2）电话或电子信息许可。工作许可人和工作负责人应分别记录许可时间和双方姓名，复诵或电子信息回复核对无误。

6. **工作监护**

（1）工作票签发人或工作负责人对有触电危险、检修（施工）复杂容易发生事故的工作，应增设专责监护人，并确定其监护的人员和工作范围。

（2）工作负责人、专责监护人应始终在工作现场。停电作业时，工作负责人在确保监护工作不受影响，且班组人员确无触电等危险的条件下，可以参加工作班工作。专责监护人不应兼做其他工作。

7. **人员变更**

（1）工作负责人与专责监护人变更。

1）工作期间，工作负责人若因故暂时离开工作现场时，应指定具有工作负责人资格的工作班成员临时代替，离开前应将工作现场交代清楚，并告知工作班全体成员。原工作负责人返回工作现场时，也应履行同样的交接手续。临时工作负责人不得办理工作票终结和工作间断后复工手续。

2）工作期间，工作负责人必须长时间离开工作现场时，应由原工作票签发人变更工作负责人，履行变更手续，并通知工作许可人，原、现工作负责人负责告知全体工作人员并做好交接。

3）非特殊情况不得变更工作负责人。对复杂、危险等工作，工作负责人离开工作现场前不能准确、详尽交代工作时不得变更。

4）专责监护人临时离开时，应通知被监护人员停止工作或离开工作现场；专责监护人回来前，不得恢复工作。专责监护人需长时间离开工作现场时，应由工作负责人变更专责监护人，履行变更手续，并告知全体被监护人员。

（2）工作班成员的变更。

1）许可工作前因故未参加的人员或新增加人员由工作负责人在工作票在"备注栏"的"其他事项"栏中进行注明。

2）许可工作后确需变更工作班成员时，应经工作负责人同意，由工作负责人在工作票"工作人员变动情况"栏内填写并签名；在新增加人员"是否适当"的安全责任由准许变动的工作负责人承担。

3）工作负责人在对新加入人员进行现场交底，并履行签名确认手续后方可准许其参加工作。

8. 安全措施与工作任务的变更

在原工作票的停电及安全措施范围内增加工作任务时，应由工作负责人征得工作票签发人和工作许可人同意，并在工作票上增填工作项目。若需变更或增设安全措施，应填用新的工作票，并重新履行签发、许可手续。

9. 工作间断和转移

（1）工作间断。

1）使用一天的工作票，工作间断时，工作班人员应从工作现场撤出，所有安全措施保持不动，工作票仍由工作负责人收执。间断后复工前，应先检查确认安全措施完好，无须办理工作间断手续。

2）需要履行工作许可手续的工作间断。

a. 多日工作：每日收工时工作负责人应与工作许可人办理收工手续；次日开工时应与工作许可人重新办理许可手续，并在"开工和收工记录"栏内填写记录。

b.每日收工时，如果将工作地点所装的接地线拆除，次日恢复工作前应对照工作票重新验电、挂接地线。对于未拆除的接地线，复工时应检查核对完好。

3）对于白停、晚送方式的工作，应每天办理新的工作票。

4）工作间断时，对开挖的基坑、未安装稳固的杆塔、负载的起重机械设备等危险处，应采取防范措施或派人看守。

5）工作间断恢复工作时，工作负责人应检查工作班成员的精神状况良好，方可继续开展工作。工作班成员未得到工作负责人同意，不得进入作业现场。

（2）工作转移。

1）使用同一张工作票依次在不同工作地点转移工作时，若工作票所列的安全措施在开工前一次做完，则在工作地点转移时不需要再分别办理许可手续；若工作票所列的停电、接地等安全措施随工作地点转移，则每次转移均应分别履行工作许可、终结手续，依次记录在工作票上，并填写使用的接地线编号、装拆时间、位置等随工作地点转移情况。工作负责人在转移工作地点时，应逐一向工作人员交代带电范围、安全措施和注意事项。

2）一条配电线路分区段工作，若填用一张工作票，经工作票签发人同意，在线路检修状态下，由工作班自行装设的接地线等安全措施可分段执行。工作票上应填写使用的接地线编号、装拆时间、位置等随工作区段转移情况。

10. 工作终结

工作完工后，应清扫整理现场，工作负责人（包括小组负责人）应检查工作地段的状况，确认检修（施工）的配电设备和配电线路的杆塔、导线、绝缘子及其他辅助设备上没有遗留个人保安线和其他工具、材料，查明全部工作人员确由线路、设备上撤离后，再命令拆除由工作班自行装设的接地线等安全措施。接地线拆除后，应即认为线路、设备带电，任何人不应再登杆工作或在设备上工作。

11.1.2　配电操作票基础知识

1. 常用操作术语和定义

（1）配电设备。配电设备指10kV及以下配电网中的配电站、开闭站（开关站，简称开闭站）、箱式变电站、柱上变压器、柱上开关（包括柱上断路器、柱上负荷开关）、环网单元、电缆分支箱、低压配电箱、电能表计量箱、充电桩等。

（2）倒闸操作。将电气设备由一种状态转变到另一种状态的过程称为倒闸，所进行的一系列操作称为倒闸操作。

（3）开关运行状态。开关及其一侧或两侧隔离开关在合位，控制电源、储能电源（合闸电源）投入，设备保护按规定投入。

（4）开关热备用状态。开关在分位，其两侧隔离开关在合位，控制电源、储能电源（合闸电源）全部投入，设备保护按规定投入。

（5）开关冷备用状态。开关及其两侧隔离开关均在分位，控制电源、储能电源（合闸电源）全部投入，设备保护按规定投入。手车式、中置式开关在分位，并拉至"试验"位置。

（6）开关检修状态。开关及其两侧隔离开关均在分位，开关两侧或一侧装上接地线（或合上接地开关），控制电源、储能电源（合闸电源）退出。手车式、中置式开关在分位，并拉至"检修"位置，二次插头取下，控制电源、储能电源（合闸电源）退出。

（7）线路运行状态。线路各侧断路器和出线隔离开关中至少有一个开关处于合闸位置，或至少有一把出线隔离开关在合上位置；线路带电，线路保护按规定投入运行。

（8）线路热备用状态。线路各侧开关在分闸位置，其中至少有一个开关处于热备用状态，若热备用开关与线路之间有出线隔离开关，则出线隔离开关为合上位置；线路不带电，保护按规定投入运行。

（9）线路冷备用状态。线路各侧开关均处于冷备用状态且线路出线隔离开关均在断开位置，或与线路相连接的所有隔离开关均为断开位置，线路不带电。

（10）线路检修状态。线路各侧开关均处于冷备用或检修状态且线路出线隔离开关均在断开位置，或与线路相连接的所有隔离开关均为断开位置，线路不带电；线路TV低压侧（高压侧）断开，线路各侧接地开关在合上位置（或挂好接地线），线路保护停运。

（11）线路名称，即电压等级、设备名称和运行编号；线路的双重称号，即线路名称和位置称号，位置称号指上线、中线、下线或面向线路杆塔号增加方向的左线、右线。

（12）倒闸操作术语规定。

1）断路器、隔离开关、接地开关、跌落式熔断器：合上、拉开。

2）接地线：装设、拆除。

3）各种熔断器：给上、取下。

4）自动装置：启用、停用。

5）交、直流回路各种转换开关：从某位置切至某位置（二次插件：插入、拔出）。

6）中置开关、抽屉式断路器（开关）：由某位置拉、推或摇至某位置。

2. 倒闸操作票的一般规定及要求

调度管辖范围内的设备，倒闸操作人员应根据值班调控人员的调控指令（若有必要，可下发调度指令票）填写倒闸操作票（遇有危及人身和设备安全的情况除外）；非调度管辖范围内的设备，倒闸操作人员应根据运维人员的操作指令填写倒闸操作票。

（1）发令人发布指令应准确、清晰，使用规范的调度术语，全程录音并做好记录。

（2）计划性工作的调度操作指令，调度部门应提前6h预发布（若有必要，可下发调度指令票）。

（3）操作人员（包括监护人）应了解操作目的和操作顺序，对指令有疑问时应向发令人询问清楚无误后执行

一份操作票只能填写一个操作任务。一个操作任务是根据一个操作指令且为了相同的操作目的而进行的一系列相互关联并依次进行的操作过程。操作票应按年度、月份、序号依次编号。

手工填写操作票与计算机打印操作票应做到格式统一。操作票应使用黑色或蓝色钢（水）笔或圆珠笔逐项填写。操作票票面应清楚整洁，不准任意涂改（个别字错误可立即在错字上打"×"，接连书写，不能涂改；操作票一页中错字不得超过三个。手工填写操作票票面应整洁、字迹工整清楚，操作票中"拉""合"等操作动词及描述设备状态的关键字、设备调度命名及编号、操作时间不得修改。操作票应填写设备双重名称，即设备名称和编号。操作人和监护人应根据接线图和现场实际情况核对所填写的操作项目和操作顺序，并分别手工或电子签名。

倒闸操作前，操作人员应提前到达操作现场，应携带与现场一次设备和实际运行方式相符的一次系统接线图，确定操作所需的安全工器具和其他物品，明确操作任务和停电范围，对操作内容进行危险点分析，分析重要操作步骤可能出现的问题和应采取的措施。

倒闸操作前应检查核对现场设备名称、编号和断路器、隔离开关的断（分）、合位置。倒闸操作应由两人进行，一人操作，一人监护，并认真执行唱票、复诵制。发布指令和复诵指令应严肃认真，使用规范的操作术语，准确清晰，按操作票顺序逐项操作，每操作完一项，应检查无误后，做一个"√"记号。操作中产生疑问时，不准擅自更改操作票，应向操作发令人询问清楚无误后再进行操作。操作完毕，受令人应立即汇报发令人。

停电拉闸操作应按照断路器（开关）→负荷侧隔离开关→电源侧隔离开关的顺序依次进行，禁止带负荷拉合隔离开关；送电合闸操作顺序相反。

除以下五种操作外，其余操作均需填写配电操作票（包括验电、装拆接地线、取放控制回路熔断器等操作）：

（1）事故紧急处理。

（2）拉合断路器（开关）的单一操作。

（3）程序操作。

（4）低压操作。

（5）工作班组的现场操作。

以上（1）~（4）的工作，在完成操作后应做好记录，事故紧急处理应保存原始记录。工作班组的现场操作执行《国家电网公司电力安全工作规程（配电部分）（试行）》3.3.8.3要求。由工作班组现场操作的设备、项目及操作人员需经设备运维管理单位或调度控制中心批准。

电气设备操作后的位置检查应以设备实际位置为准，无法看到实际位置时，应通过间接方法如设备机械位置指示、电气指示、带电显示装置、仪表及各种遥测、遥信等信号的变化来判断设备位置。判断时，至少应有两个非同样原理或非同源的指示发生对应变化，且所有这些确定的指示均已同时发生对应变化，方可确认该设备已操作到位。检查项目应分别填写在操作票中。倒闸操作后也应检查核对现场设备名称、编号和断路器、隔离开关的断、合位置。检查中若发现其他任何信号有异常，均应停止操作，查明原因。若进行遥控操作，可采用上述的间接方法或其他可靠的方法判断设备位置。

对部分无法采用上述方法进行位置检查的配电设备，各单位可根据自身设备情况制定检查细则。

事故紧急处理指电气设备发生故障被迫紧急停止运行，需短时内恢复的抢修和排除故障的而进行的紧急处理工作。

填写操作票时，一般应由执行本操作任务的操作人填票，监护人审核。操作人应根据操作任务、系统实际运行方式及设备资料等，逐项认真填写操作步骤。填写完毕应自行对照检查，然后提交监护人审核后打印。

操作票审核发现有误时，应退回开票人重新填写（如为手工填写，则必须将原票加盖"作废"章）。

配电设备的防误闭锁装置不得随意退出运行，停用防误操作闭锁装置应经工区（县公司）分管领导批准；短时间退出防误操作闭锁装置，由配电运维班班长批准，并应按程序尽快投入。

11.2 配电工作票填写流程及应用

11.2.1 配电第一种工作票填写流程及规范

配电第一种工作票填写流程如图11-1所示。

1．"单位"栏

填写区县级供电公司或工区单位简称，施工单位直接填写单位名称。如"国网××供电公司""国网××供电公司检修分公司"；若为外包工程，则填写施工单位名称，如"××电力工程公司"。

2．"编号"栏

（1）配电工作票代码：配电第一种工作票代码为"6"；配电第二种工作票代码为"7"；配电带电作业工作票代码为"8"；低压工作票代码为"9"；配电故障紧急抢修单代码为"10"；配电一级动火工作票代码为"11"；配电二级动火工作票代码为"12"。

（2）配电工作票编号应按月以流水号的形式进行编号。采用系统制票时，编号由系统自动生成。人工或微机制票的工作票，编号规则应与PMS一致，但序号从801开始，使用801～999序号，如"××供电所2022076801"，同类工作票采用连续编号。

（3）当采用工作任务单时，应在工作票编号后面说明工作任务单数量，如"××供电所2022076801（含工作任务单3张）"。

3．"工作负责人（监护人）"栏

填写此次工作的工作负责人姓名。

4．"班组"栏

填写实际从事工作任务的班组全称。

5．"工作班成员（不包括工作负责人）"栏

（1）工作票不含工作任务单时，工作班成员小于等于10人时，填写除工作负责人外所有工作人员姓名（含特种作业司机、厂家人员等）；大于10人时，可只填写10个成员的姓名，其余用"等"代替，人名之间用顿号隔开，"共_____人"处填写除工作负责人外的所有人数。如"向×、宋××、钟×、刘××、谢××……等共18人"。

（2）几个小组同时工作，使用工作任务单时，工作票的工作班成员栏内，可只填写小组负责人姓名。

单位

↓

编号

↓

工作负责人（监护人）

↓

班组

↓

工作班成员（不包括工作负责人）

↓

工作任务

↓

工作地点或设备[注明变（配）电站、线路名称、设备双重名称及起止杆号]

↓

工作内容

↓

停电线路名称

↓

计划工作时间

↓

安全措施[应改为检修状态的线路、设备名称，应断开的断路器、隔离开关、熔断器，应合上的接地开关，应装设的接地线、绝缘隔板、遮栏（围栏）和标示牌等，装设的接地线应明确具体位置、必要时可附页绘图说明]

↓

工作票签发人签名、工作负责人签名

↓

其他安全措施和注意事项补充（由工作负责人或工作许可人填写）

↓

工作许可

↓

工作任务单登记

↓

现场交底，工作班成员确认工作负责人布置的工作任务、人员分工、安全措施和注意事项并签名

↓

下令开始工作

↓

人员变更

↓

工作票延期

↓

每日开工和收工记录（使用一天的工作票不必填写）

↓

工作终结

↓

备注

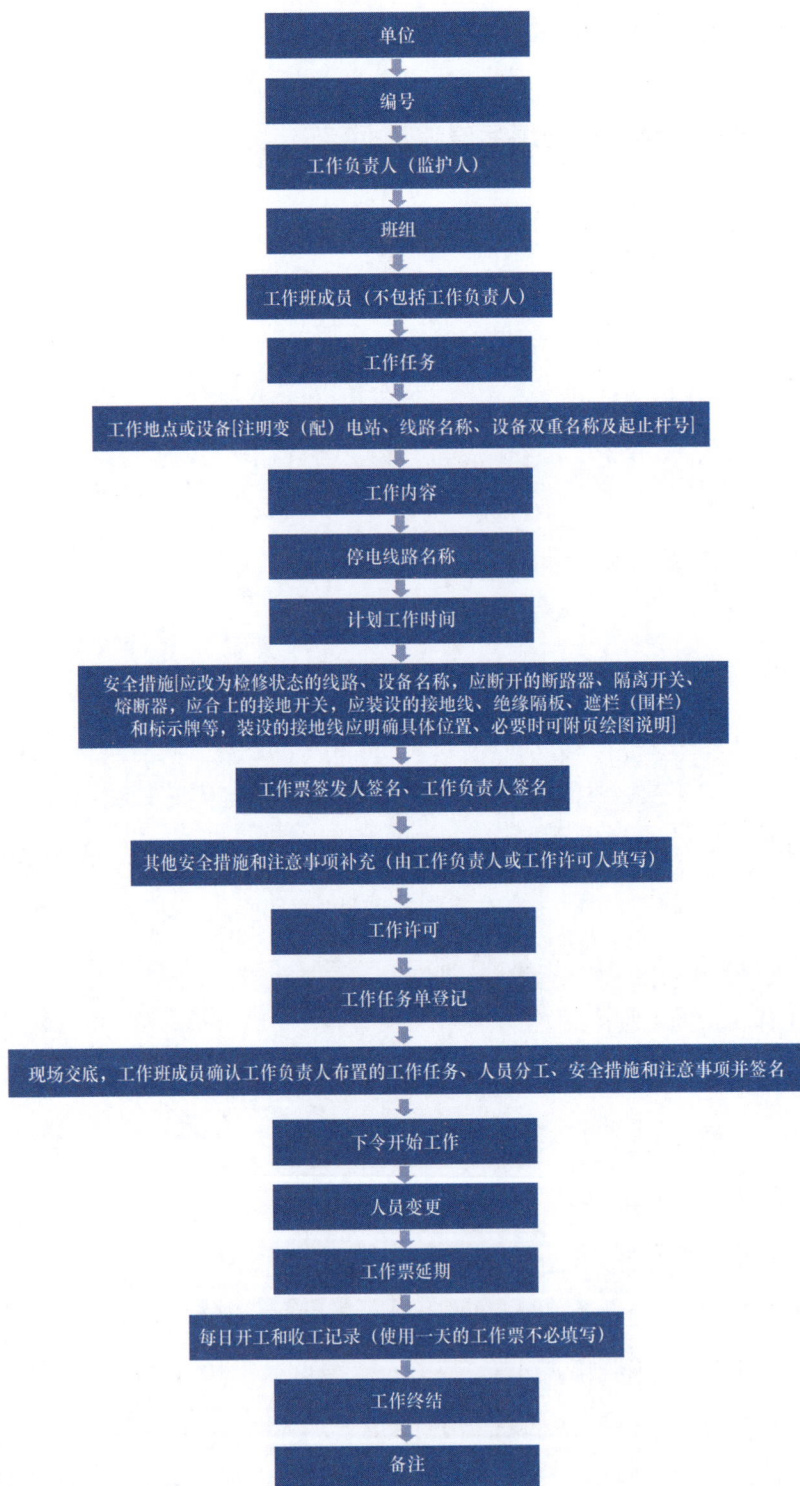

图11-1 配电第一种工作票填写流程

6. "工作任务"栏

填写本次工作任务名称。如10kV××线综合检修；10kV××线线路迁改。

7. "工作地点或设备（注明变（配）电站、线路名称、设备双重名称及起止杆号）"栏

（1）填写工作的变配电站名称及设备双重名称，站名前应有电压等级，发电厂不加电压等级。对主体设备，应填写电压等级、调度命名、编号和设备名称。同一电压等级、调度命名和设备名称可以归类填写，其他不会发生歧义的设备可以只填写调度编号和设备名称（尚未正式命名的新建设备按设计名称填写），如10kV××线××开关（隔离开关）。如涉及发、变电站内设备的，设备双重编号前还应加发、变电站名称，如"110kV××变电站10kV××线××开关"。

（2）工作地段涉及多条不同电压等级线路和设备，按电压等级从高到低，先线路后设备，先干线后支线填写。

（3）工作地段若为主干线，应填写××kV××线×-×号杆。工作地段若为分支线，应填写××kV××线××支线×-×号杆。如"10kV××线××支线09-12号杆"。

（4）多回线路中的每回线路应填写双重称号（即线路双重名称和位置称号，位置称号指上线、中线、下线和面向线路杆号增加方向的左线或右线）。

8. "工作内容"栏

（1）"工作内容"和应"工作地点或设备［注明变（配）电站、线路名称、设备双重名称及起止杆号］"相互对应，不同工作地点的各项工作应分别填写。

（2）"工作内容"栏只对应填写工作任务，不填工作地点及设备名称，应表述清楚无歧义。如10kV××线12号杆更换绝缘子，"工作地点或设备［注明变（配）电站、线路名称、设备双重名称及起止杆号］"栏填写"10kV××线12号杆"，"工作内容"栏在对应行填写"更换绝缘子"。

9. "停电线路名称"栏

填写检修及配合停电的线路或设备名称，联络开关（隔离开关）检修填写两侧线路名称。

10. "计划工作时间"栏

填写计划工作的起止时间，并以调度批准的检修期为限，工作票含工作任务单时，工作任务单计划工作时间不得超出工作票计划时间范围。

11."安全措施［应改为检修状态的线路、设备名称，应断开的断路器（开关）、隔离开关、熔断器，应合上的接地开关，应装设的接地线、绝缘隔板、遮栏（围栏）和标示牌等，装设的接地线应明确具体位置，必要时可附页绘图说明］"栏

配电工作没有严格区分操作接地和工作接地线，装设人员可包含运维和作业人员，装设人员需做好下一步的许可或交底。

（1）"调控或运维人员（变配电站、发电厂）应采取的安全措施"栏。

1）填写由调控或运维人员完成的拉开与工作范围直接相连的断路器（开关）、隔离开关、熔断器，合上的接地开关，应装设的绝缘隔板、遮栏（围栏）和标示牌等安全措施。

2）"已执行"栏：工作负责人得到调控、运维人员或停送电联系人许可逐项打"√"。

（2）"工作班完成的安全措施"栏。

1）填写由工作班拉开已停电的工作区段内有可能反送的电源的断路器（开关）、隔离开关和熔断器（包括高低压用户），应合上的接地刀闸，应装设的绝缘隔板、遮栏（围栏）和标示牌等安全措施。

2）"已执行"栏由工作负责人逐项确认后打"√"。

（3）"工作班装设（或拆除）的接地线"栏。

1）"线路名称或设备双重名称和装设位置"栏：工作地段各端和工作地段内有可能反送电的各分支线装设的接地线；配合停电的交叉跨越或邻近线路，在线路的交叉跨越或邻近处附近应装设一组接地线。填写线路名称或设备双重名称和装设位置，杆号（大号、小号侧或支线侧）。如10kV××线×××支线01号杆小号侧。

2）"接地线编号"栏：填写现场实际装设的接地线编号，由工作负责人确认后填写。

3）"装设时间""拆除时间"栏：填写工作负责人确认时间。

（4）装设（拆除）接地线应有人监护，监护人应使用"接地线装、拆任务单"。

（5）"配合停电线路应采取的安全措施"栏。

1）拉开危及该线路停电作业，且不能采取相应安全措施的交叉跨越、平行和同杆架设线路（包括用户线路）的变（配）电站、发电厂等断路器（开关）、隔离开关（刀闸）和熔断器（保险），应合上的接地开关等。

2）配合停电线路或设备名称：配合停电线路或设备应包括电压等级、线路或设备名称；如配合停电线路为多回线路中的每回线路应填写双重名称。

3）若无配合停电线路填写"无"。

4）"已执行"栏：由工作负责人与调控、运维人员或停送电联系人逐项确认后打"√"。

（6）"保留或邻近的带电线路、设备"栏。填写为防止人身触电要注意的带电部位或邻近带电线路、设备。线路分段、分支线检修时，应将线路保留的带电部分进行详细填写，如××线×#至×号杆带电；全线路停电填写"无"。

（7）"其他安全措施和注意事项"栏。"进入作业现场正确佩戴安全帽、杆塔上作业系安全带"等安全知识通过安全教育培训时掌握，不作为安全措施列入工作票。应填入下列内容：

1）填写防高坠、机械伤害和物体打击等关键安全事项所需采取的具体措施。

2）工作现场需设置的围栏和警示标志。如：在城区、人口密集区或交通道口和通行道路上施工时，工作场所周围应装设遮栏（围栏）；工作地点有可能误登、误碰的邻近带电设备，根据设备运行环境悬挂"止步，高压危险！"等标示牌；高压配电设备、电缆做耐压试验时，应在周围和对侧设置的围栏上悬挂适当数量的"止步，高压危险"标示牌等。

3）高压电缆做耐压试验时对侧需派专人看守，揭开电缆沟道盖板时需派专人看守，邻近带电线路、设备吊装作业时需设专人监护等。

4）对于因交叉跨越、平行或邻近带电线路、设备导致检修线路或设备可能产生感应电压时，应加装接地线或个人保安线。杆塔无接地通道的应加装接地线，有接地通道的可使用个人保安线。加装（拆除）的接地线应记录在工作票上，个人保安线由作业人员自行装拆。

5）跨越公路、河流、房屋施工应采取的安全措施。

6）交叉跨越、平行或邻近带电线路收放线作业或设备起吊时，绞磨等施工机具应接地。

7）对于工作中遇到的特殊情况，在存在一定危险因素的地形、地物、气候以及设备状况等情况下的工作，必须要有相应的安全措施。如有限空间作业需采取的安全措施。

8）工作中须特别关注的人员或环节及相应的控制措施等。

12. "工作票签发人签名、工作负责人签名"栏

系统生成工作票以签发人签发时间为准，收到工作票以负责人填写签名为准。手工签发工作票以实际签发时间为准，签发人签名早于负责人签名。

13. "其他安全措施和注意事项补充（由工作负责人或工作许可人填写）"栏

（1）填写实际开工前与现场勘察时作业条件和环境是否发生变化，工作票上制定的安全措施是否根据现场变化需要补充。

（2）现场复核无变化时填写"经现场复核，无需补充安全措施。"；现场复核与勘察时有变化，填写"经现场复核，补充下列安全措施：1.×××××××××；2.×××××××××"。

（3）现场情况如涉及需要补充停电措施，由许可人进行补充，并履行许可手续；不涉及停电的其他安全措施，由工作负责人补充。

14．"工作许可"栏

（1）用"电话或电子信息许可"方式的，工作许可人和工作负责人将许可时间和双方姓名，复诵或电子信息回复核对无误后记入本栏。

（2）现场"当面许可"的，工作许可人和工作负责人在工作票上记录许可时间，并分别签名。

15．"工作任务单登记"栏

（1）当分组作业使用工作任务单时，由工作负责人登记工作任务单编号、工作任务、小组负责姓名、许可时间、工作结束报告时间，对小组负责人分配工作任务。

（2）填写的许可时间应与对应编号的工作任务单上的许可时间一致。

16．"现场交底，工作班成员确认工作负责人布置的工作任务、人员分工、安全措施和注意事项并签名"栏

（1）工作许可后，工作负责人需向工作班成员交代工作内容、安全措施和其他注意事项，告知危险点，并由本人签字确认。小组负责人和工作成员需在任务单上签名。

（2）使用同一张工作票依次在不同工作地点转移工作时，工作负责人在转移工作地点时，应逐一向工作人员交代当前工作的带电范围、安全措施和注意事项，交代过程也应录音或录像。

17．"下令开始工作"栏

工作负责人确认由工作班完成的当前工作任务所需安全措施已全部完成，向工作班发出开始工作的命令发后，在工作票记录开始工作时间。

18．"人员变更"栏

（1）工作负责人变动需经工作票签发人同意，新负责人需具备资格。变更方式为当面或电话传达，由原负责人填写并注明电话传达。交接后，原、现负责人需签字确认。

（2）工作人员变动需经工作负责人同意，填写变动情况。分到小组工作时，工作负责人和小组负责人在备注栏说明。新增人员需签字确认任务和安全措施。

19. "工作票延期"栏

（1）工作票只能延期一次，延期手续应记录在工作票上。

（2）应由工作负责人根据实际工作需要，在工作票的有效期尚未结束前，至少提前1h向工作许可人提出申请，经同意后工作负责人及工作许可人应分别将批准延长的期限、工作许可人姓名及本人姓名填入此栏。

20. "每日开工和收工记录（使用一天的工作票不必填写）"栏

按计划工作时间为2天及以上的应在此栏填写，第一天的开工时间栏不填写（以许可开始工作时间为准），从第一天的收工时间栏开始填写，最后一天完工的收工时间栏不填写，以工作终结时间为准。

21. "工作终结"栏

（1）工作地段所有由工作班自行装设的接地线已拆除，工作班布置的其他安全措施已恢复后，工作负责人应及时向工作许可人报告工作终结，并分别做好记录。

（2）工作负责人应将终结的线路或设备、报告方式、许可人及终结报告时间填入工作票内，终结时间为汇报结束的准确时间。电话报告工作终结时应进行复诵确认，并在本栏签字。

22. "备注"栏

（1）工作中如果需要设立专责监护人时，应将专责监护人的姓名以及负责监护的地点、被监护人员、具体工作及要求进行说明。

（2）其他事项：

1）填写增加的工作任务（在原工作票的停电及安全措施范围内）。如"经工作票签发人×××和工作许可人×××同意，增加××××××工作内容，时间：××××年××月××日××时××分，×××（工作负责人签名）"。

2）填写未拆除的接地线的转移、保留情况。如"××××年××月××日××时××分，10kV××线××号杆××kV××号接地线转移至××××××××号工作票"。

3）开工前因故未参加或新增人员。如"王××因故未参加本次工作；新增加李××为工作班成员"（注：李××需参加开工前安全交底并签字确认）。

4）工作票签发人、工作许可人、工作负责人，有必要特别交代事项（并注明交代时间）。

11.2.2　配电低压工作票填写流程及规范

1．"单位"栏

参照配电第一种工作票。

"编号"栏，参照配电第一种工作票，票种代码为"9"，如"××供电所2022079801"。

"工作任务"栏填写工作的低压设备和线路（电缆）名称，尚未正式命名的新建设备按设计名称填写。

2．"工作条件和应采取的安全措施（停电、接地、隔离和装设的安全遮栏、标示牌）"栏

（1）不停电工作时填"不停电工作"；停电时，应根据其所需停电范围，明确停电设备名称，应拉开的断路器（开关）、隔离开关（刀闸）、熔断器，悬挂标示牌，装设遮栏、挡板等。

（2）在危险和关键部位工作，应设置的防硬物撞击、防震动措施；在高处作业，应设置的防人员坠落、高处坠物措施。

（3）进行地面挖掘作业，应采取的保护地下电缆、接地装置等地下设施的措施。

（4）在工作范围内与检修线路相连的低压线路或设备，有倒送电可能的，如无明显断口，应在线路与设备连接点加挂接地线；如有明显断口，但不在工作监护范围内，也应在线路与设备连接点加挂接地线。

3．"保留的带电部位"栏

保留带电线路、设备指线路分段、分支线检修需部分停电时，应将线路保留的带电部分进行详细填写。

4．"其他安全措施和注意事项"栏

填写停电、接地、隔离和装设遮栏（围栏）、标示牌外的其他安全措施。

其余项参照配电第一种工作票。

配电低压工作票填写流程如图11-2所示。

11.2.3　配电故障紧急抢修单填写流程及规范

1．"编号"栏

参照配电第一种工作票，票种代码为"10"，如"××供电所20220710801"。

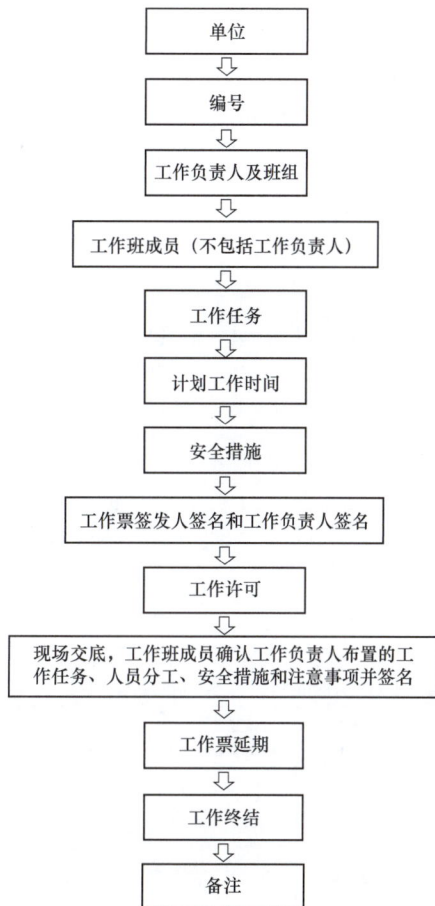

图11-2 配电低压工作票填写流程

2. 单位、编号、抢修工作负责人及班组、抢修班人员（不包括抢修工作负责人）等四栏

参照配电第一工作票，由抢修工作负责人根据现场勘察情况填写，并核对抢修任务布置人姓名。

抢修工作任务和安全措施参照配电第一、二种工作票。

3. "许可抢修时间"栏

由抢修工作负责人填写得到许可抢修命令的时间及许可人姓名。

4. "抢修结束汇报"栏

（1）"本抢修工作于年月日时分结束"填写抢修完工时间。

（2）"现场设备状况及保留安全措施"栏：由工作负责人填写，明确现场设备状况和安全措施，并说明抢修结束后设备能否正常投入运行，以及需要重点监视的要求；若抢修因故中断，应将故障线路、设备转入待修复状态。

（3）"填写时间：年月日时分"：抢修工作负责人确认设备状况和保留安全措施后向许可人汇报抢修结果、现场设备状况及保留安全措施的时间。

5．"备注"栏

参照配电第一种工作票。

配电故障紧急抢修单填写流程如图11-3所示。

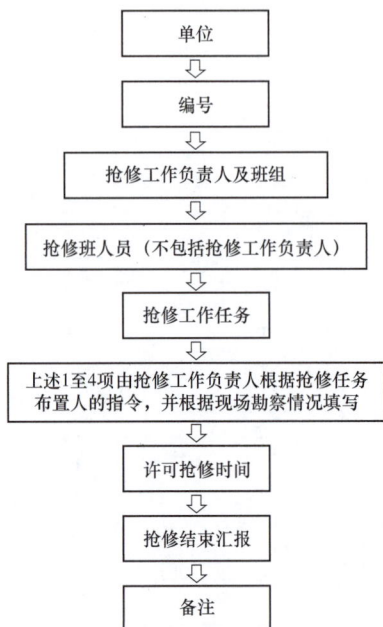

```
                    ┌──────────┐
                    │   单位    │
                    └──────────┘
                         ⇩
                    ┌──────────┐
                    │   编号    │
                    └──────────┘
                         ⇩
              ┌──────────────────────┐
              │  抢修工作负责人及班组    │
              └──────────────────────┘
                         ⇩
          ┌──────────────────────────────┐
          │ 抢修班人员（不包括抢修工作负责人）  │
          └──────────────────────────────┘
                         ⇩
                 ┌──────────────┐
                 │  抢修工作任务  │
                 └──────────────┘
                         ⇩
        ┌──────────────────────────────────┐
        │ 上述1至4项由抢修工作负责人根据抢修任务 │
        │   布置人的指令，并根据现场勘察情况填写  │
        └──────────────────────────────────┘
                         ⇩
                 ┌──────────────┐
                 │  许可抢修时间  │
                 └──────────────┘
                         ⇩
                 ┌──────────────┐
                 │  抢修结束汇报  │
                 └──────────────┘
                         ⇩
                    ┌──────────┐
                    │   备注    │
                    └──────────┘
```

图11-3　配电故障紧急抢修单填写流程

11.3　配电操作票填写流程及应用

11.3.1　倒闸操作票的一般规定及要求

（1）调度管辖范围内的设备，倒闸操作人员应根据值班调控人员的调控指令（若有必要，可下发调度指令票）填写倒闸操作票（遇有危及人身和设备安全的情况除外）；非调度管辖范围内的设备，倒闸操作人员应根据运维人员的操作指令填写倒闸操作票。

1）发令人发布指令应准确、清晰，使用规范的调度术语，并全过程录音并作好记录。

2）计划性工作的调度操作指令，调度部门应提前6h预发布（若有必要，可下发调度指令票）。

3）操作人员（包括监护人）应了解操作目的和操作顺序，对指令有疑问时应向发令人询问清楚无误后执行。

（2）一份操作票只能填写一个操作任务。一个操作任务系根据一个操作指令，且为了相同的操作目的而进行的一系列相互关联并依次进行的操作过程。操作票应按年度、月份、序号依次编号。

（3）手工填写操作票与计算机打印操作票应做到格式统一。操作票应使用黑色或蓝色钢（水）笔或圆珠笔逐项填写。操作票票面应清楚整洁，不准任意涂改（个别字错误可立即在错字上打"×"，接连书写，不能涂改；操作票一页中错字不得超过三个。手工填写操作票票面应整洁、字迹工整清楚，操作票中"拉""合"等操作动词及描述设备状态的关键字、设备调度命名及编号、操作时间不得修改。操作票应填写设备双重名称，即设备名称和编号。操作人和监护人应根据接线图和现场实际情况核对所填写的操作项目和操作顺序，并分别手工或电子签名。

（4）倒闸操作前，操作人员应提前到达操作现场，应携带与现场一次设备和实际运行方式相符的一次系统接线图，确定本次操作所需的安全工器具和其他物品，明确操作任务和停电范围，对操作内容进行危险点分析，分析重要操作步骤可能出现的问题和应采取的措施。

（5）倒闸操作前应检查核对现场设备名称、编号和断路器（开关）、隔离开关（刀闸）的断（分）、合位置。倒闸操作应由两人进行，一人操作，一人监护，并认真执行唱票、复诵制。发布指令和复诵指令都应严肃认真，使用规范的操作术语，准确清晰，按操作票顺序逐项操作，每操作完一项，应检查无误后，做一个"√"记号。操作中产生疑问时，不准擅自更改操作票，应向操作发令人询问清楚无误后再进行操作。操作完毕，受令人应立即汇报发令人。

（6）停电拉闸操作应按照断路器（开关）→负荷侧隔离开关（刀闸）→电源侧隔离开关（刀闸）的顺序依次进行。禁止带负荷拉合隔离开关（刀闸）。送电合闸操作应按与上述相反的顺序进行。

（7）下列工作可以不用操作票：

1）事故紧急处理。

2）拉合断路器（开关）的单一操作。

3）程序操作。

4）低压操作。

5）工作班组的现场操作。

以上1）~4）项的工作，在完成操作后应做好记录，事故紧急处理应保存原始记录。工作班组的现场操作执行《国家电网公司电力安全工作规程 配电部分》3.3.8.3的要求。由工作班组现场操作的设备、项目及操作人员需经设备运维管理单位或调度控制中心批准。

除上述5种操作外，其余操作均需填写配电操作票（包括验电、装拆接地线、取放控制回路保险等操作）。

（8）电气设备操作后的位置检查应以设备实际位置为准，无法看到实际位置时，应通过间接方法如设备机械位置指示、电气指示、带电显示装置、仪表及各种遥测、遥信等信号的变化来判断设备位置。判断时，至少应有两个非同样原理或非同源的指示发生对应变化，且所有这些确定的指示均已同时发生对应变化，方可确认该设备已操作到位。以上检查项目应分别填写在操作票中。倒闸操作后也应检查核对现场设备名称、编号和开关、刀闸的断、合位置。检查中若发现其他任何信号有异常，均应停止操作，查明原因。若进行遥控操作，可采用上述的间接方法或其他可靠的方法判断设备位置。

对部分无法采用上述方法进行位置检查的配电设备，各单位可根据自身设备情况制定检查细则。

（9）事故紧急处理指电气设备发生故障被迫紧急停止运行，需短时内恢复的抢修和排除故障的而进行的紧急处理工作。

（10）填写操作票时，一般应由执行本操作任务的操作人填票，监护人审核。操作人应根据操作任务、系统实际运行方式及设备资料等，逐项认真填写操作步骤。填写完毕应自行对照检查，然后提交监护人审核后打印。

（11）操作票审核发现有误时，应退回开票人重新填写（如为手工填写，则必须将原票加盖"作废"章）。

（12）配电设备的防误闭锁装置不得随意退出运行，停用防误操作闭锁装置应经工区（县公司）分管领导批准；短时间退出防误操作闭锁装置，由配电运维班班长批准，并应按程序尽快投入。

11.3.2 倒闸操作票的填写内容及规范

（1）下列项目应填入操作票内：

1）拉合设备[断路器（开关）、隔离开关（刀闸）、跌落式熔断器、接地刀闸等]，验电，装拆接地线，合上（安装）或断开（拆除）控制回路或电压互感器回路的空气开关、熔断器，切换保护回路和自动化装置，投入、退出硬压板，切换断路器（开关）、隔离开关（刀闸）控制方式，检验是否确无电压等。

2）拉合设备[断路器（开关）、隔离开关（刀闸）、接地刀闸等]后检查设备的位置。

3）停、送电操作，在拉合隔离开关（刀闸）或拉出、推入手车式开关前，检查断路器（开关）确在分闸位置。

4）在倒负荷或解、并列操作前后，检查相关电源运行及负荷分配情况。

5）设备检修后合闸送电前，检查确认送电范围内接地刀闸已拉开、接地线已拆除。

6）根据设备指示情况确定的间接验电和间接方法判断设备位置的检查项。

（2）单位栏：按实际填写或统一印制。填写所属地市级供电公司或县级供电公司名称，如国网泸州供电公司、国网纳溪供电公司。

（3）编号栏：编号原则班组简称+四位年份+两位月份+三位流水序号。例如"配一班201406005""华阳所201406005"："配一班"为配电工区配电运检一班或检修分公司配电运检一班，"华阳所"为华阳供电所，"2014"为年，"06"为月，"005"为当月第5张。

（4）发令人、受令人、发令时间栏："发令人"为第一次正式发布操作指令的值班调控人员或值班负责人 。"受令人"为有资格接受操作指令的运维人员，"发令时间"为接受操作指令的时间，在受令人接收第一次正式发布操作指令并核对无误后填写。受令人应将发令人、姓名及发令时间填入此栏。

（5）操作开始时间、操作结束时间栏：操作开始时间：填写监护人向操作人员下达第一项正式操作指令的时间，操作开始时间应在值班调度员发布正式命令以后。操作结束时间：填写操作项目全部执行完并经操作质量检查合格后的时间。操作开始时间和操作结束时间只需在一个操作任务的第一页填写。时间格式填写：年用四位数表示，月、日、时、分均用二位数表示。

（6）操作任务栏：填写配电线路的双重命名和电气设备的双重编号。"操作任务"按统一的调度术语简明扼要说明要执行的操作任务。每份操作票只能填写一个操作任务。如10kV××线××号杆××柱上开关运行转检修（热备用、冷备用）。

（7）项目栏：第一列"顺序"为分项顺序编号栏，同一分项的文字可占用数行，分项顺序编号不变并仅在第一行对应位置填写；整张操作票所有分项顺序编号必须连续。第二列"操作项目"为分项内容填写栏，根据操作任务，按操作顺序及操作票的要求、规定，依次填写分项内容；可占用数页，但应在前一页备注栏内写"接下页"，"接下页"章盖中间，在后一页的操作任务栏内写"接上页"，"接上页"章盖中间。操作票填写完毕，在最后一项下面左边平行盖"以下空白"章。若最后一项刚好是票面的最后一行，操作票可不用盖"以下空白"章。第三列"操作确认（√）"为分项确认栏，当某一项具体操作执行后，监护人在操作人操作、复诵完毕、并认真核对操作效果无误后打"√"；一项步骤占用多行时，在最末一行打"√"。

（8）备注栏：在操作票票面正确，但因故未执行或操作进行到某一项时，因天气或设备故障等原因无法继续操作，造成操作任务无法完成时，在操作票未执行的各页（或未执行操作票的各页）任务栏左侧盖"作废"章，其原因应在作废的各页及第一个未执行项所在页备注栏注明。

（9）签字栏：操作人填写操作票完毕后，会同监护人核对所填的操作任务和项目，确认无误后签名；监护人核对所填的操作任务和项目，确认无误后签名。

（10）操作执行完毕，在操作票最后一项下面右边加盖"已执行"章。印章的规格："已执行""以下空白"印章的规格为 30mm×20mm，四周为双线条；"作废"印章的规格为 30mm×20mm，四周为单线条；"未执行""接上页""接下页"印章的规格以盖用时不越行为主。

11.3.3　倒闸操作票的管理

（1）操作票以班组（所）每月由专人进行整理收存并统计合格率，当月操作票执行张数、合格张数。操作票应至少保存一年。

（2）所有倒闸操作应全过程录音或录像，影音文件以操作票编号保存。所有录音记录保存一年。

（3）操作票应在次月按倒闸操作票月统计表要求对上月操作票进行统计并上报管理部门。管理部门按规定和要求将全局操作票进行统计、分析、总结，并不定期进行检查。累计操作票数从每年一月开始累计。

（4）操作票月合格率统计

$$月合格率 \frac{该月已执行合格票份数}{应执行的总票份数} \times 100\%$$

应执行的总票份数=该月已执行合格票数+该月已执行不合格票数

11.3.4　倒闸操作票的检查评价标准

（1）地市公司运维检修部定期或不定期对操作票进行抽查，将操作票的合格率纳入绩效考核。

（2）有下列情况之一者，定为不合格操作票：

1）无票操作；

2）票面内容不完整，如编号、时间、签名不全等；

3）票面时间、术语、人员签名、设备编号等错误或有涂改；

4）缺项、漏字、错项、错字或操作步骤与操作任务不符；

5）时间顺序不正确；

6）"已执行""作废""以下空白""未执行"章漏盖者或盖章不符合标准；

7）无权接受操作指令的人员接令操作；

8）不按规定进行验电和接地；

9）拉、合断路器（开关）、隔离开关（刀闸）操作，未检查校对实际位置；

10）伪造他人签名；

11）操作顺序有原则性错误或操作内容有并项、执行操作票时跳项或漏项操作；

12）操作项目不按实际操作情况逐项即时打"√"；

13）投、退保护压板不进行检查；

14）其他经上级或本单位安监、运检部门认定的。

11.3.5 配电典型操作票

以图11-4为例，介绍架空设备（柱上变压器）、站房设备（传统环网柜、开闭所、配电室）两种配电典型操作票。

1. 架空设备（柱上变压器）

架空设备（柱上变压器）配电典型操作票见表11-1和表11-2。

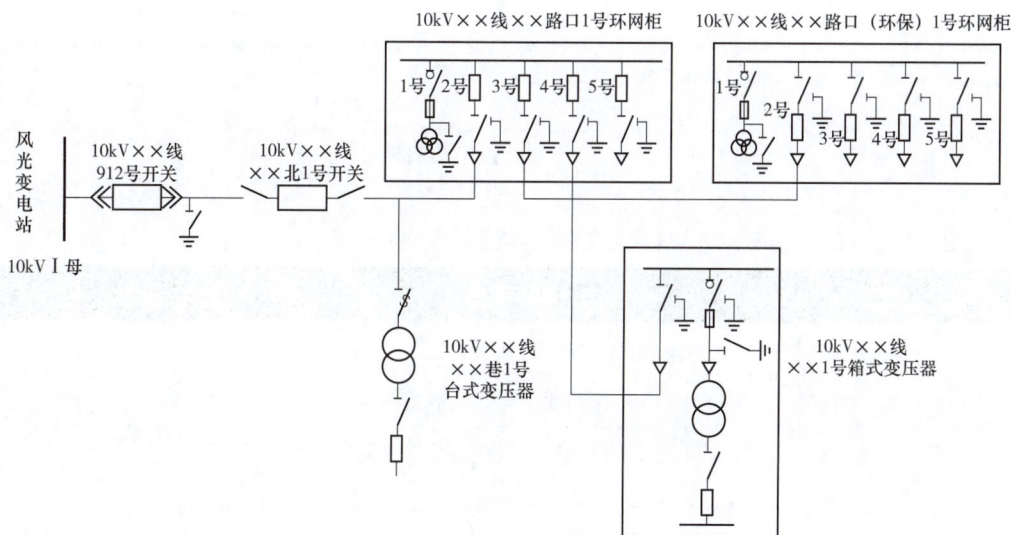

图11-4 主接线图

▼表11-1　　　　　　　　　　　　配电倒闸操作票

单位：<u>市区供电中心</u>　　　　　　　　　　编号：<u>配电运维班202206001</u>

发令人：	受令人：	发令时间：　　年　　月　　日　　时　　分
操作开始时间：　　年　　月　　日　　时　　分		操作结束时间：　　年　　月　　日　　时　　分
操作任务：10kV××线××巷1号台式变压器由运行转冷备用		

序号	操作项目	√
1	核实确在10kV××线××巷1号台式变压器处	
2	检查10kV××线××巷1号台式变压器确在运行状态	
3	拉开10kV××线××巷1号台式变压器401低压总路断路器	
4	检查10kV××线××巷1号台式变压器401低压总路断路器确在分位	
5	拉开10kV××线××巷1号台式变压器4011号隔离开关	
6	检查10kV××线××巷1号台式变压器4011号隔离开关确在分位	
7	拉开10kV××线××巷1号台式变压器跌落式熔断器	
8	检查10kV××线××巷1号台式变压器跌落式熔断器A、B、C三相确已拉开	

备注：

操作人：　　　　　　　　　　监护人：

▼表11-2　　　　　　　　　　　　配电倒闸操作票

单位：<u>市区供电中心</u>　　　　　　　　　　编号：<u>配电运维班202206001</u>

发令人：	受令人：	发令时间：　　年　　月　　日　　时　　分
操作开始时间：　　年　　月　　日　　时　　分		操作结束时间：　　年　　月　　日　　时　　分
操作任务：10kV××线××巷1号台式变压器由冷备用转运行		

序号	操作项目	√
1	核实确在10kV××线××巷1号台式变压器处	
2	检查10kV××线××巷1号台式变压器确在冷备用状态	
3	合上10kV××线××巷1号台式变压器跌落式熔断器	
4	检查10kV××线××巷1号台式变压器跌落式熔断器A、B、C三相确已合上	
5	合上10kV××线××巷1号台式变压器4011号隔离开关	

续表

序号	操作项目	√
6	检查10kV××线××巷1号台式变压器4011号隔离开关确已合上	
7	合上10kV××线××巷1号台式变压器401低压总路断路器	
8	检查10kV××线××巷1号台式变压器401低压总路断路器确已合上	
备注：		
操作人：	监护人：	

2. 站房设备（传统环网柜、开闭所、配电室）

站房设备（传统环网柜、开闭所、配电室）配电典型操作票见表11-3和表11-4。

▼表11-3　　　　　　　　　　配电倒闸操作票

单位：市区供电中心　　　　　　　　　　　　　编号：配电运维班202206001

发令人：		受令人：	发令时间： 年 月 日 时 分
操作开始时间： 年 月 日 时 分			操作结束时间： 年 月 日 时 分
操作任务：10kV××线××路口1号环网柜4号开关由运行转冷备用			

序号	操作项目	√
1	核实确在10kV××线××路口1号环网柜4号断路器处	
2	检查10kV××线××路口1号环网柜4号断路器确在运行状态	
3	拉开10kV××线××路口1号环网柜4号断路器	
4	检查10kV××线××路口1号环网柜4号断路器确在分位	
5	检查10kV××线××路口1号环网柜4号断路器带电指示器确已熄灭	

序号	操作项目	√
6	退出10kV××线××路口1号环网柜4号断路器分合闸压板	
7	检查10kV××线××路口1号环网柜4号断路器分合闸压板确已退出	
8	拉开10kV××线××路口1号环网柜46号隔离开关	
9	检查10kV××线××路口1号环网柜46号隔离开关确在分位	
备注：		
操作人：	监护人：	

▼表11-4　　　　　　　　　　　　　配电倒闸操作票

单位：<u>市区供电中心</u>　　　　　　　　　　编号：<u>配电运维班202206001</u>

发令人：	受令人：	发令时间： 年　　月　　日　　时　　分					
操作开始时间： 年　　月　　日　　时　　分		操作结束时间： 年　　月　　日　　时　　分					
操作任务：10kV××线××路口1号环网柜4号断路器由冷备用转运行							

序号	操作项目	√
1	核实确在10kV××线××路口1号环网柜4号断路器处	
2	检查10kV××线××路口1号环网柜4号断路器确在冷备用状态	
3	合上10kV××线××路口1号环网柜46号隔离开关	
4	检查10kV××线××路口1号环网柜46号隔离开关确在合位	
5	投入10kV××线××路口1号环网柜4号断路器分合闸压板	
6	检查10kV××线××路口1号环网柜4号断路器分合闸压板确已投入	
7	合上10kV××线××路口1号环网柜4号断路器	
8	检查10kV××线××路口1号环网柜4号断路器确在合位	
9		
备注：		
操作人：	监护人：	

12 典型安全事故分析

❯ 12.1 生产安全事故概况

❯ 12.2 典型案例分析

本章对典型安全事故进行分析，总结事故原因和防范措施。

12.1 生产安全事故概况

12.1.1 生产安全事故定义

《中华人民共和国安全生产法》释义：所谓安全生产事故，是指在生产经营活动中发生的意外的突发事件的总称，通常会造成人员伤亡或财产损失，使正常的生产经营活动中断。

其主要特征是：

（1）事故主体的特定性：仅限于生产经营单位在从事生产经营活动中发生的事故。从事生产经营活动的单位主要包括工矿商贸领域的公司、企业、合伙人、个体户等生产经营单元。

（2）事故地域的延展性：生产安全事故发生的地域范围是不固定的，但又是限定在有限范围内的。

（3）事故的破坏性：生产安全事故对人员或生产经营单位造成了一定的损害结果，造成了人员伤亡（包括急性中毒）或者给生产经营单位造成了直接经济损失，影响了生产经营活动正常开展，产生了严重的影响。

（4）事故的突发性：生产安全事故是短时间内突然发生的，不同于在某种危害因素长期影响下发生的其他损害事件，如职业病。

（5）事故的过失性：生产安全事故主要是人的过失所致，与自然灾害不同。过失行为包括违章作业、冒险作业、工作环境不良和设备隐患等。生产经营单位负责人存在过失行为，未及时纠正不良因素，导致事故发生。

12.1.2 生产事故等级分类

根据生产安全事故（简称事故）造成的人员伤亡或者直接经济损失，如图12-1所示，事故一般分为以下等级：

（1）特别重大事故，是指造成30人以上死亡，或者100人以上重伤（包括急性工业中毒，下同），或者1亿元以上直接经济损失的事故。

（2）重大事故，是指造成10人以上30人以下死亡，或者50人以上100人以下重伤，或者5000万元以上1亿元以下直接经济损失的事故。

（3）较大事故，是指造成3人以上10人以下死亡，或者10人以上50人以下重伤，或者1000万元以上5000万元以下直接经济损失的事故。

（4）一般事故，是指造成3人以下死亡，或者10人以下重伤，或者1000万元以下直接经济损失的事故。

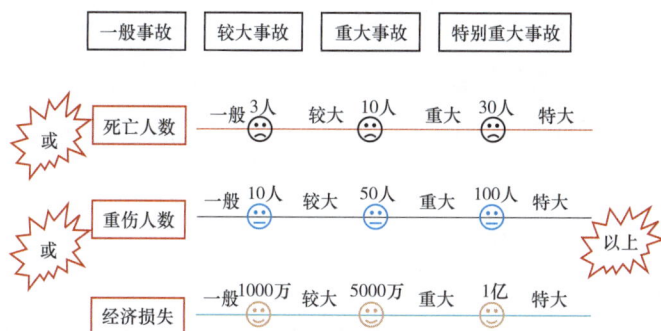

图12-1　事故等级

12.1.3　生产事故报告

事故发生后，事故现场有关人员应当立即向本单位负责人报告；单位负责人接到报告后，应当于1h内向事故发生地县级以上人民政府安全生产监督管理部门和负有安全生产监督管理职责的有关部门报告。

情况紧急时，事故现场有关人员可以直接向事故发生地县级以上人民政府安全生产监督管理部门和负有安全生产监督管理职责的有关部门报告。

安全生产监督管理部门和负有安全生产监督管理职责的有关部门接到事故报告后，应当依照下列规定上报事故情况，并通知公安机关、劳动保障行政部门、工会和人民检察院：

（1）特别重大事故、重大事故逐级上报至国务院安全生产监督管理部门和负有安全生产监督管理职责的有关部门。

（2）较大事故逐级上报至省、自治区、直辖市人民政府安全生产监督管理部门和负有安全生产监督管理职责的有关部门。

（3）一般事故上报至设区的高级人民政府安全生产监督管理部门和负有安全生产监督管理职责的有关部门。

报告事故应当包括下列内容：事故发生单位概况；事故发生的时间、地点以及事故现场情况；事故的简要经过；事故已经造成或者可能造成的伤亡人数（包括下落不明的人数）和初步估计的直接经济损失；已经采取的措施；其他应当报告的情况。

12.2 典型案例分析

12.2.1 高处坠落事故

按照GB/T 3608—2008《高处作业分级》规定：凡在坠落高度基准面2m以上（含2m）的可能坠落的高处所进行的作业，都称为高处作业。在施工现场高处作业中，如果未防护，防护不好或作业不当都可能发生人或物的坠落，人从高处坠落的事故称为高处坠落事故。

【例12-1】高处作业失去安全带保护，造成高处坠落死亡事故。

1. 案例回放

2014年4月17日，某供电公司根据用户的用电申请，派李××和张××到现场装表，李××任工作负责人。李××和张××到达工作地点，李××安排张××登杆工作，自己监护。工作过程中，因杆上有4根低压线、2根横担和用户抽水用表箱的4根引线，李××见张××一人工作不方便，觉得施工速度慢，就亲自上杆一同作业。在固定好表箱上端，准备固定下端时，李××解开挂在横担上侧的安全带，移动到横担下侧过程中，由于失去安全带保护，从杆上4.5m处坠落，经抢救无效死亡。

2. 发生事故的主要原因

（1）失去安全带保护。李××在杆塔上移位时，解开安全带失去保护，手没有扶住牢固构件，导致高处坠落。

（2）失去监护。李××未认真执行监护制，工作随意性强，自己担任监护人却登杆作业。

3. 暴露的主要问题

（1）作业人员自我防护能力不强、安全意识淡薄，没有养成良好的作业习惯。

（2）工作负责人在工作过程中未对工作班成员认真监护，及时纠正违章行为。

4. 违反条款

（1）违反《国家电网公司电力安全工作规程（配电部分）（试行）》。

> 6.2.3
>
> （2）在杆塔上作业时，宜使用有后备保护绳或速差自锁器的双控背带式安全带，安全带和后备保护绳应分挂在杆塔不同部位的牢固构件上。
>
> 19.2.4　作业人员作业过程中，应随时检查安全带是否拴牢。高处作业人员在转移位置时不应失去安全保护。

（2）违反《违反生产现场作业"十不干"》。

> 8　高处作业防坠落措施不完善的不干。

5. 控制措施

（1）高处作业时，应使用有后备绳的全背式安全带。安全带和后备绳应分别挂在杆塔不同的牢固构件上，应防止安全带从杆顶脱落或被锋利物伤害。人员在转位时，手扶的构件应牢固，且不得失去后备保护绳的保护。

（2）工作负责人（监护人）应认真履行监护职责，不得登杆作业和脱离现场而不对作业人员进行监护。

12.2.2　触电事故

触电是电击伤的俗称，通常是指人体直接触及电源或高压电经过空气或其他导电介质传递电流通过人体时引起的组织损伤和功能障碍，重者发生心跳和呼吸骤停。触电事故是由电能以电流形式作用于人体造成的事故。

【例12-2】随意登杆，造成触电伤亡事故。

1. 案例回放

2022年4月16日，××供电所组织作业人员开展10kV观土线绝缘化改造及消缺作业，发生事故的工作小组共3名作业人员，分别为肖××（小组负责人）、李××（小组成员，死者）、杨××（小组成员）。按工作票所列的工作计划，该小组负责10kV观土线1、30、50、56、63号及观盛支线7号杆、下祠支线11号杆七处更换设备线夹作业。10：50，该小组完成观盛支线7号杆作业后，乘坐由肖××驾驶的车辆前往观土线30号杆，途中至10kV观光线17号杆（运行线路），安排李××更换线夹（非本次作业内容，为2022年3月开展的另一项由肖××担任小组负责人的改造消缺项目遗留工作）。李××登杆未验电，触电死亡。

2. 发生事故的主要原因

（1）工作班成员违反《安规》规定，不清楚作业地点，登杆作业不校核杆号、不验电、不挂接地线，不落实作业现场基本安全工作要求，冒险作业。

（2）小组负责人擅自改变作业计划，超出停电范围组织作业人员开展工作票之外的工作，对线路带电状态的判断存在重大错误，违章指挥。

3. 暴露的主要问题

（1）超计划范围作业。作业小组负责人擅自改变作业内容，组织作业人员开展工作票之外的工作，未履行计划变更手续，加之对线路带电状态的判断存在致命错误，违章指挥，导致酿成事故。

（2）不执行安全措施，作业人员未验电、未装设接地线等保证安全的技术措施即开展工作。

（3）人员安全意识缺失。有关单位开展职工安全警示教育和安全培训不力，导致职工缺乏安全意识、不遵守安全规程、冒险开展作业，习惯性违章严重。

4. 违反条款

（1）违反《国家电网公司电力安全工作规程（配电部分）（试行）》。

> 6.1 在配电线路和设备上停电工作的安全技术措施停电、验电、接地、悬挂标示牌和装设遮栏（围栏）。

（2）违反《违反生产现场作业"十不干"》。

> 第4条 超出作业范围未经审批的不干。
> 第5条 未在接地保护范围内的不干。

5. 控制措施

（1）严格落实各项安全措施。要严格配电作业计划管理，严禁无计划作业、严禁超范围作业，严防抢修作业失控失管。要不折不扣执行安全规程，严格落实停电、验电、挂地线措施，切实做好安全技术交底，确保所有作业班成员清楚停电范围和安全措施，要应用移动作业App做好交底和措施执行情况的记录。

（2）加强对作业人员的安全培训和责任心教育，严格执行工作票制度、工作许可制度、工作终结和恢复送电制度。强化全员安全教育和培训，提高工作人员的安全意识和防范能力，增强现场人员的自我保护意识，提高执行安全规程自觉性，养成良好的作业习惯。

12.2.3　倒杆断线事故

倒杆断线事故是架空配电线路遇有恶劣天气、外力破坏或违章作业等原因发生倒杆、断线，引起的设备损坏、人员伤亡或建筑物损失等事故。

【例12-3】基础不牢电杆上作业，造成倒杆坠落人身伤亡事故。

1. 案例回放

2017年10月28日，某施工单位进行配网低压线路改造施工，在线路新立电杆卡盘和底盘未安装、电杆回填土未夯实、未安装临时拉线的情况下，工作负责人安排两名作业人员登杆开展新立电杆横担金具安装工作，施工过程中发生倒杆，两名作业人员随杆坠落，送医院抢救无效死亡。

2. 发生事故的主要原因

（1）新立电杆未按要求施工，质量不合格。新立电杆未安装卡盘和底盘，也未进行回填夯实、未安装临时拉线，导致倒杆。

（2）违章指挥。工作负责人缺乏工作责任心，在组织立杆时，明知质量严重不合格，且未采取加固补强等防范措施盲目安排作业。

（3）作业人员安全意识淡薄，缺乏自我保护意识，冒险登杆作业。

3. 暴露的主要问题

（1）工作负责人违章指挥，在未按照规定完成组立电杆的工序流程情况下，指挥工作班成员冒险登杆作业。工作负责人对《安规》的掌握程度低，未按照规定采取杆塔补强措施。

（2）作业人员安全意识淡薄，在登杆前未按照规定仔细检查杆基是否牢固，自我保护意识不强，未拒绝工作负责人的违章指挥。

（3）新组立的电杆未安装底盘、卡盘，且未夯实杆基、未安装临时拉线，导致电杆基础不牢发生倒杆。

4. 违反条款

（1）违反《国家电网公司电力安全工作规程（配电部分）（试行）》。

> 1.2　任何人发现有违反本规程的情况，应立即制止，经纠正后方可恢复作业。作业人员有权拒绝违章指挥和强令冒险作业；在发现直接危及人身、电网和设备安

全的紧急情况时，有权停止作业或者在采取可能的紧急措施后撤离作业场所，并立即报告。

6.2.1.2 登杆塔前，应做好以下工作：

检查杆根、基础和拉线是否牢固。

6.2.2.1 杆塔作业应禁止以下行为：

攀登杆基未完全牢固或未做好临时拉线的新立杆塔。

6.3.13 已经立起的杆塔，回填夯实后方可撤去拉绳及叉杆。

（2）违反《配网工程安全管理"十八项禁令"》。

15 严禁杆基不牢登杆作业。

（3）违反《配网工程防人身事故"三十条措施"》。

19 水泥杆基础设计原则上加装底盘和卡盘，无需加装的应经充分论证。对于坡道、河边等易造成基础冲刷，或埋深无法满足的电杆，应采取加固措施。

25 登杆作业前，应检查杆根、拉线及基础是否牢固，攀登过程中应检查纵向、横向裂纹，检查法兰连接处和金具锈蚀情况。禁止攀登杆基未完全牢固或未做好临时拉线的新立杆塔。

（4）违反《安全生产典型严重违章50条》。

1 违章指挥，强令员工冒险作业。

29 组立杆塔、撤杆、撤线或紧线前未按规定采取防倒杆塔措施或采取突然剪断导线、地线、拉线等方法撤杆撤线。

5. 控制措施

（1）严格落实施工现场安全管控责任，工作负责人必须正确安全地组织施工作业，按照《安规》要求落实现场安全措施，严禁违章指挥、强令冒险作业。

（2）新立电杆必须按规定的埋深要求、基础卡盘、临时拉线等要求进行施工，杆塔基坑未回填夯实前严禁登杆作业，登杆作业前必须检查杆基是否牢固，必要时可培土加固、装设临时拉线或支好架杆等防止杆塔倾倒的补强措施。

（3）新架设线路施工时，工作负责人在人员登杆前必须严格遵守登杆作业的相关规定，监督并检查安全措施执行完备，方可允许登杆作业，同时加强监护。

（4）严格落实施工方案和标准化作业工序和流程，严格落实人身事故风险防控措施，必须按照已经编制审核好的施工方案进行作业，严禁擅自缩减步骤、变更工序进行施工。

12.2.4　反供电事故

反供电是指当工作地点安全措施不周密或遭到破坏的情况下，电源经非正常路径反向送电的现象，由此造成设备损失、人员伤亡等称为反供电事故。

【例12-4】安全措施不齐，突然来电发生触电伤亡事故。

1. 案例回放

2014年9月10日，某供电公司供电所班组在实施××村低压线路检修作业，施工现场为高低压同杆塔架设，高压未停电。

现场工作负责人为秦××，专责监护人张×，工作班成员王××、李××等7人。到达施工现场后，工作负责人未宣读工作票，即安排王××前往配电台区停电。停电后立即安排工作班成员上杆作业，随即两名作业人员登上杆塔，此时接地线只挂了电源侧。在作业过程中由于客户侧反供电源来电，未在接地保护范围内，导致工作班成员李××触电伤亡。

2. 发生事故的主要原因

（1）作业前在工作地点未全部采取验电、装设接地线等安全措施，冒险登杆作业。

（2）现场监护不力，违章组织作业。工作监护人未认真履行安全职责，在现场未采取完善安全措施的情况下开展作业。

3. 暴露的主要问题

（1）工作负责人违章指挥，现场安全管理混乱，施工前未对全体施工人员进行全面安全技术交底。安全措施未布置完整即安排人员上杆作业。

（2）工作班成员在工作地点两端没有装设接地线的情况下，盲目登杆作业，缺乏识险、排险、防险能力。对现场不完善的安全措施视而不见，没有发现施工中存在的潜在危险，未拒绝违章指挥。

4. 违反条款

（1）违反了《安全生产典型违章100条》。

40　开工前，工作负责人未向全体工作班成员宣读工作票，不明确工作范围和带电部位，安全措施不交代或交代不清，近电作业未设专责监护人员，盲目开工。

41　工作许可人未按工作票所列安全措施及现场条件，布置完善工作现场安全措施。

43　工作负责人在工作票所列安全措施未全部实施前允许工作人员作业。

（2）违反了《国家电网公司电力安全工作规程（配电部分）（试行）》。

1.2　任何人发现有违反本规程的情况，应立即制止，经纠正后方可恢复作业。作业人员有权拒绝违章指挥和强令冒险作业；作业人员在发现直接危及人身、电网和设备安全的紧急情况时，有权停止作业或者在采取可能的紧急措施后撤离作业场所，并立即报告。

5. 控制措施

（1）在邻近带电的电力线路进行工作时，应采取有效措施，使人体、导线、施工机具等与带电导线符合《国家电网公司电力安全工作规程（配电部分）（试行）》的规定（10kV 及以下线路安全距离为 1.0m），并派专人监护，监护人员不得擅自离开。

（2）装设接地线应符合相关规定，装设时，应先接接地端，后接导线端，拆除时顺序相反。

（3）提高现场作业人员的自我保护能力，养成自觉遵守安全工作规程的好习惯，自觉加强安全防护，保证自身安全，拒绝违章指挥和强令冒险作业。

（4）在工作地点两端和有可能送电到停电线路工作地点的分支线（包括客户）上装设接地线，然后再开始作业，以确保工作人员的人身安全。

（5）工作负责人应严格执行工作许可制度和工作监护制度的相关规定。交代"四清楚"后，经工作班成员签字确认后，方可开展工作。

（6）强化安全教育和培训。特别是安全生产关键岗位人员的培训，提高工作票签发人、工作许可人、工作负责人的安全意识和技能水平。杜绝违章指挥和管理性违章，重点防止人身伤害事故的发生。有针对性地开展农电培训和考试工作，对农电系统的"三种人"（工作票签发人、工作负责人、工作许可人）进行考试，不合格者取消"三种人"聘用资格。

（7）加强安全生产管理。在线路施工时统一组织，并合理安排人员分工，工作前，应召开班前会，交代安全注意事项。扎实开展"反六不"（反电气作业不办工作票、反作业前不交底、反施工现场不监护、反电气作业不停电、反电气作业不验电、反电气作业不装设接地线）工作。加强农村电网工程施工现场的监督检查，确保现场危险作业可控、能控、在控。

（8）有分布式电源接入的电网管理单位应及时掌握分布式电源接入情况，并在系统接线图上标注完整。若在有分布式电源接入的低压配电网上停电工作，至少应采取以下措施之一防止反送电：①接地；②绝缘遮蔽；③在断开点加锁；④悬挂标示牌。

12.2.5 机械伤害事故

机械伤害事故是指在使用机械设备或工具过程中，由于各种原因造成的人员伤害或财产损失。

【例12-5】违章进行起吊作业，造成砸伤事故。

1. 案例回放

2014年10月27日，某供电公司某供电所在××场镇实施更换电缆工作中，在工作负责人在旁处理其他工作的情况下，工作班成员为了尽快下班，擅自指挥吊车操作人员起吊操作；在起吊电缆过程中，由于钢丝绳断裂，电缆从高处坠落，导致下方的电缆井旁的一名工作班成员被砸伤。

2. 发生事故的主要原因

（1）作业前对工器具检查不到位，未发现钢丝绳已不能满足作业需要，导致起吊过程中钢丝绳断裂致人受伤。

（2）工作班成员工作随意性强，为尽快完成工作擅自指挥吊车操作人员开展起吊作业。

（3）工作负责人擅自离开工作监护岗位，未指定有资格的其他人替代或交代停止作业。

3. 暴露的主要问题

（1）起吊作业无专人指挥或指挥信号不明确，没有采取吹口哨等明确的信号，不能有效提醒作业人员离开危险区域。

（2）起吊作业无专人监护或监护不到位，未对起吊工器具、被吊物件和周围人员情况进行检查。

（3）吊车司机看见有人站立在不安全的地方，且指挥信号不明就起吊，违反了起重司机操作规定，缺失职业道德。

（4）工作负责人擅自离开监护工作岗位，致使现场作业无监护。

4. 违反条款

违反《安全生产典型违章100条》。

---

60 吊车起吊前未鸣笛示警或起重工作无专人指挥。

61 在带电设备附近进行吊装作业，安全距离不够且未采取有效措施。

62 在起吊或牵引过程中，受力钢丝绳周围、上下方、内角侧和起吊物下面，有人逗留和通过。吊运重物时从人头顶通过或吊臂下站人。

---

5. 控制措施

（1）起吊作业须由专业指挥人员负责，吊车司机遵循指挥、操作协调，避免误操作。现场需设置安全隔离并由专人监护，严禁人员在受力钢丝绳周围及起吊物下方逗留。

（2）起吊前，工作负责人应检查悬吊和捆绑情况，确认安全后方可起吊。起吊初期，应再次检查受力部位，无异常才继续作业。

（3）使用大型起重设备前，须核查操作人员资格和设备特种作业许可证，确保作业安全。

附录A 配电第一种工作票格式

配电第一种工作票

单位：_____ 编号：

1.工作负责人：_____ 班组：_____

2．工作班成员（不包括工作负责人）：

_____共_____人。

3.工作任务：

工作地点或设备（注明变（配）电站、线路名称、设备双重名称及起止杆号）	工作内容

4．停电线路名称（多回线路应注明双重称号）：

5.计划工作时间：自____年____月____日____时____分至____年____月____日____时____分。

6．安全措施〔应改为检修状态的线路、设备名称，应断开的断路器、隔离开关、熔断器，应合上的接地开关，应装设的接地线、绝缘隔板、遮栏（围栏）和标示牌等，装设的接地线应明确具体位置，必要时可附页绘图说明〕：

6.1 调控或运维人员（变配电站、发电厂）应采取的安全措施	已执行

6.2 工作班完成的安全措施	已执行

6.3 工作班装设（或拆除）的接地线

线路名称、设备双重名称、装设位置	接地线编号	装设人	装设时间	拆除人	拆除时间

6.4　配合停电线路应采取的安全措施	已执行

6.5　保留或邻近的带电线路、设备：_____

6.6　其他安全措施和注意事项：

工作票第一签发人签名：_____　　_____年___月___日___时___分

工作票第二签发人签名：_____　　_____年___月___日___时___分

工作负责人签名：_____　　_____年___月___日___时___分

6.7　其他安全措施和注意事项补充（由工作负责人或工作许可人填写）：

_____

7. 工作许可：

许可内容	许可方式	工作许可人	工作负责人签名	许可工作（或开工）时间
				年　　月　　日　　时　　分

8. 工作任务单登记：

工作任务单编号	工作任务	小组负责人	工作许可时间	工作结束报告时间

9. 现场交底，工作班成员确认工作负责人布置的工作任务、人员分工、安全措施和注意事项并签名：

_____

10._____年___月___日___时___分，工作负责人确认当前工作所需安全措施全部执行完毕，下令开始工作。

11. 人员变更

11.1　工作负责人变动情况：原工作负责人_____离去，变更_____为工作负责人。

工作票签发人：_____　　_____年___月___日___时___分

原工作负责人签名：_____　　新工作负责人签名：_____

　　　　　　　_____　　_____年___月___日___时___分

11.2　工作人员变动情况：

新增人员	姓名					
	变更时间					
离开人员	姓名					
	变更时间					

工作负责人签名：＿＿＿＿＿＿＿＿

12. 工作票延期：有效期延长到＿＿＿＿＿＿年＿＿月＿＿日＿＿时＿＿分。

　　　工作负责人签名：＿＿＿＿＿＿＿＿　　＿＿＿＿＿＿年＿＿月＿＿日＿＿时＿＿分

　　　工作许可人签名：＿＿＿＿＿＿＿＿　　＿＿＿＿＿＿年＿＿月＿＿日＿＿时＿＿分

13. 每日开工和收工记录（使用一天的工作票不必填写）：

收工时间	工作负责人	工作许可人	开工时间	工作许可人	工作负责人

14. 工作终结：

14.1　工作班现场所装设接地线共＿＿＿＿＿＿组、个人保安线共＿＿＿＿＿＿组已全部拆除，工作班布置的其他安全措施已恢复，工作班人员已全部撤离现场，材料工具已清理完毕，杆塔、设备上已无遗留物。

14.2　工作终结报告：

终结的线路或设备	报告方式	工作负责人	工作许可人	终结报告时间			
				年	月	日	时　分

15. 备注：

15.1　指定专责监护人＿＿＿＿＿＿负责监护＿＿＿＿＿＿＿＿＿＿＿＿（地点及具体工作）。

15.2　其他事项：

＿＿＿＿＿＿＿＿＿＿＿＿＿＿＿＿＿＿＿＿＿＿＿＿＿＿＿＿＿＿＿＿＿＿＿＿＿＿

附录 B 配电第二种工作票格式

配电第二种工作票

单位：_____　　　　编号：

1. 工作负责人：_____　　　班组：_____

2. 工作班成员（不包括工作负责人）：

_____共_____人。

3. 工作任务：

工作地点或设备（注明变（配）电站、线路名称、设备双重名称及起止杆号）	工作内容

4. 计划工作时间：自_____年___月__日___时___分至_____年___月___日___时___分。

5. 工作条件和安全措施（必要时可附页绘图说明）：

工作票签发人签名：_____　　_____年___月___日___时___分

工作负责人签名：_____　　_____年___月___日___时___分

6. 现场补充的安全措施：

_____

7. 工作许可：

许可的线路或设备	许可方式	工作许可人	工作负责人签名	许可工作（或开工）时间			
				年	月	日	时　　分
				年	月	日	时　　分

8. 现场交底，工作班成员确认工作负责人布置的工作任务、人员分工、安全措施和注意事项并签名：

_____

9._____年___月___日___时___分，工作负责人确认当前工作所需安全措施全部执行完毕，下令开始工作。

10. 工作票延期：有效期延长到_____年___月___日___时___分。

工作负责人签名：_____　　_____年___月___日___时___分

工作许可人签名：_____　　_____年___月___日___时___分

11. 工作终结报告：

终结的线路或设备	报告方式	工作负责人签名	工作许可人	终结报告（或结束）时间				
				年	月	日	时	分

12. 备注：

12.1 指定专责监护人 _____负责监护_____（地点及具体工作）。

12.2 其他事项：

_____

附录C 配电带电作业工作票格式

配电带电作业工作票

单位：_____   编号：

1. 工作负责人：_____   班组：_____

2. 工作班成员（不包括工作负责人）：

_____共_____人。

3. 工作任务：

线路名称或设备双重名称	工作地段、范围	工作内容及人员分工	专责监护人

4. 计划工作时间：自_____年___月___日___时___分至_____年___月___日___时___分。

5. 安全措施：

5.1 调控或运维人员应采取的安全措施：

线路名称或设备双重名称	是否需要停用重合闸	作业点负荷侧需要停电的线路、设备	应装设的安全遮栏（围栏）和悬挂的标志牌

5.2 其他危险点预控措施和注意事项：

工作票签发人签名：_____   _____年___月___日___时___分

工作负责人签名：_____   _____年___月___日___时___分

6. 确认本工作票1~5项正确完备，许可工作开始：

许可的线路或设备	许可方式	工作许可人	工作负责人签名	许可工作的时间				
				年	月	日	时	分

7. 现场补充的安全措施：_____

8. 现场交底，工作班成员确认工作负责人布置的工作任务、人员分工、安全措施和注意事项并签名：

_____

9. _____年___月___日___时___分，工作负责人确认当前工作所需安全措施全部执行完毕，下令开始工作。

10. 工作终结：

10.1 工作班人员已全部撤离现场，工具、材料已清理完毕，杆塔、设备上已无遗留物。

10.2 工作终结报告：

终结的线路或设备	报告方式	工作许可人	工作负责人签名	终结报告时间			
				年	月	日	时　　分

11. 备注：

_____

附录D 低压工作票格式

低压工作票

单位：_____ 编号：

1. 工作负责人：_____ 班组：_____

2. 工作班成员（不包括工作负责人）：

_____ 共_____人。

3. 工作的线路名称或设备双重名称（多回路应注明双重称号及方位）、工作任务：

_____

4. 计划工作时间：自_____年___月___日___时___分至_____年___月___日___时___分。

5. 安全措施（必要时可附页绘图说明）：

5.1 工作的条件和应采取的安全措施（停电、接地、隔离和装设的安全遮栏、围栏、标示牌等）：

_____

5.2 保留的带电部位：

_____

5.3 其他安全措施和注意事项：

_____

工作票签发人签名：_____ _____年___月___日___时___分

工作负责人签名：_____ _____年___月___日___时___分

6. 工作许可：

6.1 现场补充的安全措施：

_____

6.2 确认本工作票安全措施正确完备，许可工作开始：

许可方式：_____ 许可工作时间：_____年___月___日___时___分

工作许可人签名：_____ 工作负责人签名：_____

7. 现场交底，工作班成员确认工作负责人布置的工作任务、人员分工、安全措施和注意事项并签名：

_____

8. _____年___月___日___时___分，工作负责人确认当前工作所需安全措施全部执行完毕，下令开始工作。

9. 工作票延期：有效期延长到_____年___月___日___时___分。

工作负责人签名：_____ _____年___月___日___时___分

工作许可人签名：_____ _____年___月___日___时___分

10. 工作终结：

工作班现场所装设接地线共_____组、个人保安线共_____组已全部拆除，工作班布置的其他安全措施已恢复，工作班人员已全部撤离现场，工具、材料已清理完毕，杆塔、设备上已无遗留物。

工作负责人签名：_____ 工作许可人签名：_____

工作终结时间：_____年___月___日___时___分

11. 备注：

_____

附录 E 配电故障紧急抢修单格式

配电故障紧急抢修单

单位：_____ 编号：

1. 抢修工作负责人：_____ 班组：_____

2. 抢修班人员（不包括抢修工作负责人）：_____ 共_____人。

3. 抢修工作任务：

工作地点或设备（注明变（配）电站、线路名称、设备双重名称及起止杆号）	工作内容

4. 安全措施：

内容	安全措施				
由调控中心完成的线路间隔名称、状态（检修、热备用、冷备用）					
现场应拉开的断路器（开关）、隔离开关（刀闸）、熔断器					
应装设的遮栏（围栏）及悬挂的标示牌					
线路名称、设备双重名称、装设位置	接地线编号	装设人	装设时间	拆除人	拆除时间
保留带电部位及其他安全注意事项					

5. 上述 1~4 项由抢修工作负责人_____根据抢修任务布置人_____的指令，并根据现场勘察情况填写。

6. 许可抢修时间：_____年___月___日___时___分　　工作许可人：_____

7. _____年___月___日___时____分，工作负责人确认故障紧急抢修单所列安全措施全部执行完毕，下令开始工作。

8. 抢修结束汇报：本抢修工作于_____年___月___日___时____分结束。抢修班人员已全部撤离，材料、工具已清理完毕，故障紧急抢修单已终结。

现场设备状况及保留安全措施：

_____

工作许可人：_____

抢修工作负责人：_____　　填写时间：_____年___月___日___时___分

9. 备注：

_____

参考文献

［1］冯瑞明.农网配电.北京：中国电力出版社，2010.

［2］宋美清.农网配电营业工（高级、技师）.北京：中国电力出版社，2011.

［3］贺家李，宋从矩.电力系统继电保护原理.北京：中国电力出版社，2007.

［4］许建安，连晶晶.继电保护技术.北京：中国水利水电出版社，2004.

［5］国网湖北省电力公司农电工作部.农网配电.北京：中国水利水电出版社，2014.

［6］国网湖南省电力公司技术技能培训中心，长沙电力职业技术学院.供电所技能人员培训教材　配电分册.长沙：中南大学出版社.2016.